高等职业教育校企合作新形态系列教材

工程测量

（新型活页式）

主　编　冯　涛　许国帅

主　审　广州南方测绘科技股份有限公司

西南交通大学出版社

·成　都·

图书在版编目（CIP）数据

工程测量：新型活页式/冯涛，许国帅主编．—
成都：西南交通大学出版社，2023.4（2025.2 重印）
ISBN 978-7-5643-9167-6

Ⅰ.①工… Ⅱ.①冯… ②许… Ⅲ.①工程测量－中
等专业学校－教材 Ⅳ.①TB22

中国国家版本馆 CIP 数据核字（2023）第 009707 号

Gongcheng Celiang (Xinxing Huoyeshi)
工程测量（新型活页式）
主编 冯 涛 许国帅

责任编辑	杨 勇
封面设计	何东琳设计工作室
出版发行	西南交通大学出版社 （四川省成都市金牛区二环路北一段 111 号 西南交通大学创新大厦 21 楼）
发行部电话	028-87600564 028-87600533
邮政编码	610031
网 址	http://www.xnjdcbs.com
印 刷	四川玖艺呈现印刷有限公司
成品尺寸	185 mm × 260 mm
印 张	27
字 数	656 千
版 次	2023 年 4 月第 1 版
印 次	2025 年 2 月第 2 次
书 号	ISBN 978-7-5643-9167-6
定 价	76.00 元

课件咨询电话：028-81435775
图书如有印装质量问题 本社负责退换

前言

PREFACE

工程测量是一门广泛运用于测绘、土建等领域的专业技术，也是土建类高职专业一门重要的专业基础课程。职业教育作为我国高等教育的重要组成部分，承担着培养高素质、技术技能型人才的重任。2019 年，随着《国家职业教育改革实施方案》的推广与落实，“三教”改革也随之而来。本教材就是在“三教”改革背景下进行编写的，教材采用了活页式，每个学习内容都用一个直接的任务或项目引出学习任务，让学生带着目的去学习。教材将理论知识点、工作笔记和实训报告融为一体，可以使学生的自主学习过程更加高效、更加灵活，可以较好地培养学生的学习习惯、提升学习效率。本教材是新形态教材的初步尝试，结合信息化教学，避免传统教材过于单一的呈现方式，教材中配置了一定的数字化资源，书中通过二维码形式嵌入展示工程测量中相关设备构造的操作视频、相关理论点的微课等，多形式展示知识点，以便提高学习、培训效果，可以满足高等职业院校测绘地理信息技术、工程测量技术、建筑工程技术、铁道工程技术、道路桥梁工程技术、水利水电工程技术、园林工程技术、地籍测绘与土地管理、摄影测量与遥感等开设有工程测量课程的专业教学需要。

本教材根据高等职业院校土建类专业教学的基本要求，结合行业现行技术规范，参考并引用《工程测量规范》等规范以及 1+X 测绘地理信息数据获取与处理职业技能等级标准及文献的数据和资料，突出实用为主的职业教学特点进行编制。教材以工程测量技术原理及其应用为主线，主要内容分为基础篇和应用篇。基础篇包括工程测量作业准备、工程测量设备认知、普通水准路线测量、角度测量、距离测量及小区域控制测量几个部分，主要介绍了工程测量基础原理、方法及常规测量设备的使用。应用篇主要讲述了施工放样测量、地形图测绘以及测量技术在建筑施工、道路工程施工、水利水电工程施工、铁道工程施工以及建筑物变形监测等各方面的运用情况。

本教材编写成立了编委会，由昆明铁道职业技术学院冯涛和广州南方测绘科技股份有限公司许国帅任主编，韩丽、刘治廷、周敏、谢正明、徐东方、黄静任副主编。编写分工如下：昆明铁道职业技术学院冯涛编写了项目8、项目10，西南林业大学韩丽编写了项目1、项目5，云南水利水电职业学院刘治廷编写项目6、项目11，云南城市建设职业学院徐东方编写项目2中的2.4、2.5，云南农业职业技术学院周敏编写项目2中的2.1、项目3，云南国土资源职业学院谢正明编写项目2中的2.2、2.3和项目4、项目7，云南林业职业技术学院黄静编写项目9、项目12。

在本书的编写中广州南方测绘科技股份有限公司提供了教材所需的数字化资源。编写过程中编者还得到了各参编单位有关领导、专家的帮助，在此表示衷心感谢。

由于作者学识和水平有限，书中疏漏和不足之处在所难免，恳请读者批评指正。

编 者

2023年2月

目录

CONTENTS

项目 1

工程测量作业准备

本项目主要包括工程测量岗位认知和测量基础知识两部分内容。主要学习内容包括：测量学的概念、任务、分类；工程测量的工作内容及工作岗位职责；地球的形状大小，大地水准面和高程的概念；测量常用坐标系统、高程系统；误差的概念、来源、分类以及偶然误差的特性；等等。通过本章节的学习，学生应对工程测量的岗位有一定的认知，并掌握地球的形状大小、坐标系统、高程系统、误差的基础知识等一系列测量学的基础知识。

1.1 工程测量岗位认知

任务 1 工程测量岗位认知

【任务情况】

1. 本学习内容主要完成任务

工程测量主要是做什么的？我们以后从事这项工作，需要掌握哪些必备的技能？在学校学习期间，应该为从事这项工作做哪些准备工作？

2. 学习目标

知识目标：掌握测量学的概念、任务和分类。了解工程测量工作内容，工程测量岗位职责。

技能目标：能够按要求完成调查报告的撰写。

情感目标：培养职业自豪感和爱岗敬业的职业操守。

3. 学习时间分配

学习活动序号	学习活动	建议学习时长	备注
学习活动 1	工程测量岗位认知	1	

【作业过程及任务点】

学习活动 1　工程测量岗位认知

<table>
<tr><th colspan="8">学习任务单</th></tr>
<tr><td>任务名称</td><td colspan="7">工程测量岗位认知</td></tr>
<tr><td>任务类型</td><td colspan="3">探索型</td><td colspan="2">能力面向</td><td colspan="2">测绘地理信息数据获取与处理职业技能</td></tr>
<tr><td>完成时限</td><td colspan="3">1 课时</td><td colspan="2">学习方法</td><td colspan="2">自主学习法、咨询、讨论</td></tr>
<tr><td>实施方式</td><td colspan="3">自主学习、查阅资料、实际调研</td><td colspan="2">考核方式</td><td colspan="2">报告</td></tr>
<tr><td>考核点</td><td colspan="7">工程测量的概念、应用范围，工程测量的岗位职责</td></tr>
<tr><th colspan="8">学习人员信息（学生填写）</th></tr>
<tr><td>姓名</td><td></td><td>班级</td><td></td><td>学号</td><td></td><td>电话</td><td></td></tr>
<tr><th colspan="8">任务目标</th></tr>
</table>

完成自主学习后，填写下表：

工程测量的概念	
工程测量的任务	
发展趋势（新技术）	
在校期间应该学习的技术能力	
在校期间应该培养的其他能力	

任务介绍	笔记栏
【任务描述】 （1）自主学习工程测量的相关概念知识。 （2）独立完成任务目标，列举我们在大学里，应该学习哪些技术，着重培养哪些能力。 【任务要求】 （1）完成配套资源的学习，并完成学习笔记。 （2）能独立完成任务目标中的相关内容。	

任务配套资源	笔记栏
【资源 1】文本型+数字化学习资源	

知识点 1：测量学概述

测量学是研究地球的形状和大小以及确定地面（包括空中、地下和海底）点位的科学，它的任务包括测定和测设两个部分。测定是指使用测量仪器和工具，通过观测和计算，得到系列测量数据，绘制地形图，供经济建设、规划设计、科学研究和国防建设使用。测设是指把图纸上规划设计好的建筑物、构筑物的位置在地面上标定出来，作为施工的依据。

测量学按照研究范围和对象的不同，可分为以下几个分支学科：

（1）普通测量学：研究地球表面小范围测绘的基本理论技术和方法，不顾及地球曲率的影响，把地球局部表面当作平面看待，这是测量学的基础。

（2）大地测量学：研究整个地球的形状和大小，解决大地区控制测量和地球重力场问题的学科。由于人造地球卫星的发射和科学技术的发展，大地测量学又分为常规大地测量学和卫星大地测量学。

（3）摄影测量与遥感学：研究利用摄影或遥感技术获取被测物体的信息（影像或数字形式），进行分析处理，绘制地形图或获得数字化信息的理论和方法的学科。

（4）海洋测绘学：以海洋和陆地水域为对象所进行的测量和海图编绘工作，属于海洋测绘学的范畴。

（5）制图学：利用测量所得的成果资料，研究如何投影编绘和制印各种地图的工作。

（6）工程测量学：研究工程建设和资源开发领域，在规划、设计、施工、管理各阶段进行的测量、地形测绘、施工放样和变形监测的理论、技术和方法的学科。由于建设工程的不同，工程测量又可分为土木工程测量学、矿山测量学、水利工程测量学、公路测量学以及铁路测量学等。

本教材主要介绍普通测量学和部分工程测量学的内容。

知识点 2：工程测量工作内容

在各种工程建设中，测量技术的应用十分广泛。例如，在建筑工程、城市规划、道路与桥梁工程、水利工程、管道工程与地下建筑等的勘测设计、施工、竣工验收等阶段都需要测量工作的支持和保障。

（1）基础性、先行性工作；工程未动，测量先行。

在勘测设计的各个阶段，需要测区的地形信息和地形图，供工程规划、厂址选择和设计使用，因此，工程测量是一项基础性和先行性的工作。

（2）指导性、保障性工作；工程既动，测量随行。

在施工阶段，要进行施工测量，将设计的建筑物、构筑物的平面位置和高程测设于实地，以便施工；伴随着施工的进展，需要不断地测设高程和轴线，以指导施工；并且根据需要还要进行设备的安装测量；在施工的同时，要根据构筑物的要求，开始变形监测，直至构筑物基本上停止变形为止，以监测施工的构筑物变形的全过程，为保护构筑物提供资料。因此，在整个施工过程中，工程测量作为指导性和保障性的工作一直伴随各项施工的左右，不可或缺。

（3）管理性、监测性工作：工程完结，测量断后。

在工程结束后，还要进行竣工测量，供日后维修、扩建和改建使用；对于大型或重要建筑物、构造物还需要定期进行变形观测，以确保其安全。因此，即使工程已经结束了，工程测量工作作为管理和监测的重要手段之一还要继续进行，对于一些大型的重要工程而言，工程测量将持续到工程的使用期限结束为止。

由此可见，工程测量工作贯穿了工程建设的全过程，在工程专业中的应用十分广泛，特别是大型和重要的工程，测量工作尤为重要。

知识点3：工程测量学习要求

本教材着重介绍测量技术与方法以及工程建设中各个阶段所进行的测量工作。通过学习本课程，需要掌握普通测量学的基本知识和基础理论，以及工程测量学中的相关理论和方法；掌握误差的基本理论知识；学会常规测量仪器的使用方法；掌握小范围平面和高程控制网的基本理论和布设方法；掌握大比例尺地形图测绘的原理和方法；具有应用地形图的能力；掌握工程测量中各种测设数据的计算和测设方法；了解变形观测的基本内容。根据不同的工程领域，掌握各领域中重要的工程测量内容及方法。对于道路桥梁方向的同学而言，还需要重点掌握线路工程测量的相关知识和方法，掌握桥梁与隧道的工程测量方法，掌握桥隧的变形监测方法；对于建筑工程的同学而言，需要重点掌握施工控制网的布设，各种构筑物的放样方法，建筑物的施工测量，建筑物的变形测量；对于水利工程测量的同学而言，掌握各种坝体和渠道的测量方法，掌握大型水利设施的变形监测方法。

工程测量学是一门实践性很强的课程，在教学过程中，除了课堂讲授之外，还有实验课和教学实习。在掌握讲授内容的同时，要认真参加实验课，以巩固和验证所学理论。实验是一个系统的实践环节，要自始至终按要求完成各项实践活动，才能对工程测量的系统知识和实践过程有一个完整的、系统的认识。

知识点4：工程测量岗位工作职责

测量工作贯穿于工程建设的始终，作为一名工程技术人员，只有掌握必要的测量科学知识和技能，才能担负起工程勘测、规划设计、施工及管理等任务。作为一名工程测量的从业人员，需要履行以下一些工作职责：

（1）直接听从测量组长的指挥，紧密配合施工，坚持实事实是、认真负责的工作作风，认真履行工作安排和计划，服从具体的岗位安排，熟悉测量组和工程部制定的各种规章制度并认真执行。

（2）努力学习各种测量技术、规章制度、标准、规定。熟悉标书文件、设计图纸及数据等工程常用资料，根据有关规定、标准的要求编制好测量方案，准备好测量所需的工具和表格；能绘制简单的有关样图及施工辅助图，认真填写项目测量原始资料，记录好测量内容、时间、服务工序和交底人员以备后查。

（3）严格按照编制的测量、监测工作的总方案和各个分部施工的专项方案来实施测量工作内容，测量时仔细认真安设调整仪器、读数准确、记录整洁，并使用法定计量单位。方案中有变更的部分必须向测量组长汇报，不得自行更改工作内容和方式。

（4）在施工控制测量工作中，提前探明测量线路和各个导线点的情况，并熟悉控制标志的位置，保护好测量标志。执行外业期间要求准确、快速、正确地使用各种测量仪器，并详细地记录原始测量数据。

（5）在施工监测工作中，要熟悉监测点位置、监测频率，按照方案要求安装好每一个监测点，根据监测频率严格执行监测工作，认真填写监测报告和监测图。保护好监测标志，定期进行检查，发现损坏及时上报，根据情况进行增添修复。

（6）做好施工中的放样工作，放样前认真查阅图纸，复合计算结果，要求掌握常用的坐标和标高计算方法，熟练运用工程计算器中的计算程序，可以在现场进行简单的放样点位置增补工作。

（7）内业要求能熟悉分类整理各种施工放样资料和存档，准确存放各种新文档。能运用电脑 EXCEL、WORD、CASS、CAD 等常用软件进行资料编辑和施工用图绘制。

（8）认真执行《测量仪器使用制度》，填写测量仪器台账，定期进行仪器保养，防止仪器损坏，定期对所使用的仪器进行自检，自检记录妥善保管。

（9）与其他测量小组成员间，经常交流学习，培养工作默契，统一指挥口令，加快工作效率。

（10）及时完成领导临时交办的测量任务。

（11）在完成内业工作的同时，发现图纸存在问题，提交技术总工，与设计沟通达成共识后方可施工。

（12）施工前与技术总工、甲方代表、监理单位一同进行交接桩工作，并对提供的原始点进行复测核实工作，资料递交资料员进行备案上报之用。如测绘院给予的交桩，需注意是否加盖其单位公章，原始资料交与资料员保管。

（13）对交予我方的原始桩点进行加固保护工作，确保在本次施工结束前不得丢失或损坏。

（14）对原始桩点进行满足施工使用需求的桩点加密工作，做出导线及水准两套完整且单独的系统。并与监理方复测认可，资料上报给资料员收集备案。

（15）测量周边现况，摸清实际情况和设计图纸是否存在冲突或不符。整理测量数据资料交予技术总工。

（16）施测施工红线，并做永久性标记。

（17）测量施工范围的现况地貌，为预算员和技术总工提供第一手与经济挂钩的资料。资料交予资料员，预算员保存。

（18）整体施工尚未全面展开之前，对施工内容进行整体放粗样、大样，熟读物探图，确定所有管线和障碍物，找有代表性的地方放线；和施工员一起组织挖探坑，并将平面位置和断面高程绘图，与设计图纸管线和道路结构作比较，有冲突的地方标识，交予技术总工。没有物探图的根据现状井位和配电设施等可参考的参照物，采集数据绘图，比较。最后将测量成果交予技术总工。

【微课】

测量学绪论

【资源 2】拓展学习资源包

推荐学习网页：https://www.icourse163.org

http://www.celiangyuan.com

学习推荐期刊：《测绘工程》《中国测绘》《测绘通报》《测绘标准化》

任务规划（教师给出）

笔记栏

1. 执行规划建议

知识点	建议学习时间	学习方法	资源要求
测量学概述	10 分钟	自主学习	教室、多媒体设备
工程测量工作内容	10 分钟	自主学习+网络学习	教室、多媒体设备
工程测量学习要求	5 分钟	自主学习+讨论+报告	教室、多媒体设备
工程测量岗位工作职责	20 分钟	自主学习+讨论+报告	教室、多媒体设备、企业调研

2. 教师任务安排	
任务实施（学生规划）	笔记栏
请同学依据要完成的任务就对应知识点学习的时间分配，学习方法及形式，学习要点及总结要求等方面，做出规划。	
任务扩展（教师给出）	笔记栏
学习总结	

子项目学习质量监控单（教师填写）

序号	评分项	分值	实施要求	评定标准	得分
1	资源学习情况	15	1.学习痕迹明显，笔记认真仔细。 2.知识点掌握牢固，并能合理、灵活运用	优：课堂问答及练习能独立完成，回答正确，读书笔记细致。 良：课堂问答及练习成果正确，读书笔记记录较好。 中：课堂问答表述不清，练习成果基本正确。 差：完全不正确	
2	任务规划	15	1.规划内容完整。 2.规划内容应具可实施性。 3.规划过程应独立思考，具备一定的独特性	优：规划的内容详尽，具有很强的可实施性。 良：规划的内容详尽，可实施性一般。 中：规划的内容不全面，可实施性一般。 差：无规划，或者其规划的内容不全，无法实施	
3	任务实施	50	1.过程严格按规范要求进行。 2.过程性资料收集齐全。 3.独立完成任务要求的成果，提交及时	优：任务目标完成质量优良，过程规范，无错误。 良：任务目标完成质量良好，过程规范，无明显错误。 中：任务目标完成质量一般，过程相对规范，无明显错误。 差：没有完成任务目标或成果完全错误	
4	任务扩展	10	独立思考，能利用所学知识及相关手段完成所布置的拓展任务	优：独立思考，成果正确。 良：独立思考，成果基本正确。 中：任务完成得一般。 差：没有完成任务目标或成果完全错误	
5	其他	10	1.及时完成相关表格的填写。 2.独立完成总结的撰写，记录要详尽，要能从技能、知识等多方面进行总结	优：独立思考，任务全部完成，总结到位并能及时上交。 良：独立思考，任务基本完成，总结基本到位并能及时上交。 中：任务基本完成，总结基本到位。 差：没有完成任务目标	
6	职业能力评价	优：完全掌握技能及知识要点，操作规范，安全意识及团队意识好，吃苦耐劳，认真仔细。 良：基本掌握技能及知识要点，操作规范，安全意识及团队意识较好，认真仔细。 中：掌握部分技能及知识要点，操作相对规范，具有一定的安全意识。 未达标：没有掌握要求的技能及知识要点，或操作出现严重错误导致人员及设备损坏				
综合得分		学习过程（项 1～5）评价得分：		技能水平评价：合格□　不合格□	
教师评语					

1.2　测量基础知识

任务 1　地面点位表示

【任务情况】

1. 本学习内容主要完成任务

查阅资料，了解中国现在通用的坐标系统，介绍坐标系的使用情况。能够读取地图上的坐标和高程数据，并根据坐标推算投影带号和中央子午线。

2. 学习目标

知识目标：掌握地球形状大小、大地水准面和高程的概念，测量常用坐标系统和高程系统；掌握高斯、克吕格直角坐标系的带号、中央子午线、通用坐标的计算方法。

技能目标：能够读懂地图上的坐标和高程，通过坐标数据可以推算坐标系统、投影带号、中央子午线等内容。

情感目标：培养爱国主义精神，测绘数据作为重要的基础数据，关系到国家的国防安全，我们有责任建设好中国的坐标和高程系统，也有义务对国家的精密测绘数据进行保护和保密。

3. 学习时间分配

学习活动序号	学习活动	建议学习时长	备注
学习活动 1	地球的形状和大小	1	
学习活动 2	地面点位表示	3	

【作业过程及任务点】

学习活动 1　地球的形状和大小

<table>
<tr><th colspan="8">学习任务单</th></tr>
<tr><td>任务名称</td><td colspan="7">地球的形状和大小</td></tr>
<tr><td>任务类型</td><td colspan="3">理论型</td><td>能力面向</td><td colspan="3">测绘地理信息数据获取与处理职业技能</td></tr>
<tr><td>完成时限</td><td colspan="3">1 课时</td><td>学习方法</td><td colspan="3">教师讲授、学生自主扩展学习法</td></tr>
<tr><td>实施方式</td><td colspan="3">理论学习</td><td>考核方式</td><td colspan="3">理论考核</td></tr>
<tr><td>考核点</td><td colspan="7">地球的简化过程、测量的基准面</td></tr>
<tr><th colspan="8">学习人员信息（学生填写）</th></tr>
<tr><td>姓名</td><td></td><td>班级</td><td></td><td>学号</td><td></td><td>电话</td><td></td></tr>
</table>

任务目标

完成学习后，请作答以下问题：

1. 什么是水准面？什么是大地水准面？在测量工作中有什么作用？

2. 在学校里进行距离测量时，可以把地球当作什么参考面？为什么？

任务介绍	笔记栏
【任务描述】 （1）自主学习地球的形状及大小。 （2）学习地球的简化过程，认识测量的基准面。 【任务要求】 （1）完成配套资源的学习，并完成学习笔记。 （2）掌握在不同尺度下地球参考面的确定；掌握大地水准面、参考椭球的定义及其应用意义。	

任务配套资源	笔记栏
【资源 1】文本型+数字化学习资源	

测绘主要研究的是测量和绘制地球及其表面的各种形态，因此，地球的形状和大小与测绘工作密切相关。地球表面有海洋、高山、丘陵、荒漠、河流、湖泊等，形态复杂，最高点位于我国西藏与尼泊尔交界处的喜马拉雅山的主峰珠穆朗玛峰，海拔达 8 848.86 m，最低点位于太平洋西部的马里亚纳海沟，低于海平面 11 022 m，说明地球高低起伏极其不规则。要在这么复杂的表面上进行定位、数据处理，绘图是非常有难度的，因此必须选择适当的基准面作为测量的依据。所以测量的首要任务就是认识地球的形状与大小，确定测量的基准面和基准线。

因为地球表面是一个形态多样、极其复杂的不规则曲面，不可能用一个数学公式概括和表达。为了能在地球表面上进行测量、数据处理和绘图工作，人们就需要寻求一个与地球形状相近而又能用数学模型表达的曲面来概括地球的自然表面，作为进行测量数据处理与制图的基准面。因为地球由 71%的海洋和 29%的陆地组成，可以认为是一个由水面包围的球体。因此人们设想将静止的海水面向陆地延伸，形成一个封闭的曲面，这样，地球的表面就形成了一个较地球自然表面规则且光滑的曲面，这个曲面被称为水准面。

地球上的海水面可高可低，因此符合上述特征的水准面可有无数个，其中与静止的平均海水面相吻合的一个，称为大地水准面。由大地水准面所包围的地球实体，称为大地体，它代表了地球的自然形状和大小。

大地水准面相较于地球的自然表面要光滑和规则得多，但由于地球内部物质分布的不均匀性，重力受其影响，使地球上各点的铅垂线方向产生不规则的变化，导致大地水准面实际上是一个有微小起伏变化的不规则曲面，如图 1-1 所示。它的精确形态目前还无法用数学模型来描述，也无法在这样的曲面上进行测量数据的处理。

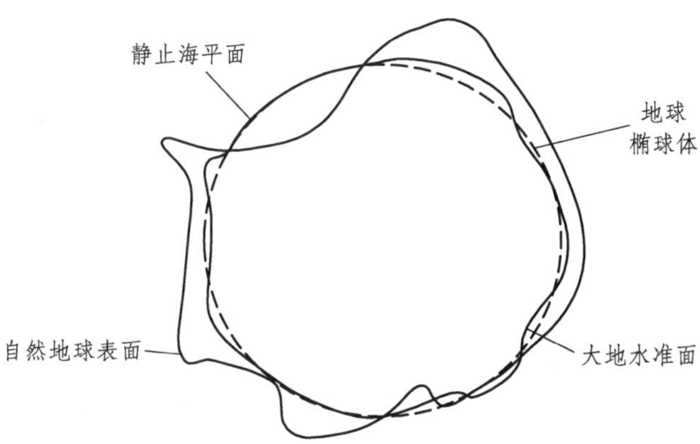

图 1-1　地球自然表面、大地水准面、地球椭球体示意图

为了使测量计算和制图工作能够顺利进行，在测绘领域，通常采用一个和大地水准面非常接近而又能以数学公式表达的曲面来代替大地水准面。经过大量的测量实践表明，大地体与由 NWSE 绕其短轴 NS 旋转而成的旋转椭球体十分近似，称为地球椭球体。测量上就是用这个旋转椭球体的表面来近似代替大地水准面，并以此作为测量计算和制图的基准面。

许多国内外学者曾分别测算出了不同地球椭球体的参数值，如表 1-1 所示，建立了不同的参考椭球系统。如 1954 年北京坐标系采用的是克拉索夫斯基椭球，1980 年国家大地坐标系采用的是 1975 年国际大地测量与地球物理联合会推荐的椭球。随着科学技术的进步，可以越来越精确地确定这些参数，参考椭球的参数也逐渐成为较为固定和精确的数值。到目前为止，已知其精确值为：a=6 378 137 m，b=6 356 752 m，f=1/298.26（$f=\dfrac{a-b}{a}$）。

表 1-1　各国推算的椭球参数

椭球名称	长半轴 a/m	扁率 f	年代和国家（机构）
德兰布尔	6 375 653	1∶334	1800 年法国
白塞尔	6 377 397	1∶299.2	1841 年德国
克拉克	6 378 249	1∶293.5	1880 年英国
海福特	6 378 388	1∶297.0	1909 年美国
克拉索夫斯基	6 378 245	1∶298.3	1940 年苏联
1980 年中国大地测量参考椭球	6 378 140	1∶298.25	1975 年国际大地测量与地球物理联合会推荐
WGS-84 椭球	6 378 137	1∶298.26	1984 年美国
2000 国家大地坐标系参考椭球	6 378 137	1∶298.26	2008 年中国

由于参考椭球体的扁率很小，当测区不大时，可将地球当作圆球，其半径近似值为 6 371 km。然而，要把球面上测量的数据展绘为平面图形，其中的计算是很复杂的，所以，当测区面积不大（半径为 10 km 范围内）时地球形状可看成水平面。如图 1-2。

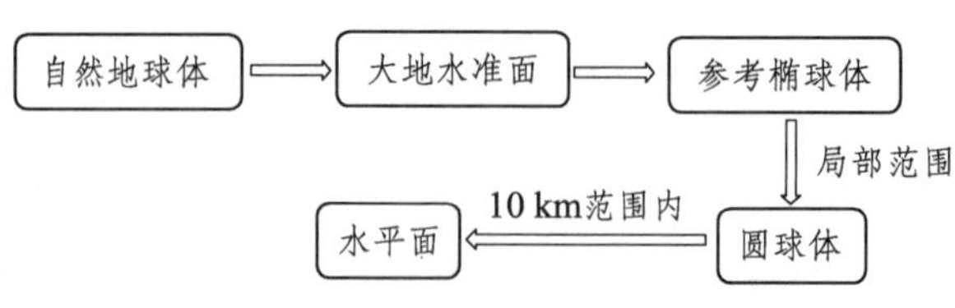

图 1-2　地球体形状的近似过程

【微课】

地球的形状及大小

【资源 2】拓展学习资源包

推荐学习网页：https://www.icourse163.org

学习推荐期刊：《测绘学报》《测绘通报》

任务规划（教师给出）	笔记栏

1. 执行规划建议

知识点	建议学习时间	学习方法	资源要求
水准面	10 分钟	自主学习	教室、多媒体设备
大地水准面	5 分钟	自主学习	教室、多媒体设备
参考椭球面	15 分钟	自主学习	教室、多媒体设备
地球的简化	10 分钟	自主学习	教室、多媒体设备

2. 教师任务安排

任务实施（学生规划）	笔记栏

请同学依据要完成的任务就对应知识点学习的时间分配，学习方法及形式，学习要点及总结要求等方面，做出规划。

任务扩展（教师给出）	笔记栏

学习总结

学习活动 2　地面点位表示

<table>
<tr><th colspan="8">学习任务单</th></tr>
<tr><td>任务名称</td><td colspan="7">地面点位表示</td></tr>
<tr><td>任务类型</td><td colspan="3">理论型</td><td>能力面向</td><td colspan="3">测绘地理信息数据获取与处理职业技能</td></tr>
<tr><td>完成时限</td><td colspan="3">3 课时</td><td>学习方法</td><td colspan="3">教师讲授、学生自主扩展学习法</td></tr>
<tr><td>实施方式</td><td colspan="3">理论学习+计算练习</td><td>考核方式</td><td colspan="3">理论考核+计算考核</td></tr>
<tr><td>考核点</td><td colspan="7">测量的坐标系统、高程系统</td></tr>
<tr><th colspan="8">学习人员信息（学生填写）</th></tr>
<tr><td>姓名</td><td></td><td>班级</td><td></td><td>学号</td><td></td><td>电话</td><td></td></tr>
<tr><th colspan="8">任务目标</th></tr>
</table>

1. 读取以下图幅的坐标及投影信息，填写相应表格。

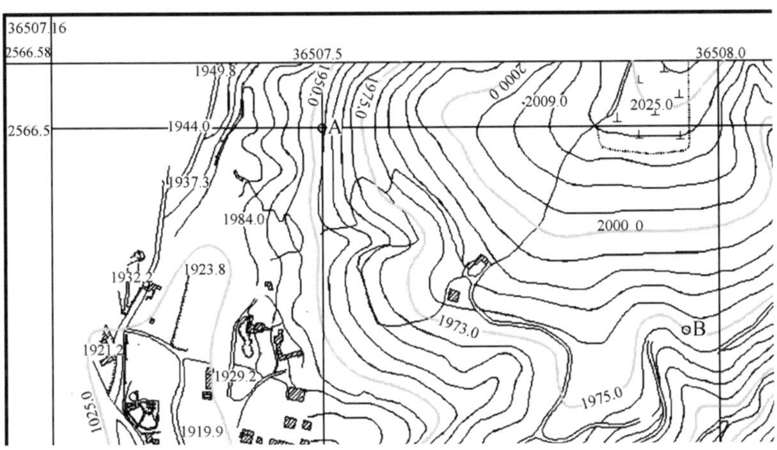

图 1-3　读图示例

序号	项　目	数值	单位
1	高斯投影带 6/3 度带		
2	高斯投影带带号		
3	高斯投影带中央子午线经度		度
4	该图位于中央子午线东/西边		
5	A 点的 x 坐标		米
6	A 点的 y 坐标		米

2. 某点的经度为 102°45'，试计算它所在 6°带及 3°带的带号，以及中央子午线的经度是多少？

任务介绍	笔记栏
【任务描述】 （1）自主学习地面点位表示方法。 （2）学习在地图上读取坐标，判断坐标系统。 （3）能根据通用 Y 坐标推算投影带号、中央子午线经度及投影分带信息。 【任务要求】 （1）完成配套资源的学习，并完成学习笔记。 （2）能简单地读懂地图及其坐标高程系统；理解高斯投影的原理，能根据给定的经度计算 3 度带和 6 度带的带号及中央子午线；能够根据自然坐标计算高斯投影的通用坐标。	

任务配套资源	笔记栏
【资源 1】文本型+数字化学习资源 知识点 1：坐标系统 测量的基本任务是为了确定地面点的空间位置。而为了确定地面点位的空间位置，需要建立各种坐标系。由几何学可知，一个地面点的空间位置需要 3 个量来确定，其中两个量表示地面点沿基准线投影到基准面后，在基准面上的位置，所以又将这两个量称为坐标；第 3 个量表示地面点沿基准线到基准面的距离，在测量上称为高程。在这里，基准线可以是点的铅垂线，也可以是法线；基准面可以是椭球面，也可以是大地水准面或平面。实际测绘工作中，一般采用大地水准面和铅垂线作为基准面和基准线。 在较大区域内进行测量工作时，必须顾及地球的曲率，故地面点的投影位置可采用球面坐标系。而在较小区域范围内，可把地球表面当作平面看待，此时可建立相应的平面直角坐标系。这里主要介绍常用的 3 种坐标系统。 1. 大地坐标系 以参考椭球面和法线为依据，确定地面上任一点在参考椭球面上的位置而建立的坐标系，称为大地坐标系，也称为地理坐标系。大地坐标系是以大地经度 L、大地纬度 B 和大地高 H 三个量来表示地面点空间位置的，称为点	

的大地坐标，如图 1-4 所示。在图 1-4 中，N 代表北极，S 代表南极，*G* 代表格林尼治天文台，*P* 点为地球上任意一点，*M* 点为 *P* 点在椭球上的投影。

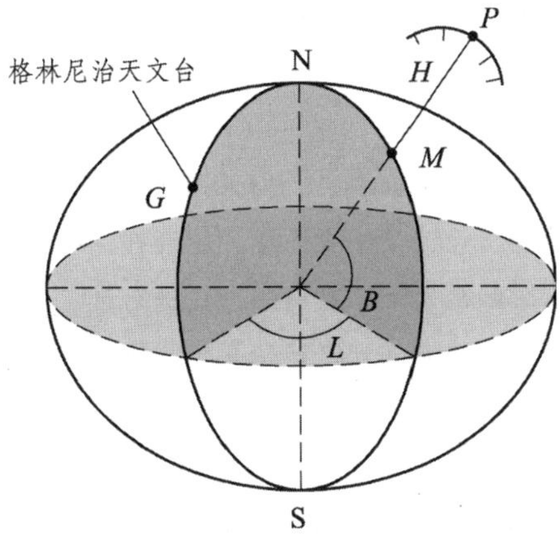

图 1-4　大地坐标系

过 *M* 点（地面点 *P* 的投影点）所在子午面与起始子午面之间的夹角称为大地经度（*L*）。由起始子午面起算，向东为正，称为东经，向西为负，称为西经，其值域为 0°～±180°，实地上东经 180°与西经 180°是同一个子午面。过地面点 *P* 的法线与赤道面之间的夹角称为大地纬度（*B*）。由赤道面起算，向北为正，称为北纬，向南为负，称为南纬，其值域为 0°～±90°。大地高 *H* 是地面点沿法线到椭球面的距离。由椭球面起算，向外大地高为正，向内为负。

2. 独立平面直角坐标系

在小区域内进行测量工作，若采用大地坐标来表示地面点的位置是不方便的，通常采用平面直角坐标。由于地球的半径很大，所以在较小区域内将椭球面看作平面而不失其应有的严密性。既然把投影面当作平面，就可以采用平面直角坐标来表示地面点在投影面上的位置。测量工作中所采用的平面直角坐标系与数学中所介绍的相似，只是坐标轴位置互易。如图 1-5 所示，以 *X* 轴为纵轴，一般用它表示南北方向，以 *Y* 轴为横轴，表示东西方向。

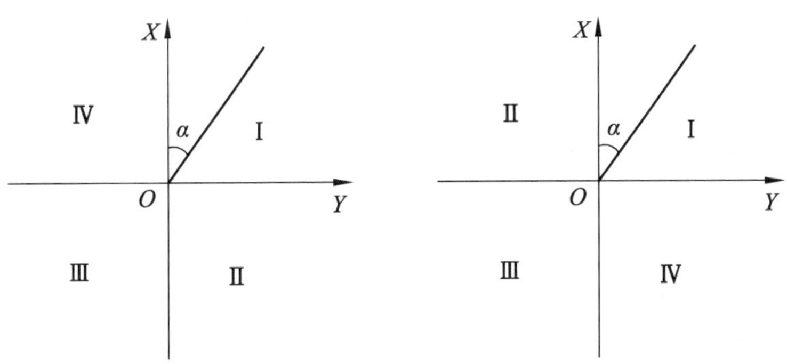

（a）测量采用的平面直角坐标系　（b）数学上采用的平面直角坐标系

图 1-5　测量坐标系与数学坐标系的区别

实际工作中，为了避免坐标出现负值，通常将平面直角坐标系的原点选在测量区域（测区）的西南角某点上，以北方向或建筑物的主轴线为纵坐标轴。由于这里介绍的平面直角坐标系未与国家统一坐标系相联系，故也称为任意坐标系或独立坐标系。

3. 高斯平面直角坐标系

如果测区范围较大，就不能再将地球表面当作平面看待，但采用像大地坐标系这样的球面坐标系的话，对后期的绘图与设计又不太方便，因而在这种情况下，要将地面点按一定的投影方法投影到平面上，按有关理论进行计算和制图。在测量工作中，通常是采用高斯投影的方法来进行，并建立相应的高斯平面直角坐标系。

1）高斯投影

高斯投影是正形投影（等角投影）的一种，最早由德国数学家高斯提出，后经克吕格加以改进和完善，并应用到参考椭球面上，所以常称这种投影为"高斯-克吕格投影"，简称"高斯投影"。如图 1-6 所示，设想将椭球装进一个椭圆柱内，使横椭圆柱内面恰好与椭球面上某个子午线相切，这条切线称为中央子午线，这样，中央子午线就毫无改变地转移到椭圆柱面上，即投影面上。然后将中央子午线附近的一定经差（通常为中央子午线左右各 3°或 1°30′）范围内椭球面上的点线按正形投影的条件向横椭圆柱上投影，并从两极将椭圆柱面剪开展为平面，此即高斯投影平面。

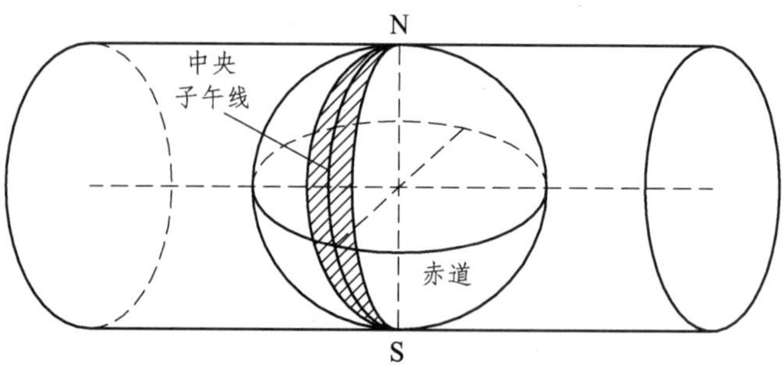

图 1-6　高斯投影

投影后，中央子午线为一直线，且长度不变，其他子午线投影后均为曲线，且对称地凹向中央子午线。赤道投影后为一直线，且与中央子午线正交，各平行圈投影为曲线，以赤道为对称轴凸向赤道，并与子午线正交，如图 1-7 所示。

2）投影带

在高斯投影中，除了中央子午线投影后为一直线，且长度不变外，其他长度都产生了变形，且离中央子午线距离越远，变形越大。因此，必须对这种变形加以限制，使其不超过某一限度。为了控制长度变形，将地球椭球面按一定的经度差分成若干范围不大的带，称为投影带。带宽一般分为经差 6°

和 3°，分别称为 6°带和 3°带。

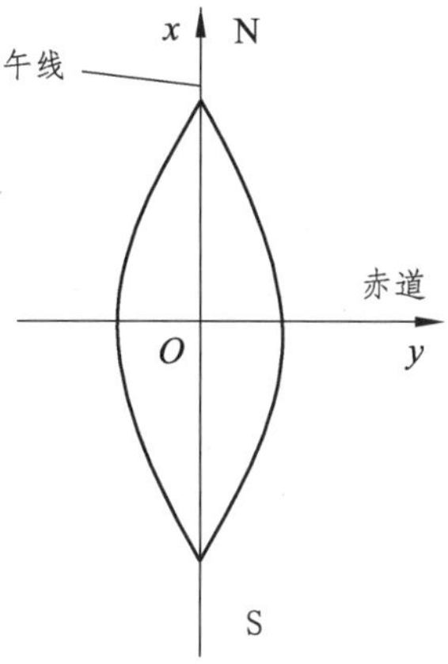

图 1-7　高斯-克吕格平面直角坐标系

6°带是自起始子午面（东经 0°）起，自西向东每隔经差 6°划分一带，全球共分 60 个带，编号为 1～60，以 N_6 表示，称为带号，如图 1-8 所示。如果已知某地的经度，可以计算其带号及中央子午线经度，6°带计算公式如下：

$$\begin{cases} N_6 = \mathrm{INT}(L/6°)+1 \\ L_0^6 = 6°N_6 - 3° \end{cases} \tag{1.1}$$

式中：INT(x)为取整函数，如 INT(4.352)=4，INT(6.98)=6。

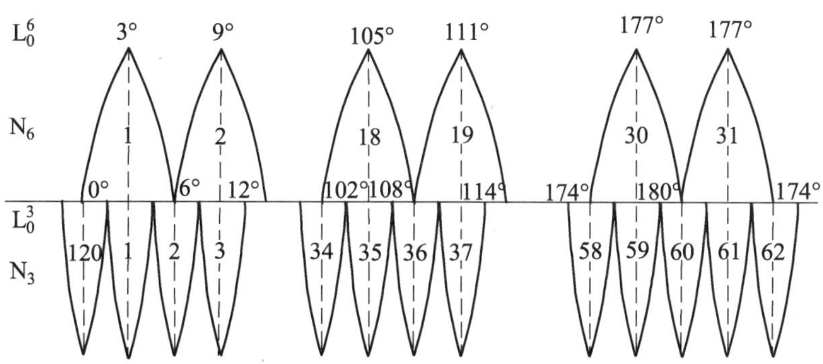

图 1-8　6°带及 3°带的划分

3°带是自东经 1°30′开始，每隔经差 3°划分为一带，全球分 120 个带，编号依次为 1～120，如图 1-9 所示。如果已知某地的经度，可以计算其带号及中央子午线经度，3°带计算公式如下：

$$\begin{cases} N_3 = \mathrm{INT}[(L-1.5°)/3°]+1 \\ L_0^3 = 3°N_3 \end{cases} \tag{1.2}$$

我国采用 6°和 3°两种分度带，6°分带适用于 1∶2.5 万～1∶50 万的中小比例尺测图，而比例尺大于 1∶2.5 万的大比例尺测图则采用 3°分带。我国中央子午线的经度范围从 75°到 135°，6°分带带号由 13 带到 23 带，而 3°分带带号由 25 带到 45 带，两者之间没有重叠带号，因此从带号本身就可判断出是采用 3°带还是 6°带。另外，不难看出，3°带和 6°带的中央子午线经度在奇数带上是相同的。

3）高斯-克吕格平面直角坐标系

采用分带投影后，中央子午线和赤道的投影线都是直线。以每一带的中央子午线投影为纵坐标轴，用 X 表示，向北为正，向南为负；以赤道投影为横坐标轴，用 Y 表示，向东为正，向西为负；各带的中央子午线与赤道垂直相交于 O 点，称为坐标原点。如图 1-9 所示。这样，各带就构成了独立的平面直角坐标系，称为高斯-克吕格平面直角坐标系。对 6°带而言，有 60 个这样的坐标系，对 3°带而言，有 120 个这样的坐标系。

我国位于北半球，纵坐标均为正值，而横坐标则有正有负。为了避免横坐标出现负值，把纵轴自中央子午线向西移动 500 km，如图 1-9 所示，即在 Y 坐标上统一加上 500 km。此外，为了区分某点位于哪一带，还规定在横坐标值前冠以带号。通常把未加 500 km 和带号的横坐标值称为自然值，加上的则称为通用值。例如：图 1-9 中，设 A、B 两点位于 6°带的第 19 带内，横坐标的自然值分别为：

$$y_A'=+26\ 540\ \text{m},\ y_B'=-28\ 240\ \text{m}$$

$$y_A''=500\ 000+26\ 540=526\ 540\ \text{m}$$

$$y_B''=500\ 000-28\ 240=471\ 760\ \text{m}$$

则其通用坐标值为：y_A=19 526 540 m，y_B=19 471 760 m。

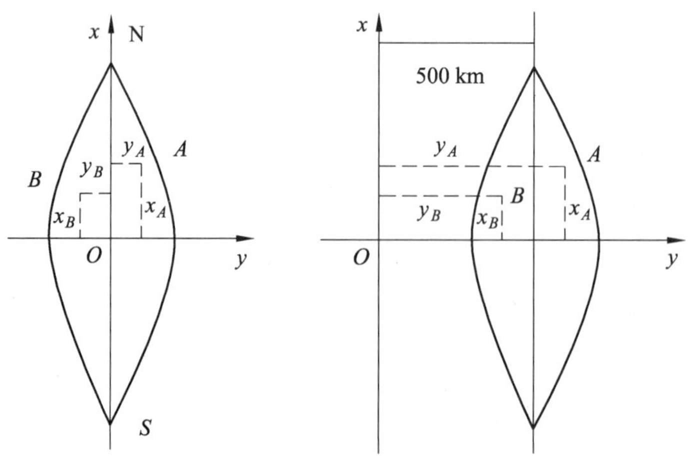

图 1-9　高斯-克吕格平面直角坐标系通用坐标

从通用坐标值中，我们还可以判断该点是位于中央子午线的东边还是西边。如 A 点，其通用值的后 6 位为 526 540，减去 500 000 为正值，因此 A 点位于中央子午线的东边；而 B 点，其通用值的后 6 位为 471 760，减去 500 000 为负值，因此 B 点位于中央子午线的西边。

我们在地图上看到的坐标值一般为通用坐标值，根据这些坐标数值，还可以判断其采用的投影经度差、投影带号。例如：地面任意一点的 Y 坐标为 34 406 720 m，我们就可以知道它的带号是 34，它采用的是 3°带投影（带号大于 25 的都是 3°带投影），因为大比例尺地图采用的是 3°带投影，所以这幅图是大比例尺地图，其中央子午线经度为 102°。

知识点 2：高程系统

为了确定地面点的空间位置，除了要确定其在基准面上的投影位置外，还应确定其沿投影方向到基准面的距离，即确定地面点的高程。

高程有绝对高程与相对高程之分。绝对高程：地球表面某点沿铅垂线到大地水准面的距离叫该点的绝对高程（简称高程，也叫海拔），一般用 H 表示。绝对高程的关键是确定起算面，也就是大地水准面的位置。我国各地地面点的高程，都是以青岛国家水准原点为起算数据，因而高程系统是全国统一的。这一高程基准面的确切位置是由青岛验潮站 1952—1979 年间的验潮资料计算得到的，以这个高程基准面作为全国高程的统一起算面，称为“1985 年国家高程基准”。为了长期、牢固地表示出高程基准面的位置，作为传递高程的起算点，必须建立稳固的水准原点，用精密水准测量方法将它与验潮站的水准标尺进行联测，以高程基准面为零推求水准原点的高程，以此高程作为全国各地推算高程的依据。在“1985 年国家高程基准”系统中，我国水准原点的高程为 H_0=72.260 4 m，如图 1-10 所示。

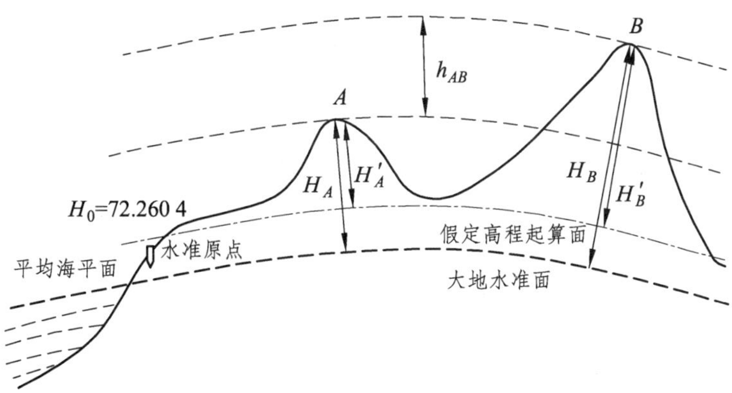

图 1-10　高程和高差

相对高程：地球表面某点沿铅垂线到任一假定水准面的距离叫该点的相对高程。一般建筑图纸上标注的高程就是相对高程，用 H'表示，如图 1-10 所示。

高程值有正有负，在基准面以上的点，其高程值为正，反之为负。

两个地面点的高程差称为高差，用 h 表示。两点间的高差与高程起算面无关。

$$h_{AB}=H_B-H_A=H'_B-H'_A \tag{1.3}$$

高差有正负之分，它反映相邻两点间的地面是上坡还是下坡，因此，高差值前应冠以正负号。如果 h_{AB} 为正，表示地面上 B 点高于 A 点，是上坡；h_{AB} 为负，表示 B 点低于 A 点，是下坡；h_{AB} 为零，表示地面上 A、B 两点同高。

【微课】

大地坐标系

【资源 2】拓展学习资源包

推荐学习网页：https://www.icourse163.org

学习推荐期刊：《测绘学报》《测绘通报》

任务规划（教师给出）

笔记栏

1. 执行规划建议

知识点	建议学习时间	学习方法	资源要求
大地坐标系	15 分钟	自主学习+网络学习	教室、多媒体设备
独立平面直角坐标系	5 分钟	自主学习+讨论+报告	教室、多媒体设备
高斯平面直角坐标系	60 分钟	自主学习+计算练习	教室、多媒体设备
高程系统	40 分钟	自主学习+讨论+报告	教室、多媒体设备

2. 教师任务安排

任务实施（学生规划）

笔记栏

请同学依据要完成的任务就对应知识点学习的时间分配，学习方法及形式，学习要点及总结要求等方面，做出规划。

任务扩展（教师给出）	笔记栏

学习总结

子项目学习质量监控单（教师填写）

<table>
<tr><th>序号</th><th>评分项</th><th>分值</th><th>实施要求</th><th>评定标准</th><th>得分</th></tr>
<tr><td>1</td><td>资源学习情况</td><td>15</td><td>1.学习痕迹明显，笔记认真仔细。
2.知识点掌握牢固，并能合理、灵活运用</td><td>优：课堂问答及练习能独立完成，回答正确，读书笔记细致。
良：课堂问答及练习成果正确，读书笔记记录较好。
中：课堂问答表述不清，练习成果基本正确。
差：完全不正确</td><td></td></tr>
<tr><td>2</td><td>任务规划</td><td>15</td><td>1.规划内容完整。
2.规划内容应具可实施性。
3.规划过程应独立思考，具备一定的独特性</td><td>优：课堂问答独立、正确，读书笔记记录较好。
良：课堂问答完全正确，读书笔记记录较好。
中：内容理解，但表述不清，回答基本正确。
差：完全不正确</td><td></td></tr>
<tr><td>3</td><td>任务实施</td><td>50</td><td>1.过程严格按规范要求进行。
2.过程性资料收集齐全。
3.独立完成任务要求的成果，提交及时</td><td>优：任务目标完成质量优良，过程规范，无错误。
良：任务目标完成质量良好，过程规范，无明显错误。
中：任务目标完成质量一般，过程相对规范，无明显错误。
差：没有完成任务目标或成果完全错误</td><td></td></tr>
<tr><td>4</td><td>任务扩展</td><td>10</td><td>独立思考，能利用所学知识及相关手段完成所布置的拓展任务</td><td>优：独立思考，成果正确。
良：独立思考，成果基本正确。
中：任务完成一般。
差：没有完成任务目标或成果完全错误</td><td></td></tr>
<tr><td>5</td><td>其他</td><td>10</td><td>1.及时完成相关表格的填写。
2.独立完成总结的撰写，记录要详尽，要能从技能、知识等多方面进行总结</td><td>优：独立思考，任务全部完成，总结到位并能及时上交。
良：独立思考，任务基本完成，总结基本到位并能及时上交。
中：任务基本完成，总结基本到位。
差：没有完成任务目标</td><td></td></tr>
<tr><td>6</td><td>职业能力评价</td><td colspan="3">优：完全掌握技能及知识要点，操作规范，安全意识及团队意识好，吃苦耐劳，认真仔细。
良：基本掌握技能及知识要点，操作规范，安全意识及团队意识较好，认真仔细。
中：掌握部分技能及知识要点，操作相对规范，具有一定的安全意识。
未达标：没有掌握要求的技能及知识要点，或操作出现严重错误导致人员及设备损坏</td><td></td></tr>
<tr><td colspan="2">综合得分</td><td colspan="3">学习过程（项 1～5）评价得分：　　　　技能水平评价：合格□　不合格□</td><td></td></tr>
<tr><td colspan="2">教师评语</td><td colspan="3"></td><td></td></tr>
</table>

任务 2　测量误差理论

【任务情况】

1. 本学习内容主要完成任务

能够计算实验数据的精度，判断误差来源，并提出解决方案。

2. 学习目标

知识目标：掌握误差的概念、来源、分类以及偶然误差的特性，会计算中误差、相对中误差和允许误差。

技能目标：了解误差的来源，在测量工作中能根据实际情况，尽量提高测绘精度，避免不必要的误差。能够根据多个观测值分析观测精度，判断测量质量。

情感目标：培养认真负责的工作态度，测绘数据关系到很多重大工程的施工安全和运营维护安全，作为测量人员，我们的责任重于泰山，在作业过程中一定要以严谨的工作态度来控制误差。

3. 学习时间分配

学习活动序号	学习活动	建议学习时长	备注
学习活动 1	测量误差基本知识	2	
学习活动 2	中误差计算	2	

【作业过程及任务点】

学习活动 1　测量误差基本知识

<table>
<tr><th colspan="8">学习任务单</th></tr>
<tr><td colspan="2">任务名称</td><td colspan="6">测量误差基本知识</td></tr>
<tr><td colspan="2">任务类型</td><td colspan="2">理论型</td><td>能力面向</td><td colspan="3">测绘地理信息数据获取与处理职业技能</td></tr>
<tr><td colspan="2">完成时限</td><td colspan="2">2 课时</td><td>学习方法</td><td colspan="3">教师讲授、学生自主扩展学习法</td></tr>
<tr><td colspan="2">实施方式</td><td colspan="2">理论学习</td><td>考核方式</td><td colspan="3">理论考核</td></tr>
<tr><td colspan="2">考核点</td><td colspan="6">误差的概念、来源、分类和特性</td></tr>
<tr><th colspan="8">学习人员信息（学生填写）</th></tr>
<tr><td>姓名</td><td></td><td>班级</td><td></td><td>学号</td><td></td><td>电话</td><td></td></tr>
<tr><th colspan="8">任务目标</th></tr>
<tr><td colspan="8">完成学习后，请回答以下问题：
1. 误差主要来源于哪些方面？如何减弱误差的影响？</td></tr>
</table>

2. 偶然误差的概念？为什么测量主要研究的是偶然误差？偶然误差的特性是什么？

任务介绍	笔记栏
【任务描述】 （1）自主学习误差的概念、来源、分类和特性。 （2）根据案例能够判断测量误差的来源、类别，大致判断测量的精度，给出提高测量精度的建议及方法。 【任务要求】 （1）完成配套资源的学习，并完成学习笔记。 （2）能判断误差的来源、分类。	

任务配套资源	笔记栏
【资源 1】文本型学习资源 知识点 1：测量误差基本知识 在各项测量工作中，例如对某段距离进行多次重复丈量时，我们会发现每次丈量的结果通常是不一致的；又如对若干个量进行观测，如果知道这几个量所构成的某个函数应等于某理论值，则可以发现，用这些量的观测值代入该函数求得的值通常与理论值不一致。这类现象在测量工作中是普遍存在的。这种现象之所以产生，是由于观测结果中存在着观测误差的缘故。观测值与真值或者观测值与观测值之间的差值称为误差。 1. 误差的来源 测量工作是在一定条件下进行的，外界环境、观测者的技术水平和仪器本身构造的不完善等原因，都可能导致测量误差的产生。通常把测量仪器、观测者的技术水平和外界环境三个方面综合起来，称为观测条件。观测条件不理想和不断变化，是产生测量误差的根本原因。通常把观测条件相同的各次观测，称为等精度观测；观测条件不同的各次观测，称为不等精度观测。具体来说，测量误差主要来自以下 3 个方面： （1）外界条件：观测环境中气温、气压、空气湿度和清晰度、风力以及大气折光等因素的不断变化，导致测量结果中带有误差。而且这些因素随时都有变化，由此对观测结果产生的影响也随之变化，这就必然使观测结果带有误差。	

（2）仪器条件：首先，在仪器加工和装配等工艺过程中，不能保证仪器的结构能满足各种几何关系，例如水准仪的视准轴不平行于水准管水准轴、水准尺的分划误差等，这样的仪器必然会给测量带来误差。其次，每种仪器都具有一定的精密度，从而使观测结果受到相应的影响。例如使用只有厘米刻画的皮尺量距与使用有毫米刻画的钢卷尺量距，其精度本身就会有差别。

（3）观测者的自身条件：观测者感官鉴别能力所限以及技术熟练程度不同，也会在仪器对中、整平、瞄准和读数等方面产生误差。与此同时，观测者的技术水平、工作态度也会对观测结果产生不同的影响。

人、仪器和客观环境这三方面是引起观测误差的主要因素，总称“观测条件”。不论观测条件如何，观测结果都含有误差。也可以说观测误差是不可避免的。

2. 误差的分类

根据观测误差的性质，我们可以把观测误差分为系统误差、偶然误差和粗大误差三大类。现分别叙述如下：

（1）系统误差：在相同的观测条件下，对某量进行了 n 次观测，如果误差出现的大小和符号均相同或按一定的规律变化，这种误差称为系统误差。所谓一定的规律，意思是这种误差可以归结为某一个因素或几个因素的函数，一般可用解析公式、曲线或数表来表达。

系统误差产生的主要原因之一，是由于仪器设备制造不完善。例如，用一把名义长度为 50 m 的钢尺去量距，经检定钢尺的实际长度为 50.005 m，则每测量一个尺段就带有+0.005 m 的误差，丈量的尺段越多，所产生的误差越大。所以这种误差与所丈量的距离成正比。再如，竖直角测量中，当竖盘指标不是恰好指在 90°或者 270°时，会产生一个竖盘指标差，它是一个固定的数值，可以通过计算对其进行消除。

系统误差具有明显的规律性和累积性，对测量结果的影响很大。但是由于系统误差的大小和符号有一定的规律，所以可以采取措施加以消除或减少其影响。

（2）偶然误差：在相同的观测条件下，对某量进行了多次观测，如果误差的大小和符号不规律，则这种误差称为偶然误差，也称为随机误差。例如，用经纬仪测角时的照准误差，钢尺量距时毫米位的估读误差等，都属于偶然误差。

偶然误差主要是由那些对测量值影响微小，又互不相关的多种随机因素共同造成的，例如估读、热扰动、仪器对准、空气扰动等。单次测量的随机误差没有规律，不可预定，不能控制也不能用实验的方法加以消除。但是，可以通过多次测量取平均值的办法来削弱随机误差对测量结果的影响。

（3）粗大误差：在一定的观测条件下，超出规定条件下预期的误差称为粗大误差，它又叫作粗误差或错误。读数错误、测量方法错误、测量仪器有严重缺陷等原因，都会导致产生粗大误差。粗大误差明显地歪曲了测量结果，所以，对应于粗大误差的测量结果称异常数据或坏值，应予以剔除，并进行重新测量。

在观测过程中，系统误差和偶然误差总是同时产生的。由于系统误差在观测结果中具有积累的性质，对观测结果的影响尤为显著，所以在测量工作中总是采取各种办法削弱其影响，使它处于次要地位。因此，在测量工作中，偶然误差常处于主要位置，研究偶然误差也就成了测量学的重要课题之一，在后续的“测量平差”课程中，也主要讨论偶然误差的特性及数据处理方法。

知识点 2：偶然误差的特性

在上面的内容中，我们提到，偶然误差的分布是没有规律的，随机的，单个偶然误差是呈现不出规律性的，只有通过对大量偶然误差进行研究才能找出它们的规律。在一定的观测条件下，对某量进行多次观测，偶然误差便呈现出一定的规律性，称为统计规律。

根据统计规律可以总结出偶然误差的 4 个特性：

（1）有界性：在一定的观测条件下，偶然误差的绝对值不会超过一定的限值。

（2）单峰性：绝对值较小的误差比绝对值较大的误差出现的频率高。

（3）对称性：绝对值相等的正、负误差，其出现的频率大致相同。

（4）抵偿性：当观测次数无限增多时，偶然误差的算术平均值趋近于零。

【资源 2】拓展学习资源包

学习推荐期刊：《测绘学报》《测绘通报》

任务规划（教师给出）	笔记栏

1. 执行规划建议

知识点	学习时间	学习方法	资源
误差的来源	15 分钟	自主学习	教室、多媒体设备
误差的分类	25 分钟	自主学习	教室
偶然误差的特性	20 分钟	自主学习	教室
评定测量精度的指标	20 分钟	自主学习+计算练习	教室

2. 教师任务安排

任务实施（学生规划）	笔记栏
请同学依据要完成的任务就对应知识点学习的时间分配，学习方法及形式，学习要点及总结要求等方面，做出规划。	
任务扩展（教师给出）	笔记栏
学习总结	

学习活动 2　中误差的计算

<table>
<tr><th colspan="4">学习任务单</th></tr>
<tr><td>任务名称</td><td colspan="3">中误差的计算</td></tr>
<tr><td>任务类型</td><td>计算型</td><td>能力面向</td><td>测绘地理信息数据获取与处理职业技能</td></tr>
<tr><td>完成时限</td><td>2 课时</td><td>学习方法</td><td>教师讲授、学生自主扩展学习</td></tr>
<tr><td>实施方式</td><td>理论学习+计算练习</td><td>考核方式</td><td>过程性考核+计算成果考核</td></tr>
<tr><td>考核点</td><td colspan="3">中误差、相对中误差、允许误差的概念及计算</td></tr>
</table>

<table>
<tr><th colspan="8">学习人员信息（学生填写）</th></tr>
<tr><td>姓名</td><td></td><td>班级</td><td></td><td>学号</td><td></td><td>电话</td><td></td></tr>
</table>

任务目标

完成学习后，请回答以下问题：

1. 有两组等精度观测值，其误差分别如下所示。

第一组：+2″，−3″，−1″，+3″，0″，−2″，1″

第二组：−1″，−2″，0″，1″，−2″，−5″，−1″

请先直观地判断一下哪组观测精度高。再求其中误差，并比较其观测精度。

2. 丈量两段距离，第一段的长度为 1 000 m，其中误差为±4 cm，第二段长度为 4 000 m，其中误差为±6 cm。两段测量的相对中误差为多少？谁的观测精度高？

<table>
<tr><th>任务介绍</th><th>笔记栏</th></tr>
<tr><td>【任务描述】
（1）自主学习中误差、相对中误差、容许误差的概念及计算。
（2）根据案例能够计算中误差、相对中误差、允许误差，并判断测量的精度。
【任务要求】
（1）完成配套资源的学习，并完成学习笔记。
（2）对中误差、相对中误差、允许误差有清晰的认知，能够计算测量任务的精度，并判断精度是否满足相应规范。</td><td></td></tr>
</table>

任务配套资源	笔记栏

【资源 1】文本型学习资源

知识点 1：中误差

上一节中谈到用标准差衡量精度，观测误差的标准差 σ，其定义为：

$$\sigma^2=\lim_{n\to\infty}\frac{[\Delta\Delta]}{n} \tag{1.4}$$

用上式求 σ 值要求观测次数 n 趋近于无穷大，但在实际测量工作中观测次数总是有限的，由有限个观测值的真误差 Δ 只能求得标准差的估计值，用符号 $\hat{\sigma}$ 表示 σ 的估值，在测量学中定义为中误差，用符号 m 表示：

$$m=\hat{\sigma}=\pm\sqrt{\frac{\Delta_1^2+\Delta_2^2+\cdots+\Delta_n^2}{n}}=\pm\sqrt{\frac{\Delta\Delta}{n}} \tag{1.5}$$

式中：m 为中误差；Δ_i 为一组等精度观测值的真误差（$i=1,2,\cdots,n$）；n 为观测次数。

此公式可解释为，设在相同观测条件下，对任一个未知量进行了 n 次观测，这 n 个观测值的真误差为 Δ_1，Δ_2，…，Δ_n。为了避免正负误差相抵消并明显地反映观测值中较大误差的影响，通常是以各个真误差的平方和的平均值再开方作为评定该组每一观测值的精度的标准。

标准差 σ 与中误差 m 的区别在于标准差为理论上的观测精度，而中误差则是观测次数 n 为有限时的观测精度指标。中误差实际上是标准差的近似值，随着观测次数的增加，中误差趋近于标准差。由于是等精度观测，因此中误差是指该组每一个观测值都具有这个值的精度，也称为观测值的中误差。

例 1-1 设有两组等精度观测值，其真误差分别如下所示。

甲组：+3″，−2″，−1″，+2″，0″，+2″；

乙组：0″，−2″，0″，+1″，−5″，−1″。

计算一下哪一组的观测精度高。

解：按式（1.5）得

$$m_{甲}=\pm\sqrt{\frac{(+3)^2+(-2)^2+(-1)^2+(+2)^2+(0)^2+(+2)^2}{6}}=\pm4.7''$$

$$m_{乙}=\pm\sqrt{\frac{(0)^2+(-2)^2+(0)^2+(+1)^2+(-5)^2+(-1)^2}{6}}=\pm5.6''$$

显然，甲组的观测精度比乙组的观测精度高。乙组虽然有多次小误差的观测值，但出现了一次误差较大的观测，误差比较离散，精度就低。甲组的观测，乍一看误差都不小，但是总体分布集中于较小的区域，因此精度比较高。这也告诉我们，在日常的测量工作中，我们主要是要保持稳定的测量精度，不要出现过大的误差。

这里还要再次强调，中误差是表示一组观测值的精度。也就是说，$m_{甲}$表示甲组观测值中每一个观测值的精度，同样 $m_{乙}$ 表示乙组观测值中每一个观测值的精度。

式（1.5）也被称为中误差的理论公式，在实际测量中实用性不高，因为该公式用到的是真误差，而在现实情况中，真误差很少能够获得。但此公式是中误差的基本公式，后续的中误差公式都是在这个公式基础上推导的，需要在后续的“测量平差”课程中深入学习。

知识点 2：相对中误差

中误差有时不能完全表达精度的高低，比如说在距离测量上。例如，测量 100 m 和 1 000 m 两段距离，它们的中误差都是±1 cm，能否就说两段距离测量的精度相同呢？当然不能，因为测量距离的误差大小与其长度有关。因此，为了更客观地衡量精度，引入了一种与被观测量大小有关的另一种精度评价方法，这就是相对中误差。

观测值中误差的绝对值与观测值之比，称为相对中误差，一般用分子为 1 的分式表示。

$$K=\frac{|m|}{L}=\frac{1}{N} \tag{1.6}$$

相对中误差一般用于距离、面积测量的精度衡量。在上述例子中，前者的相对中误差为 0.01/100=1/10 000，后者的相对中误差为 0.01/1 000=1/100 000，后者分母大比值小，测量精度高。

知识点 3：允许误差

在前面的章节我们提到，偶然误差有 4 个特性，其中第一个特性是有界性，也就是说，在一定的观测条件下，偶然误差不会超过一定的限值，这个限值称为极限误差。如果在测量工作中某观测值的误差超过了这个限值，就认为这次观测的质量不合格，误差超限了，该观测结果应该舍去重新测量，这个界限也因此被称为允许误差（容许误差）或限差。

这个允许误差的数值该如何确定呢？

在测量规范中，对每一项测量工作，分别规定了允许误差值，通常取 3 倍或者 2 倍中误差作为偶然误差的允许值，精度高的测量工作取 2 倍中误差，低一些的测量工作取 3 倍中误差，即：

$$\Delta_{允}=2m \quad 或 \quad \Delta_{允}=3m \tag{1.7}$$

在实际测量中，如果个别误差超过了允许值，就被认为是错误的，需要舍去进行必要的重测或补测。

【资源 2】拓展学习资源包

学习推荐期刊：《测绘学报》《测绘通报》

任务规划（教师给出）	笔记栏
1. 执行规划建议	

知识点	学习时间	学习方法	资源
中误差	40 分钟	自主学习+计算练习	教室、多媒体设备
相对中误差	20 分钟	自主学习+计算练习	教室
允许误差	20 分钟	自主学习	教室

2. 教师任务安排

任务实施（学生规划）	笔记栏
请同学依据要完成的任务就对应知识点学习的时间分配，学习方法及形式，学习要点及总结要求等方面，做出规划。	

任务扩展（教师给出）	笔记栏

学习总结

子项目学习质量监控单（教师填写）

序号	评分项	分值	实施要求	评定标准	得分
1	资源学习情况	15	1.学习痕迹明显，笔记认真仔细。 2.知识点掌握牢固，并能合理、灵活运用	优：课堂问答及练习能独立完成，回答正确，读书笔记细致。 良：课堂问答及练习成果正确，读书笔记记录较好。 中：课堂问答表述不清，练习成果基本正确。 差：完全不正确	
2	任务规划	15	1.规划内容完整。 2.规划内容应具可实施性。 3.规划过程应独立思考，具备一定的独特性	优：规划的内容详尽，具有很强的可实施性。 良：规划的内容详尽，可实施性一般。 中：规划的内容不全面，可实施性一般。 差：无规划，或者其规划的内容不全，无法实施	
3	任务实施	50	1.过程严格按规范要求进行。 2.过程性资料收集齐全。 3.独立完成任务要求的成果，提交及时	优：任务目标完成质量优良，过程规范，无错误。 良：任务目标完成质量良好，过程规范，无明显错误。 中：任务目标完成质量一般，过程相对规范，无明显错误。 差：没有完成任务目标或成果完全错误	
4	任务扩展	10	独立思考，能利用所学知识及相关手段完成所布置的拓展任务	优：独立思考，成果正确。 良：独立思考，成果基本正确。 中：任务完成一般。 差：没有完成任务目标或成果完全错误	
5	其他	10	1.及时完成相关表格的填写。 2.独立完成总结的撰写，记录要详尽，要能从技能、知识等多方面进行总结	优：独立思考，任务全部完成，总结到位并能及时上交。 良：独立思考，任务基本完成，总结基本到位并能及时上交。 中：任务基本完成，总结基本到位。 差：没有完成任务目标	
6	职业能力评价	优：完全掌握技能及知识要点，操作规范，安全意识及团队意识好，吃苦耐劳，认真仔细。 良：基本掌握技能及知识要点，操作规范，安全意识及团队意识较好，认真仔细。 中：掌握部分技能及知识要点，操作相对规范，具有一定的安全意识。 未达标：没有掌握要求的技能及知识要点，或操作出现严重错误导致人员及设备损坏				
综合得分		学习过程（项1～5）评价得分：		技能水平评价：合格□　不合格□	
教师评语					

项目 2

工程测量设备认知

本项目单元主要学习水准仪、经纬仪、全站仪、RTK 三维激光扫描仪等工程测量常见设备的构造、工作原理及使用方法。通过本章节的学习，学生应能熟知工程测量的设备的操作及应用，了解设备的检验、校正、维护和保养方法，为对应岗位中开展相关测绘任务打下基础。

2.1 水准仪认知

任务 1 水准仪及水准尺认知

【任务情况】

1. 本学习内容主要完成任务

理解并掌握水准测量的原理，熟悉水准测量仪器及工具的构造，掌握自动安平水准仪及电子水准仪的安置、瞄准以及水准尺的读数方法。

2. 学习目标

知识目标：理解水准测量原理。

DS_3 微倾水准仪的基本构造，各操作部件的名称和作用。

自动安平水准仪的构造及作用。

电子水准仪的基本构造及性能，认识各操作键的名称及其功能。

水准的类型及特点，尺垫的使用方法。

技能目标：能认识水准标尺、塔尺、条码水准尺。

能对照 DS_3 微倾水准仪实物，说出各部件的名称和作用。

能对照自动安平水准仪实物，说出各部件的名称和作用。

能对照电子水准仪实物，说出各部件的名称和作用及操作键名称及其功能。

情感目标：养成认真细致的学习素养、精益求精的职业素养及爱岗敬业的职业操守。

3. 学习时间分配

学习活动序号	学习活动	建议学习时长	备注
学习活动 1	水准测量的原理	1.5	
学习活动 2	水准测量的仪器及工具	1.5	

【作业过程及任务点】

学习活动 1　水准测量的原理

<table>
<tr><th colspan="8">学习任务单</th></tr>
<tr><td>任务名称</td><td colspan="7">水准测量的原理</td></tr>
<tr><td>任务类型</td><td colspan="2">理论性</td><td colspan="2">能力面向</td><td colspan="3">测绘地理信息数据获取与处理职业技能</td></tr>
<tr><td>完成时限</td><td colspan="2">1.5 课时</td><td colspan="2">学习方法</td><td colspan="3">自主学习法+课堂学习</td></tr>
<tr><td>实施方式</td><td colspan="2">理论学习</td><td colspan="2">考核方式</td><td colspan="3">理论考核</td></tr>
<tr><td>考核点</td><td colspan="7">两点高差计算，连续水准测量中转点的设置</td></tr>
<tr><th colspan="8">学习人员信息（学生填写）</th></tr>
<tr><td>姓名</td><td></td><td>班级</td><td></td><td>学号</td><td></td><td>电话</td><td></td></tr>
<tr><th colspan="8">任务目标</th></tr>
<tr><td colspan="8">完成学习后，请回答以下问题：
1. 请绘图说明水准测量的原理。

2. 结合下图所示的水准测量数据，计算两点之间的高差。

</td></tr>
</table>

任务介绍	笔记栏
【任务描述】 （1）学习掌握水准测量的原理。 （2）高差法及视线高法的区别与运用。 【任务要求】 （1）完成配套资源的学习，并完成学习笔记。 （2）完成总结的填写。	

任务配套资源	笔记栏

【资源 1】文本型学习资源

知识点 1：水准测量的原理

1. 水准测量的原理

水准测量是利用水准仪提供的水平视线借助于带有分划的标尺，直接测定地面上两点间的高差，然后根据已知点高程和测得的高差，推算出另一待定点的高程的一种方法。

如图 2-1 所示，A 和 B 为地面上两点，为了求出 A、B 两点的高差 h_{AB}，在 A、B 两个点上竖立带有分划的标尺（水准尺），在 A、B 两点之间安置可提供水平视线的仪器（水准仪）。当视线水平时，在 A、B 两个点的标尺上分别读得读数 a 和 b，则 A、B 两点的高差等于两个标尺读数之差，如式（2.1）所示。

$$h_{AB}=a-b \tag{2.1}$$

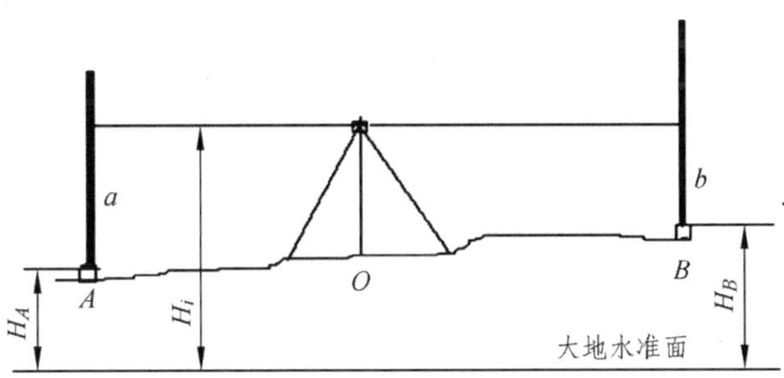

图 2-1　水准原理示意图

如果 A 为已知高程的点，B 为待求高程的点，则 B 点的高程计算见式（2.2）所示：

$$H_B=H_A+h_{AB} \tag{2.2}$$

式（2.1）中：读数 a 是在已知高程点上的水准尺读数，称为“后视读数”；b 是在待求高程点上的水准尺读数，称为“前视读数”。高差必须是后视读数减去前视读数。高差 h_{AB} 的值可能是正，也可能是负，正值表示待求点 B 高

于已知点 A，负值表示待求点 B 低于已知点 A。此外高差的正负号又与测量进行的方向有关，例如图 2-1 中测量由 A 向 B 进行，高差用 h_{AB} 表示，其值为正；反之由 B 向 A 进行，则高差用 h_{BA} 表示，其值为负。所以说明高差时必须标明高差的正负号，同时要说明测量进行的方向。

待定点 B 的高程的计算有两种方法：

一种是根据高差推算高程的方法，称为高差法。

$$H_B=H_A+h_{AB}=H_A+(a-b) \tag{2.3}$$

另一种是通过仪器的视线高程来推算待定点高程的方法，称为视线高法。仪器的视线高程简称视线高，一般用 H_i 表示，视线高 H_i 等于后视点高程 H_A 加后视读数 a，即：

$$H_i=H_A+a \tag{2.4}$$

则 B 点的高程等于视线高 H_i 减去 B 点上所立水准尺的前视读数 b，即：

$$H_B=H_i-b=(H_A+a)-b \tag{2.5}$$

2. 连续水准测量的原理

在实际水准测量工作中，A、B 两点间相距往往较远或高差较大，超过了允许的视线长度，安置一次水准仪（即一个测站）不能测定这两点间高差。此时可在 A 点至 B 点间增设若干个必要的临时立尺点，称为转点（TP 或 ZD），用来传递高程。根据水准测量的原理依次连续地在两个立尺点中间安置水准仪来测定相邻各点间高差，最后取各个测站高差的代数和，即求得 A、B 两点间高差，这种方法称为连续水准测量。

如图 2-2 所示，欲求 A、B 两点间高差 h_{AB}，在 A 点至 B 点间增设（$n-1$）个临时立尺点（转点）TP_1，…，TP_n，安置 n 次水准仪，依次连续地测定相邻两点间高差 h_1-h_n，即：

$$h_1=a_1-b_1$$

$$h_2=a_2-b_2$$

$$\vdots$$

$$h_n=a_n-b_n$$

$$h_{AB}=h_1+h_2+\cdots+h_n$$

则
$$\sum h=\sum a-\sum b \tag{2.6}$$

式（2.6）中，$\sum a$ 为后视读数之和，$\sum b$ 为前视读数之和，则未知点 B 的高程为：

$$H_B=H_A+h_{AB}=H_A+\left(\sum a-\sum b\right) \tag{2.7}$$

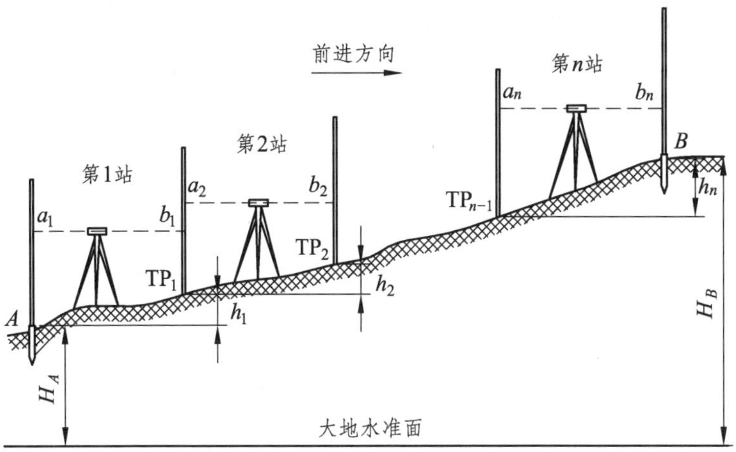

图 2-2　连续水准测量示意图

水准测量过程中，安置仪器的地方称为测站。在观测时，每安置一次仪器并完成相应的观测称为一个测站，中间临时设置的立尺点为转点。完成一个测站后，将仪器搬至下一测站的过程，称为迁站。为了保证高程传递的正确性，在连续水准测量过程中，不仅要选择土质稳固的地方作为转点位置（需安放尺垫），而且在相邻测站的观测过程中，要保持转点稳定不动；同时要尽可能保持各测站的前后视距大致相等；还要通过调节前后视距离，尽可能保持整条水准路线中的前视视距之和与后视视距之和相等，这样有利于消除（或减弱）地球曲率和某些仪器误差对高差测量的影响。

连续水准测量时要注意：

（1）水准测量过程中，只有转点放置尺垫，水准点上不能放置尺垫。

（2）在一个测站上，前、后视读数无误，并原地计算两点间高差后，后视尺的标尺和尺垫才能随仪器一同迁站。决不允许测完后视标尺，立尺员马上就移动尺垫。

任务规划（教师给出）

笔记栏

1. 执行规划建议

知识点	学习时间	学习方法	资源
水准测量原理	20 分钟	讲解、演示、自主学习	教室、多媒体设备
连续水准测量	25 分钟	讲解、演示、自主学	教室、多媒体设备

2. 教师任务安排

任务实施（学生规划）	笔记栏
请同学依据要完成的任务就对应知识点学习的时间分配，学习方法及形式，学习要点及总结要求等方面，做出规划。	

任务扩展（教师给出）	笔记栏

学习总结

学习活动 2　水准测量的仪器及工具

<table>
<tr><th colspan="8">学习任务单</th></tr>
<tr><td>任务名称</td><td colspan="7">水准仪构造认知</td></tr>
<tr><td>任务类型</td><td colspan="3">实操型</td><td colspan="2">能力面向</td><td colspan="2">测绘地理信息数据获取与处理职业技能</td></tr>
<tr><td>完成时限</td><td colspan="3">1.5 课时</td><td colspan="2">学习方法</td><td colspan="2">小组学习+任务</td></tr>
<tr><td>实施方式</td><td colspan="3">现场实操</td><td colspan="2">考核方式</td><td colspan="2">实际操作</td></tr>
<tr><td>考核点</td><td colspan="7">水准仪的各部分名称及作用</td></tr>
<tr><th colspan="8">学习人员信息（学生填写）</th></tr>
<tr><td>姓名</td><td></td><td>班级</td><td></td><td>学号</td><td></td><td>电话</td><td></td></tr>
<tr><th colspan="8">任务目标</th></tr>
<tr><td colspan="8">完成学习后，请回答以下问题：
1. 写出 DS_3 水准仪各个部分的名称，同时能面对仪器独立完成以下内容：基本结构，各部件的名称和作用。
2. 写出自动安平水准仪各个部分的名称，同时能面对仪器独立完成以下内容：基本结构，各部件的名称和作用。
3. 写出电子水准仪各个部分的名称，同时能面对仪器独立完成以下内容：基本结构，各部件的名称和作用。
4. 写出水准仪各部位之间的构造关系。</td></tr>
</table>

任务介绍	笔记栏
【任务描述】 （1）现场对照设备实物开展认知，最终掌握 DS_3 水准仪，自动安平水准仪及电子水准仪的构造。 （2）能正确区分水准标尺的类型及优缺点。 【任务要求】 （1）完成配套资源的学习，并完成学习笔记。 （2）完成总结的填写。	
任务配套资源	**笔记栏**
【资源 1】文本型学习资源 水准测量所使用的仪器称为水准仪，其全称为大地测量水准仪，工具有水准尺和尺垫。 水准仪是利用水平视线测定地面两点间高差的仪器。按结构分为微倾水准仪、自动安平水准仪、数字水准仪（又称电子水准仪），广泛应用于测绘地理信息高差信息数据采集和工程建设的设计、施工、运营。 目前，水准仪按其精度分为 $DS_{0.5}$、DS_3 及 DS_{10} 等几种型号。“D”“S”分别为“大地测量”和“水准仪”汉语拼音的第一个字母，下标数字 0.5、1、3 和 10 表示水准仪的精度。即表示每千米往返测高差中数偶然中误差值。 知识点 1：水准测量的工具 水准测量的工具包括：水准尺、尺垫和三脚架。 1. 水准尺 水准尺是带有刻划线和注有数字的标尺，它是水准测量中的重要工具。水准尺多用木材、铝合金及玻璃钢制成，也有铟钢制成的铟钢尺。主要常见的尺子形式有直尺和塔尺等，尺长规格一般有 2 m、3 m 和 5 m。水准尺按照精度可以分为：精密水准尺和普通水准尺。普通水准尺一般采用木料、铝材和玻璃钢制成，尺长多为 3 m，两根为一副，且为双面（黑、红面）刻划的直尺，每隔 1 cm 印刷有黑白或红白相间的分划。每分米处注有数字，对一对水准尺而言，黑、红面注记的零点不同。黑面尺的尺底端从零开始注记读数，两尺的红面尺底端分别从常数 4 787 mm 和 4 687 mm 开始，称为尺常数 K。即 K_1=4.787 m，K_2=4.687 m，见图 2-3 所示。精密水准尺的框架用木料制成，分划部分用镍铁合金做成带状，尺长多为 3 m，两根为一副。在尺带上有左右两排线状分划，分别称为基本分划和辅助分划，格值 1 cm。这种水准尺配合精密水准仪使用，见图 2-4 所示。	

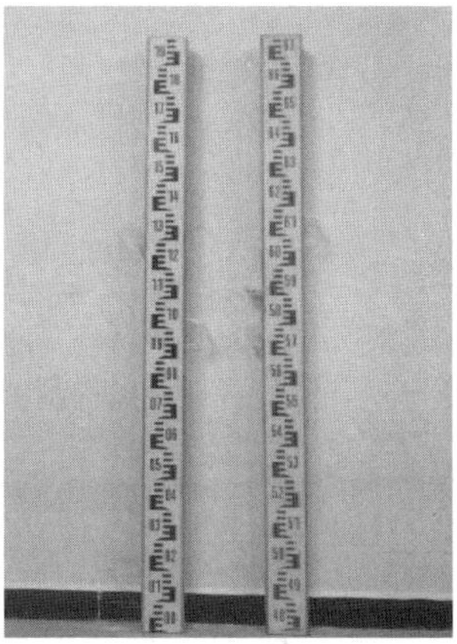

图 2-3　普通水准尺示意图

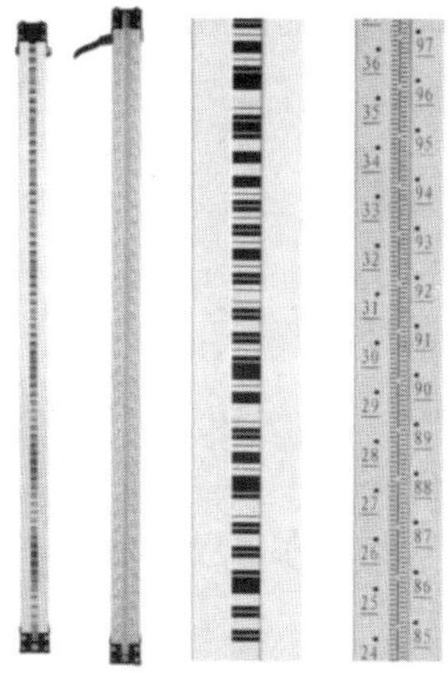

图 2-4　精密水准尺示意图

水准尺的常见类型有：直尺、塔尺。

1）直　尺

又称双面水准尺，多用于三、四等的水准测量，以长度 3 m 较为常见，见图 2-5 所示。在尺面上每隔 1 cm 涂有黑白或红白间隔的分格，每分米处注有数字。单面尺是在一面有刻划，而双面尺是在两面均有刻划。双面尺的一面是“黑面尺”（主尺），另一面是“红面尺”（辅尺）。通常用两根尺组成一对进行水准测量，“E”的最长分划线为分米的起始。读数时直接读取米、分米、厘米，估读毫米，单位为米或毫米。两根黑面尺尺底均从零开始，而红面尺尺底固定数值为 4 687 mm 或 4 787 mm 开始，此固定数值称为零点差（或红黑面常数差），目的在于水准测量中以校核读数正确，避免凑数而发生错误。

2）塔　尺

一般用于普通水准测量，其长度为 3 m 或 5 m，可以伸缩，它由 3 节或 5 节套在一起，使用时必须注意接口位置是否正确，见图 2-6 所示。零点都在尺的底端，自零点起每隔 1 cm 或 5 mm 以黑白相间刻划。塔尺比直尺携带方便，但是在尺子的接头处长期地使用后磨损较大从而容易产生误差，影响尺子的精度。

2. 尺　垫

尺垫由生铁铸成，一般为三角形或圆形的底座，其下方有三只尖脚，上方中间位置有一凸起的半球体，水准尺立于球顶最高点，作为水准测量转点的标志，见图 2-7 所示。在水准测量中，尺垫用来支承水准尺，防止水准尺下沉或移动对测量高差产生影响。在使用时，为保证水准测量的精度，水准测量转点时要把尺垫下面的三只脚紧紧踩入土中，使其固定。

3. 三脚架

三脚架是测量操作的附件，用以安置水准仪，由木质（或金属）制成。三脚架一般可伸缩，便于携带及调整仪器高度，使用时用中心连接螺旋与仪器固紧。根据仪器的不同，三脚架的大小也有所不同，见图 2-8 所示。

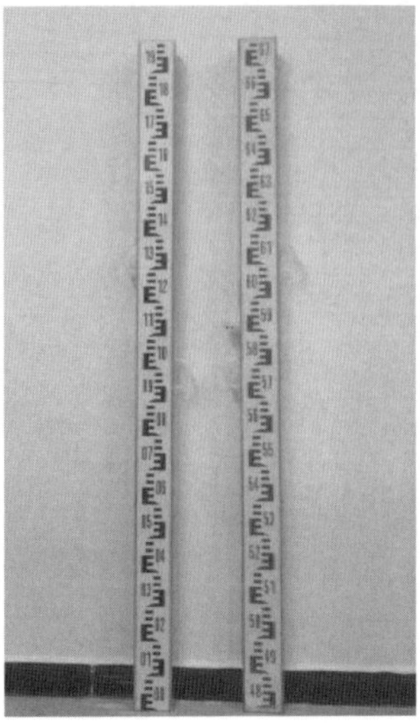

图 2-5　双面尺示意图

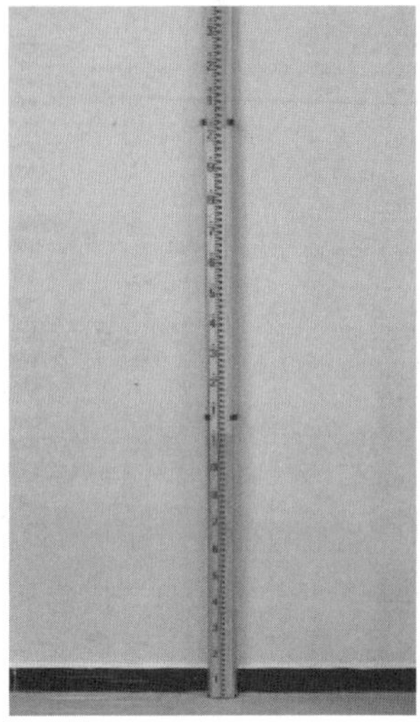

图 2-6　塔尺示意图

图 2-7　尺垫示意图

图 2-8　三脚架示意图

知识点 2：DS_3 微倾式水准仪的构造及操作

根据水准测量的原理，水准仪的主要作用是提供一条水平视线，并能够瞄准水准尺读数。那么，要能提供一条水平视线，就要求水准仪有一个指示是否水平的水准器，并且还要有一个能够将水准器调节至水平状态的部件。要能够瞄准远处的水准尺，就要求水准仪有一个望远镜。因此，水准仪主要由 3 个部分组成：望远镜、水准器、基座，如图 2-9 所示。

1. 望远镜

望远镜主要由四大光学部件组成，见图 2-10 所示，即物镜、调焦透镜、十字丝分划板、目镜，另外还包括一些调节螺旋。

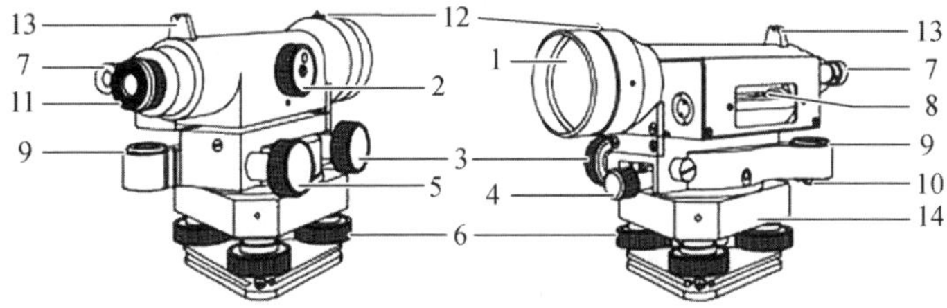

1—物镜；2—调焦螺旋；3—微动螺旋；4—制动螺旋；5—微倾螺旋；
6—脚螺旋；7—符合水准器放大镜；8—管水准器；9—圆水准器；
10—圆水准调节螺丝；11—目镜；12，13—瞄准器；14—基座。

图 2-9　微倾式水准仪结构图

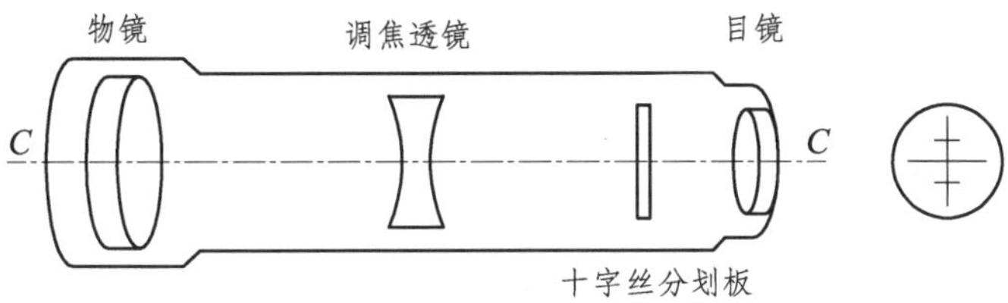

图 2-10　望远镜结构图

望远镜用来照准远处竖立的水准尺并读取水准尺上的读数，要求望远镜能看清水准尺上的分划和注记并有读数标志。

十字丝分划板是一块玻璃片，上面刻有两条相互垂直的长线，竖直的一条称为竖丝，横的一条称为中丝。在中丝的上下还对称地刻有两条与中丝平行的短横线，是用来测量距离的，称为视距丝。由视距丝测量出的距离就称为视距。

十字丝的交点与物镜光心的连线，称为视准轴。

水准测量是在视准轴水平的时候，用十字丝的中丝截取水准尺上的读数。

微倾式水准仪望远镜的成像原理：目标物体发出的光线经物镜、调焦透镜后，在十字丝分划板上成倒立的实像，通过目镜放大后成倒立的虚像，同时十字丝也同时放大。DS_3 型水准仪的放大的倍数一般为 28。DS_3 型微倾式水准仪在目镜端观察到的物体成像可能是倒立的，根据在目镜端观察到的物体成像情况，望远镜可以分为正像望远镜和倒像望远镜。

视差：观测者的眼睛在目镜端上下移动时，目标像与十字丝有相对移动。视差会降低读数的精度。视差产生的原因：目标成像面与十字丝分划板不重合。消除的办法：反复进行物镜、目镜对光。（操作：先旋转目镜调焦螺旋，使十字丝十分清晰；然后旋转物镜调焦螺旋使目标像十分清晰。）

2. 水准器

水准器用于置平仪器。水准器有管水准器和圆水准器两种。

1）管水准器

管水准器由玻璃圆管制成，其内壁磨成一定半径 R 的圆弧，如图 2-11

所示。将管内注满酒精和乙醚的混合液，加热封闭，冷却后，管内形成的空隙部分充满了液体的蒸汽，称为水准气泡。因为蒸汽的比重小于液体，所以，水准气泡总是位于内圆弧的最高点。

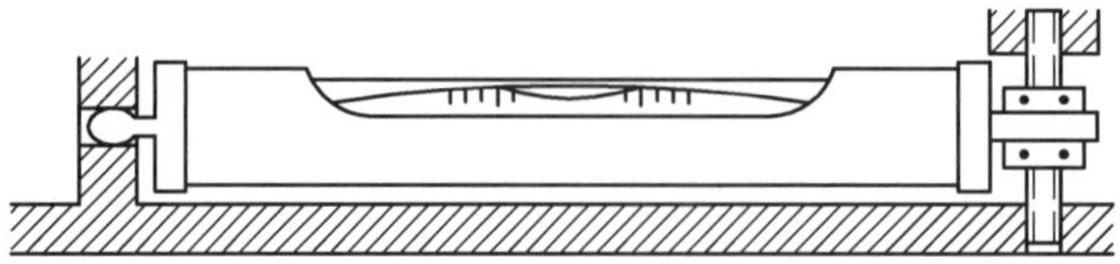

图 2-11　管水准器示意图

管水准器内圆弧中点 O 称为管水准器的零点，过零点作内圆弧的切线 LL 称为管水准器轴（或水准管轴）。当管水准器气泡居中时，管水准器轴 LL 处于水平位置。

在管水准器的外表面，对称于零点的左右两侧，刻划有 2 mm 间隔的分划线。定义 2 mm 弧长所对的圆心角称为管水准器的分划值。

公式：$\tau''=2/R\times\rho''$，$\rho''=206\ 265''$

分划值 τ''的几何意义为：当水准气泡移动 2 mm 时，管水准器倾斜的角度为 τ''。R 愈大，τ 愈小，水准管的精度愈高。

为了提高水准气泡的居中精度，在管水准器的上方装有一组符合棱镜，如图 2-12 所示，通过这组棱镜，将气泡两端的影像反射到望远镜旁的管水准气泡观察窗内，旋转微倾螺旋，当窗内气泡两端的影像吻合后，表示气泡居中。

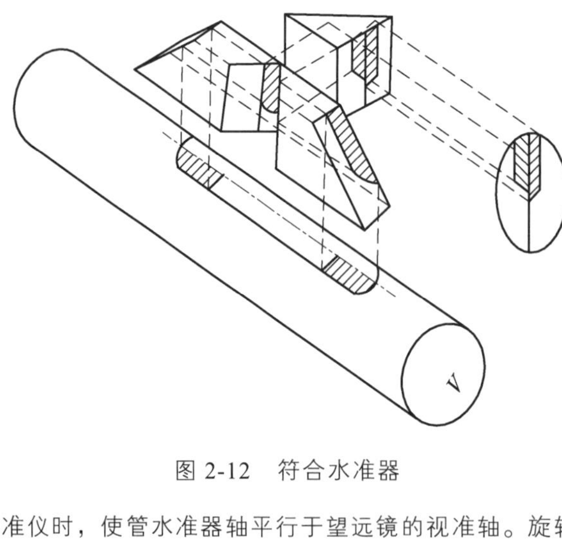

图 2-12　符合水准器

制造水准仪时，使管水准器轴平行于望远镜的视准轴。旋转微倾螺旋使管水准气泡居中时，管水准器轴处于水平位置，从而使望远镜的视准轴也处于水平位置。

2）圆水准器

圆水准器是内表磨成球面的玻璃圆盒，见图 2-13 所示。圆水准器的球面顶点称为零点。过圆水准器零点的球面法线称为圆水准器轴，分划值 τ：一般为 8′～10′。圆水准器的作用是用于粗平仪器，使水准仪竖轴大致竖直，通过调节三个脚螺旋实现，见图 2-13 所示。

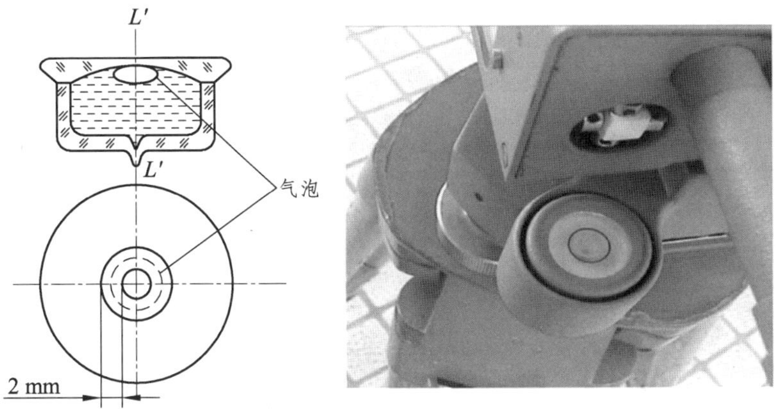

图 2-13　圆水准器示意图

3）基座

基座的作用是支承仪器的上部，用中心螺旋将基座连接到三脚架上。基座主要由轴座、脚螺旋、底板和三角压板构成。

知识点 3：自动安平水准仪的构造及工作原理

微倾式水准仪在每次读数之前都应调整微倾螺旋使水准管气泡居中，这样就大大降低了水准测量的速度。自动安平水准仪的出现解决了这一问题，见图 2-14 所示。其内部构造组成见图 2-15 所示。

自动安平是依靠重力作用的原理使视线保持水平。在望远镜中设置一个自动补偿装置，当视准轴虽已倾斜（一般倾斜度不太大，在圆水准器分划值范围内约 10′），通过物镜光心的水平光线经补偿装置后仍能通过十字丝交点。此时，视准轴成为折线。物镜至补偿装置一段为水平线，补偿装置至十字丝一段为倾斜线。

图 2-14　自动安平水准仪 DS3Z

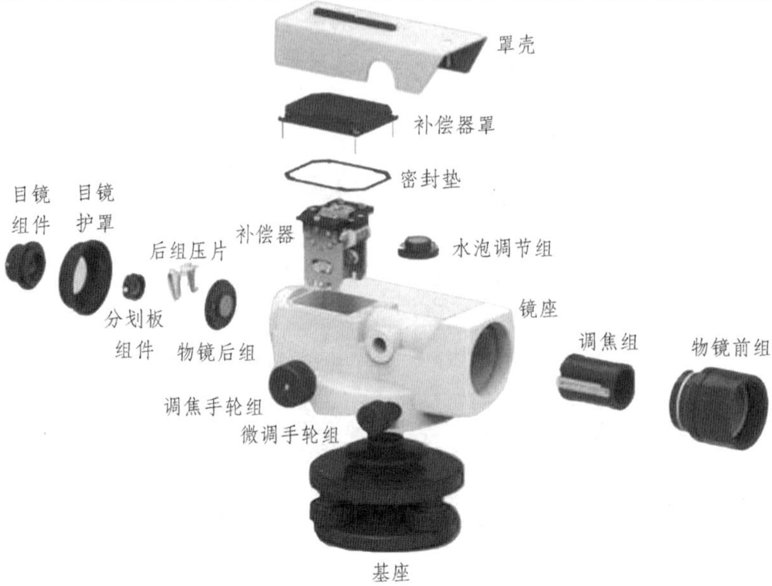

图 2-15　自动安平水准仪 DS3Z 爆炸图

补偿方式：当视准轴倾斜了一个小角度，为使经过物镜光心的水平光线能通过十字丝交点，可采用两个办法——采用补偿器或移位十字丝。

补偿器由两个直角棱镜和一个屋脊棱镜构成，两个直角棱镜 B 用交叉的金属片 C 吊挂着，以零件 A 固定在望远镜上。当望远镜有微小的倾斜时，直角棱镜在重物（活塞）的重力作用下，将与望远镜作相对的偏转运动，偏转方向刚好与望远镜的倾斜方向相反，其偏转的角度亦相等。

补偿器的工作原理是用一重物在重力作用下使某个方向成为铅垂方向，而与此方向直接联系着一组光路。当视准轴有微小倾斜时，由重物产生的铅垂方向始终不变，它联系着的光路将始终能保持得到视准轴水平时应得的读数。当视准轴水平时，水平光线进入物镜后经第一个直角棱镜反射到屋脊棱镜，在屋脊棱镜内作三次反射到达另一个直角棱镜，又被反射一次，最后通过十字丝的交点。当视准轴倾斜时，第一种情况：假设“补偿器”不发生作用时的光路。水平光线经棱镜几次反射之后并不通过十字丝交点 *A* 而是通过 *B* 点。两条光线间的角度即为视准轴倾斜的角度。第二种情况：“补偿器”发生作用后的光路。直角棱镜在重物的重力作用下产生了偏转，因此经棱镜反射后的光路也将发生偏转。“补偿器”的作用是希望偏转后的水平光线刚好通过十字丝的交点。实际上通过一定的设计是能满足上述要求的。

知识点 4：电子水准仪的构造及工作原理

电子水准仪又叫数字水准仪，由基座、水准器、单远镜及数据处理系统组成。电子水准仪是以自动安平水准仪为基础，在望远镜光路中增加了分光镜和探测器（CCD），并采用条纹编码标尺和图像的处理电子系统而构成的光机电一体化的高科技产品，如图 2-16 所示。电子水准仪利用近代电子工程学原理由传感器识别条形码水准尺上的条形码分画，经信息转换处理获得观测值，并以数字形式显示在显示窗口上或存储在处理器内。与仪器配套使用。

用的水准尺为条纹编码尺——玻璃纤维塑料或钢尺。水准标尺分划形式为条纹码和厘米分划。条纹码分划供电子水准仪观测时电子扫描用，标尺另一面的厘米分划可供光学水准仪观测时使用，如图 2-17 所示。

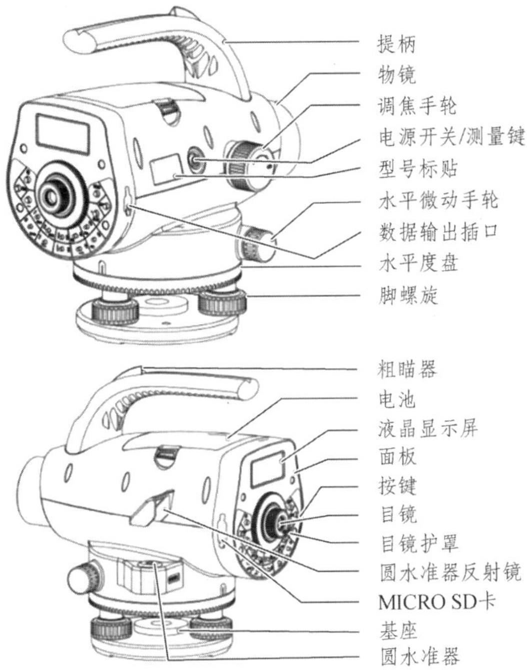

图 2-16　电子水准仪组成

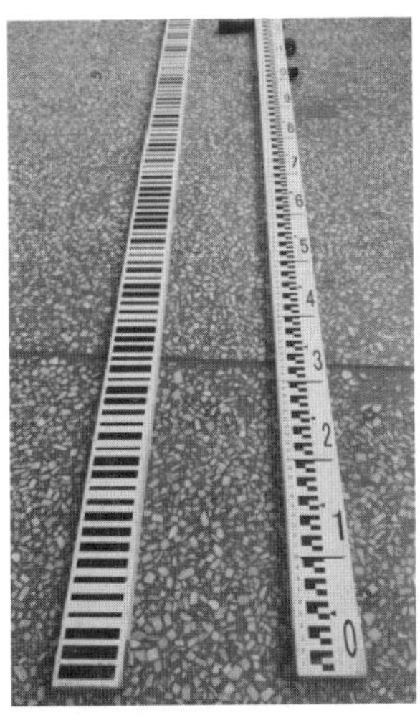

图 2-17　条纹编码尺示意

电子水准仪与传统仪器相比具有读数客观、精度高、速度快、效率高的特点。测量数据能自动记录，检核，处理并能输入电子计算机进行后处理，可实现内外业一体化。

使用电子水准仪须注意以下几点：① 不要将镜头对准太阳，将仪器直接对准太阳会损伤观测员眼睛及损坏仪器内部电子元件。在太阳较低或阳光直接射向物镜时，应用伞遮挡。② 条纹编码尺表面保持清洁，不能擦伤，仪器是通过读取尺子黑白条纹来转换成电信号的，如果尺子表面粘上灰尘、污垢或擦伤，会影响精度或根本无法测量。

任务规划（教师给出）

笔记栏

1. 执行规划建议

任务点	用时	学习方法	实施步骤	场地	设备
水准测量工具认知	20分钟	小组学习，建议4人1组	步骤1：分组及分配设备（5分钟）。 步骤2：各小组进行设备认知（15分钟）	在实训时或教室内开展	脚架、尺垫及水准尺，各小组1套
水准仪的构造认知	45分钟	小组学习，建议4人1组	步骤1：分组及分配设备、场地（5分钟）。 步骤2：教师对照实物进行设介绍（10分）。 步骤3：各小组进行设备操作（25分钟）	室外	DS_3微倾式水准仪及自动安平水准仪各1台

2. 教师任务安排

任务实施（学生规划）

笔记栏

请同学依据要完成的任务就数据准备、人员分工（若为小组训练）、设备清单、实施步骤及要点、安全及总结要求等方面做出规划。

任务扩展（教师给出）	笔记栏

学习总结

任务 2　水准仪架设及读数

【任务情况】

1. 本学习内容主要完成任务

在正确理解水准测量构造及水准测量原理的基础上，掌握 DS_3 微倾水准仪、自动安平水准仪及电子水准仪的安置、瞄准以及水准尺的读数方法。

2. 学习目标

知识目标：掌握 DS_3 微倾水准仪架设的基本步骤。
掌握自动安平水准仪及电子水准仪架设的基本步骤。
正确认识水准标尺、塔尺、条码水准尺、尺垫的使用方法。
掌握水准标尺读数的方法。

技能目标：能进行自动安平水准仪一测站的水准测量、记录和高差计算。
能熟练操作 DS_3 微倾水准仪，进行安置、瞄准和读数。
能熟练操作电子水准仪，进行安置、瞄准和读数。
可以正确地扶尺，以及正确使用尺垫。

情感目标：养成自主学习的学习素养，吃苦耐劳、精益求精的职业素养及爱岗敬业的职业操守。

3. 学习时间分配

学习活动序号	学习活动	建议学习时长	备注
学习活动 1	DS_3 微倾水准仪的架设及读数	1	
学习活动 2	自动安平水准仪及电子水准仪的操作	1	

【作业过程及任务点】

学习活动 1　DS_3 微倾水准仪的架设及读数

<table>
<tr><th colspan="8">学习任务单</th></tr>
<tr><td>任务名称</td><td colspan="7">DS_3 微倾水准仪的架设及读数</td></tr>
<tr><td>任务类型</td><td colspan="3">操作型</td><td>能力面向</td><td colspan="3">测绘地理信息数据获取与处理职业技能</td></tr>
<tr><td>完成时限</td><td colspan="3">1 课时</td><td>学习方法</td><td colspan="3">自主学习法+实践操作</td></tr>
<tr><td>实施方式</td><td colspan="3">现场实操</td><td>考核方式</td><td colspan="3">过程性考核</td></tr>
<tr><td>考核点</td><td colspan="7">微倾水准仪管水准调整，读数的准确性</td></tr>
<tr><th colspan="8">学习人员信息（学生填写）</th></tr>
<tr><td>姓名</td><td></td><td>班级</td><td></td><td>学号</td><td></td><td>电话</td><td></td></tr>
</table>

任务目标

完成学习后，请回答以下问题：

1. 写出 DS_3 微倾水准仪架设的步骤及要求。

2. 写出正确的扶尺的要领。

3. 能按照操作程序完成 DS_3 微倾水准仪的安置，内容包括安置、粗平、瞄准、精平、读数几个环节。在 4 min 内完成上述流程算合格，3 min 内为良好，2 min 内为优秀。

任务介绍	笔记栏
【任务描述】 （1）DS_3 微倾水准仪的架设的步骤及要求。 （2）水准尺的正确读数。 【任务要求】 （1）完成配套资源的学习，并完成学习笔记、通关任务点。 （2）利用课上、课下时间，完成设备操作的训练，实现达标，并完成总结的填写。	

任务配套资源	笔记栏
【资源 1】文本型学习资源 DS_3 微倾式水准仪的操作一般分为水准仪的安置、粗平、瞄准、精平、读数。 1. 水准仪的安置 将三脚架打开，固定两条脚，移动第三条脚，使架头大致水平，脚架要采实。地面倾斜较大时，应将一个脚安置在倾斜方向上，将另外两个脚安置在与倾斜方向垂直的方向上。三脚架架好后，开箱取出水准仪，通过脚架上的连接螺栓将水准仪与脚架进行连接，要求要牢固。 2. 粗　平 用脚螺旋将圆水准气泡导致居中。调整气泡时，先将圆水准器放置在两个脚螺旋的中间。第一步，先调整圆水准器两边的脚螺旋，如图 2-18（a）中	

的 1、2 号螺旋，使气泡在左右方向移动，此时气泡的移动方向与左手大拇指旋转时的移动方向一致。第二步，当气泡调至中部时，单独调整 3 号螺旋，如图 2-18（b）所示，使其上下移动。第三步，重复上述过程，直至气泡居中，如图 2-18（c）所示。

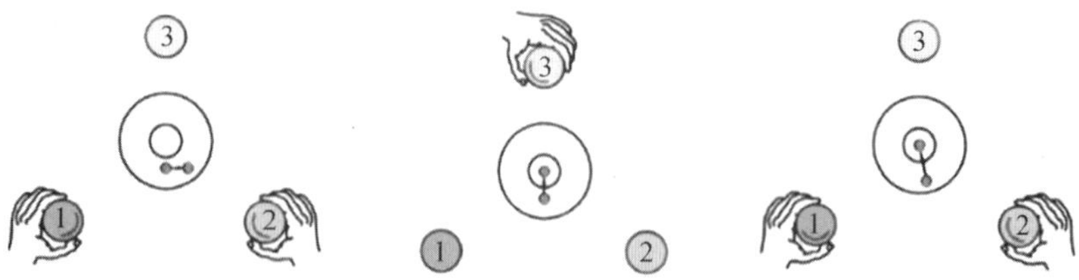

（a）气泡向左移动　（b）气泡向上移动　（c）气泡向中心移动

图 2-18　水准仪粗平示意图

3. 瞄　准

调目镜看清十字丝，用瞄准器（准星）瞄准目标，拧紧制动螺旋，从望远镜中寻找物体，物镜调焦至看清目标，消除“视差”，用微动螺旋准确瞄准。

4. 精　平

用微倾螺旋调整水准管气泡居中，当在管水准气泡观察窗内看到窗内气泡两端的影像吻合时，视线精确水平。如图 2-19 所示。

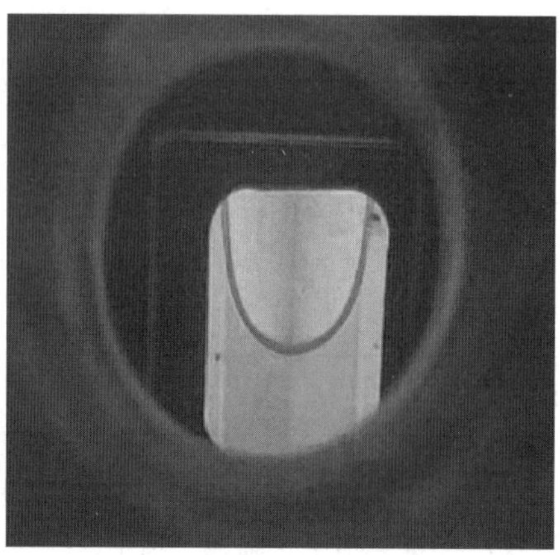

图 2-19　管水准气泡观察窗影像吻合示意

5. 读　数

读数前，先认清水准标尺的注记特征，按由小到大方向读取。标尺的最小刻划为 1 cm。按照米、分米、厘米、毫米的格式来读数，米和分米从标尺上直接读取，厘米位需要按照刻划读取，毫米位应进行估读。图 2-20 所示两个读数分别为黑面读数 1 461 和红面读数 6 148。

在读数时，注意水准仪的正像与倒像之分。无论正、倒像，都从小向大的方向读数。水准读数采用 4 位数表示，如 1450，单位为 mm。不足 4 位时，从首位起补零表示，如 0456。

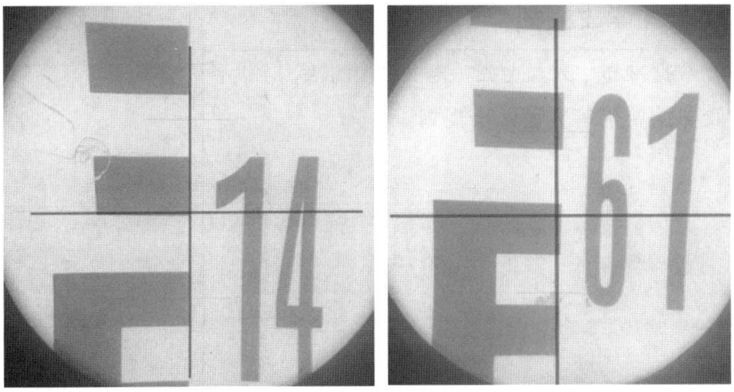

图 2-20　水准尺读数示意图

由于红面标尺起点高度分别为 4 687 与 487，所以读数完成后可以通过下式来检核读数是否正确：黑面读数+4 687（或 4 787）–红面读≤5。

任务规划（教师给出）

笔记栏

1. 执行规划建议

任务点	用时	学习方法	实施步骤	场地	设备
DS_3 微倾式水准仪的架设	35 分钟	小组学习，建议 4 人 1 组	步骤 1：分组及分配设备（5 分钟）。 步骤 2：各小组进行设备认知（15 分钟）	室外实训场地	DS_3 微倾式水准仪及配套工具，各小组 1 套
水准尺读数	10 分钟	小组学习，建议 4 人 1 组	各小组成员在设备架设好后进行读数训练，采用个人读数、小组成员核对的方式进行	室外实训场地或室内皆可	DS_3 微倾式水准仪及配套水准尺

2. 教师任务安排

任务实施（学生规划）	笔记栏
请同学依据要完成的任务就数据准备、人员分工（若为小组训练）、设备清单、实施步骤及要点、安全及总结要求等方面做出规划。	
任务扩展（教师给出）	**笔记栏**

学习总结

学习活动 2　自动安平水准仪及电子水准仪的操作

<table>
<tr><th colspan="8">学习任务单</th></tr>
<tr><td colspan="2">任务名称</td><td colspan="6">自动安平水准仪及电子水准仪的操作</td></tr>
<tr><td colspan="2">任务类型</td><td colspan="2">操作型</td><td colspan="2">能力面向</td><td colspan="2">测绘地理信息数据获取与处理职业技能</td></tr>
<tr><td colspan="2">完成时限</td><td colspan="2">1 课时</td><td colspan="2">学习方法</td><td colspan="2">自主学习法+实践操作</td></tr>
<tr><td colspan="2">实施方式</td><td colspan="2">现场实操</td><td colspan="2">考核方式</td><td colspan="2">过程性考核</td></tr>
<tr><td colspan="2">考核点</td><td colspan="6">自动安平水准仪的架设，电子水准仪按键操作</td></tr>
<tr><th colspan="8">学习人员信息（学生填写）</th></tr>
<tr><td>姓名</td><td></td><td>班级</td><td></td><td>学号</td><td></td><td>电话</td><td></td></tr>
<tr><th colspan="8">任务目标</th></tr>
<tr><td colspan="8">完成学习后，请回答以下问题：
1. 写出自动安平水准仪和电子水准仪的架设步骤及要求。

2. 写出电子水准仪测量的操作步骤。

3. 能按照操作程序完成单站自动安平水准仪和电子水准仪的安置，内容包括安置、瞄准、精平、读数几个环节。在 3 min 内完成上述流程算合格，2 min 内为良好，1 min 内为优秀。</td></tr>
</table>

<table>
<tr><th>任务介绍</th><th>笔记栏</th></tr>
<tr><td>【任务描述】
（1）自动安平水准仪和电子水准仪的架设的步骤及要求。
（2）水准尺的正确读数。
【任务要求】
（1）完成配套资源的学习，并完成学习笔记、通关任务点。
（2）利用课上、课下时间，完成设备操作的训练，实现达标，并完成总结的填写。</td><td></td></tr>
</table>

任务配套资源	笔记栏

【资源 1】文本型学习资源

知识点 1：电子水准仪的操作

电子水准仪的操作分为安置仪器、整平仪器、照准与调焦、开机、设置参数、标尺照准与调焦、测量、关机几个步骤，现结合南方 DL-2007 数字水准仪进行阐述。

1. 安置仪器

此步骤和 DS_3 微倾式水准仪的安置相同，请参看相关内容。

2. 整平仪器

此步骤和 DS_3 微倾式水准仪调整圆水准器的方法相同，请参看相关内容。

3. 照准与调焦

调目镜看清十字丝，用瞄准器（准星）瞄准目标，拧紧制动螺旋，从望远镜中寻找物体，物镜调焦至看清目标，消除“视差”，用微动螺旋准确瞄准。

4. 开　机

按下右侧开关键（POW/MEAS）3 秒，开机上电，开机后电池图标显示电池的剩余容量如图 2-21 所示。

图 2-21　电子水准仪开机示意

5. 设置参数

设置参数主要是通过设置键用来对仪器的参数进行设置，当仪器用来进行精密测量时，建议使用多次测量，多次测量的平均可以提高测量的精度。参数设置主要内容见表 2-1 所示。

6. 标尺照准与调焦

测量时应先调整目镜旋钮，使视场内十字丝最清晰，然后调整调焦旋钮使标尺条码为最清晰并使十字丝的竖丝对准条码的中间。精密地调焦可缩短测量时间和提高测量精度，当进行高精度测量时要求精确地调焦，同时进行多次测量，见图 2-22 所示。

表 2-1　南方 DL-2007 电子水准仪参数设置一览表

设置[SET]	测量参数	测量模式	单次测量/*N* 次测量/连续测量
		最小读数	标准 0.1 mm/精密 0.01 mm
		标尺倒置模式	使用/不使用
		数据单位	米/英尺
		限差	前后视距差/累积视距差/高差限差/高差之差限差/视距限值/视高限值
	条件参数	点号模式	点号递增/点号递减
		显示时间	1 ~ 9 秒
		数据输出	OFF/内存/SD 卡/通信口输出
		通信参数	标准参数/用户设置
		自动关机	开/关
	仪器参数	对比度	1 ~ 9
		背景光	开/关
		仪器信息	

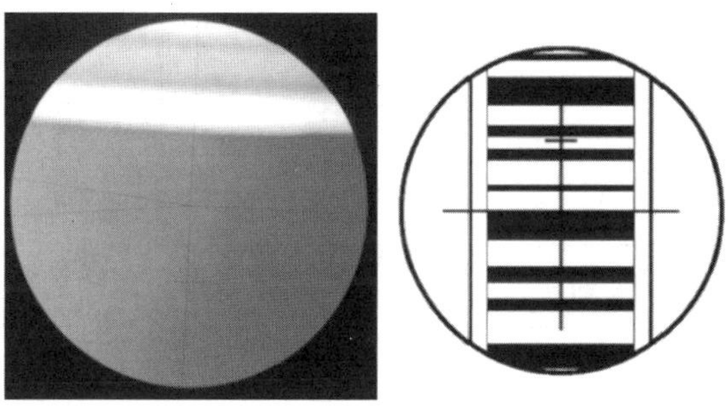

图 2-22　电子水准仪标尺照准与调焦示意

7. 测　量

将仪器操作界面调整到“标准测量”，便可以实施单点测量。操作仪器测量时，轻按右侧开关键（POW/MEAS）即可，见图 2-23 所示。

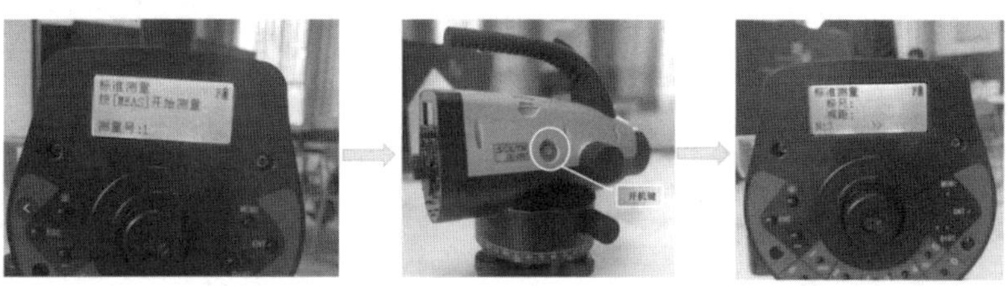

图 2-23　南方 DL-2007 电子水准仪单点测量界面示意

8. 关　机

长按右侧开关键（POW/MEAS）3 秒，设备关机。

知识点 2：自动安平水准仪的操作

自动安平水准仪的操作同 DS_3 微倾式水准仪的安置基本相同，区别在于，由于没有了管水准器，故其操作少了精平环节，即安置设备，调节圆水准器、瞄准、读数，具体操作要点见 DS_3 微倾式水准仪操作章节。

任务规划（教师给出）

笔记栏

1. 执行规划建议

任务点	用时	学习方法	实施步骤	场地	设备
电子水准仪的操作	35 分钟	小组学习，建议 4 人 1 组	步骤 1：分组及分配设备（5 分钟）。 步骤 2：各小组进行设备认知（15 分钟）	室外实训场地	电子水准仪及配套工具，各小组 1 套
自动安平水准仪的操作	10 分钟	小组学习，建议 4 人 1 组	各小组成员在设备架设好后进行读数训练，采用个人读数、小组成员核对的方式进行	室外实训场地或室内皆可	自动安平水准仪及配套水准尺

2. 教师任务安排

任务实施（学生规划）

笔记栏

请同学依据要完成的任务就数据准备、人员分工（若为小组训练）、设备清单、实施步骤及要点、安全及总结要求等方面做出规划。

任务扩展（教师给出）	笔记栏

学习总结

子项目学习质量监控单（教师填写）

序号	评分项	分值	实施要求	评定标准	得分
1	资源学习情况	15	1.学习痕迹明显，笔记认真仔细。 2.知识点掌握牢固，并能合理、灵活运用	优：课堂问答及练习能独立完成，回答正确，读书笔记细致。 良：课堂问答及练习成果正确，读书笔记记录较好。 中：课堂问答表述不清，练习成果基本正确。 差：完全不正确	
2	任务规划	15	1.规划内容完整。 2.规划内容应具可实施性。 3.规划过程应独立思考，具备一定的独特性	优：规划的内容详尽，具有很强的可实施性。 良：规划的内容详尽，可实施性一般。 中：规划的内容不全面，可实施性一般。 差：无规划，或者其规划的内容不全，无法实施	
3	任务实施	50	1.过程严格按规范要求进行。 2.过程性资料收集齐全。 3.独立完成任务要求的成果，提交及时	优：任务目标完成质量优良，过程规范，无错误。 良：任务目标完成质量良好，过程规范，无明显错误。 中：任务目标完成质量一般，过程相对规范，无明显错误。 差：没有完成任务目标或成果完全错误	
4	任务扩展	10	独立思考，能利用所学知识及相关手段完成所布置的拓展任务	优：独立思考，成果正确。 良：独立思考，成果基本正确。 中：任务完成一般。 差：没有完成任务目标或成果完全错误	
5	其他	10	1.及时完成相关表格的填写。 2.独立完成总结的撰写，记录要详尽，要能从技能、知识等多方面进行总结	优：独立思考，任务全部完成，总结到位并能及时上交。 良：独立思考，任务基本完成，总结基本到位并能及时上交。 中：任务基本完成，总结基本到位。 差：没有完成任务目标	
6	职业能力评价	优：完全掌握技能及知识要点，操作规范，安全意识及团队意识好，吃苦耐劳，认真仔细。 良：基本掌握技能及知识要点，操作规范，安全意识及团队意识较好，认真仔细。 中：掌握部分技能及知识要点，操作相对规范，具有一定的安全意识。 未达标：没有掌握要求的技能及知识要点，或操作出现严重错误导致人员及设备损坏			
综合得分		学习过程（项 1～5）评价得分：		技能水平评价：合格□　不合格□	
教师评语					

2.2　经纬仪认知

任务 1　经纬仪的认知

【任务情况】

1. 本学习内容主要完成任务

根据学习资料，学生提前学习经纬仪结构和组成相关知识，在老师的指引下，学生自主地使用仪器，能够说出仪器的结构及其作用。

2. 学习目标

知识目标：掌握 DJ_6 型光学经纬仪的结构、组成及作用。

掌握 DJ_6 型光学经纬仪的测量原理。

技能目标：能对照实物说出 DJ_6 光学经纬仪各个部分的名称及作用。

情感目标：养成认真细致的学习素养、精益求精的职业素养及爱岗敬业的职业操守。

3. 学习时间分配

学习活动序号	学习活动	建议学习时长	备注
学习活动 1	经纬仪的认知	1	

【作业过程及任务点】

学习活动 1　经纬仪的认知

<table>
<tr><th colspan="8">学习任务单</th></tr>
<tr><td>任务名称</td><td colspan="7">经纬仪的认知</td></tr>
<tr><td>任务类型</td><td colspan="2">理论型</td><td colspan="2">能力面向</td><td colspan="3">测绘地理信息数据获取与处理职业技能</td></tr>
<tr><td>完成时限</td><td colspan="2">1 课时</td><td colspan="2">学习方法</td><td colspan="3">自主学习法</td></tr>
<tr><td>实施方式</td><td colspan="2">理论学习</td><td colspan="2">考核方式</td><td colspan="3">过程性考核</td></tr>
<tr><td>考核点</td><td colspan="7">经纬仪的结构　经纬仪的精度指标</td></tr>
<tr><th colspan="8">学习人员信息（学生填写）</th></tr>
<tr><td>姓名</td><td></td><td>班级</td><td></td><td>学号</td><td></td><td>电话</td><td></td></tr>
<tr><th colspan="8">任务目标</th></tr>
<tr><td colspan="8">同学们通过自主学习后，回答以下问题：
1. 经纬仪的目镜和物镜的作用分别是什么？</td></tr>
</table>

2. 水平制动和水平微动螺旋的作用分别是什么？

3. 竖直制动和竖直微动螺旋的作用分别是什么？

任务介绍	笔记栏
【任务描述】 能正确描述 DJ_6 光学经纬仪的基本结构，各部件的名称和作用。 【任务要求】 完成配套资源的学习，并完成学习笔记。	

任务配套资源	笔记栏

【资源】文本型学习资源

经纬仪是测量角度的仪器，可以用来测量水平角和竖直角，主要分为光学经纬仪和电子经纬仪两种类型，光学经纬仪按精度分为 $DJ_{0.7}$、DJ_1、DJ_2、DJ_6、DJ_{15}、DJ_{20} 六个等级，D 表示大地测量，J 表示经纬仪，下标表示经纬仪的精度，以秒为单位，数字越小，精度越高，如：DJ_6 型光学经纬仪，D 表示大地测量、J 表示经纬仪，数字“6”代表该仪器一测回方向观测值中误差是 6″。

知识点 1：DJ_6 型光学经纬仪的结构

DJ_6 型光学经纬仪基本构造：如图 2-24 所示，光学经纬仪由照准部、水平度盘、基座三部分组成。

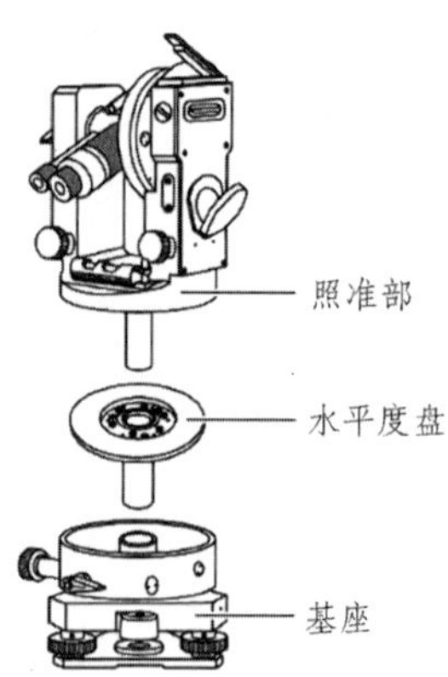

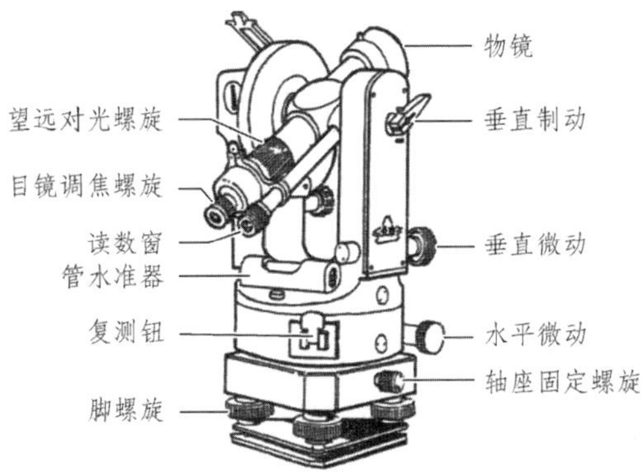

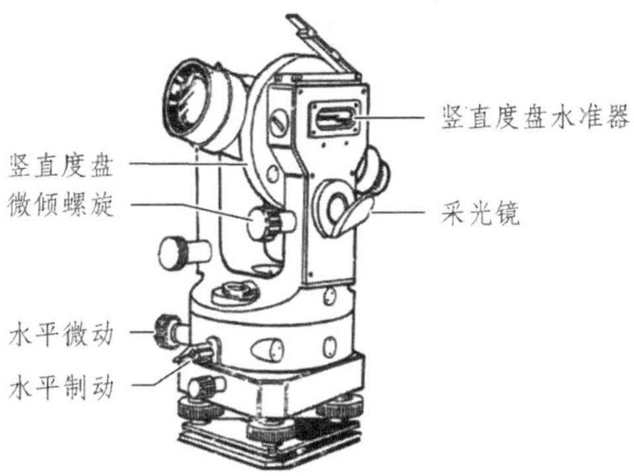

图 2-24　DJ_6光学经纬仪构造示意图

1. 照准部

经纬仪的照准部由望远镜、读数显微镜、竖直度盘、竖轴、支架、照准部水准管、圆水准器、照准部旋转轴、横轴、光学对中器等构成。望远镜与竖直度盘安装在同一根旋转轴（横轴）上，望远镜与竖直度盘一切旋转。望远镜制动螺旋与微动螺旋 竖直度盘指标水准管与竖直度盘指标水准管微动螺旋（用自动归零补偿器装置代替）。

2. 水平度盘部分

经纬仪的水平度盘用光学玻璃制造，有 0°～360°的等间隔分划线，按照顺时针方向注记。度盘分划值：两相邻分划线间的弧长所对的圆心角。通常为 1°或 3″分。复测扳手（离合器）：扳下复测扳手，水平度盘与照准部连接一体，水平度盘与照准部一起旋转，读数显微镜上的读数不改变。扳上复测扳手，水平度盘与照准部分离，水平度盘不动，不与照准部一起旋转，读数显微镜上的读数改变。

3. 基座部分

经纬仪的基座部分由基座、脚螺旋、连接板组成。使用光学经纬仪时，要特别注意不要松开基座上的固定螺丝。

【资源 2】拓展学习资源包

推荐学习网页：中国大学生慕课网

学习推荐期刊：《测量学》(同济大学)

任务规划(教师给出)	笔记栏

1. 执行规划建议

知识点	学习时间	学习方法	资源
经纬仪的结构	10 分钟	自主学习	教室、多媒体设备
经纬仪的测量原理	15 分钟	自主学习+计算练习	教室
经纬仪各组成部分的作用	15 分钟	自主学习+仪器操作	实训场

2. 教师任务安排

任务实施(学生规划)	笔记栏

请同学依据要完成的任务就对应知识点学习的时间分配，学习方法及形式，学习要点及总结要求等方面做出规划，以及人员分工(若为小组训练)、设备清单、实施步骤及要点、安全及总结要求等方面做出规划。

任务扩展(教师给出)	笔记栏

学习总结

任务2　经纬仪的架设

【任务情况】

1. 本学习内容主要完成任务

学生能够独立自主地进行仪器的安置（对中和整平），学生能够根据老师指定的目标，独立完成一组以上的读数并记录。

2. 学习目标

知识目标：掌握 DJ_6 型光学经纬仪安置的步骤和要求。

　　　　　掌握 DJ_6 型光学经纬仪读数设备的读数原理。

技能目标：能够正确规范地安置经纬仪，并进行瞄准和读数。

　　　　　能够根据实例独立完成读数和记录的能力。

情感目标：养成学生善于思考、精益求精的职业素养及爱岗敬业的职业操守。

3. 学习时间分配

学习活动序号	学习活动	建议学习时长	备注
学习活动1	经纬仪的安置	2	
学习活动2	经纬仪的读数	1	

【作业过程及任务点】

学习活动1　经纬仪的安置

<table>
<tr><th colspan="8">学习任务单</th></tr>
<tr><td>任务名称</td><td colspan="7">经纬仪的安置</td></tr>
<tr><td>任务类型</td><td colspan="3">理论型+操作型</td><td>能力面向</td><td colspan="3"></td></tr>
<tr><td>完成时限</td><td colspan="3">2课时</td><td>学习方法</td><td colspan="3">自主学习法+仪器操作</td></tr>
<tr><td>实施方式</td><td colspan="3">教师演示+仪器操作</td><td>考核方式</td><td colspan="3">过程性考核+技能通关考核</td></tr>
<tr><td>考核点</td><td colspan="7">经纬仪的安置　经纬仪的瞄准</td></tr>
<tr><th colspan="8">学习人员信息（学生填写）</th></tr>
<tr><td>姓名</td><td></td><td>班级</td><td></td><td>学号</td><td></td><td>电话</td><td></td></tr>
<tr><th colspan="8">任务目标</th></tr>
<tr><td colspan="8">学生能按照操作程序完成经纬仪的安置，内容包括对中、整平、瞄准、读数几个环节。在7 min内完成上述流程算合格，5 min内为良好，3 min内为优秀。</td></tr>
</table>

任务介绍	笔记栏
【任务描述】 （1）能熟练说出经纬仪安置的步骤、方法和注意事项。 （2）能正确使用经纬仪进行对中、整平、瞄准和读数。 【任务要求】 （1）完成配套资源的学习，并完成学习笔记。 （2）利用课上、课下时间，完成设备操作的训练，实现达标，并完成总结的填写。	

任务配套资源	笔记栏

【资源 1】文本型+数字化学习资源

经纬仪的使用，包括经纬仪的安置、瞄准和读数三项内容。

知识点 1：经纬仪的安置

经纬仪的安置（整置）包括：对中和整平两项工作。根据对中设备的不同，安置方法也不同，常见的有锤球对中和光学对中，分别如下所述。

1. 锤球对中的安置方法

（1）对中：对中的目的是将水平度盘的中心与测站点（所测角的顶点）在同一条铅垂线上，具体方法如下：

① 张开三脚架，调整架头，使其高度与测量人员身高相适中，目估架头使其大致水平，调整架头位置，使其中心大致对准测站点中心。

② 装上仪器，拧紧中心连接螺栓，挂上锤球，然后适当松开连接螺丝，轻轻地在脚架上滑动仪器，使锤球尖对准标志中心（偏差不超过±3mm 为准），见图 2-25 所示，拧紧连接螺栓。注意：如果在脚架上滑动仪器不能对准标志中心，则需要重新调整三脚架的位置，重复以上操作，直到对中为止。

图 2-25　锤球对中示意图

（2）整平：整平的目的是仪器竖轴位置和水平度盘分别处于水平位置。具体方法如下：

① 转动照准部，使水准管的切线方向与其中两个脚螺旋连线方向平行，

如图 2-26（a）所示。

② 双手同时等速相向转动这两个脚螺旋使气泡居中，左手大拇指运动的方向就是气泡移动的方向，如图 2-26（a）所示。

③ 转动照准部 90°，如图 2-26（b）所示，转动第三个脚螺旋使气泡居中。按照上述方法重复操作，直到仪器旋转到任何位置，气泡偏离零点不超过一格为止，见图 2-26（c）所示。

经纬仪整平后，应检查对中情况，若对中超限，应继续重复上述对中整平工作，直到两者都满足为止。

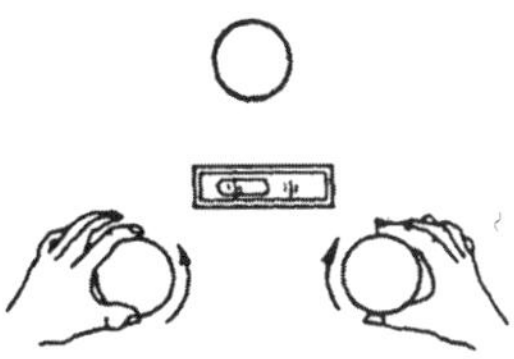

（a）

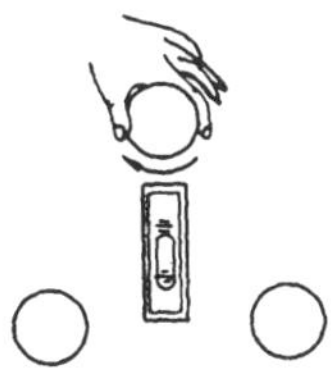

（b）

（c）

图 2-26　管水准器调节操作示意图

2. 光学对中的安置方法

采用光学对中器安置仪器，对中和整平工作要交替进行。

（1）张开三脚架，架头大致水平，并使架头的中心大致对准测站标志的中心。

（2）装上仪器，拧紧中心连接螺丝，调节光学对中器的目镜调焦，使其能够清晰地看清测站点附近的地面，见图 2-27（a）所示。

（3）固定仪器操作者对面的脚架，左手握着左脚架，右手握着右脚架，慢慢移动左右脚架，使得对中器的小圆圈中心与测站点标志中心重合，将三脚架踩实，并调节脚螺旋，使标志中心移至对中器小圆圈中心，见图 2-27（b）所示。

（a）

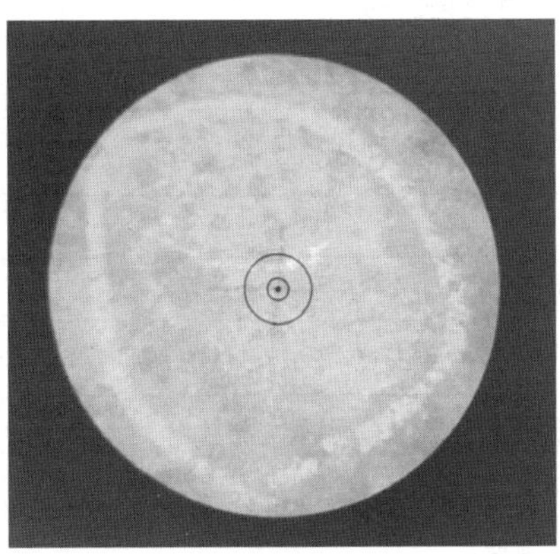

（b）

图 2-27　光学对中安置整平操作示意图

（4）伸缩脚架架腿，使圆水准器气泡居中，粗平完成。

（5）按照图 2-26 所示，调整管水准器，完成设备的精平。精平的过程要重复操作，直到仪器旋转到任何位置，气泡偏离零点不超过一格为止，精确整平。

（6）观察对中情况，若标志中心位于小圆圈中心，仪器安置完成；若标志中心偏离小圆圈中心，可以松开连接螺丝，平移基座，使其精确对中，再重新整平[重复（5）、（6）即可]。

（7）如果标志中心偏离小圆圈中心较大，则需要重复（3）、（4）、（5）、（6）等 4 项操作。

知识点 2：经纬仪的瞄准和读数

瞄准是指转动望远镜，使十字丝的交点瞄准目标的标志中心，具体方法如下。

（1）目镜调焦：松开仪器的水平制动螺旋和望远镜制动螺旋，将望远镜对向明亮背景，调节目镜调焦螺旋，使得十字丝清晰。

（2）粗略瞄准目标：利用望远镜的照门或者准星瞄准目标，然后拧紧水平制动螺旋和望远镜制动螺旋。

（3）物镜调焦：调节物镜调焦螺旋，在望远镜内看清目标，并注意消除视差。

（4）精确瞄准目标：利用两个微动螺旋使得十字丝的交点精确地对准目标。

【资源 2】数字化资源

【视频】

光学经纬仪操作

任务规划（教师给出）

笔记栏

1. 执行规划建议

知识点	学习时间	学习方法	资源
经纬仪的安置步骤	20 分钟	自主学习+仪器操作	实训场，授课老师提供多个 DJ_6 型光学经纬仪读数的图片
经纬仪的对中	35 分钟	自主学习+仪器操作	
经纬仪的整平和瞄准	35 分钟	自主学习+仪器操作	

2. 教师任务安排

任务实施（学生规划）	笔记栏
请同学依据要完成的任务就数据准备、人员分工（若为小组训练）、设备清单、实施步骤及要点、安全及总结要求等方面做出规划。	

任务扩展（教师给出）	笔记栏

学习总结

学习活动 2　经纬仪的读数

<table>
<tr><th colspan="4">学习任务单</th></tr>
<tr><td>任务名称</td><td colspan="3">经纬仪的读数</td></tr>
<tr><td>任务类型</td><td>理论型+操作型</td><td>能力面向</td><td></td></tr>
<tr><td>完成时限</td><td>1 课时</td><td>学习方法</td><td>自主学习法</td></tr>
<tr><td>实施方式</td><td>理论学习+仪器操作</td><td>考核方式</td><td>过程性考核+计算成果考核</td></tr>
<tr><td>考核点</td><td colspan="3">经纬仪读数的准确性</td></tr>
</table>

<table>
<tr><th colspan="8">学习人员信息（学生填写）</th></tr>
<tr><td>姓名</td><td></td><td>班级</td><td></td><td>学号</td><td></td><td>电话</td><td></td></tr>
</table>

任务目标

请完成下列读数框的角度值:

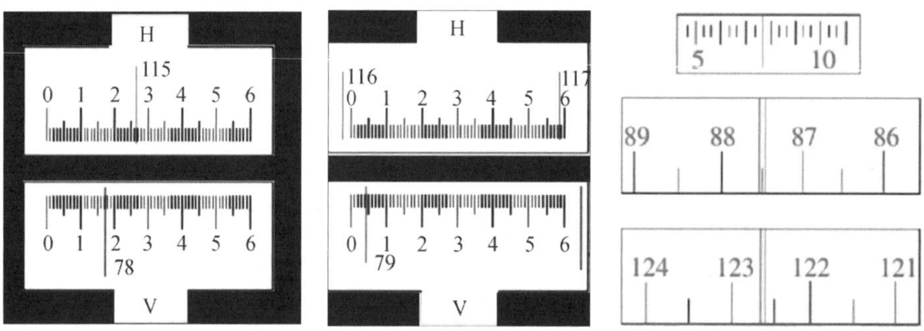

图 2-28

任务介绍	笔记栏
【任务描述】 （1）自主学习 DJ_6 型光学经纬仪的读数原理。 （2）根据老师提供的例子，能够独立完成 DJ_6 型光学经纬仪的正确读数。 【任务要求】 完成配套资源的学习，并完成学习笔记。	

任务配套资源	笔记栏

【资源 1】文本型学习资源

知识点 1：DJ_6 型光学经纬仪的读数设备和读数原理

DJ_6 型光学经纬仪的读数设备，有分微尺读数装置[图 2-29（a）]和单平板玻璃测微器[图 2-29（b）]读数设备两种类型。

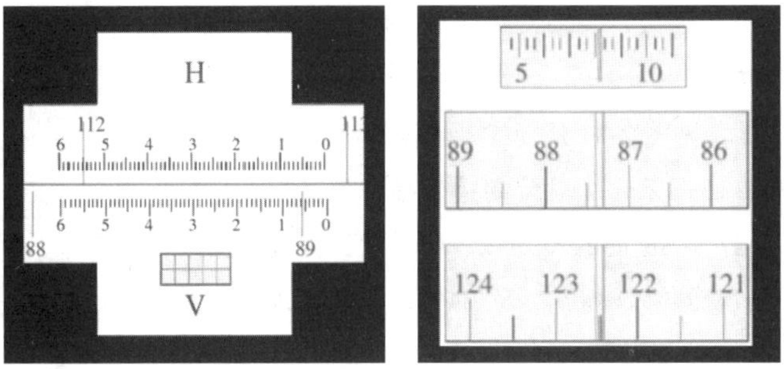

（a）　　　　（b）

图 2-29　DJ_6 型光学经纬仪的读数设备示意图

1. 分微尺读数装置

分微尺读数装置在读数显微镜内可以看到水平度盘和竖直度盘的读数影像，上面部分分为水平度盘分划及其分微尺，下面部分分为竖直度盘分划及其分微尺；两个度盘读数窗口具有相同的结构，每 1°有一分划线，小于 1°的读数在分微尺上读取。分微尺全长为 1°，分为 60 小格，小格为 1′，因此可以读出 1′，估读到 0.1′（如果是 DJ_6 型的经纬仪，为 6″）。

分微尺的读数方法：见图 2-30 所示分微尺刻度盘，先读出取整度数，即被分微尺覆盖住的度盘分划的注记数，再以该度盘分划为指标，在分微尺上读取不足度盘分划值的分位数（估读至小数点后一位即 0.1′），两者相加即得到度盘的读数。如：水平度盘读数为 85°36.3′，换算至秒位为 85°36′18″。

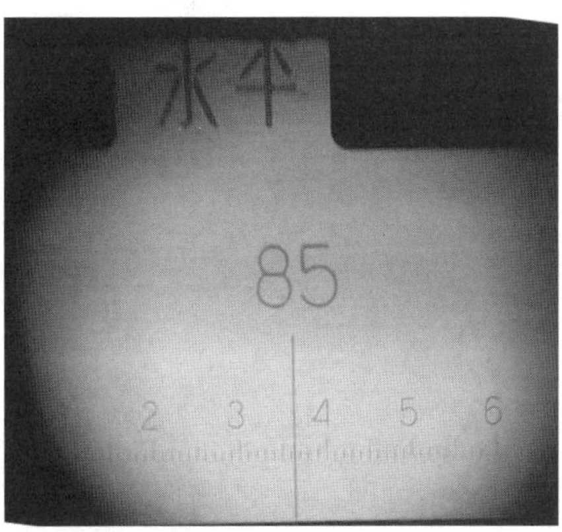

图 2-30　分微尺读数示意图

2. 单平板玻璃测微器读数装置

光线以一定角度射过平板玻璃后，会发生平行移动的现象，平板玻璃测微器就是利用这个原理设计的。在读数显示窗口中可以看到 3 个读数窗口：上为测微尺分划影像，并有单指标线；中间为竖直盘影像，下为水平盘影像，均有双指标线。度盘分划从 0°至 360°，每度分为 2 格，每格为 30′，测微尺共分为 30 大格，每大格又分为 3 小格，每小格为 20″，可以估读至 2″。由于单平行玻璃板，测微尺与测微手轮固定连接，转动测微手轮，度盘分划影像也将随之转动，测微尺也同时在转动。

单平板玻璃测微器的读数方法是：见图 2-31 所示单平板玻璃测微器，当望远镜照准目标后，转动测微手轮，使得某一度盘分划精确移至双指标线中央，如图 2-31 中，将双指标线调至 87°～88°间的短划线，此时读出角度值为 87°30′，随后观察图中上视图中的角度分位及秒位，即 7′40″，两者相加即为度盘的读数。图 2-31 所示的角度值为：87°37′40″。

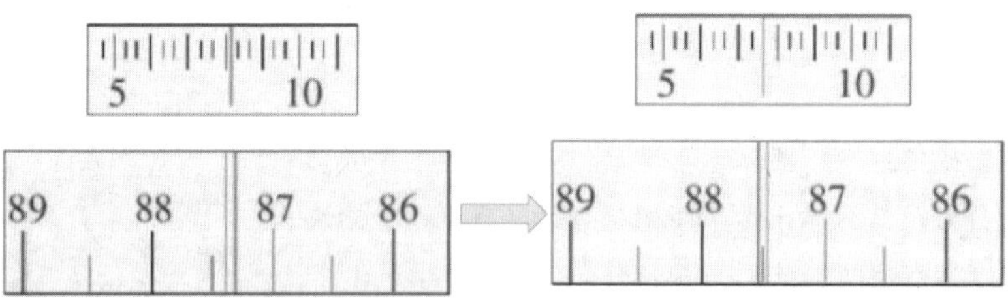

（a）转动测微手轮前界面　　（b）转动测微手轮对准后界面

图 2-31　单平板玻璃测微器读数示意图

任务规划（教师给出）

笔记栏

1. 执行规划建议

知识点	学习时间	学习方法	资源
经纬仪读数装置及原理	20 分钟	自主学习	教室、多媒体设备
经纬仪的读数及记录	25 分钟	自主学习+仪器操作	实训场

2. 教师任务安排

任务实施（学生规划）	笔记栏
请同学依据要完成的任务就对应知识点学习的时间分配，学习方法及形式，学习要点及总结要求等方面做出规划。	
任务扩展（教师给出）	**笔记栏**

学习总结

子项目学习质量监控单（教师填写）

序号	评分项	分值	实施要求	评定标准	得分
1	资源学习情况	15	1.学习痕迹明显，笔记认真仔细。 2.知识点掌握牢固，并能合理、灵活运用	优：课堂问答及练习能独立完成，回答正确，读书笔记细致。 良：课堂问答及练习成果正确，读书笔记记录较好。 中：课堂问答表述不清，练习成果基本正确。 差：完全不正确	
2	任务规划	15	1.规划内容完整。 2.规划内容应具可实施性。 3.规划过程应独立思考，具备一定的独特性	优：规划的内容详尽，具有很强的可实施性。 良：规划的内容详尽，可实施性一般。 中：规划的内容不全面，可实施性一般。 差：无规划，或者其规划的内容不全，无法实施	
3	任务实施	50	1.过程严格按规范要求进行。 2.过程性资料收集齐全。 3.独立完成任务要求的成果，提交及时	优：任务目标完成质量优良，过程规范，无错误。 良：任务目标完成质量良好，过程规范，无明显错误。 中：任务目标完成质量一般，过程相对规范，无明显错误。 差：没有完成任务目标或成果完全错误	
4	任务扩展	10	独立思考，能利用所学知识及相关手段完成所布置的拓展任务	优：独立思考，成果正确。 良：独立思考，成果基本正确。 中：任务完成一般。 差：没有完成任务目标或成果完全错误	
5	其他	10	1.及时完成相关表格的填写。 2.独立完成总结的撰写，记录要详尽，要能从技能、知识等多方面进行总结	优：独立思考，任务全部完成，总结到位并能及时上交。 良：独立思考，任务基本完成，总结基本到位并能及时上交。 中：任务基本完成，总结基本到位。 差：没有完成任务目标	
6	职业能力评价	优：完全掌握技能及知识要点，操作规范，安全意识及团队意识好，吃苦耐劳，认真仔细。 良：基本掌握技能及知识要点，操作规范，安全意识及团队意识较好，认真仔细。 中：掌握部分技能及知识要点，操作相对规范，具有一定的安全意识。 未达标：没有掌握要求的技能及知识要点，或操作出现严重错误导致人员及设备损坏				
综合得分		学习过程（项 1～5）评价得分：		技能水平评价：合格□　不合格□	
教师评语					

2.3　全站仪认知

任务 1　全站仪认知及使用

【任务情况】

1. 本学习内容主要完成任务

通过全站仪设站及参数设置理解全站仪是做什么的；全站仪由哪几部分组成；各部分的构件名称叫什么；全站仪是靠什么原理工作的。

2. 学习目标

知识目标：掌握全站仪的结构组成。掌握全站仪的工作原理。

技能目标：能熟记全站仪使用的一般注意事项。

能识别出指定全站仪的基本结构及各操作部件的名称和作用。

能识别指定全站仪各按键的名称及其功能、显示符号的含义及使用。

能完成指定全站仪的安置及参数设置。

能够熟练、快速架设全站仪，能够精准快速设置全站仪的参数。

情感目标：培养职业自豪感和爱岗敬业的职业操守。

3. 学习时间分配

学习活动序号	学习活动	建议学习时长	备注
学习活动 1	全站仪认知	1	
学习活动 2	全站仪的使用	1	

【作业过程及任务点】

学习活动 1　全站仪认知

<table>
<tr><th colspan="8">学习任务单</th></tr>
<tr><td>任务名称</td><td colspan="7">全站仪认知</td></tr>
<tr><td>任务类型</td><td colspan="3">学习型</td><td colspan="2">能力面向</td><td colspan="2">测绘地理信息数据获取与处理职业技能</td></tr>
<tr><td>完成时限</td><td colspan="3">1 课时</td><td colspan="2">学习方法</td><td colspan="2">自主学习法</td></tr>
<tr><td>实施方式</td><td colspan="3">课堂教学+自主学习</td><td colspan="2">考核方式</td><td colspan="2">过程性考核</td></tr>
<tr><td>考核点</td><td colspan="7">全站仪的工作原理、各部分组成与构件</td></tr>
<tr><th colspan="8">学习人员信息（学生填写）</th></tr>
<tr><td>姓名</td><td></td><td>班级</td><td></td><td>学号</td><td></td><td>电话</td><td></td></tr>
</table>

任务目标

完成学习后，请回答以下问题：

1. 什么是全站仪？

2. 写出全站仪各个组成部分的名称。

3. 能面对各自学校已有的全站仪准确描述各部件的名称和作用。

4. 写出全站仪各部位之间的构造关系。

任务介绍	笔记栏
【任务描述】 （1）自主学习全站仪结构及工作原理的相关概念知识。 （2）独立完成任务目标，并且结合各自学校设备进行学习。 【任务要求】 （1）完成配套资源的学习，并完成学习笔记。 （2）能独立完成任务目标中的相关内容。 （3）对于不同设备的认知要具体分析，注意知识的迁移。	

任务配套资源	笔记栏

【资源 1】文本型学习资源

知识点 1：全站仪介绍

全站仪（Total Station），是一种集光、机、电为一体的测量仪器，兼具水平角、垂直角、距离、高差、相对坐标的测量、计算、存储等功能，广泛应用于测绘地理信息数据采集和工程建设的设计、施工、运营环节，以及资源调查、权籍确定等领域。世界上全站仪的品牌主要有徕卡、拓普康、尼康、南方、索佳等，见图 2-32、2-33 所示。

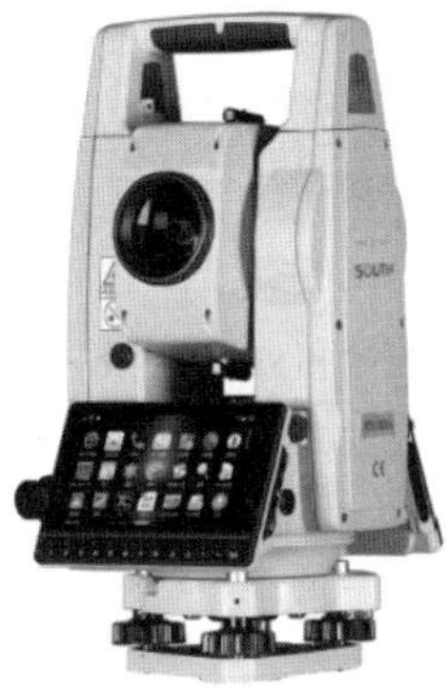

图 2-32　南方 NTS-552R 系列全站仪

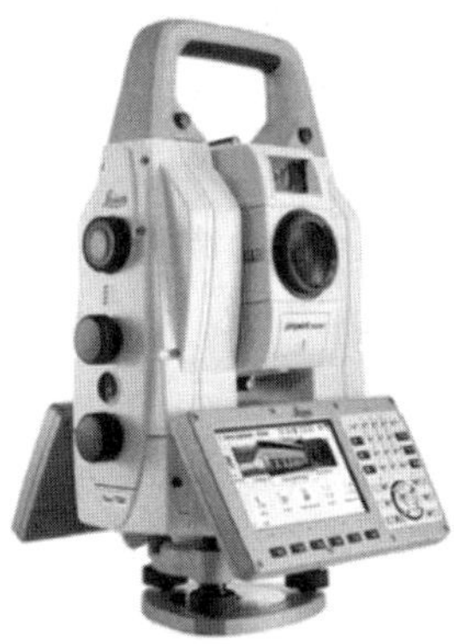

图 2-33　徕卡全站仪

全站仪的发展经历了从组合式即光电测距仪与光学经纬仪组合，或光电测距仪与电子经纬仪组合，到整体式即将光电测距仪的光波发射接收系统的光轴和经纬仪的视准轴组合为同轴的整体式全站仪等几个阶段。

最初速测仪的距离测量是通过光学方法来实现的，我们称这种速测仪为“光学速测仪”。实际上，“光学速测仪”就是指带有视距丝的经纬仪，被测点的平面位置由方向测量及光学视距来确定，而高程则是用三角测量方法来确定的。

带有“视距丝”的光学速测仪，由于其快速、简易，而在短距离（100 m

以内）、低精度（1/200、1/500）的测量中，如碎部点测定中，有其优势，得到了广泛的应用。

随着电子测距技术的出现，大大地推动了速测仪的发展。用电磁波测距仪代替光学视距经纬仪，使得测程更大、测量时间更短、精度更高。人们将距离由电磁波测距仪测定的速测仪笼统地称之为“电子速测仪”（Electronic Tachymeter）。然而，随着电子测角技术的出现。这一“电子速测仪”的概念又相应地发生了变化，根据测角方法的不同分为半站型电子速测仪和全站型电子速测仪。半站型电子速测仪是指用光学方法测角的电子速测仪，也有称之为“测距经纬仪”的。这种速测仪出现较早，并且进行了不断的改进，可将光学角度读数通过键盘输入到测距仪，对斜距进行化算，最后得出平距、高差、方向角和坐标差，这些结果都可自动地传输到外部存储器中。全站型电子速测仪则是由电子测角、电子测距、电子计算和数据存储单元等组成的三维坐标测量系统，测量结果能自动显示，并能与外围设备交换信息的多功能测量仪器。由于全站型电子速测仪较完善地实现了测量和处理过程的电子化和一体化，所以人们也通常称之为全站型电子速测仪或简称全站仪。

知识点 2：全站仪的结构

以南方全站仪为例，电子全站仪由光学部分、机械部分、电子部分以及补偿部分等四部分组成。其中：光学部分主要指的是同轴望远镜部分，主要用于观测。机械部分主要由水平控制装置和垂直控制装置两部分组成。电子部分结构相对复杂，主要由主控制器、马达板、储存装置、通信接口等部分组成，主控制器是电子部分的核心部件，主控制器直接影响着角度、距离、高程测量精度，马达板主要控制数据输出、输入正常运行。补偿部分：有的双轴（或单轴）倾斜自动补偿系统，可对纵轴的倾斜进行监测，并在度盘读数中对因纵轴倾斜造成的测角误差自动加以改正（某些全站仪纵轴最大倾斜可允许至±6′），也可通过将竖轴倾斜引起的角度误差，由微处理器自动按竖轴倾斜改正计算式计算，并加入度盘读数中加以改正，使度盘显示读数为正确值。南方全站仪部件见图 2-34 所示。

知识点 3：全站仪的工作原理

1. 电子测距技术

电子测距的基本原理是利用电磁波在空气中传播的速度为已知这一特性，测定电磁波在被测距离上往返传播的时间来求得距离值，见图 2-35 所示。但是，这种直接测距的方法实现起来非常困难，当我们要求较高的测量精度时，对测量时间的要求很高，这在实践过程中是非常困难的。因此，在实际的测距过程中可以根据此原理采取改进的方法进行测距。在实际过程中主要用两种方法，脉冲法和相位法。

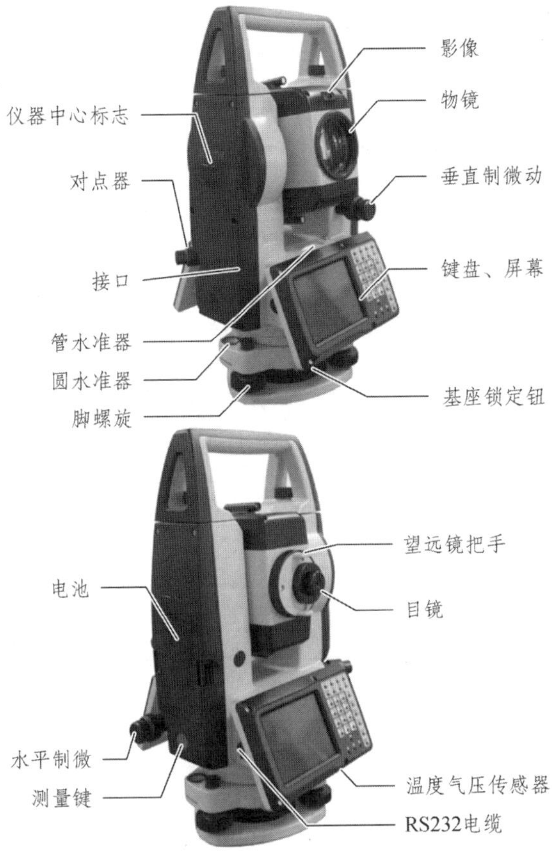

图 2-34　南方全站仪部件图

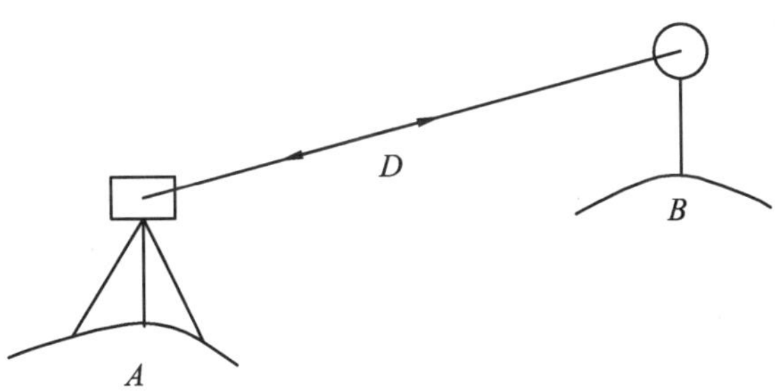

图 2-35　测距原理

1）脉冲法

测距使用的光源为激光器，它发射一束极窄的光脉冲射向目标，同时输出一电脉冲信号，打开电子门让标准频率发生器产生的时标脉冲通过并对其进行计数。光脉冲被目标反射后回到发射器，同样产生一电脉冲，关闭电子门终止时标脉冲通过。实践表明，其测量精度不低于相位法测距的精度。

2）相位法

相位法测距是测定由仪器连续发射的电磁波正弦信号在被测距离上往返传播所产生的相位差，根据相位差来得到距离。

2. 电子测角技术

电子测角，即角度测量的数字化，也就是自动数字显示角度测量结果，其实质是用一套角码转换系统来代替传统的光学读数系统。目前，这套转换系统有两类：一类是采用光栅度盘的所谓“增量法”测角；一类是采用编码度盘的所谓“绝对法”测角。测角原理见图 2-36 所示。

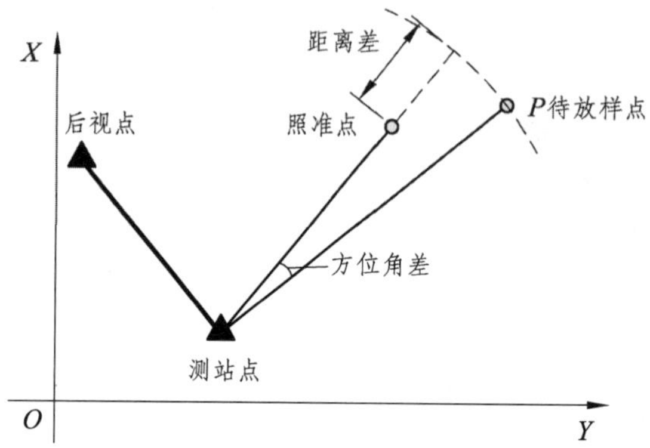

图 2-36　测角原理

任务规划（教师给出）

笔记栏

1. 执行规划建议

知识点	建议学习时间	学习方法	资源要求
全站仪的简介	10 分钟	自主学习	教室、多媒体设备
全站仪的构造	15 分钟	自主学习+网络学习	教室、多媒体设备
全站仪的工作原理	20 分钟	自主学习+讨论+报告	教室、多媒体设备

2. 教师任务安排

任务实施（学生规划）

笔记栏

请同学依据要完成的任务就对应知识点学习的时间分配，学习方法及形式，学习要点及总结要求等方面做出规划。

任务扩展（教师给出）	笔记栏

学习总结

学习活动 2　全站仪的使用

<table>
<tr><th colspan="8">学习任务单</th></tr>
<tr><td>任务名称</td><td colspan="7">全站仪的使用</td></tr>
<tr><td>任务类型</td><td colspan="3">实操</td><td colspan="2">能力面向</td><td colspan="2">测绘地理信息数据获取与处理职业技能</td></tr>
<tr><td>完成时限</td><td colspan="3">2 课时</td><td colspan="2">学习方法</td><td colspan="2">自主学习法</td></tr>
<tr><td>实施方式</td><td colspan="3">课堂教学+自主学习+实操</td><td colspan="2">考核方式</td><td colspan="2">过程性考核</td></tr>
<tr><td>考核点</td><td colspan="7">全站仪的参数设置　　后方交会法建站</td></tr>
<tr><th colspan="8">学习人员信息（学生填写）</th></tr>
<tr><td>姓名</td><td></td><td>班级</td><td></td><td>学号</td><td></td><td>电话</td><td></td></tr>
<tr><th colspan="8">任务目标</th></tr>
<tr><td colspan="8">能正确完成全站仪开关等基本操作，能熟练说出常用测量界面各个指标的含义，并将开机步骤及各个界面的主要内容阐述如下：

在实训场地上能快速进行后方交会建站法进行建站。</td></tr>
</table>

<table>
<tr><th>任务介绍</th><th>笔记栏</th></tr>
<tr><td>【任务描述】
（1）自主学习认知全站仪主要操作界面。
（2）能在各自学校设备上进行全站仪参数设置及后方交会法建站。
【任务要求】
（1）完成配套资源的学习，并完成学习笔记。
（2）能独立完成任务目标中的相关内容。
（3）对于不同设备的认知要具体分析，注意知识的迁移。</td><td></td></tr>
</table>

任务配套资源	笔记栏
【资源 1】文本型学习资源	

知识点 1：全站仪使用注意事项

1. 预防事项

（1）日光下测量应避免将物镜直接瞄准太阳。若在太阳下作业应安装滤光镜。

（2）避免在高温和低温下存放仪器，亦应避免温度骤变（使用时气温变化除外）。

（3）仪器不使用时，应将其装入箱内，置于干燥处，注意防震、防尘和防潮。

（4）若仪器工作处的温度与存放处的温度差异太大，应先将仪器留在箱内，直至它适应环境温度后再使用仪器。

（5）仪器长期不使用时，应将仪器上的电池卸下分开存放。电池应每月充电一次。

（6）仪器运输应将仪器装于箱内进行，运输时应小心避免挤压、碰撞和剧烈震动，长途运输最好在箱子周围使用软垫。

（7）仪器安装至三脚架或拆卸时，要一只手先握住仪器，以防仪器跌落。

（8）外露光学件需要清洁时，应用脱脂棉或镜头纸轻轻擦净，切不可用其他物品擦拭。

（9）仪器使用完毕后，用绒布或毛刷清除仪器表面灰尘。仪器被雨水淋湿后，切勿通电开机，应用干净软布擦干并在通风处放一段时间。

2. 仪器开箱与存放

（1）开箱：轻轻地放下箱子，让其盖朝上，打开箱子的锁栓，开箱盖，取出仪器。

（2）存放：盖好望远镜镜盖，使照准部的垂直制动手轮和基座的圆水准器朝上将仪器平卧（望远镜物镜端朝下）放入箱中，轻轻旋紧垂直制动手轮，盖好箱盖并关上锁栓。

知识点 2：全站仪架设

将仪器安装在三脚架上，精确整平和对中，以保证测量成果的精度，应使用专用的中心连接螺旋的三脚架。操作参考：经纬仪的整平与对中。

知识点 3：全站仪的操作

下面以南方 NTS-552R 系列全站仪为例，介绍全站仪的基本操作。

1. 角度测量

打开仪器电源开关后，仪器呈现主界面，如图 2-37 所示。

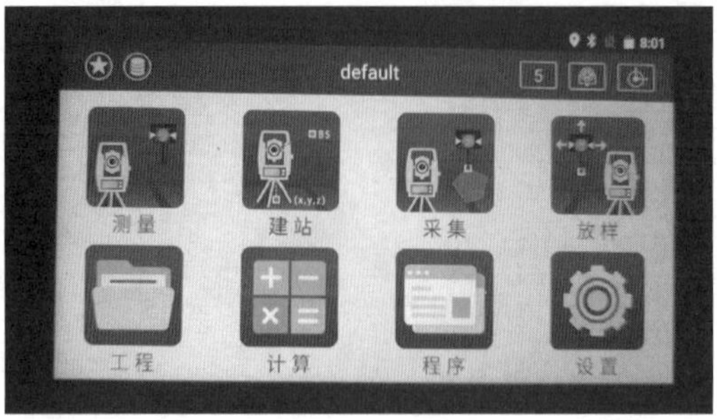

图 2-37 南方 NTS-552R 系列全站仪开机界面

进入角度测量界面后，如图 2-38 所示。主要显示有：

V：显示垂直角度；HR 或者 HL：显示水平右角或者水平左角；[置零]：将当前水平角度设置为零，设置后将需要重新进行后视设置；[置盘]：通过输入设置当前的角度值，设置后将需要重新设置后视。

图 2-38 角度测量操作界面

角度测量时，可以设置起始角度为零度或任意角度值。设置为零度时，点击[置零]，确定即可。设置任意角度值时，点击[置盘]，然后输入需要设置的水平角度值后，点击[确定]，如图 2-39 所示。

图 2-39 角度测量置盘操作示意

2. 距离测量

进入距离测量界面后，如图 2-40 所示。主要显示有：

SD：显示斜距值；HD：显示水平距离值；VD：显示垂直距离值；

[测量]：开始进行距离测量。

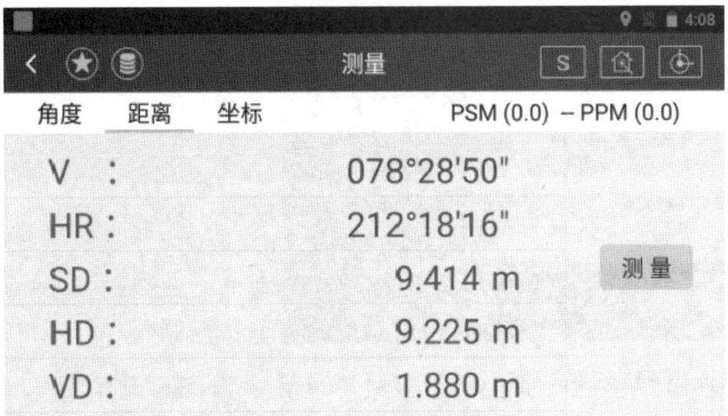

图 2-40　距离测量操作界面

距离测量时注意：全站仪在测量过程中，应该避免在红外测距模式及激光测距条件下，对准强反射目标（如交通灯）进行距离测量。因为其所测量的距离要么错误，要么不准确。当点击测量键时，仪器将对在光路内的目标进行距离测量。测距进行时，如有行人、汽车、动物、摆动的树枝等通过测距光路，会有部分光束反射回仪器，从而导致距离结果的不准确。在无反射器测量模式及配合反射片测量模式下，测量时要避免光束被遮挡干扰。

3. 坐标测量

1）测量前参数设置

进入坐标测量界面后，如图 2-41 所示。主要显示有：

N：北坐标；E：东坐标；Z：高程；[镜高]：进入输入棱镜高度界面；[仪高]：进入输入仪器高度界面，设置后需要重新定后视；[建站]：进入到快捷建站界面，输入测站点和后视点坐标后，瞄准后视点完成建站。

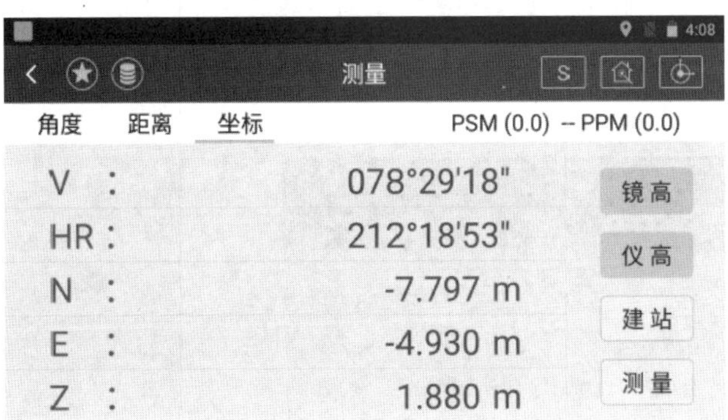

图 2-41　坐标测量操作界面

坐标测量前，先要设置棱镜高度和仪器高度两个参数，设置过程如图 2-42、2-43 所示。

图 2-42　输入棱镜高界面

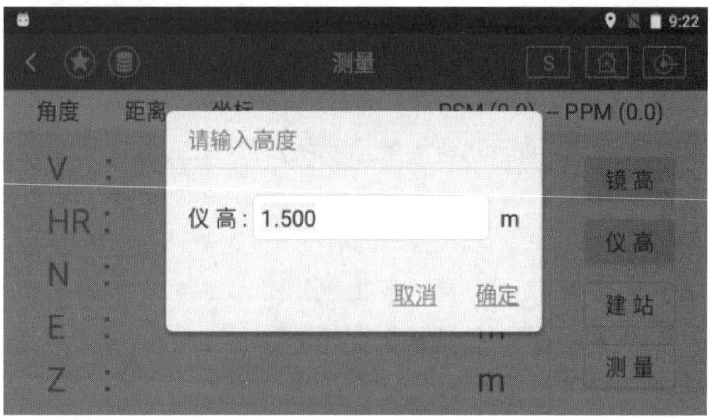

图 2-43　输入仪器高界面

2）建　站

建站的方式有很多种，如已知点建站、后方交会、前方交会等多种方法。

（1）已知点建站

又称后视点建站，通过已知点进行后视的设置，设置后视有两种方式，一种是通过已知的后视点设置，一种通过已知的后视方位角设置。已知点建站操作界面如图 2-44 所示。

图 2-44　已知点建站界面

其中，输入测站信息：输入已知测站点的名称，通过[+]可以调用或新建一个已知点作为测站点。仪高：输入当前的仪器高。镜高：输入当前的棱镜高。后视点：输入已知后视点的名称，通过[+]可以调用或新建一个已知点作为后视点。方位角：通过直接输入方位角来设置后视。当前 HA：显示当前的水平角度。设置：照准后视，点击设置，完成建站。如果前面的输入不满足计算或设置要求，将会给出提示。

具体建站操作步骤：

步骤 1：在主菜单按“建站”键，选择“已知点建站”功能，调出已知点建站操作界面。

步骤 2：设置测站点坐标。点击测站对话框，跳出“选择数据来源”选项，如图 2-45 所示，选择需要调用的已知点，选择完毕返回建站页面，如图 2-46 所示。

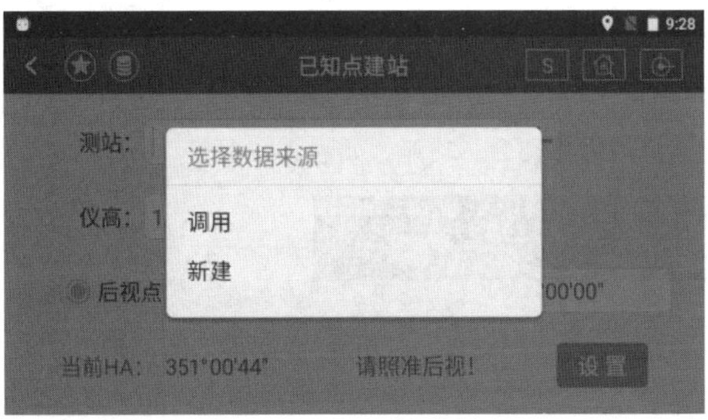

图 2-45　调用已知坐标点示意

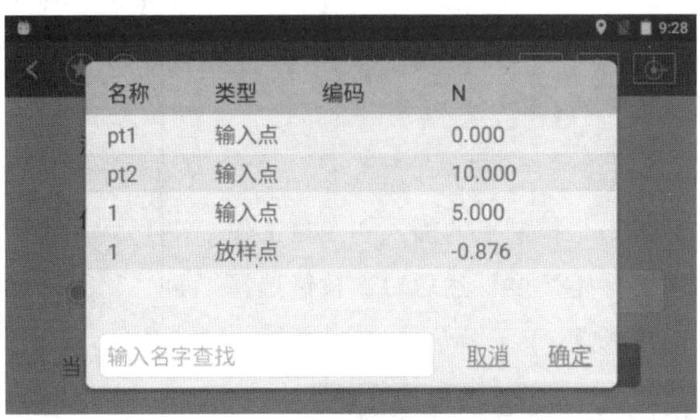

图 2-46　选择已知点坐标参数示意

（2）后方交会建站

后方交会是指仅在待定点上设站，向两个已知控制点观测一个水平夹角 A，从而计算待定点的坐标。交会测量是加密控制点常用的方法，它可以在数个已知控制点上设站，分别向待定点观测方向或距离，也可以在待定点上设站向数个已知控制点观测方向或距离，而后计算待定点的坐标。如图 2-47 所示。

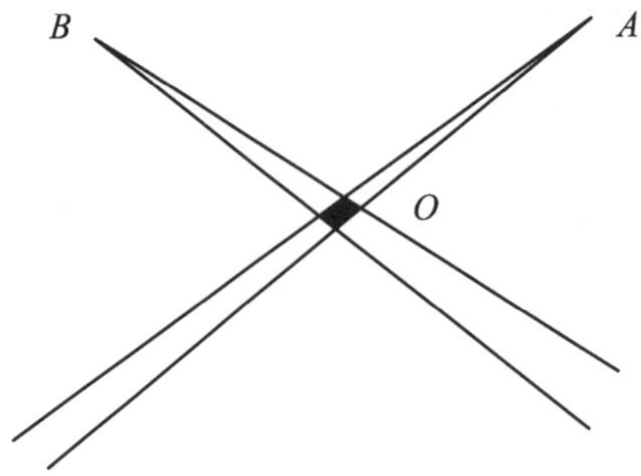

图 2-47　后方交会建站示意图

采用后方交会建站时要注意：如果测量的第一个点与第二个点之间的角太小或太大，其计算成果的几何精度会较差，所以要选择已知点与站点之间构成较好的几何图形。对于后方交会最少的数据为三个角度观测或两个距离观测。基本上，测站点高程是由测距数据计算的，但是如果没有进行距离测量，则高程仅由对已知坐标点的测角所定。

后方交会建站步骤：

步骤 1：在主菜单按“建站”键，选择“后方交会”功能，如图 2-48 所示。

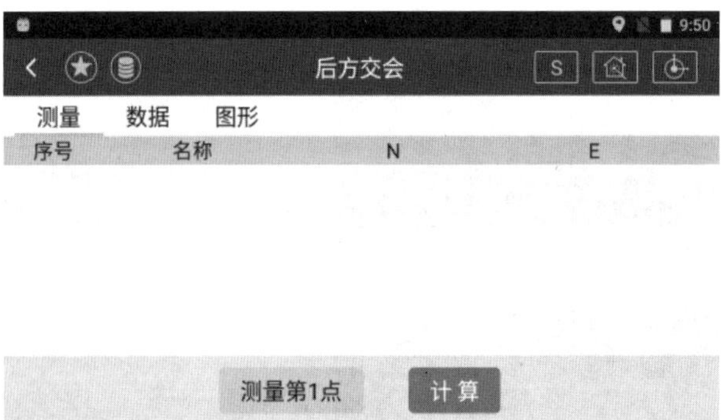

图 2-48　后方交会建站操作界面

步骤 2：选择“测量”选项，进行第一个控制点的输入和测量工作。在点名一栏输入控制点点名，镜高一栏输入棱镜高度，然后对准棱镜选择“测角&测距”，之后点击“完成”，如图 2-49 所示。

图 2-49　第一个控制点的输入和测量

步骤 3：继续上述操作，完成第二点或更多点的输入测量工作，完成之后，点击下方“计算”，如图 2-50 所示。

图 2-50　第二个控制点的输入和测量

步骤 4：若测量与数据均无误，则点击“前往建站”，输入测站名并照准最后一个测量点，点击“设置”则建站完成，如图 2-51 所示。

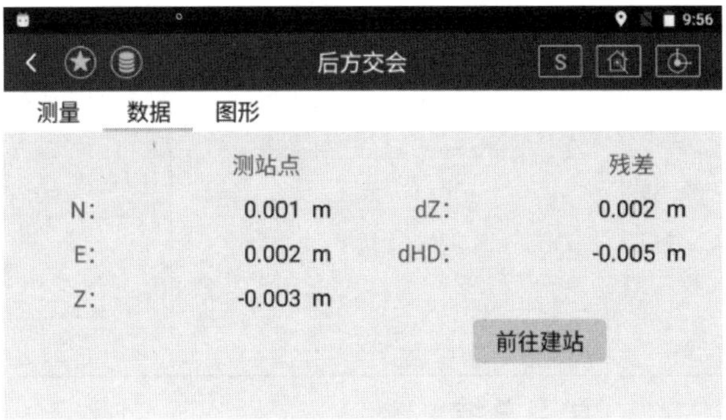

图 2-51　建站设置

任务规划（教师给出）

笔记栏

1. 执行规划建议

知识点	建议学习时间	学习方法	资源要求
全站仪使用注意事项	10 分钟	自主学习	测量实训室
全站仪架设	35 分钟	自主学习+现场演示	测量实训室
全站仪操作	45 分钟	自主学习+实操	测量实训室

2. 教师任务安排

任务实施（学生规划）	笔记栏
请同学依据要完成的任务就数据准备、人员分工（若为小组训练）、设备清单、实施步骤及要点、安全及总结要求等方面做出规划。	
任务扩展（教师给出）	笔记栏

学习总结

子项目学习质量监控单（教师填写）

<table>
<tr><th>序号</th><th>评分项</th><th>分值</th><th>实施要求</th><th>评定标准</th><th>得分</th></tr>
<tr><td>1</td><td>资源学习情况</td><td>15</td><td>1.学习痕迹明显，笔记认真仔细。
2.知识点掌握牢固，并能合理、灵活运用</td><td>优：课堂问答及练习能独立完成，回答正确，读书笔记细致。
良：课堂问答及练习成果正确，读书笔记记录较好。
中：课堂问答表述不清，练习成果基本正确。
差：完全不正确</td><td></td></tr>
<tr><td>2</td><td>任务规划</td><td>15</td><td>1.规划内容完整。
2.规划内容应具可实施性。
3.规划过程应独立思考，具备一定的独特性</td><td>优：规划的内容详尽，具有很强的可实施性。
良：规划的内容详尽，可实施性一般。
中：规划的内容不全面，可实施性一般。
差：无规划，或者其规划的内容不全，无法实施</td><td></td></tr>
<tr><td>3</td><td>任务实施</td><td>50</td><td>1.过程严格按规范要求进行。
2.过程性资料收集齐全。
3.独立完成任务要求的成果，提交及时</td><td>优：任务目标完成质量优良，过程规范，无错误。
良：任务目标完成质量良好，过程规范，无明显错误。
中：任务目标完成质量一般，过程相对规范，无明显错误。
差：没有完成任务目标或成果完全错误</td><td></td></tr>
<tr><td>4</td><td>任务扩展</td><td>10</td><td>独立思考，能利用所学知识及相关手段完成所布置的拓展任务</td><td>优：独立思考，成果正确。
良：独立思考，成果基本正确。
中：任务完成一般。
差：没有完成任务目标或成果完全错误</td><td></td></tr>
<tr><td>5</td><td>其他</td><td>10</td><td>1.及时完成相关表格的填写。
2.独立完成总结的撰写，记录要详尽，要能从技能、知识等多方面进行总结</td><td>优：独立思考，任务全部完成，总结到位并能及时上交。
良：独立思考，任务基本完成，总结基本到位并能及时上交。
中：任务基本完成，总结基本到位。
差：没有完成任务目标</td><td></td></tr>
<tr><td>6</td><td>职业能力评价</td><td colspan="3">优：完全掌握技能及知识要点，操作规范，安全意识及团队意识好，吃苦耐劳，认真仔细。
良：基本掌握技能及知识要点，操作规范，安全意识及团队意识较好，认真仔细。
中：掌握部分技能及知识要点，操作相对规范，具有一定的安全意识。
未达标：没有掌握要求的技能及知识要点，或操作出现严重错误导致人员及设备损坏</td><td></td></tr>
<tr><td colspan="2">综合得分</td><td colspan="3">学习过程（项 1～5）评价得分：　　　　　技能水平评价：合格□　不合格□</td><td></td></tr>
<tr><td colspan="2">教师评语</td><td colspan="3"></td><td></td></tr>
</table>

2.4 RTK 技术及设备认知

任务 1　RTK 技术及相应设备认知

【任务情况】

1. 本学习内容主要完成任务

工程应用实例的引入，初步了解 RTK 技术的原理、先进性。结合 RTK 系统设备的讲解与演示，熟练掌握 RTK 系统中各部件名称及功能等知识。

2. 学习目标

知识目标：了解 RTK 技术的原理。

掌握 RTK 测量系统组成知识。

技能目标：可熟练认知 RTK 测量系统各部件的名称及其功能。

情感目标：满足同学们的求知欲和对新机器的探索欲望。

3. 学习时间分配

学习活动序号	学习活动	建议学习时长	备注
学习活动 1	RTK 技术原理	0.4	
学习活动 1	GNSS-RTK 设备组成认知	0.6	

【作业过程及任务点】

学习活动 1　RTK 技术原理

<table>
<tr><th colspan="8">学习任务单</th></tr>
<tr><td>任务名称</td><td colspan="7">RTK 技术原理</td></tr>
<tr><td>任务类型</td><td colspan="3">理论性</td><td>能力面向</td><td colspan="3">测绘地理信息数据获取与处理职业技能</td></tr>
<tr><td>完成时限</td><td colspan="3">0.4 课时</td><td>学习方法</td><td colspan="3">讲授法、情景创设法、自主学习法</td></tr>
<tr><td>实施方式</td><td colspan="3">教授+自主学习</td><td>考核方式</td><td colspan="3">问题讨论</td></tr>
<tr><td>考核点</td><td colspan="7">RTK 技术的原理</td></tr>
<tr><th colspan="8">学习人员信息（学生填写）</th></tr>
<tr><td>姓名</td><td></td><td>班级</td><td></td><td>学号</td><td></td><td>电话</td><td></td></tr>
</table>

任务目标

某城市有一个小区需要绘制地下管线图，已知所有控制点位于 3 km 外繁华的步行街上，24 小时人来人往。小区至步行街间各式建筑物星罗密布。请根据本节课学习的知识进行选择，对一个测绘小组（4 个人）而言，选择全站仪多次转站将坐标引入小区，还是选择利用 RTK 技术将坐标引入。请讲出你的理由。

任务介绍	笔记栏
【任务描述】 结合任务目标，通过学习 RTK 技术的原理，完成测量方案的规划撰写。 【任务要求】 （1）根据教师的讲解，完成配套资源的学习，并完成学习笔记。 （2）独立思考，独立完成案例中的测量方案。 （3）针对教师给定的测绘工程作业场景，理解 RTK 技术采集数据的先进性与不足之处，并完成总结的填写。	

任务配套资源	笔记栏
【资源 1】文本型学习资源	

知识点 1：RTK 技术原理

RTK（Real-time kinematic）技术，即载波相位差分定位技术。此技术结合 GNSS 测量技术与数据传输技术，属实时处理两个测量站载波相位观测量的差分方法。

此技术的实现至少需要两台 GNSS 接收机，一台 GNSS 接收机作为基准站，一台接收机作为用户移动站，参见图 2-52 所示。基准站对卫星进行连续观测，并通过电台将观测数据及坐标信息传送给移动站，移动站在接收卫星信号的同时同步接收电台传来的基准站信息，处理数据后向用户提供厘米级精度的坐标数据。

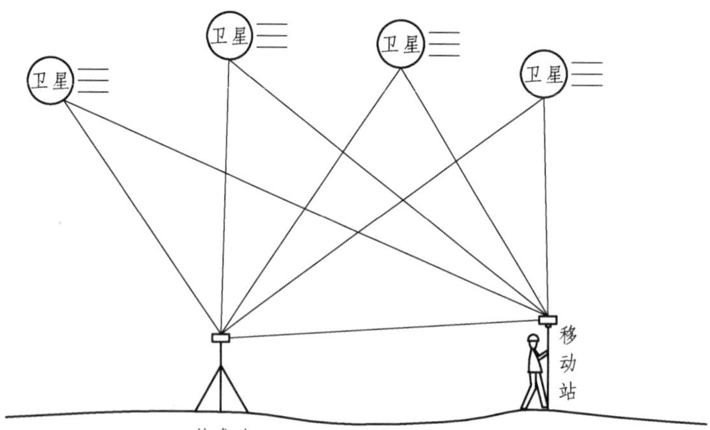

图 2-52　RTK 技术实现示意图

知识点 2：RTK 技术的先进性（与全站仪对比）

相比全站仪，RTK 技术在野外采集数据时具备以下的先进性：

1. 作业效率高

野外坐标数据采集中，应用 RTK 技术，可有效覆盖以基准站为圆心，半径为 5 km 范围内区域。与使用全站仪采集同样区域数据对比，效率很高，主要表现在 4 个方面：① 基准站高质量（站点位置地势开阔，远离电磁干扰等）架设完毕后，无须像全站仪采集数据时频繁地搬站，用于采集数据的有效时间更多。② 单人即可完成数据采集作业，每个需要采集坐标的点位仅需停留数秒。③ 无须考虑视线遮挡问题，测量过程连续性强，不易受外界行人、车辆往来、建筑物布局影响。④ 在卫星信号良好的前提下，可全天候作业，无须考虑白天黑夜。

2. 整体数据精度高

采用 RTK 技术对覆盖区域内坐标点的收集，各点之间相互独立，不存在

因多次转站引起的累积误差。采集过程技术人员人为因素影响较小，过程高度自动化，最大程度避免了人为误差。可实时检查坐标成果，发现问题可及时整改。 **【资源2】拓展学习资源包** 学习推荐书籍：《GNSS全球定位接收机——原理与软件实现》（鲁郁编著）。	
任务规划（教师给出）	笔记栏
工作内容学习时间分配 （1）学习【资源1】中知识点1，8～10分钟。重点：RTK由基准站及移动站组成，基准站设置完毕后，可根据需要增加若干移动站。 （2）学习【资源1】中知识点2，8～10分钟。重点：RTK的优势。 学习资源要求 （1）教师讲解知识点的同时，学生利用手机、平板或电脑等电子设备扫描二维码观看原理动画。 （2）课程结束后，学生利用手机、平板或电脑等电子设备扫描二维码复习微课内容。 作业要点 （1）可准确总结RTK技术在野外采集数据的优势（与全站仪对比）。 （2）总结简明扼要，可结合课外资源，适度拓展。	
任务实施（学生规划）	笔记栏
实施步骤	

任务扩展（教师给出）	笔记栏

工作日志（学生完成）	笔记栏

工作总结

学习活动 2　GNSS-RTK 设备组成认知

<table>
<tr><th colspan="8">学习任务单</th></tr>
<tr><td colspan="2">任务名称</td><td colspan="6">熟练认知 RTK 测量系统各部件的名称及其功能</td></tr>
<tr><td colspan="2">任务类型</td><td colspan="2">实操性</td><td>能力面向</td><td colspan="3">测绘地理信息数据获取与处理职业技能</td></tr>
<tr><td colspan="2">完成时限</td><td colspan="2">0.6 课时</td><td>学习方法</td><td colspan="3">讲授法、自主学习法</td></tr>
<tr><td colspan="2">实施方式</td><td colspan="2">实际操作</td><td>考核方式</td><td colspan="3">实际操作</td></tr>
<tr><td colspan="2">考核点</td><td colspan="6">GNSS-RTK 设备各部件名称　GNSS-RTK 设备各部件功能</td></tr>
<tr><th colspan="8">学习人员信息（学生填写）</th></tr>
<tr><td>姓名</td><td></td><td>班级</td><td></td><td>学号</td><td></td><td>电话</td><td></td></tr>
<tr><th colspan="8">任务目标</th></tr>
<tr><td colspan="8">现场针对设备，能完成准确识别仪器箱（包）中组成 GNSS-RTK 设备各部件并准确说出仪器箱（包）中组成 GNSS-RTK 设备各部件的作用，有条理地写下主要组成部件的名称及作用。</td></tr>
</table>

<table>
<tr><th>任务介绍</th><th>笔记栏</th></tr>
<tr><td>【任务描述】
结合学校具体的 GNSS（1 基准站+1 移动站）设备，学习各部件名称，掌握各部件功用。
【任务要求】
（1）根据教师的讲解，完成配套资源的学习，并完成学习笔记。
（2）能独立完成 GNSS-RTK 设备部件的识别及准确说出各部件的功用，并完成总结的填写。</td><td></td></tr>
<tr><th>任务配套资源</th><th>笔记栏</th></tr>
<tr><td>【资源 1】文本型学习资源
RTK 的主要设备有 GNSS 接收机、电台、垫片、手簿、UHF 差分天线和连接杆，详情见表 2-2 所示。</td><td></td></tr>
</table>

表 2-2　RTK 的主要部件及作用

序号	名称	图　片	作　用
1	GNSS 接收机		核心部件，用于接收卫星信号并进行处理
2	手　簿		可进行接收机参数设置，实时数据计算等操作的掌上电脑
3	电　台		发射无线电信号
4	垫　片		量取天线高使用，架设基站时可用于连接连接杆与三脚架之间，使其稳定连接
5	网络天线		接收和传递无线电信号，网络基站时使用
6	UHF 差分天线	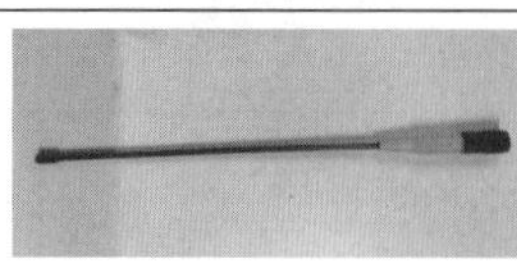	接收和传递无线电信号，电台基站时使用
7	连接杆		可辅助 GNSS 接收机与基座或三脚架的连接

任务规划（教师给出）	笔记栏
工作内容学习时间分配 （1）学习【资源 1】中知识点 1，20 分钟。重点：RTK 各部件的名称及作用。 （2）教师从仪器箱子中随机拿出部件，请同学回答此部件的名称及其作用。10 分钟。重点：可准确认知部件，掌握其功用。 学习资源要求 教师实物讲解的同时，学生利用手机、平板或电脑等电子设备扫描二维码观看微课中各部件的细节展示。 作业要点 （1）可准确识别 RTK 设备组成各部件。 （2）可准确说出 RTK 设备各部件的功用。	
任务实施（学生规划）	**笔记栏**
实施步骤	
任务扩展（教师给出）	**笔记栏**
请上网查询找到教材介绍设备（南方三鼎 T66RTK 设备）之外的另外一种设备，查询其组件与教材中提到的设备不同之处。	

工作日志（学生完成）	笔记栏

工作总结

任务 2　RTK 设备架设及手簿参数设置

【任务情况】

1. 本学习内容主要完成任务

在熟悉设备各部件的前提下，学生能独立完成 GNSS-RTK 设备架设。结合老师讲解与演示，学生能独立完成手簿基本参数设置。

2. 学习目标

知识目标：掌握手簿中基本参数的知识。

技能目标：可熟练架设基准站与移动站，可熟练通过手簿设置基本参数。

情感目标：满足同学们的求知欲和对新机器的探索欲望。

3. 学习时间分配

学习活动序号	学习活动	建议学习时长	备注
学习活动 1	GNSS-RTK 设备基准站、移动站架设	1.5	
学习活动 2	手簿设置基本参数	0.5	

【作业过程及任务点】

学习活动 1　GNSS-RTK 设备基准站、移动站架设

<table>
<tr><th colspan="8">学习任务单</th></tr>
<tr><td colspan="2">任务名称</td><td colspan="6">GNSS-RTK 设备基准站、移动站架设</td></tr>
<tr><td colspan="2">任务类型</td><td colspan="2">实操性</td><td>能力面向</td><td colspan="3">测绘地理信息数据获取与处理职业技能</td></tr>
<tr><td colspan="2">完成时限</td><td colspan="2">1.5 课时</td><td>学习方法</td><td colspan="3">讲授法、自主学习法</td></tr>
<tr><td colspan="2">实施方式</td><td colspan="2">实际操作</td><td>考核方式</td><td colspan="3">实际操作</td></tr>
<tr><td colspan="2">考核点</td><td colspan="6">基准站架设　移动站架设</td></tr>
<tr><th colspan="8">学习人员信息（学生填写）</th></tr>
<tr><td>姓名</td><td></td><td>班级</td><td></td><td>学号</td><td></td><td>电话</td><td></td></tr>
<tr><th colspan="8">任务目标</th></tr>
<tr><td colspan="8">根据教师的演示，了解移动站架设的方法与步骤。分组领取 GNSS-RTK 设备，实际操作，要求单人在 5 分钟内完成 GNSS-RTK 系统的架设任务。最后在此写出架设 RTK 系统的主要步骤。</td></tr>
</table>

任务介绍	笔记栏
【任务描述】 测量小组在 5 分钟内完成基准站与移动站的架设，过程中要求每位同学都独立按照步骤上手操作一次，最终能使每位同学都能达到操作目标。 【任务要求】 （1）自主完成相关知识点的学习，并完成学习笔记。 （2）仔细观察教师实操教学及讲解，注意操作要点。 （3）根据各个学校的 GNSS-RTK 设备，掌握基准站、移动站架设技能，并完成总结的填写。	

任务配套资源	笔记栏
【资源 1】文本型+数字化学习资源 知识点 1：RTK 的电台基准站架设 在基准站架设步骤之前，需要选择架设环境。为了避免 RTK 信号的接收以及无线电信号发射产生的影响，RTK 基准站的架设需要选择一个视野比较开阔、周围环境比较空旷、地势比较高的地方。接着我们开始架设基准站。RTK 基准站架设主要有以下步骤： 步骤 1：将接收机设置为基准站内置电台模式。 步骤 2：架好三脚架，放电台天线的三脚架最好放到高一些的位置，两个三脚架之间保持至少 3 m 的距离。 步骤 3：用测高片固定好基准站接收机（如果架在已知点上，需要用基座并做严格的对中整平），打开基准站接收机。 步骤 4：安装基准站外挂电台。安装外挂电台发射天线，把电台挂在三脚架上，将蓄电池放在电台的下方，组装好的基准站见图 2-53 所示。 步骤 5：用多用途电缆线连接好电台、主机和蓄电池。多用途电缆是一条 Y 形的连接线，用来连接基准站主机（五针红色插口）、发射电台（黑色插口）和外挂蓄电池（红黑色夹子），具有供电、数据传输的作用。 注意事项：在使用 Y 形多用途电缆连接主机的时候注意查看五针红色插口上标有红色小点，在插入主机的时候，将红色小点对准主机接口处的红色标记即可轻松插入。连接电台一端的时候同样地操作。 步骤 6：RTK 基准站手簿设置。 进入工程之星测量软件，依次点击配置→仪器设置→基准站设置，点击基准站设置则默认将主机工作模式切换为基准站，并对差分格式、发射间隔、基站启动坐标、天线高、截止角、PDOP、数据链等参数进行设置，设置完成后，点击“启动”即可发射。	

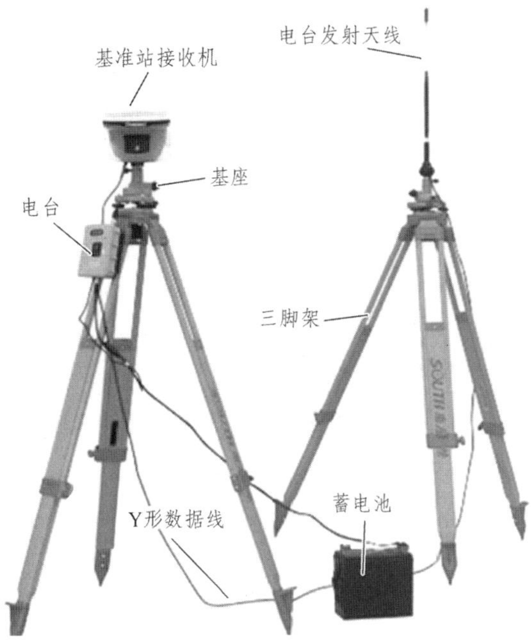

图 2-53 架设好的基准站架示意图

知识点 2：RTK 移动站架设

移动站的架设主要有以下步骤，组装后移动站见图 2-54 所示。

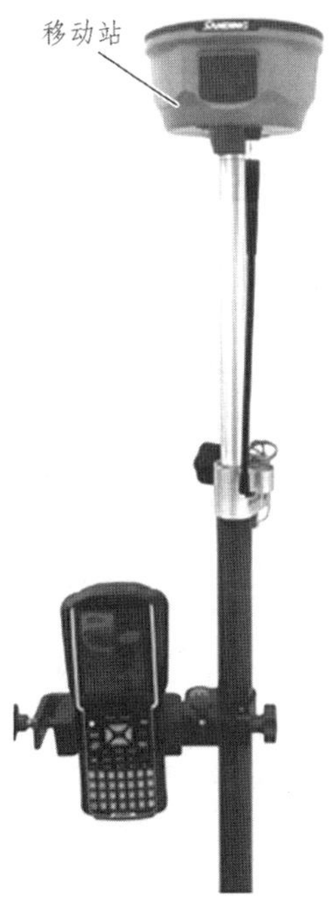

图 2-54 移动站架设完毕示意图

步骤 1：将 GNSS 接收机安装在可拉伸对中杆顶部，并将网络天线安装在接收机上。

步骤 2：将手簿托架安装在伸缩杆合适的位置，并将手簿安装在手簿托架中。

注意事项：GNSS 接收机与碳纤维杆连接时，一定要确保二者连接稳固。

步骤 3：将 GNSS 接收机设置为外置电台模式，加装电台天线或网络天线。

【视频】
基准站架设

【视频】
移动站架设

【资源 2】拓展学习资源包

学习推荐手册：

T66-RTK 测量系统使用手册 南方测绘有限公司

任务规划（教师给出）

笔记栏

1. 执行规划建议

<table>
<tr><th>知识点
（教学环节）</th><th>建议学
习时间</th><th>学习方法</th><th>资源要求</th></tr>
<tr><td>复习</td><td>10 分钟</td><td>自主学习</td><td></td></tr>
<tr><td>基准站架设</td><td>10 分钟</td><td rowspan="2">教师演示+
讨论+实作</td><td>测量实训室或室外场地</td></tr>
<tr><td>移动站架设</td><td>5 分钟</td><td>测量实训室或室外场地</td></tr>
<tr><td>实作</td><td>40 分钟</td><td>实作</td><td>1.场地：测量实训室或室外场地。
2.根据学生人数，每小组提供一套移动站，建议 4 人一组</td></tr>
</table>

2. 教师任务安排

任务实施（学生规划）

笔记栏

请同学依据要完成的任务就数据准备、人员分工（若为小组训练）、设备清单、实施步骤及要点、安全及总结要求等方面做出规划。

任务扩展（教师给出）	笔记栏
（1）选择学校拥有的其他型号的 GNSS-RTK 设备。在熟悉各部件的组成及功用后，在规定时间内完成新型号设备基准站与移动站的架设任务。 （2）思考与总结两种设备架设过程中的共同之处与不同之处，原理发生了变化，还是简单地只是因设备不同导致操作上有所区别。	

学习总结

学习活动 2　手簿设置基本参数

学习任务单							
任务名称:	手簿设置基本参数						
任务类型	理实一体		能力面向	测绘地理信息数据获取与处理职业技能			
完成时限	0.5 课时		学习方法	讲授法、自主学习法			
实施方式	实际操作		考核方式	实际操作			
考核点	基本参数含义　熟练使用手簿设置基本参数，显示固定解						
学习人员信息（学生填写）							
姓名		班级		学号		电话	
任务目标							
根据教师演示以及自主学习，理解手簿参数基本含义以及设置步骤。最终独立完成手簿的参数设置，最后在此写出手簿设置的主要步骤。							

任务介绍	笔记栏
【任务描述】 （1）结合测量要求，理解中央子午线等基本参数含义。 （2）结合所给手簿，熟练设置基本参数，达到固定解状态，为采集坐标点做准备。 【任务要求】 （1）可以利用手机、平板或电脑等电子设备扫描二维码观看手簿设置参数视频，并完成学习笔记。 （2）仔细观察教师实操教学及讲解，注意操作要点。 （3）能独立完成手簿参数设置，移动站显示固定解，并完成总结的填写。 （4）总结简明扼要，可结合课外资源，适度拓展。	

任务配套资源	笔记栏

【资源 1】文本型+数字化学习资源

知识点 1：测量工作前需要设置的参数的含义

（1）中央子午线：我国地形图采用高斯-克吕格平面直角坐标系，高斯投影带中央的大地子午线称为中央子午线。

城市	3 度带中央子午线
云南昆明	102
广东广州	114

（2）NFC 功能：近距离无线通信模式，手簿可以通过这种方式方便地与接收机连接。

（3）差分格式：基准站设置中重要的参数，常用的差分格式为 RTCM32（RTCM-国际海事无线电技术委员会）。

知识点 2：基准站手簿参数设置一般步骤

步骤 1：手簿连接基准站 GNSS 接收机。

步骤 2：使用手簿内置程序（以工程之星为例），配置→仪器设置→基准站设置→基站参数选择（一般选择 RTCM32 格式）→启动基站。

知识点 3：移动站手簿参数设置一般步骤

步骤 1：手簿连接移动站 GNSS 接收机。

步骤 2：使用手簿内置程序（以工程之星为例），配置→仪器设置→电台通道设置（将电台通道切换为与基准站电台一致的通道号）。

步骤 3：使用手簿内置程序（以工程之星为例），配置→坐标系统设置（增加目标系统）→确定中央子午线度数→显示固定解。

【视频】
基准站手簿参数设置

【视频】
移动站手簿参数设置

【资源 2】拓展学习资源包

学习推荐手册：T66-RTK 测量系统使用手册 南方测绘有限公司

任务规划（教师给出）	笔记栏

1. 执行规划建议

知识点（教学环节）	建议学习时间	学习方法	资源要求
复习	5 分钟	自主学习	
基准站及移动站参数设置	10 分钟	教师演示+讨论+实作	测量实训室或室外场地
实作	10 分钟	实作	1. 场地：测量实训室或室外场地。 2. 根据学生人数，每小组提供一套移动站，建议 4 人一组

2. 教师任务安排

任务实施（学生规划）	笔记栏

请同学依据要完成的任务就数据准备、人员分工（若为小组训练）、设备清单、实施步骤及要点、安全及总结要求等方面做出规划。

任务扩展（教师给出）	笔记栏

完成基本设置任务后，请找到如下几个参数设置的界面：

（1）与电脑等设备连接的端口设置界面。

（2）更改波特率的设置界面。

工作总结

子项目学习质量监控单（教师填写）

<table>
<tr><th>序号</th><th>评分项</th><th>分值</th><th>实施要求</th><th>评定标准</th><th>得分</th></tr>
<tr><td>1</td><td>资源学习情况</td><td>15</td><td>1.学习痕迹明显，笔记认真仔细。
2.知识点掌握牢固，并能合理、灵活运用</td><td>优：课堂问答及练习能独立完成，回答正确，读书笔记细致。
良：课堂问答及练习成果正确，读书笔记记录较好。
中：课堂问答表述不清，练习成果基本正确。
差：完全不正确</td><td></td></tr>
<tr><td>2</td><td>任务规划</td><td>15</td><td>1.规划内容完整。
2.规划内容应具可实施性。
3.规划过程应独立思考，具备一定的独特性</td><td>优：规划的内容详尽，具有很强的可实施性。
良：规划的内容详尽，可实施性一般。
中：规划的内容不全面，可实施性一般。
差：无规划，或者其规划的内容不全，无法实施</td><td></td></tr>
<tr><td>3</td><td>任务实施</td><td>50</td><td>1.过程严格按规范要求进行。
2.过程性资料收集齐全。
3.独立完成任务要求的成果，提交及时</td><td>优：任务目标完成质量优良，过程规范，无错误。
良：任务目标完成质量良好，过程规范，无明显错误。
中：任务目标完成质量一般，过程相对规范，无明显错误。
差：没有完成任务目标或成果完全错误</td><td></td></tr>
<tr><td>4</td><td>任务扩展</td><td>10</td><td>独立思考，能利用所学知识及相关手段完成所布置的拓展任务</td><td>优：独立思考，成果正确。
良：独立思考，成果基本正确。
中：任务完成得一般。
差：没有完成任务目标或成果完全错误</td><td></td></tr>
<tr><td>5</td><td>其他</td><td>10</td><td>1.及时完成相关表格的填写。
2.独立完成总结的撰写，记录要详尽，要能从技能、知识等多方面进行总结</td><td>优：独立思考，任务全部完成，总结到位并能及时上交。
良：独立思考，任务基本完成，总结基本到位并能及时上交。
中：任务基本完成，总结基本到位。
差：没有完成任务目标</td><td></td></tr>
<tr><td>6</td><td>职业能力评价</td><td colspan="3">优：完全掌握技能及知识要点，操作规范，安全意识及团队意识好，吃苦耐劳，认真仔细。
良：基本掌握技能及知识要点，操作规范，安全意识及团队意识较好，认真仔细。
中：掌握部分技能及知识要点，操作相对规范，具有一定的安全意识。
未达标：没有掌握要求的技能及知识要点，或操作出现严重错误导致人员及设备损坏</td><td></td></tr>
<tr><td colspan="2">综合得分</td><td colspan="3">学习过程（项 1 ~ 5）评价得分：　　　技能水平评价：合格□　不合格□</td><td></td></tr>
<tr><td colspan="2">教师评语</td><td colspan="3"></td><td></td></tr>
</table>

2.5　三维激光扫描仪认知

任务 1　三维激光扫描仪认知

【任务情况】

1. 本学习内容主要完成任务

结合三维激光扫描仪设备，了解三维激光扫描设备的工作原理，熟悉三维激光扫描仪主要组成部分功能等知识。

2. 学习目标

知识目标：了解三维激光扫描设备工作原理。

熟悉三维激光扫描仪构造。

技能目标：可熟练认知三维激光扫描仪基本组成模块。

情感目标：满足同学们的求知欲和对新机器的探索欲望。

3. 学习时间分配

学习活动序号	学习活动	建议学习时长	备注
学习活动 1	三维激光扫描仪认知	1	

【作业过程及任务点】

学习活动 1　三维激光扫描仪认知

<table>
<tr><th colspan="8">学习任务单</th></tr>
<tr><td>任务名称</td><td colspan="7">三维激光扫描仪认知</td></tr>
<tr><td>任务类型</td><td colspan="3">理论性</td><td>能力面向</td><td colspan="3">测绘地理信息数据获取与处理职业技能</td></tr>
<tr><td>完成时限</td><td colspan="3">1 课时</td><td>学习方法</td><td colspan="3">讲授法、情景创设法、自主学习法</td></tr>
<tr><td>实施方式</td><td colspan="3">自主学习+讲解</td><td>考核方式</td><td colspan="3">问题讨论</td></tr>
<tr><td>考核点</td><td colspan="7">工作原理　构造组成</td></tr>
<tr><th colspan="8">学习人员信息（学生填写）</th></tr>
<tr><td>姓名</td><td></td><td>班级</td><td></td><td>学号</td><td></td><td>电话</td><td></td></tr>
</table>

任务目标	
完成自主学习后，填写下表：	

三维激光扫描工作原理	
列举 3 种品牌及型号的三维激光扫描仪	
三维激光扫描仪的优点有哪些?	
三维激光扫描仪的主要组成部分	

任务介绍	笔记栏

【任务描述】

通过自主学习能说清楚三维激光扫描设备的工作原理以及基本构造组成。理解什么情况可以利用该设备进行什么样的作业。

【任务要求】

（1）完成配套资源的学习，并完成学习笔记。

（2）能独立完成任务目标中的相关内容。

（3）能利用网络、书籍等资源，自主完成任务目标知识点的学习。

任务配套资源	笔记栏

【资源 1】文本型学习资源

三维激光扫描设备是一种全自动立体扫描设备，采集数据时效率高，短时间内可获得大量点云数据，无须和被测物体接触，适用于多种复杂环境，获取数据便于建立模型，可输出 AUTOCAD 等多种格式的模型成果，可视性较强，同时利用模型可生成剖面图等众多优点。目前，实际测绘项目生产使用的三维激光扫描设备种类较多，常见的国外设备有法如（faro）公司生产的 FOCUS 3D X330 三维激光扫描仪，徕卡（leica）公司生产的 HDS 系列，BLK 系列三维激光扫描仪。国产设备的代表有南方测绘公司生产的 UA-0500 三维激光扫描仪。

知识点 1：三维激光扫描工作原理

三维激光扫描仪按测量方式可分为基于脉冲式、基于相位差、基于三角测距原理几种。

尽管扫描仪的生产厂家、型号各自不同，但三维激光扫描仪的工作原理都是一致的：其工作过程是一个不断重复的数据采集和处理过程，它通过具有一定分辨率的空间点组成的点云图来表达目标物体表面的采样结果。隧道结构点云图见图 2-55 所示。

（a）隧道结构点云图　　（b）隧道现场图

图 2-55　隧道结构点云图

具体过程为：三维激光扫描仪发射一个激光脉冲信号，经过物体表面漫反射后，信号返回到设备中，即可计算出物体表面一点 P 到扫描仪的距离 S。与此同时，控制编码器同步测量每个激光脉冲横向扫描角度观测值 α 和纵向扫描角度观测值 β，三者组成极坐标系。随后该坐标转为笛卡儿坐标。三维激光扫描测量一般为仪器自定义坐标系：X 轴在横向扫描面内，Y 轴在横向扫描面内与 X 轴垂直，Z 轴与横向扫描面垂直（见图 2-56 所示）。根据公式（1）即可计算出 P 点坐标。扫描仪可覆盖 360°×305°的视野。

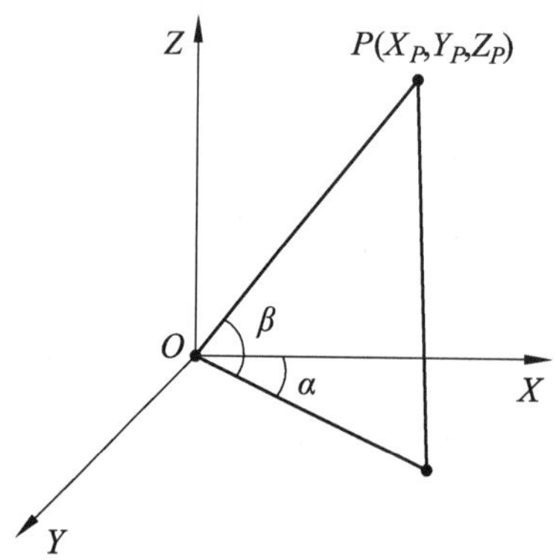

图 2-56　三维激光扫描设备自定义坐标系示意图

$$\begin{cases} X_p = S\cos\beta\cos\alpha \\ Y_p = S\cos\beta\sin\alpha \\ Z_p = S\cos\beta \end{cases} \tag{1}$$

此技术配合三维激光扫描设备搭载的相机同时可获取扫描电的反射强度和彩色影像，然后给点云附上彩色信息，见图 2-57 所示。

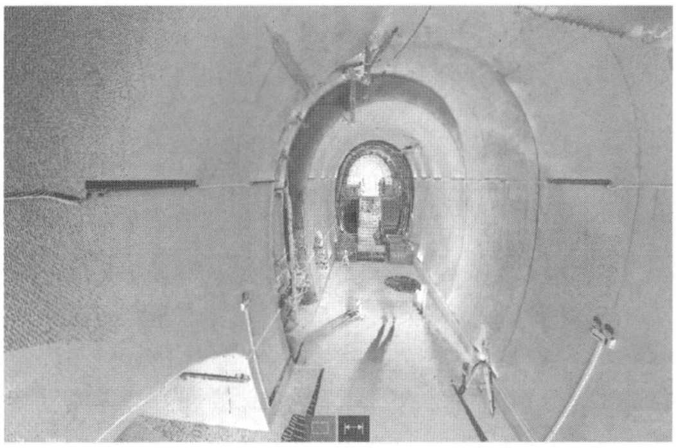

图 2-57　带色彩的点云图

知识点 2：三维激光扫描仪的构造

下面结合工程中常见的 Faro 350 三维激光扫描仪为例介绍三维激光扫描仪的主要构成，见图 2-58 所示。

图 2-58　Faro350 三维激光扫描仪

地面三维激光扫描系统主要由三部分组成：扫描仪、控制器和电源供应系统。激光扫描仪本身主要包括激光测距系统和激光扫描系统，同时也集成 CCD 和仪器内部控制与校正系统等，见图 2-59 所示。

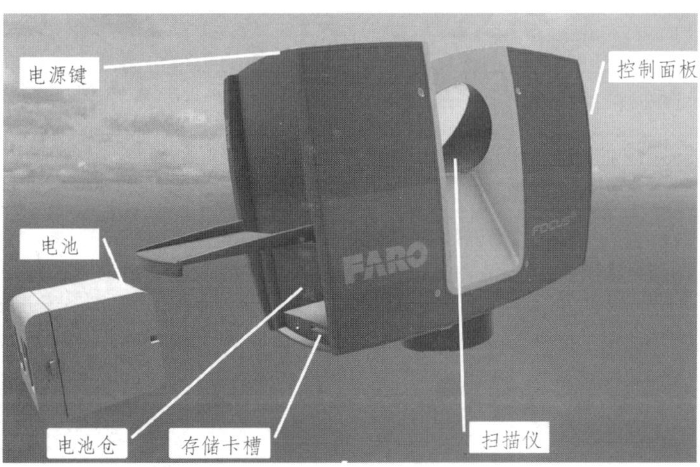

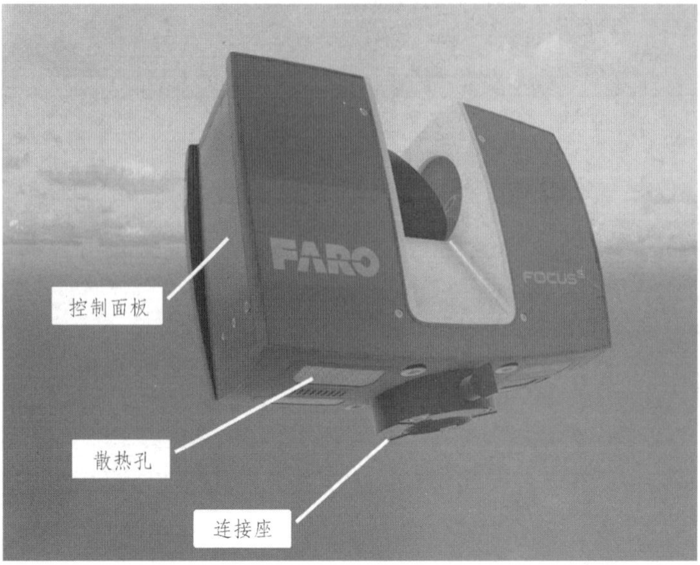

图 2-59 Faro350 三维激光扫描仪构造

【资源 2】拓展学习资源包

学习推荐书:《法如激光扫描仪技术手册》

任务规划(教师给出)

笔记栏

1. 执行规划建议

知识点	建议学习时间	学习方法	资源要求
三维激光扫描工作原理	20 分钟	自主学习	教室、多媒体设备
三维激光扫描构造	25 分钟	自主学习	教室、多媒体设备、网络资源

2. 教师任务安排

任务实施(学生规划)

笔记栏

请同学依据要完成的任务就对应知识点学习的时间分配，学习方法及形式，学习要点及总结要求等方面做出规划。

任务扩展（教师给出）	笔记栏
某结构制造现场，需要结构物表面整体数据及纹理数据，精度要求厘米级即可。请你选择一种设备完成任务，并说出你选择这型设备的理由。	

学习总结

任务 2　三维激光扫描仪参数设置及数据采集

【任务情况】

1. 本学习内容主要完成任务

结合架设完毕后三维激光扫描仪设备，根据给定项目需求，掌握三维激光扫描设备参数设置流程及数据采集。

2. 学习目标

知识目标：根据项目需求，掌握参数设置含义。

技能目标：熟练设置设备参数，完成数据采集工作。

情感目标：满足同学们的求知欲和对新机器的探索欲望。

3. 学习时间分配

学习活动序号	学习活动	建议学习时长	备注
学习活动 1	三维激光扫描仪参数设置及数据采集	1	

【作业过程及任务点】

学习活动 1　三维激光扫描仪参数设置及数据采集

<table>
<tr><th colspan="8">学习任务单</th></tr>
<tr><td>任务名称</td><td colspan="7">三维激光扫描仪参数设置及数据采集</td></tr>
<tr><td>任务类型</td><td colspan="3">实操性</td><td colspan="2">能力面向</td><td colspan="2">测绘地理信息数据获取与处理职业技能</td></tr>
<tr><td>完成时限</td><td colspan="3">1 课时</td><td colspan="2">学习方法</td><td colspan="2">演示法、自主学习法</td></tr>
<tr><td>实施方式</td><td colspan="3">实际操作</td><td colspan="2">考核方式</td><td colspan="2">实际操作</td></tr>
<tr><td>考核点</td><td colspan="7">三维激光扫描设备架设实操，架设注意事项</td></tr>
<tr><th colspan="8">学习人员信息（学生填写）</th></tr>
<tr><td>姓名</td><td></td><td>班级</td><td></td><td>学号</td><td></td><td>电话</td><td></td></tr>
<tr><th colspan="8">任务目标</th></tr>
<tr><td colspan="8">通过学习，结合所在校园内某独立建筑的数据采集方案，主要内容包括：
（1）测站规划（以平面布置图的形式进行描述）</td></tr>
</table>

（2）激光扫描仪主要参数设置：

任务介绍	笔记栏
【任务描述】 根据实际情况选定建筑物并开展针对其的三维激光扫描方案的撰写。 【任务要求】 （1）选定校园内的独立建筑，建议建筑的体量不要太大，周边无遮挡，便于理解测站的设置。 （2）自主完成配套资源的学习，并完成学习笔记。 （3）依据教师现场演示三维激光扫描仪参数设置，掌握相关技巧，可独立并熟练设置三维激光扫描仪参数，完成数据采集，并完成总结的填写。	

任务配套资源	笔记栏
【资源 1】文本型学习资源 知识点 1：三维激光扫描　野外扫描方案拟定 三维激光扫描仪采集数据时，野外扫描方案是最重要的组成部分。扫描之前要做全面仔细的方案设计。根据测量场景大小、复杂程度和工程精度要求，确定扫描路线，布置扫描站点，确定扫描站数及扫描系统至扫描场景的距离，确定扫描分辨率。仪器参数的确定将直接影响到扫描精度和效率，分辨率一般根据扫描对象和需要获取的空间信息进行确定。 为满足点云数据的拼接要求，相邻测站至少要求有 3 个公共点重合，因此购置仪器时一般至少要配置有 4 个标靶。如果有条件，可以多配置，扫描时每站的扫描范围会增大，同时也会提高工作效率。若被测物体轮廓无明显线状起伏，可以通过放置标靶来提高扫描仪的点云收集效果，放置标靶时注意的事项主要有：能够良好识别，不要被物体遮挡；不要将标靶放在一条直	

线上，否则会降低拼接精度；安放位置要确保稳定；标靶之间应有高度差。如图 2-60 所示。

图 2-60　野外标靶设置示意

知识点 2：三维激光扫描仪配置文件的设定

测站位置确定后，在扫描前将对激光扫描仪的相关参数进行设定，其主要的流程如图 2-61 所示。

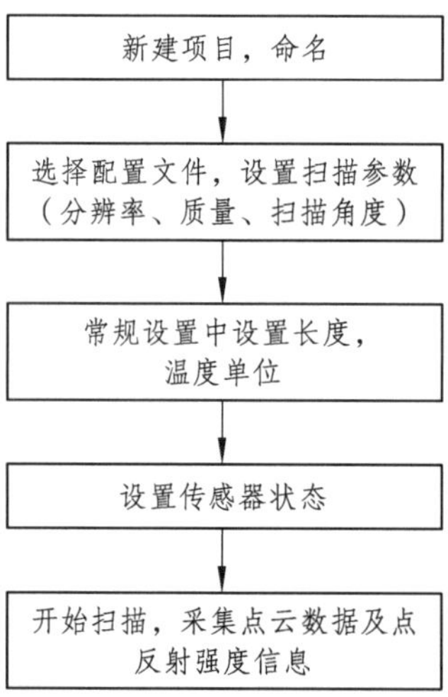

图 2-61　三维激光扫描仪参数设定流程图

1. 管理文件的设置

扫描仪开机后的界面如图 2-62 所示，首先是进入扫描仪的管理界面，见图 2-63 所示，设置本扫描文件的配置情况。随后进入扫描仪的参数设置界面对扫描相关参数进行配置，如图 2-64 所示。

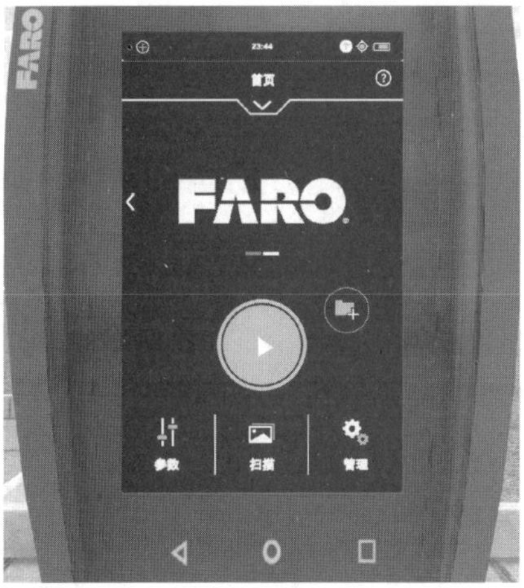

图 2-62　扫描仪开机界面示意

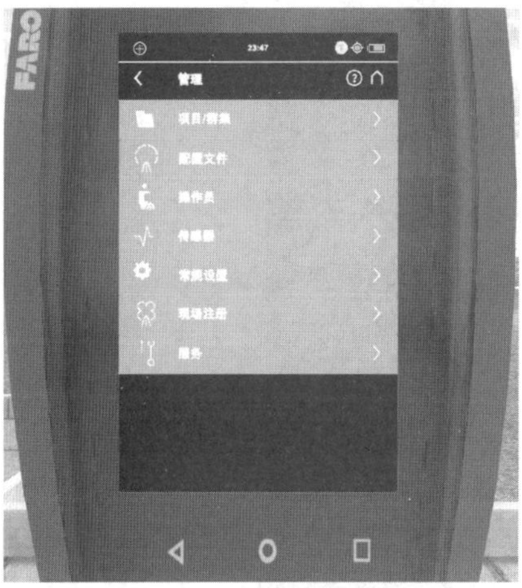

图 2-63　扫描管理界面示意

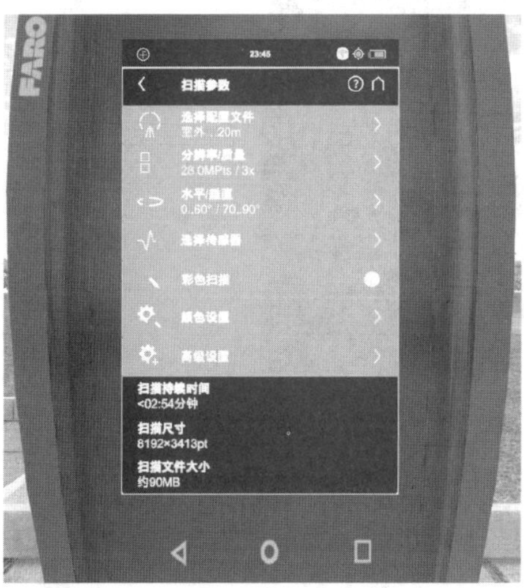

图 2-64　扫描参数设置界面示意

2. 配置文件设置

配置文件是一系列扫描参数（分辨率、质量或扫描角度）的集合，确定配置文件有两种方式：① 提前配置好的模式，如室内 10 M，室外 20 M 模式等。② 根据实际情况在仪器触摸显示屏上手动调整分辨率、质量或扫描角度等参数形成新的配置文件进行扫描。

分辨率：扫描仪能区分的最小特征参数，仪器中指最终的扫描分辨率，可选择的分辨率有 1/1、1/2、1/4、1/8、1/16、1/32 等。

质量：扫描质量，通过变换测量频率或应用额外的噪声压缩来确定质量等级。减少噪声提高扫描质量会相应地延长扫描时间。

扫描角度：扫描范围，分为垂直区域（0° ~ 305°）和水平区域（0° ~ 360°）两种，如图 2-65 所示。

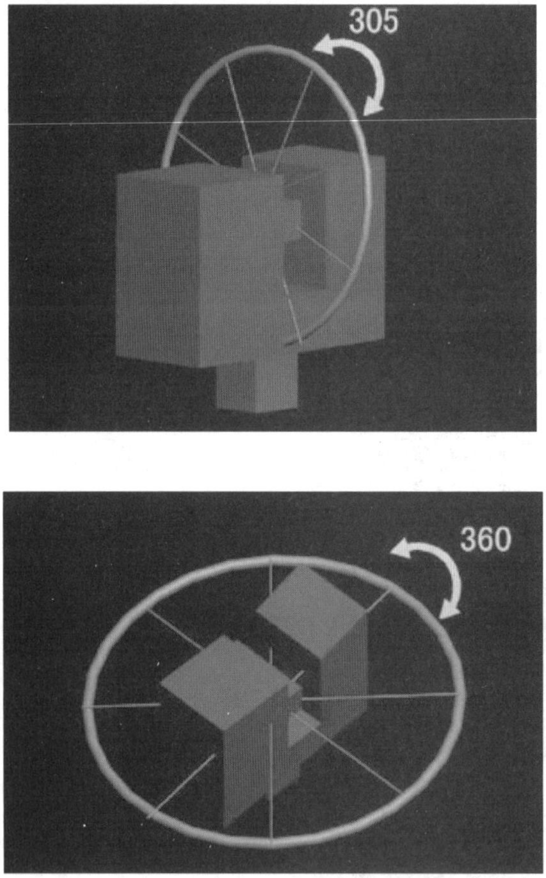

图 2-65　扫描角度示意

不同分辨率与质量参数组合对应的扫描时间和速度（法如 focus 3D 系列设备为例）参见表 2-3。一般情况下，扫描时间越长，点云数目就越多，文件就越大。

表 2-3　扫描参数与扫描时间对应表

分辨率	质量	速度/（Kpt/s）	完整扫描时间
1/1	1X	976	0:14:19
1/1	2X	488	0:28:38
1/1	3X	244	0:57:16
1/1	4X	122	1:54:32
1/2	1X	976	0:03:35
1/2	2X	488	0:07:09
1/2	3X	244	0:14:19
1/2	4X	122	0:28:38
1/2	6X	122	1:54:32
1/4	1X	976	0:00:54
1/4	2X	488	0:01:47
1/4	3X	244	0:03:35
1/4	4X	122	0:07:09
1/4	6X	122	0:28:38
1/4	8X	122	1:54:32
1/5	2X	488	0:01:09
1/5	3X	244	0:02:17
1/5	4X	122	0:04:35
1/5	6X	122	0:18:20
1/8	2X	488	0:00:27
1/8	3X	244	0:00:54
1/8	4X	122	0:01:47
1/8	6X	122	0:07:09
1/8	8X	122	0:28:38
1/10	3X	244	0:00:34
1/10	4X	122	0:01:09
1/10	6X	122	0:04:35
1/10	8X	122	0:18:20
1/16	3X	244	0:00:13
1/16	4X	122	0:00:27
1/16	6X	122	0:01:47
1/16	8X	122	0:07:09
1/20	4X	122	0:28:38

续表

分辨率	质量	速度/（Kpt/s）	完整扫描时间
1/20	6X	122	0:14:19
1/20	8X	122	0:14:19
1/32	4X	122	0:00:07
1/32	6X	122	0:00:27
1/32	8X	122	0:01:47

长度单位：可选取公制单位或英制单位。

温度单位：可选取摄氏度或华氏度。

3. 传感器设置

使用倾角仪：类似于自动安平水准仪和全站仪内部双轴补偿器设置，但是需要注意的是扫描仪的倾角要小于 5°，否则超出可补偿范围。

使用罗盘：启用后，扫描仪会在扫描全过程中始终测量罗盘数据并将其附加到每个扫描。

使用高度计：启用后，扫描仪会在扫描全过程中始终测量高度计的数据并将其附加到每个扫描。

设置界面如图 2-66 所示。

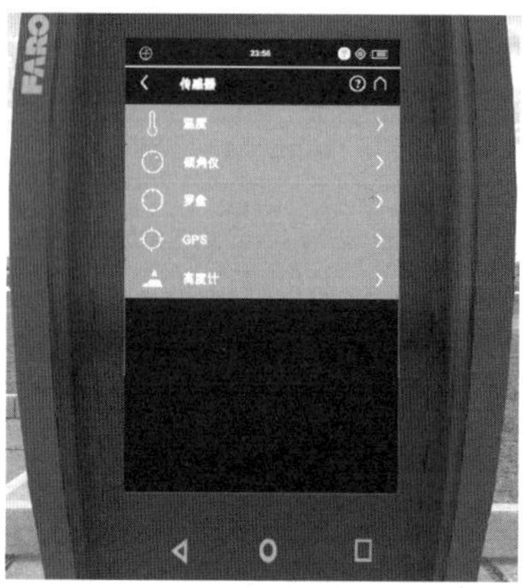

图 2-66 传感器设置界面示意

任务规划（教师给出）	笔记栏

1. 执行规划建议

知识点	建议学习时间	学习方法	资源要求
三维激光扫描野外扫描方案拟定	30 分钟	案例学习	教室、多媒体设备
三维激光扫描仪配置文件的设定	15 分钟	自主学习	教室、多媒体设备、网络资源

2. 教师任务安排	
任务实施（学生规划）	笔记栏
任务扩展（教师给出）	笔记栏
请结合互联网资料、技术手册，说出多种采集的点云数据传输至电脑的方法。	

工作总结

子项目学习质量监控单（教师填写）

序号	评分项	分值	实施要求	评定标准	得分
1	资源学习情况	15	1.学习痕迹明显，笔记认真仔细。 2.知识点掌握牢固，并能合理、灵活运用	优：课堂问答及练习能独立完成，回答正确，读书笔记细致。 良：课堂问答及练习成果正确，读书笔记记录较好。 中：课堂问答表述不清，练习成果基本正确。 差：完全不正确	
2	任务规划	15	1.规划内容完整。 2.规划内容应具可实施性。 3.规划过程应独立思考，具备一定的独特性	优：规划的内容详尽，具有很强的可实施性。 良：规划的内容详尽，可实施性一般。 中：规划的内容不全面，可实施性一般。 差：无规划，或者其规划的内容不全，无法实施	
3	任务实施	50	1.过程严格按规范要求进行。 2.过程性资料收集齐全。 3.独立完成任务要求的成果，提交及时	优：任务目标完成质量优良，过程规范，无错误。 良：任务目标完成质量良好，过程规范，无明显错误。 中：任务目标完成质量一般，过程相对规范，无明显错误。 差：没有完成任务目标或成果完全错误	
4	任务扩展	10	独立思考，能利用所学知识及相关手段完成所布置的拓展任务	优：独立思考，成果正确。 良：独立思考，成果基本正确。 中：任务完成得一般。 差：没有完成任务目标或成果完全错误	
5	其他	10	1.及时完成相关表格的填写。 2.独立完成总结的撰写，记录要详尽，要能从技能、知识等多方面进行总结	优：独立思考，任务全部完成，总结到位并能及时上交。 良：独立思考，任务基本完成，总结基本到位并能及时上交。 中：任务基本完成，总结基本到位。 差：没有完成任务目标	
6	职业能力评价	优：完全掌握技能及知识要点，操作规范，安全意识及团队意识好，吃苦耐劳，认真仔细。 良：基本掌握技能及知识要点，操作规范，安全意识及团队意识较好，认真仔细。 中：掌握部分技能及知识要点，操作相对规范，具有一定的安全意识。 未达标：没有掌握要求的技能及知识要点，或操作出现严重错误导致人员及设备损坏				
综合得分		学习过程（项 1～5）评价得分：		技能水平评价：合格□　不合格□	
教师评语					

项目 3

水准测量

本项目主要包括水准测量的外业和内业部分。主要学习内容包括：普通水准测量，普通闭合水准线路测量，水准测量成果的内业计算。

水准测量的任务分为外业和内业两部分。水准测量的外业是按已布设好的水准路线进行的，分别测定路线中各测段的高差。在路线检核中如果高差闭合差在允许值范围内，说明水准测量观测成果符合要求，可以进行水准测量成果的内业计算。水准测量成果的内业计算主要是对高差闭合差进行调整，使调整后的高差闭合差为零，然后计算调整后的高差，用调整后的高差则可计算各待定点的高程。

任务　普通水准路线测量

【任务情况】

1. 本学习内容主要完成任务

在理解普通水准路线测量原理的基础上，针对实训场地情况，选择合适的水准测量路线，布设水准点，完成普通水准路线测量的外业数据采集。

2. 学习目标

知识目标：能熟记高程基准面等概念。

能熟记测量误差来源及消除方法。

掌握水准仪进行等外水准线路测量的方法。

技能目标：能使用光学水准仪进行等外水准线路测量，包括布设水准点、水准路线，读数、记录等步骤。

情感目标：养成认真细致的学习素养、精益求精的职业素养及爱岗敬业的职业操守。

3. 学习时间分配

学习活动序号	学习活动	建议学习时长	备注
学习活动 1	等外水准线路测量	2	

【作业过程及任务点】

学习活动1 等外水准线路测量

学习任务单			
任务名称	水准测量的外业施测及内业数据整理		
任务类型	实操型	能力面向	测绘地理信息数据获取与处理职业技能
完成时限	2课时	学习方法	小组学习+任务
实施方式	现场实操+成果记录	考核方式	过程性考核+成果考核
考核点	水准线路的选择 水准点的布设 测量过程规范性		

学习人员信息（学生填写）

姓名		班级		学号		电话	

任务目标

选取长度为400 m左右的水准路线，选取的线路应尽量避开车流、人流较大的区域且地面高程高低起伏。从已知高程的水准点出发，依次测定待定水准点的高程，形成一条闭合水准路线并完成“水准测量观测手簿”的填写。

水准测量观测手簿

日期：______年____月____日　　天气：　　观测者：

仪器号：　　班组：　　记录者：

测站	点号	水准尺读数		高差/m	备注
		后视读数/m	前视读数/m		
A				(　　)	已知点
1					
2					
3					
4					
5					
6					
计算校核		$\sum a=$	$\sum b=$	$\sum h=$	
		$\sum a-\sum b=$			

任务介绍	笔记栏
【任务描述】 （1）每组施测一条 4～6 个点组成的闭合水准路线，假定起点高程为 0.000 m。 （2）计算闭合水准路线的高差闭合差，并进行高差闭合差的调整及高程计算。 【任务要求】 （1）掌握水准路线测量的观测、记录及成果整理的方法。 （2）各项操作轮流进行，每人至少完成一个测站的观测任务。	

任务配套资源	笔记栏

【资源 1】文本型学习资源

知识点 1：水准点和水准线路

1. 水准点

水准点是埋设稳固并通过水准测量测定其高程的点。水准测量一般是在两水准点之间进行，从已知高程的水准点出发，测定待定水准点的高程。水准点有永久性水准点和临时性水准点两种。

永久性水准点一般用混凝土制成标石，标石顶部嵌有半球形的耐腐蚀金属或其他材料制成的标芯，其顶部高程即代表该点的高程。水准点标石的埋设地点选在地基稳固、地点隐蔽、能长期保存而又便于观测之处。标石有顶盖，一般露出地表。但等级较高的水准点应埋设于地表之下，使用时按指示标记开挖，用后再盖土。永久性水准点的金属标心也可直接埋设在坚固稳定的永久性建筑物墙脚上，称为墙上水准点。

2. 水准路线

在水准点之间进行水准测量所经过的路线称为水准路线，两水准点之间的一段路线称为测段。按照已知高程水准点及待定点的分布情况和实际需要，水准路线有以下几种形式。

1）闭合水准路线

从某一已知高程的水准点 BM_A 出发，高程待定的水准点 1，2，3，4 进行水准测量，最后仍回到 BM_A，称为闭合水准路线，如图 3-1 所示。

沿这种线路进行水准测量，测得各相邻水准点之间的测段高差的总和在理论上应等于零，可以作为观测正确性的检核。即闭合水准路线的高差观测值应满足条件：$\sum h_{理}=0$。

2）附合水准路线

从一已知高程的水准点 BM_A 出发，沿高程待定水准点 1，2，3 的路线进行水准测量，最后附合到另一高程已知的水准点 BM_B，称为附合水准路线，如图 3-2 所示。

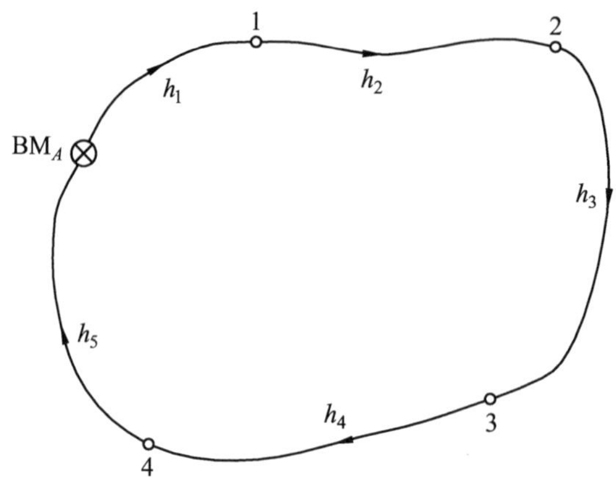

图 3-1　闭合水准路线

沿这种路线进行的水准测量所测得各相邻水准点间的测段高差总和，应等于两端已知点的高差，可以作为观测正确性的检核。即附合水准路线的高差观测值应满足条件：$\sum h_{理}=H_{终}-H_{始}$ 。

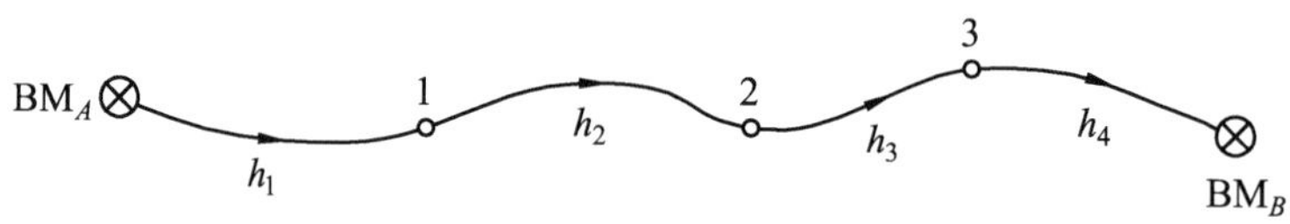

图 3-2　附合水准路线

3）支水准路线

从一个已知高程的水准点 BM_A 出发，沿各高程待定的水准点 1，2 进行水准测量，其路线既不闭合，又不附合，称为支水准路线，如图 3-3 所示。

支水准路线因为缺少检核，水准测量需要进行往返观测，则往测高差总和与返测高差总和在理论上其绝对值应该相等而符号相反，可以作为观测正确性的检核。即支水准路线往、返测高差总和应满足条件：$\sum h_{往}+\sum h_{返}=0$ 。

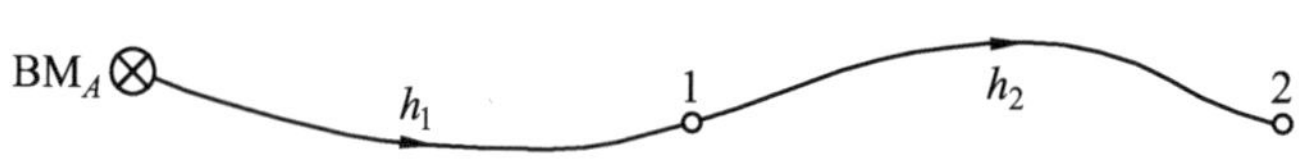

图 3-3　支水准线路

3. 水准网

若干条单一水准线路相互连接，形成网状的水准路线。只有一个已知高程点和若干个未知高程点所构成的水准网称为独立水准网，如图 3-4（a）。单一水准路线相互连接的点称为结点。只有一个结点的水准网称为单结点水准网，如图 3-4（b）。

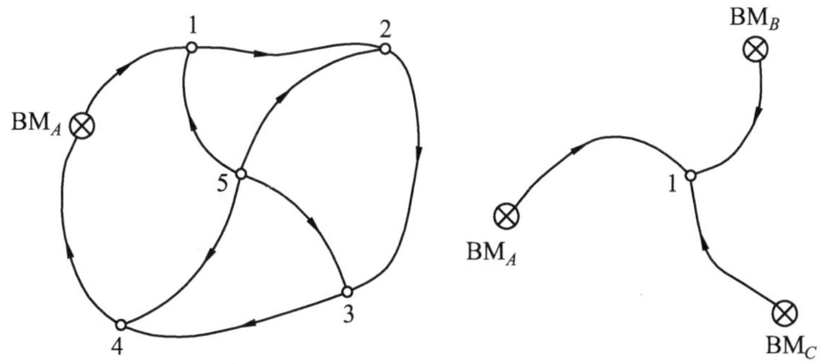

（a）独立水准网　　（b）单结点水准网

图 3-4　独立水准网与单结点水准网

知识点 2：水准测量方法

1. 水准测量的施测方法

水准测量分外业和内业两部分工作，这里先介绍水准测量的外业工作。水准测量的外业是按已布设好的水准路线进行的，分别测定路线中各测段的高差。

现以由一已知水准点高程测定另一未知高程点高程为例，说明在一个测段上测定两点的高差的水准测量施测方法。在水准测量原理中，之前内容是在一个测站上如何完成两点的高差的测量工作，即通过安置一次水准仪，水准仪便能够读取后视读数 a 和前视读数 b，从而一次测出地面上两点的高差。但是在实际的水准测量工作中，当一个测段的距离较长，已知点距待定点较远或高差比较大，安置一次仪器不能够直接测出已知点与待定点的高差时，需要在已知点与待定点之间的整个测段上设若干个临时点，将其分成若干测段，连续多次安置仪器和在临时点立放水准尺，依次连续对每个分段进行水准测量，测出每一段上两点的高差，然后通过计算求出已知点与待定点的高差。在水准测量中，为了测出已知点与待定点之间的高差而增设的临时点，称为转点，一般用 TP 表示。在水准测量中转点起传递高程的作用。如图 3-5 所示，A、B 两点间依次设 5 个转点，安置 6 次仪器，即设 6 个测站，每个测站都可读出后前视读数，分别是后视读数 a_1、a_2、a_3、a_4、a_5、a_6 和前视读数 b_1、b_2、b_3、b_4、b_5、b_6，则各段的高差为：

$$h_1 = a_1 - b_1$$

$$h_2 = a_2 - b_2$$

$$h_3 = a_3 - b_3$$

$$h_4 = a_4 - b_4$$

$$h_5 = a_5 - b_5$$

$$h_6 = a_6 - b_6$$

由图可知，A，B 两点之间的高差为 6 个测站所测高差的总和，即：

$$H_{AB}=\sum h=\sum a-\sum b \tag{3.1}$$

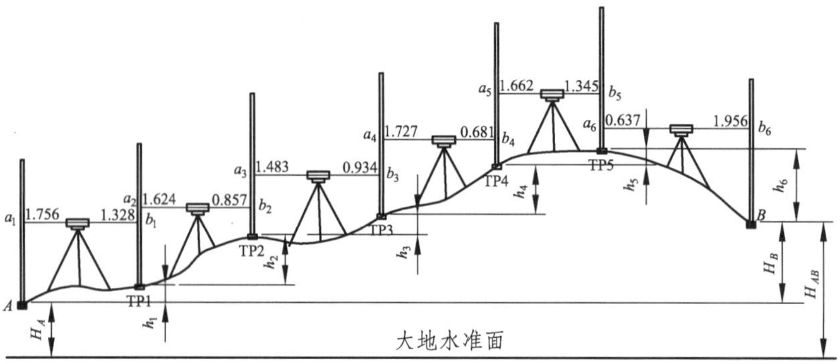

图 3-5　水准测量示意图

第一站，水准仪安置在 A、1 两点中间，瞄准作为后视点 BM_A 上的水准尺，仪器精平后，得后视读数 a_1=1.756，记入表 3-1 中 BM_A 行的后视读数一栏中；然后瞄准作为前视点 TP_1 上的水准尺，重新精平仪器后，得前视读数 b_1=1.328，记入 TP_1 行中前视读数一栏中，则得到 A，TP_1 间的高差 $h_1=a_1-b_1$=0.428 m，记入高差栏中。完成第一个测站的观测、记录和计算工作。迁站至 TP_1 与 TP_2 间的第二测站，安置水准仪，并将 A 的水准尺移置于 TP_2 上；而在 TP_1 上的水准尺仍留原处，但将尺面转向第二站的水准仪。观测记录方法与第一站完全相同。重复上述的观测方法，沿水准路线前进方向直至 B 点，完成该测段的水准测量，按水准测量原理可计算出 A 点与 B 点的高差，从而求出 B 点的高程。由于整个水准路线的水准测量观测是分测段进行的，而各测段的观测方法都是一样的，因此从已知高程水准点开始，按一个测段的观测方法，依次连续沿水准路线前进方向依次测量，直至终点，即完成水准测量的外业工作。

表 3-1　水准测量手簿

测站	测点	水准尺读数/m		高差/m		高程/m	备注
		后视读数	前视读数	+	−		
1	BM_A	1.756		0.428		1 897.554	
	TP_1		1.328				
2	TP_1	1.624		0.767			
	TP_2		0.857				
3	TP_2	1.483		0.549			
	TP_3		0.934				
4	TP_3	1.727		1.046			
	TP_4		0.681				

续表

测站	测点	水准尺读数/m		高差/m		高程/m	备注
		后视读数	前视读数	+	−		
5	TP_4	1.662		0.317			
	TP_5		1.345				
6	TP_5	0.637			1.319		
	BM_B		1.956			1 899.342	
$\sum$		8.889	7.101	3.107	1.319		
计算检核	$\sum a-\sum b=+1.788$			$\sum h=+1.788$		$h_{AB}=H_B-H_A=+1.788$	

2. 水准测量的检核方法和精度要求

1）计算检核

计算检核可以检查出每站计算高差时是不是出错，我们知道在水准测量的观测过程中，所有的观测值和计算值都填于水准测量手簿中，根据式（3.2），表 3-1 中计算检核一栏中算出的 $\sum h$ 、$\sum a-\sum b$ 和 $H_{终}-H_{起}$ 三项应满足：

$$\sum a-\sum b=\sum h=H_{终}-H_{起} \tag{3.2}$$

即各测站的后视读数之和减去前视读数之和等于各测站的高差代数和，并且还等于计算出的终点高程减去已知的起点高程。如果表 3-1 中计算检核一栏中计算结果满足式（3.2），只能说明计算没有出错，如果不满足式（3.2），则说明计算出错。这种检核可判断计算过程中的对错情况，并能及时对错误计算进行改正，但不能检核观测的数据是否正确。

2）测站检核

为了及时发现在每一测站观测数据出现的错误，以保证每一个测站所测的高差准确无误，我们可采取测站检核措施，测站检核有如下两种方法：两次仪器高法、双面尺法。

两次仪器高法是在同一个测站上用两次不同的仪器高度进行高差观测，对两次所测的高差进行检核。方法是在一个测站上第一次测出两点高差之后，将仪器的高度升高或降低重新安置仪器后，对第一次所测两点的高差再观测一次。两次测出的高差理论值应该相等，但由于有误差存在，一般不会相等。要求：改变仪器的高度应大于 10 cm；两次所测高差之差不超过容许值，普通水准测量容许值一般为±5 mm。如果观测数据在容许值范围内，取其平均值作为该测站最后观测结果。如果观测数据超过容许值范围，则必须重新观测。如图 3-6、表 3-2。双面尺法如图 3-7、表 3-3。

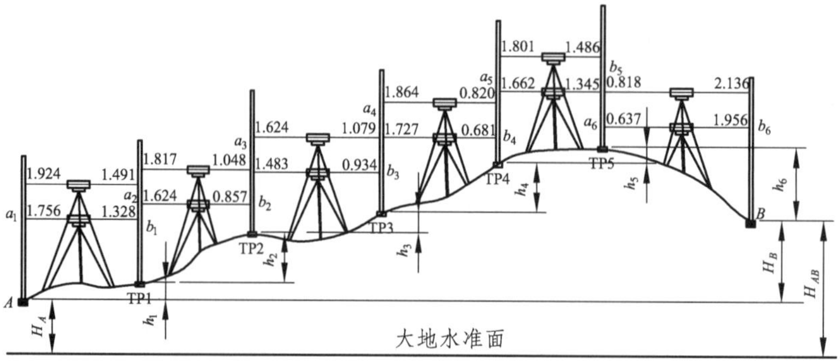

图 3-6 两次仪器高法水准测量

表 3-2 水准测量记录手簿（两次仪器高法）

测站	点号	水准尺读数/m		高差/m	平距高差/m	高程/m
		后视	前视			
1	BM_A	1.756				1 897.554
		1.924				
	TP_1		1.328	+0.428		
			1.491	+0.433	+0.430	
2	TP_1	1.817				
		1.624				
	TP_2		1.048	+0.769		
			0.857	+0.767	+0.768	
3	TP_2	1.483				
		1.624				
	TP_3		0.934	+0.549		
			1.079	+0.545	+0.547	
4	TP_3	1.864				
		1.727				
	TP_4		0.820	+1.044		
			0.681	+1.046	+1.045	
5	TP_4	1.662				
		1.801				
	TP_5		1.345	+0.317		
			1.486	+0.315	+0.316	

续表

测站	点号	水准尺读数/m		高差/m	平距高差/m	高程/m
		后视	前视			
6	TP_5	0.637				
		0.818				
	BM_B		1.956	-1.319		1 899.342
			2.136	-1.318	-1.318	
$\sum$后 = 18.737 $\sum$前 = 15.16 $\sum$后 − $\sum$前 = 3.577 ($\sum$后 − $\sum$前)/2 = 1.788				$\sum h = 3.577$	$\left(\sum h\right)/2 = 1.788$	

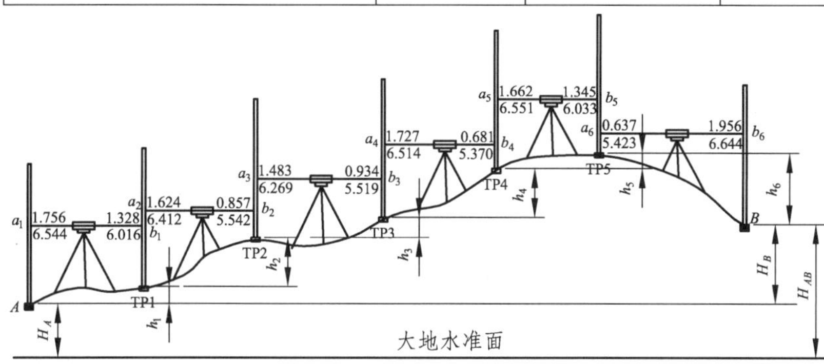

图 3-7 双面尺法水准测量

表 3-3 水准测量记录手簿（双面尺法）

测站	点号	水准尺读数/m		高差/m	平均高差/m	高程/m
		后视	前视			
1	BM_A	1.756			0.428	1 897.554
		6.544				
	TP_1		1.328	0.428		
			6.016	0.528		
2	TP_1	1.624			0.768	
		6.412				
	TP_2		0.857	0.767		
			5.542	0.870		
3	TP_2	1.483			0.550	
		6.269				
	TP_3		0.934	0.549		
			5.619	0.650		

续表

测站	点号	水准尺读数/m		高差/m	平均高差/m	高程/m
		后视	前视			
4	TP_3	1.727			1.045	
		6.514				
	TP_4		0.681	1.046		
			5.370	1.144		
5	TP_4	1.662			0.317	
		6.551				
	TP_5		1.345	0.317		
			6.033	0.518		
6	TP_5	0.637			−1.320	
		5.423				
	BM_B		1.956	−1.319		1 899.342
			6.644	−1.221		
					1.788	

知识点 3：准测量成果整理

水准测量的观测记录需要按水准路线进行成果整理，包括：测量记录和计算的复核，高差闭合差的计算，高差的改正和待定点的高程计算。在路线检核中如果高差闭合差在允许值范围内说明水准测量观测成果符合要求，可以进行水准测量成果的内业计算。水准测量成果的内业计算主要是对高差闭合差进行调整，使调整后的高差闭合差为零，然后计算调整后的高差，用调整后的高差则可计算各待定点的高程。

水准测量观测过程中，由于测量误差的影响，必然产生高程闭合差。闭合差的定义为：

闭合差=观测值-理论值

1. 水准测量成果内业计算步骤

1）高差闭合差计算

（1）闭合水准路线

如图 3-1 所示，起点和终点为同一水准点（BM_A），路线的高差总和理论上应等于 0，其高差闭合差为：

$$f_h = \sum h_{理} \tag{3.3}$$

（2）附合水准路线

如图 3-2 所示，附合水准路线的起点和终点水准点（BM_A，BM_B）的高程（$H_{始}$、$H_{终}$）为已知，则水准测量的高差总和应等于两已知点的高差，故其闭合差为：

$$f_h=\sum h_{测}-(H_{终}-H_{始}) \quad (3.4)$$

（3）支水准路线

如图 3-3 所示，支水准路线一般需要往返观测，往测高差和返测高差应绝对值相等而符号相反，故支水准路线往、返观测的高差闭合差为：

$$f_h=\sum h_{往}+\sum h_{返} \quad (3.5)$$

由于测量仪器的精密程度和观测者的分辨能力都有一定的限制，同时还受观测环境的影响，观测值中含有一定范围内的误差是不可避免的。各种水准路线的高差闭合差是水准测量存在观测误差的反映，如果在规定范围内，则认为精度合格，水准测量成果可用；否则，应返工重测，直至符合要求为止。允许的高差闭合差是根据研究误差产生的规律和实际工作需要而制订的。普通水准测量允许的高差闭合差规定为：

$$f_{h允许}=\pm 40\sqrt{L}\ (\mathrm{mm}) \quad (3.6)$$

式中，L 为水准路线长度，以 km 为单位。

在山地或丘陵地区，当每千米水准路线中安置水准仪的测站数超过 16 站时，允许的高差闭合差可改用下式计算，即：

$$f_{h允许}=\pm 12\sqrt{n}\ (\mathrm{mm}) \quad (3.7)$$

式中，n 为水准路线中的测站数。

根据路线的检核方法，计算出高差闭合差 f_h 和高差闭合差容许值 $f_{h允}$。如果 $|f_h|\leqslant|f_{h允}|$ 则可以进行下一步成果的内业计算。如果 $|f_h|>|f_{h允}|$，则说明外业成果不符合要求，不能进行下一步成果的内业计算，需要重新观测。

2）高差闭合差改正数的计算

水准测量的外业成果达到精度要求后，可进行高差闭合差的调整。通过高差闭合差的调整，使高差闭合差等于零。一般而言，某测段的测站数越多或路线越长，其观测的误差也就越大。因此，高差闭合差调整的原则是：将高差闭合差反符号，按测段的测站数或路线长度成正比例分配到各相应测段的高差观测值中。也就是说，高差闭合差的调整就是需要对每一个测段的高差观测值加（减）一个数，这个数称为高差改正数，也称高差调整值。设每测段的高差改正数为 v_i，则：

$$v_i=-\frac{f_h}{\sum n}n_i \quad (3.8)$$

$$v_i=-\frac{f_h}{\sum L}L_i \quad (3.9)$$

式中　v_i——第 i 测段的高差改正数（mm）；

$\sum n$——水准路线总测站数；

$\sum L$——水准路线总长度；

n_i——第 i 测段的测站数；

L_i——第 i 测段的路线长度。

计算检核：如果高差改正数的总和与高差闭合差的绝对值相等、符号相反，即

$$\sum v_i = -f_h \tag{3.10}$$

则表明各段高差改正数计算正确，否则计算有误。

3）计算改正后的高差

各测段改正后的高差等于各测段观测高差加上相应的改正数，即：

$$\overline{h_i} = h_{i测} + v_i \tag{3.11}$$

式中　$\overline{h_i}$——第 i 段的改正后高差；

$h_{i测}$——第 i 段的实测高差。

计算检核：改正后的高差总和应等于理论高差总和，即

$$\sum \overline{h_i} = \sum h_{理} \tag{3.12}$$

如果是支水准路线，当高差闭合差在容许范围内时，即可取往测和返测的高差平均值为各测段的最后高差，其符号和往测高差符号相同，即：

$$h = \frac{h_{往} - h_{返}}{2} \tag{3.13}$$

4）计算待定点的高程

根据起点的已知水准点高程和各测段改正后的高差，由起点高程开始，依次推算出各定点的高程，即前一点的高程等于后一点的高程加前后两点改正后的高差，计算公式为：

$$H_i = H_{i-1} + \overline{h_i} \tag{3.14}$$

式中　H_i——第 i 点的高程；

H_{i-1}——第 i-1 点的高程，当 i=1 时，H_0 为起点高程。

计算检核：由待定点推算出的终点高程应等于已知的终点高程，若不相等，则计算有误。

2. 水准路线成果内业计算算例

1）附合水准路线成果内业计算算例

例 3-1 图 3-8 是一附合水准路线等外水准测量，A、B 为已知高程的水准点，1、2、3 为待定高程的水准点，h_1、h_2、h_3、h_4 依次为第 1、2、3、4 各测段的观测高差，L_1、L_2、L_3、L_4 依次为第 1、2、3、4 各测段的路线长度。现已知 H_A=82.078 m，H_B=86.012 m，各测段的路线长度及高差均注于图 3-8

中，求待定点 1、2、3 的高程。

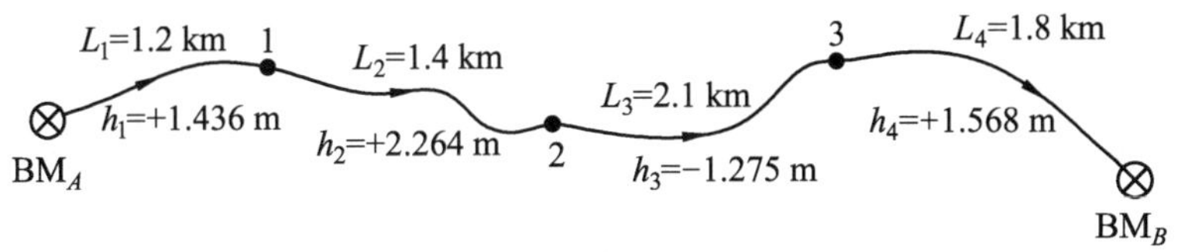

图 3-8　附合水准线路示意图

解：

（1）计算高差闭合差。

该闭合水准线路高差闭合差为：

$$f_h = \sum h_i - (H_B - H_A) = 3.993 - (86.012 - 82.078) = 0.059\ (\text{m}) = 59\ (\text{mm})$$

高差闭合差允许值：

$$f_{h允许} = \pm 40\sqrt{L} = \pm 40\sqrt{6.5} = 102\ (\text{mm})$$

因为 $|f_h| \leqslant |f_{h允}|$，说明精度符合要求，可调整高差。

（2）计算高差改正数。

计算各测段高差改正数：

$$v_1 = -\frac{f_h}{\sum L} L_1 = -\frac{59}{6.5} \times 1.2 = -11\ (\text{mm})$$

$$v_2 = -\frac{f_h}{\sum L} L_2 = -\frac{59}{6.5} \times 1.4 = -13\ (\text{mm})$$

$$v_3 = -\frac{f_h}{\sum L} L_3 = -\frac{59}{6.5} \times 2.1 = -19\ (\text{mm})$$

$$v_4 = -\frac{f_h}{\sum L} L_4 = -\frac{59}{6.5} \times 1.8 = -16\ (\text{mm})$$

计算检核：

$$\sum v_i = -f_h = -59\ (\text{mm})$$

把各测段高差改正数填入表格 3-4 第五栏。

（3）计算各测段改正后高差。

计算各测段改正后高差为：

$$\overline{h_1} = h_1 + v_1 = 1.436 - 0.011 = 1.425\ (\text{m})$$

$$\overline{h_2} = h_2 + v_2 = 2.264 - 0.013 = 2.251\ (\text{m})$$

$$\overline{h_3} = h_3 + v_3 = -1.275 - 0.019 = -1.294\ (\text{m})$$

$$\overline{h_4} = h_4 + v_4 = 1.568 - 0.016 = 1.552\ (\text{m})$$

计算检核：

$$\sum \overline{h_i} = H_B - H_A = 3.934\ (\text{m})$$

把各测段改正后高差填入表格 3-4 第六栏。

（4）计算待定点高程。

计算 1、2、3 点高程为：

$$H_1 = H_A + \overline{h_1} = 82.078 + 1.425 = 83.503\ (\text{m})$$

$$H_2 = H_1 + \overline{h_2} = 83.503 + 2.251 = 85.754\ (\text{m})$$

$$H_3 = H_2 + \overline{h_3} = 85.754 - 1.294 = 84.460\ (\text{m})$$

计算检核：

$$H_{B计算} = H_3 + \overline{h_4} = 84.460 + 1.552 = 86.012\ (\text{m}) = H_{B已知}$$

把各待定点高程填入表格 3-4 第七栏。

表 3-4　附合水准线路测量成果计算表

测段号	点名	距离/km	实测高差/m	改正数/m	改正后高差/m	高程/m	备注
一	二	三	四	五	六	七	八
	BM_A					82.078	
1		1.2	1.436	−0.011	1.425		
	1					83.503	
2		1.4	2.264	−0.013	2.251		
	2					85.754	
3		2.1	−1.275	−0.022	−1.294		
	3					84.460	
4		1.8	1.568	−0.016	1.552		校核高差
	BM_B					86.012	
$\sum$		6.5	3.993	−0.062	3.931		3.934
计算高差闭合差及其允许值 $f_h = \sum h_{测} - (H_{终} - H_{始})$　$f_{h允} = \pm 40\sqrt{L}$							
f_h=0.059 m				$f_{h允} = \pm 0.102$ m			
因为 $\lvert f_h \rvert < \lvert f_{h允} \rvert$，所以成果合格							

2）闭合水准路线成果内业计算实例

图 3-9 是一闭合水准路线等外水准测量示意图，A 点高程 H_A 为

1 892.534 m，其他数据注明于图上，求待定水准点 1、2、3 的高程。

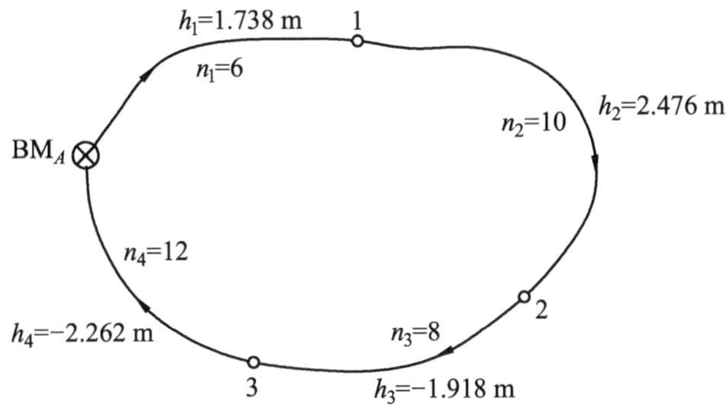

图 3-9　闭合水准线路示意图

闭合水准路线高差闭合差为：

$$f_h=\sum h_{测}=1.738+2.476-1.918-2.262=0.034(\text{m})=34(\text{mm})$$

$$f_{h允}=\pm12\sqrt{n}=\pm12\sqrt{36}=\pm72\ (\text{mm})$$

因为 $|f_h| \leqslant |f_{h允}|$，说明精度符合要求，可调整高差。把计算改正数据填入表 3-5 中。

表 3-5　闭合水准线路测量成果计算表

测段号	点名	测站数/km	实测高差/m	改正数/m	改正后高差/m	高程/m	备注
一	二	三	四	五	六	七	八
	BM_A					1 892.534	
1		6	1.738	−0.006	1.732		
	1					1 894.266	
2		10	2.476	−0.009	2.467		
	2					1 896.733	
3		8	−1.918	−0.008	−1.926		
	3					1 894.807	
4		12	−2.262	−0.011	−2.273		校核高差
	BM_A					1 892.534	
$\sum$		36	0.034	−0.034	0.000		0.000
计算高差闭合差及其允许值 $f_h=\sum h_{测}$　$f_{h允}=\pm12\sqrt{n}$							
$f_h=0.034$ m	f_h=实测高差			$f_{h允}=\pm0.072$ m			
因为 $|f_h|<|f_{h允}|$，所以成果合格							

3）支水准路线成果内业计算算例

图 3-10 是一支水准路线等外水准测量示意图，A 为已知高程的水准点，

其高程 H_A 为 1 893.274 m，1 点为待定高程的水准点，$h_往$ 和 $h_返$ 分别为往、返测量的观测高差，往、返测的测站数共 20 站，计算 1 点的高程。

图 3-10　支水准线路示意图

（1）计算高差闭合差。

$$f_h = h_往 + h_返 = 4.686 - 4.658 = 28\ (\text{mm})$$

（2）计算高差闭合差容许值。

测站数只取往、返的平均数作为测站数计算。

$$n = \frac{n_往 + n_返}{2} = 10$$

$$f_{h允} = \pm 12\sqrt{n} = \pm 12\sqrt{10} = 38\ (\text{mm})$$

因为 $|f_h| \leqslant |f_{h允}|$，说明精度符合要求，可以进行下一步的计算。

（3）计算改正后高差。

按式（3.13）取往测和返测的高差平均值作为 A 点和 1 点之间的高差，其符号和往测高差符号相同，即：

$$\bar{h} = \frac{4.686 + 4.658}{2} = 4.672\ (\text{m})$$

（4）计算待定点高程。

$$H_1 = H_A + \bar{h} = 1893.274 + 4.672 = 1897.946\ (\text{m})$$

任务规划（教师给出）

笔记栏

1. 执行规划建议

知识点	学习时间	学习方法	资源
水准点和水准线路	10 分钟	讲解、演示、自主学习	教室、多媒体设备、仪器操作
水准测量的方法	25 分钟	讲解、演示、自主学习、操作	教室、多媒体设备、仪器操作
水准测量成果整理	25 分钟	讲解、演示、自主学、练习	教室、多媒体设备、习题

任务点	用时	学习方法	实施步骤	场地	设备
水准测量的方法	90 分钟	小组学习，建议 4 人 1 组	步骤 1：分组及场地分配（5 分钟）。 步骤 2：施测一条水准线路（60 分钟）。 步骤 3：水准线路成果计算（20 分钟）。 步骤 4：总结及回收设备（5 分钟）	室外视线开阔以便管理	1. DS3 水准仪 1 台/组。 2. 水准尺 1 套/组。 3. 配套工具

2. 教师任务安排

任务实施（学生规划）	笔记栏
请同学依据要完成的任务就数据准备、人员分工（若为小组训练）、设备清单、实施步骤及要点、安全及总结要求等方面做出规划。	

任务扩展（教师给出）	笔记栏

学习总结

子项目学习质量监控单（教师填写）

序号	评分项	分值	实施要求	评定标准	得分
1	资源学习情况	15	1.学习痕迹明显，笔记认真仔细。 2.知识点掌握牢固，并能合理、灵活运用	优：课堂问答及练习能独立完成，回答正确，读书笔记细致。 良：课堂问答及练习成果正确，读书笔记记录较好。 中：课堂问答表述不清，练习成果基本正确。 差：完全不正确	
2	任务规划	15	1.规划内容完整。 2.规划内容应具可实施性。 3.规划过程应独立思考，具备一定的独特性	优：规划的内容详尽，具有很强的可实施性。 良：规划的内容详尽，可实施性一般。 中：规划的内容不全面，可实施性一般。 差：无规划，或者其规划的内容不全，无法实施	
3	任务实施	50	1.过程严格按规范要求进行。 2.过程性资料收集齐全。 3.独立完成任务要求的成果，提交及时	优：任务目标完成质量优良，过程规范，无错误。 良：任务目标完成质量良好，过程规范，无明显错误。 中：任务目标完成质量一般，过程相对规范，无明显错误。 差：没有完成任务目标或成果完全错误	
4	任务扩展	10	独立思考，能利用所学知识及相关手段完成所布置的拓展任务	优：独立思考，成果正确。 良：独立思考，成果基本正确。 中：任务完成得一般。 差：没有完成任务目标或成果完全错误	
5	其他	10	1.及时完成相关表格的填写。 2.独立完成总结的撰写，记录要详尽，要能从技能、知识等多方面进行总结	优：独立思考，任务全部完成，总结到位并能及时上交。 良：独立思考，任务基本完成，总结基本到位并能及时上交。 中：任务基本完成，总结基本到位。 差：没有完成任务目标	
6	职业能力评价	优：完全掌握技能及知识要点，操作规范，安全意识及团队意识好，吃苦耐劳，认真仔细。 良：基本掌握技能及知识要点，操作规范，安全意识及团队意识较好，认真仔细。 中：掌握部分技能及知识要点，操作相对规范，具有一定的安全意识。 未达标：没有掌握要求的技能及知识要点，或操作出现严重错误导致人员及设备损坏			
综合得分		学习过程（项 1～5）评价得分： 技能水平评价：合格□ 不合格□			
教师评语					

项目 4

角度测量

测量工作无论是传统的光学仪器还是现在先进的光电仪器，都离不开测量的基本工作原理，测量的基本工作包括：角度测量、距离测量和高程测量。本项目主要对角度测量相关内容进行讲述，主要包括两个方向的水平角测量、多个方向的水平角测量及竖直角测量。主要学习内容包括：两个方向的水平角测量（测回法）及计算方法、多个方向的水平角测量（方向观测法）及计算方法、竖直角的测量及计算方法。

根据角度的不同分类，水平角和竖直角对应的测量工作分别设置任务为：水平角测量和竖直角测量。根据构成水平角的不同方向，又将水平角测量分为：两个方向的测回法和两个及以上方向的方向观测法。

4.1 水平角观测

任务 1 两个方向角度测量（测回法）

【任务情况】

1. 本学习内容主要完成任务

能正确使用仪器（经纬仪或全站仪），用测回法对两个方向的夹角进行测量，将外业测量数据正确填写到对应的记录表格并能正确进行计算。

2. 学习目标

知识目标：掌握测回法外业数据采集的方法。

掌握测回法内业数据处理的方法。

技能目标：能利用测回法，正确计算半测回角值、一测回角值及各测回平均角值。

情感目标：养成认真细致的学习素养、精益求精的职业素养及爱岗敬业的职业操守。

3. 学习时间分配

学习活动序号	学习活动	建议学习时长	备注
学习活动 1	两个方向角度测量（测回法）	1	

【作业过程及任务点】

学习活动 1　两个方向角度测量（测回法）

<table>
<tr><th colspan="8">学习任务单</th></tr>
<tr><td>任务名称</td><td colspan="7">两个方向角度测量（测回法）</td></tr>
<tr><td>任务类型</td><td colspan="3">计算型+理论型</td><td colspan="2">能力面向</td><td colspan="2">测绘地理信息数据获取与处理职业技能</td></tr>
<tr><td>完成时限</td><td colspan="3">1 课时</td><td colspan="2">学习方法</td><td colspan="2">自主学习法</td></tr>
<tr><td>实施方式</td><td colspan="3">操作+计算</td><td colspan="2">考核方式</td><td colspan="2">过程性考核+计算成果考核</td></tr>
<tr><td>考核点</td><td colspan="7">测回法外业数据采集及内业数据计算</td></tr>
<tr><th colspan="8">学习人员信息（学生填写）</th></tr>
<tr><td>姓名</td><td></td><td>班级</td><td></td><td>学号</td><td></td><td>电话</td><td></td></tr>
<tr><th colspan="8">任务目标</th></tr>
<tr><td colspan="8">根据测回法外业数据采集的要求，在学校空旷场地上设置两个方向点，在测站点“O”上正确熟练安置仪器，按照测回法的观测要求，完成两个方向的外业数据观测，正确填入表 4-1 中，并根据测量结果计算半测回角值、一测回角值和各测回平均角值，依据测量限差要求评定数据精度是否符合要求。</td></tr>
</table>

表 4-1　测回法观测手簿

<table>
<tr><th>测站</th><th>盘位</th><th>目标</th><th>水平盘读数
（° ′ ″）</th><th>半测回角值
（° ′ ″）</th><th>一测回角值
（° ′ ″）</th><th>各测回平均角值
（° ′ ″）</th><th>备注</th></tr>
<tr><td rowspan="4">第一测回</td><td>左</td><td>A</td><td></td><td></td><td></td><td></td><td></td></tr>
<tr><td>右</td><td>B</td><td></td><td></td><td></td><td></td><td></td></tr>
<tr><td>左</td><td>A</td><td></td><td></td><td></td><td></td><td></td></tr>
<tr><td>右</td><td>B</td><td></td><td></td><td></td><td></td><td></td></tr>
<tr><td rowspan="4">第二测回</td><td>左</td><td>A</td><td></td><td></td><td></td><td></td><td></td></tr>
<tr><td>右</td><td>B</td><td></td><td></td><td></td><td></td><td></td></tr>
<tr><td>左</td><td>A</td><td></td><td></td><td></td><td></td><td></td></tr>
<tr><td>右</td><td>B</td><td></td><td></td><td></td><td></td><td></td></tr>
</table>

任务介绍

【任务描述】

（1）能根据测回法测量的要求，在正确的位置上安置仪器。

（2）能熟练使用设备，正确瞄准目标和读数。

（3）能正确将各个方向的观测值填写到表格对应的位置。

（4）能够正确计算两个方向值在不同测回中的半测回角值。

（5）能够正确计算出两个方向值在不同测回中的一测回角值。

（6）能够正确计算出不同测回之间各测回平均角值。

（7）能够根据测量规范限差要求评定数据精度。

【任务要求】

（1）完成配套资源的学习，并完成学习笔记。

（2）能独立完成设备的架设，并能独立正确读数。

（3）能独立完成“测回法观测手簿”数据的填写，填写规范。

（4）能独立完成计算。

笔记栏

任务配套资源

笔记栏

【资源 1】文本型+数字化学习资源

测回法的任务是能正确地把两个方向的水平角各个方向的方向值正确地测量出来并进行水平角的计算。

知识点 1：水平角的定义

水平角是指：空间两条相交直线投影在同一个水平面上的夹角，此角为两个竖直面所夹的二面角，测量上一般用符号“β”表示，水平角的范围是：0° ~ 360°。

知识点 2：水平角的测量原理

如图 4-1 所示，A、O、B 是地面上任意三个点，OA 和 OB 两条方向线所夹的水平角，即为 OA 和 OB 垂直投影在水平面 H 上的投影 O_1A_1 和 O_1B_1 所构成的角 β，测量时可在 O 点的上方任意高度处，水平安置一个带有刻度的圆盘，并使圆盘中心在过 O 点的铅垂线上；通过 OA 和 OB 各作一铅垂面，设这两个铅垂面在刻度盘上截取的读数分别为 a 和 b，则水平角 β 的角值为：$\beta=a-b$。

知识点 3：盘左和盘右

盘左：观测者对着望远镜的目镜时，竖盘在望远镜的左边，又称正镜。

盘右：观测者对着望远镜的目镜时，竖盘在望远镜的右边，又称倒镜。

知识点 4：测回法的外业观测

测回法（适用于观测两个方向之间的单角），如图 4-2 所示，在“O”点安置仪器，观测目标为 A、B，测定水平角 $\angle AOB$，具体步骤如下：

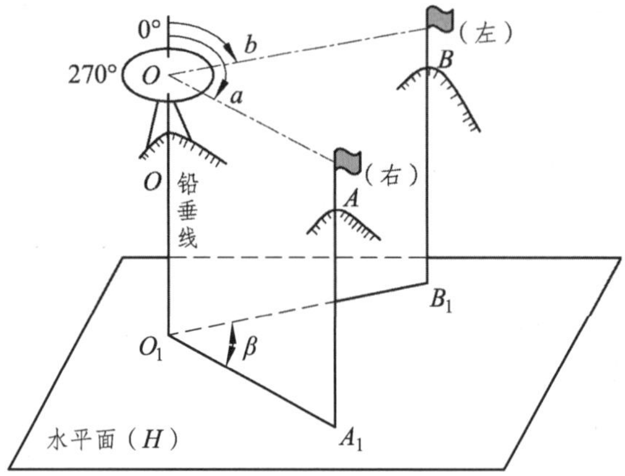

图 4-1　水平角的定义及测量原理图

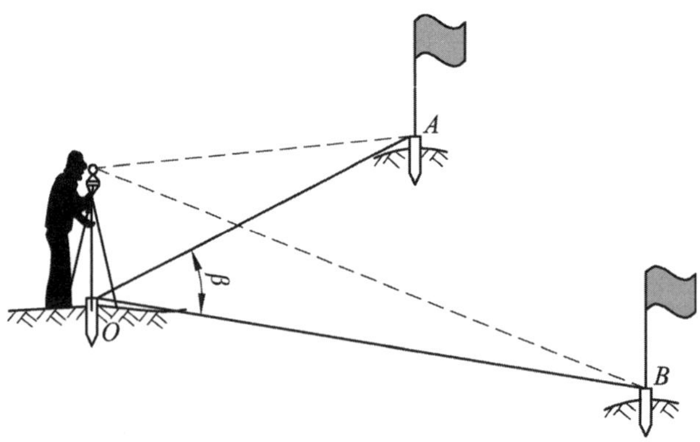

图 4-2　水平角测量（测回法）

步骤 1：盘左位置的观测（上半测回）

（1）松开照准部和望远镜的制动螺旋，转动照准部，由望远镜外通过照门和准星观察，粗略瞄准目标 A，拧紧照准部和望远镜制动螺旋，仔细对光，用望远镜与照准部的微动螺旋和望远镜微动螺旋，精确瞄准目标 A，读取水平度盘读数，设为 $a_{左}$，记入观测手簿。

（2）松开照准部和望远镜制动螺旋，顺时针转动照准部，用同样方法瞄准右目标 B，读、记水平度盘读数 $b_{左}$。

以上称为上半测回，测得∠AOB 角值为：$\beta_{左}=b_{左}-a_{左}$。

步骤 2：盘右位置的观测（下半测回）

（1）松开照准部和望远镜制动螺旋，倒转望远镜，逆时针方向转动照准部，瞄准 B 点，读、记水平度盘读数 $b_{右}$。

（2）再松开照准部和望远镜制动螺旋，逆时针方向转动照准部，瞄准 A 点，读、记水平度盘读数 $a_{右}$。

以上称为下半测回，又测得∠AOB 角值为 $\beta_{右}=b_{右}-a_{右}$。

步骤 3：计算

上、下两个半测回构成一测回，当两个半测回角值之差不超过规定时，则取它们平均值作为一测回的最后角值，如式（4.1）所示。

$$\beta=\frac{(\beta_{左}+\beta_{右})}{2} \tag{4.1}$$

测角精度要求较高时，需要观测几个测回，为减小水平度盘刻划不均匀误差的影响，在每一测回观测之后，要根据测回数 n，将度盘读数改变 $180°/n$，再开始下一回的观测。为便于计算，通常在第一个测回瞄准第一个方向时，把度盘配置在 0°00′00″或稍大于 0°00′00″的位置。如需要观测两测回时，则 $n=2$，每一测回第一个方向（又称起始方向）之差为 180°/2=90°，即两个测回的起始方向读数应依次配置在 0°00′、90°00′或稍大的读数。

知识点 5：限差

限差就是极限差值，各种测量工作中，都不可避免地存在着误差，误差的存在导致对同一个量的多次测量结果不完全一致，而存在一定的差值，根据误差理论，这个差值不会超过一定的范围，也就是这个极限值。一旦观测结果的差值超过了这个极限，则说明这次观测精度太低或存在错误，必须舍弃该结果而重新观测。

知识点 6：测回法限差要求

用测回法观测时，通常有两项限差，一是两个半测回角值之差，二是各测回角值之差，这两项限差在测量有关规范中，根据不同要求，都有其明确规定。如：用 J_6 级经纬仪，在进行图根水平角观测时，第一项限差为±35″，第二项限差为±25″。

【附表】

测回法外业观测手簿

【微课】

测回法内业计算微课

任务规划（教师给出）

1. 执行规划建议

知识点	学习时间	学习方法	资源
水平角的定义及测回法测量方法	15 分钟	自主学习	多媒体资源
仪器安置	5 分钟	自主学习+操作练习	实训场
外业数据采集及填表	30 分钟	仪器操作+数据记录	实训场
内业数据处理	35 分钟	数据计算	实训场

2. 教师任务安排

任务实施（学生规划）

笔记栏

请同学依据要完成的任务，就知识点学习的时间分配，学习方法及形式，数据准备、人员分工（若为小组训练）、设备清单、实施步骤及要点，安全及总结要求等方面做出规划。

任务扩展（教师给出）

笔记栏

学习总结

任务 2　多个方向角度测量（方向观测法）

【任务情况】

1. 本学习内容主要完成任务

能正确使用仪器（经纬仪或全站仪），用方向观测法对多个方向的夹角进行测量，将外业测量数据正确填写到对应的记录表格并能正确进行计算。

2. 学习目标

知识目标：掌握方向观测法外业数据采集的方法。

掌握方向观测法内业数据处理的方法。

技能目标：能利用方向观测法，正确计算半测回角值、一测回角值及各测回平均角值。

情感目标：养成认真细致的学习素养、精益求精的职业素养及爱岗敬业的职业操守。

3. 学习时间分配

学习活动序号	学习活动	建议学习时长	备注
学习活动 1	多个方向角度测量（方向观测法）	2	

【作业过程及任务点】

学习活动 1　多个方向角度测量（方向观测法）

<table>
<tr><th colspan="8">学习任务单</th></tr>
<tr><td colspan="2">任务名称</td><td colspan="6">多个方向角度测量（方向观测法）</td></tr>
<tr><td colspan="2">任务类型</td><td colspan="2">计算型+理论型</td><td colspan="2">能力面向</td><td colspan="2">测绘地理信息数据获取与处理职业技能</td></tr>
<tr><td colspan="2">完成时限</td><td colspan="2">2 课时</td><td colspan="2">学习方法</td><td colspan="2">小组学习+任务</td></tr>
<tr><td colspan="2">实施方式</td><td colspan="2">操作+计算</td><td colspan="2">考核方式</td><td colspan="2">过程性考核+成果考核</td></tr>
<tr><td colspan="2">考核点</td><td colspan="6">方向观测法外业数据采集及内业数据计算</td></tr>
<tr><th colspan="8">学习人员信息（学生填写）</th></tr>
<tr><td>姓名</td><td></td><td>班级</td><td></td><td>学号</td><td></td><td>电话</td><td></td></tr>
<tr><th colspan="8">任务目标</th></tr>
<tr><td colspan="8">根据测回法外业数据采集的要求，在学校空旷场地上设置 A、B、C、D 四个方向点，在测站点“O”上正确熟练安置仪器，按照方向观测法的观测要求，完成 4 个方向的外业数据观测，将观测数据正确填入表 4-2 中，并根据测量结果计算归零差、2C 值、平均读数、一测回归零方向值、各测回平均方向值和角值，依据测量限差要求评定数据精度是否符合要求。</td></tr>
</table>

表 4-2 方向观测法观测手簿

测站	测回数	目标	水平度盘读数		2C (″)	平均读数 (° ′ ″)	一测回归零方向值 (° ′ ″)	各测回归零方向值 (° ′ ″)	角度 (° ′ ″)
			盘左 (° ′ ″)	盘右 (° ′ ″)					
1	2	3	4	5	6	7	8	9	10
		△							
		△							

任务介绍

笔记栏

【任务描述】

（1）能根据方向观测法测量的要求，正确地安置仪器。

（2）能正确瞄准目标和读数。

（3）能正确将各个方向的观测值填写到表格对应的位置。

（4）能够正确计算同一方向在各个半测回中的归零差。

（5）能够正确计算各个方向在不同测回中的 $2C$ 值。

（6）能够正确计算各个方向在不同测回中的平均读数。

（7）能够正确计算各个方向在不同测回中的一测回归零方向值。

（8）能够正确计算各个方向在不同测回之间的各测回平均方向值。

（9）能够根据测量规范限差要求评定数据精度。

【任务要求】

（1）完成配套资源的学习，并完成学习笔记。

（2）能独立完成设备的架设，并能独立正确读数。 （3）能独立完成“方向观测法观测手簿”数据的填写，填写规范。 （4）能独立完成计算。	
任务配套资源	笔记栏

【资源 1】文本型+数字化学习资源

方向观测法水平角测量的任务是根据方向观测法测量的要求，正确地使用仪器进行外业数据采集，并记录在对应表格，然后根据计算要求完成对应数据的计算。

知识点 1：方向观测法的适用情况

方向观测法适用于在一个测站上，有两个以上的观测方向，需要测量多个角度的情况。如图 4-3 所示，测站 O 上有 4 个方向，即 OA、OB、OC、OD，若需计算各个方向之间的夹角时，可采用方向观测法，依次计算出各个方向的角度值，最终根据各个方向的角度值相减便可计算出各方向之间的夹角。

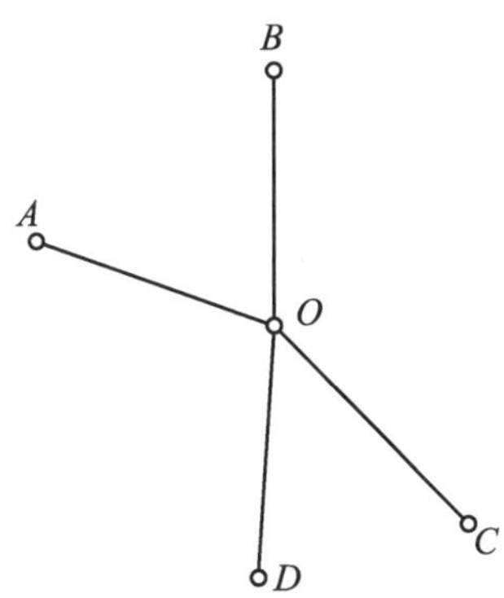

图 4-3　方向观测法示意图

知识点 2：方向观测法的观测顺序

方向观测法在具体观测时，先在如图 4-3 所示的“O”点安置仪器，依次观测目标，具体步骤如下。

步骤 1：盘左位置的观测（上半测回）

在测站“O”上架设仪器，将水平度盘安置在 0°01′左右读数处。先选择一明显目标作为起始方向，如以 A 为起始方向（或称零方向），再按顺时针方向依次观测 B，C，D 各方向，并将各方向的水平度盘读数依次记入观测手簿。

若方向数超过 3 个，最后还要继续顺时针方向转动，直至照准起始方向 A，再读一次水平度盘读数并记入观测手簿。该次观测称为“归零”，归零的目的是检查观测过程中水平度盘是否发生变动。

上述全部工作称为上半测回。

步骤 2：盘右位置的观测（下半测回）

倒转望远镜变成盘右位置，逆时针方向照准 *A*、*D*、*C*、*B*、*A*，读数并记录，称为下半测回。

上、下两个半测回合并称为一测回。

步骤 3：根据需要进行多测回观测

测角精度要求较高时，需要观测几个测回，为减小水平度盘刻划不均匀误差的影响，在每一测回观测之后，要根据测回数 n，将度盘读数改变 $180°/n$，再开始下一回的观测。为便于计算，通常在第一个测回瞄准第一个方向时，把度盘配置在 0°00′或稍大于 0°00′的位置。

知识点 3：方向观测法的限差

1. 2*C* 值

2*C* 值即两倍照准误差值。2*C* 属于仪器误差，同一台仪器的 2*C* 值应当是一个常数，因此 2*C* 的变动大小反映的是观测的质量，DJ_2 光学经纬仪的限差是±18″，但由于 DJ_6 经纬仪的读数容易受到度盘偏心差的影响，故没有对 2*C* 互差作出规定。

2*C* 互差。用 J_2 级光学经纬仪进行图根控制测量的水平角观测时，2*C* 变动范围（即最大值与最小值之差）不得大于±18″。

2. 半测回归零差

半测回归零差是指在半测回中两次瞄准起始方向的读数之差。

用 J_6 级光学经纬仪进行图根控制测量的水平角观测时，半测回归零差一般不得大于±18″，否则应该重测。

3. 各测回方向值之差

各测回方向值之差是指各测回中同一方向归零后的平均方向值之差。用 J_6 级光学经纬仪进行水平角观测时，若需观测两个测回，两测回方向值之差不得超过±24″。

知识点 4：外业手簿计算

1. 计算半测回归零差

半测回归零差即起始方向后、前两次读数之差，用 $\Delta_{左}$、$\Delta_{右}$ 表示。

2. 计算两倍照准误差 2*C*

$$2C = 盘左读数-（盘右读数 \pm 180°） \tag{4.2}$$

3. 计算平均读数

$$一测回平均读数 = \frac{盘左读数+（盘右读数 \pm 180°）}{2} \tag{4.3}$$

将计算结果填入表格中的第 6 列。另外，起始方向 *A* 有两个平均读数，先取平均值，再将其填入第 7 列第 1 行。

4. 计算归零后方向值

将各方向的平均读数分别减去起始方向的最后平均值，得到各方向的归零方向值，简称方向值，填入第 8 列。

5. 计算各测回归零方向值的平均值

当同一方向各测回归零后方向值的互差不超过±24″时，取其平均值作为最后观测结果，见表第 9 列，计算结果超限应该补测或者重测。

【资源 2】学习资源包

【附表】
方向观测法观测手簿

【微课】
方向观测法内业计算

任务规划（教师给出）

笔记栏

1. 执行规划建议

知识点	学习时间	学习方法	资源
方向观测法及观测顺序	10 分钟	自主学习	教室、多媒体设备
方向观测法外业数据采集及数据记录	40 分钟	仪器操作+数据记录	实训场
方向观测法内业计算及数据精度评定	40 分钟	数据计算	实训场

2. 教师任务安排

任务实施（学生规划）

笔记栏

请同学依据要完成的任务，就知识点学习的时间分配，学习方法及形式，数据准备、人员分工（若为小组训练）、设备清单、实施步骤及要点，安全及总结要求等方面做出规划。

任务扩展（教师给出）	笔记栏

学习总结

子项目学习质量监控单（教师填写）

序号	评分项	分值	实施要求	评定标准	得分
1	资源学习情况	15	1.学习痕迹明显，笔记认真仔细。 2.知识点掌握牢固，并能合理、灵活运用	优：课堂问答及练习能独立完成，回答正确，读书笔记细致。 良：课堂问答及练习成果正确，读书笔记记录较好。 中：课堂问答表述不清，练习成果基本正确。 差：完全不正确	
2	任务规划	15	1.规划内容完整。 2.规划内容应具可实施性。 3.规划过程应独立思考，具备一定的独特性	优：规划的内容详尽，具有很强的可实施性。 良：规划的内容详尽，可实施性一般。 中：规划的内容不全面，可实施性一般。 差：无规划，或者其规划的内容不全，无法实施	
3	任务实施	50	1.过程严格按规范要求进行。 2.过程性资料收集齐全。 3.独立完成任务要求的成果，提交及时	优：任务目标完成质量优良，过程规范，无错误。 良：任务目标完成质量良好，过程规范，无明显错误。 中：任务目标完成质量一般，过程相对规范，无明显错误。 差：没有完成任务目标或成果完全错误	
4	任务扩展	10	独立思考，能利用所学知识及相关手段完成所布置的拓展任务	优：独立思考，成果正确。 良：独立思考，成果基本正确。 中：任务完成得一般。 差：没有完成任务目标或成果完全错误	
5	其他	10	1.及时完成相关表格的填写。 2.独立完成总结的撰写，记录要详尽，要能从技能、知识等多方面进行总结	优：独立思考，任务全部完成，总结到位并能及时上交。 良：独立思考，任务基本完成，总结基本到位并能及时上交。 中：任务基本完成，总结基本到位。 差：没有完成任务目标	
6	职业能力评价	优：完全掌握技能及知识要点，操作规范，安全意识及团队意识好，吃苦耐劳，认真仔细。 良：基本掌握技能及知识要点，操作规范，安全意识及团队意识较好，认真仔细。 中：掌握部分技能及知识要点，操作相对规范，具有一定的安全意识。 未达标：没有掌握要求的技能及知识要点，或操作出现严重错误导致人员及设备损坏			
综合得分		学习过程（项 1～5）评价得分：		技能水平评价：合格□　不合格□	
教师评语					

4.2 竖直角观测

任务　竖直角观测

【任务情况】

1. 本学习内容主要完成任务

根据竖直角的定义，利用仪器（经纬仪或全站仪）进行竖直角测量，将外业测量的数据填写到对应的记录表中，并正确计算半测回竖直角值、一测回竖直值和竖盘指标差。

2. 学习目标

知识目标：掌握竖直角的定义。
　　　　　掌握竖直度盘的结构。
　　　　　掌握竖直度盘指标差的定义。
　　　　　掌握竖直角观测的方法。
技能目标：能正确计算竖盘指标差。
　　　　　能正确计算半测回竖直角。
　　　　　能正确计算一测回竖直角。
情感目标：养成认真细致的学习素养、精益求精的职业素养及爱岗敬业的职业操守。

3. 学习时间分配

学习活动序号	学习活动	建议学习时长	备注
学习活动 1	竖直角观测	2	

【作业过程及任务点】

学习活动 1　竖直角观测

<table>
<tr><th colspan="8">学习任务单</th></tr>
<tr><td colspan="2">任务名称</td><td colspan="6">竖直角观测</td></tr>
<tr><td colspan="2">任务类型</td><td colspan="2">计算型+理论型</td><td>能力面向</td><td colspan="3">测绘地理信息数据获取与处理职业技能</td></tr>
<tr><td colspan="2">完成时限</td><td colspan="2">2 课时</td><td>学习方法</td><td colspan="3">自主学习法</td></tr>
<tr><td colspan="2">实施方式</td><td colspan="2">操作+计算</td><td>考核方式</td><td colspan="3">过程性考核+计算成果考核</td></tr>
<tr><td colspan="2">考核点</td><td colspan="6">竖直角的观测及内业计算</td></tr>
<tr><th colspan="8">学习人员信息（学生填写）</th></tr>
<tr><td>姓名</td><td></td><td>班级</td><td></td><td>学号</td><td></td><td>电话</td><td></td></tr>
</table>

任务目标

根据竖直角观测外业数据采集的要求，在测站点“*O*”上安置仪器（经纬仪或者全站仪），观测目标为 *A* 或者 *B*，测定竖直角∠*A* 或者竖直角∠*B*，完成一个测回外业数据观测并把观测值正确填入表 4-3，并根据测量结果计算半测回竖直角值、一测回竖直角值和竖盘指标差，依据测量限差要求评定数据精度是否符合要求。

表 4-3　竖直角观测记录手簿

测站	目标	竖盘位置	竖盘读数（° ′ ″）	半测回竖角（° ′ ″）	指标差（° ′ ″）	一测回竖角（° ′ ″）	备注
1	2	3	4	5	6	7	8

任务介绍

笔记栏

【任务描述】

（1）能根据竖直角观测的要求，正确地安置仪器。

（2）能正确地瞄准目标和读数。

（3）能正确地将各个方向的观测值填写到表格对应的位置。

（4）能够正确计算竖盘指标差。

（5）能够正确计算半测回竖直角及一测回竖直角。

【任务要求】

完成配套资源的学习，并完成学习笔记。

任务配套资源

笔记栏

【资源 1】文本型学习资源

竖直角观测的任务是能正确地把目标方向的方向值测量出来并进行竖直角的计算。

知识点 1：竖直盘的结构

竖盘固定在望远镜横轴的一侧，随望远镜转动而转动。转动竖盘指标水准管微动螺旋，使竖盘指标水准管气泡居中，竖盘指标处于正确位置。此时，当盘左视线水平时，指标为 90°或 0°，当盘右视线水平时，指标为 270°或 0°。DJ_6 光学经纬仪采用竖盘指标水准管微动螺旋与竖盘指标水准管，DJ_2 采用竖盘自动归零补偿器控制，补偿器手轮（OFF、ON）竖盘注记形式：顺时针全圆注记、逆时针全圆注记，如图 4-4 所示。

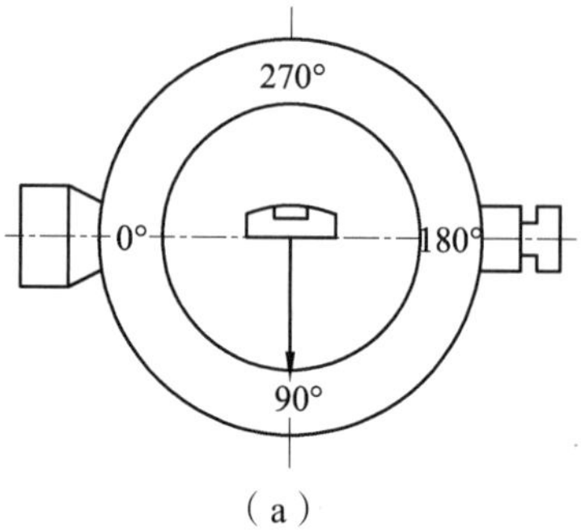

图 4-4　竖盘注记形式图

知识点 2：竖直度盘指标差

当望远镜视准轴水平、竖盘指标水准管气泡居中，但读数指标没有对准相应的特殊值（90°或 270°），而比特殊值大了或小了一个小角值，这个小角值称为竖盘指标差，简称指标差，常以 i 表示。如图 4-5 所示。

说明：盘左盘右法可消除 i 的影响。

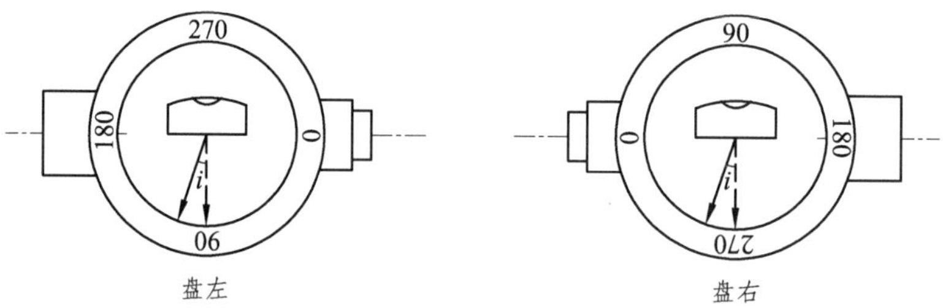

图 4-5　竖盘指标差示意图

知识点 3：竖直角及竖盘指标差的计算

竖直角是由倾斜视线的竖直读数与水平视线的读数相减所得，但因竖直角有正、负之分（仰角为正，俯角为负），且竖盘注记不同，竖盘读数计算垂直角的公式中何为减数何为被减数并不固定。

盘左状态仰起，向上倾斜，观察竖盘读数大小。读数增大，竖盘为逆时针全圆注记；读数减少，说明竖盘为顺时针全圆注记。

物镜抬高时，读数增大：竖直角 α=（瞄准目标时竖盘读数）-（视线水平时竖盘读数）。

物镜抬高时，读数减少：竖直角 α=（视线水平时竖盘读数）-（瞄准目标时竖盘读数）。

以上对盘左、盘右、逆时针全圆注记、顺时针全圆注记都适用。

1. 指标差为 0 时的计算（以顺时针注记盘为例）

观测某一目标，当无指标差时，盘左观测的竖值角为 $\alpha_{左}$，竖盘读数为 L；盘右观测的竖值角为 $\alpha_{右}$，竖盘读数为 R。如图 4-6 所示。由此可看出：

$$\alpha_{左}=90°-L$$

$$\alpha_{右}=R-270°$$

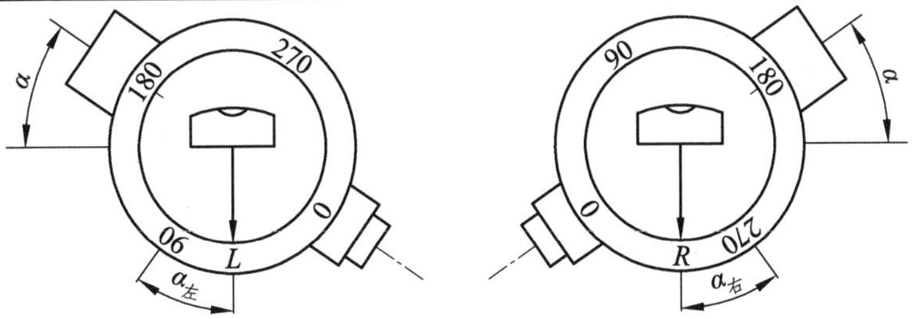

图 4-6　竖直角计算示意图（指标差为 0）

2. 指标差不为 0 时的计算（以顺时针注记盘为例）

由于指标差 i 的存在，度盘读数受到影响。如图 4-7 所示。

盘左时 $\alpha_{左}=90°-（L-i）=90°-L+i$

盘右时 $\alpha_{右}=（R-i）-270°=R-270°-i$

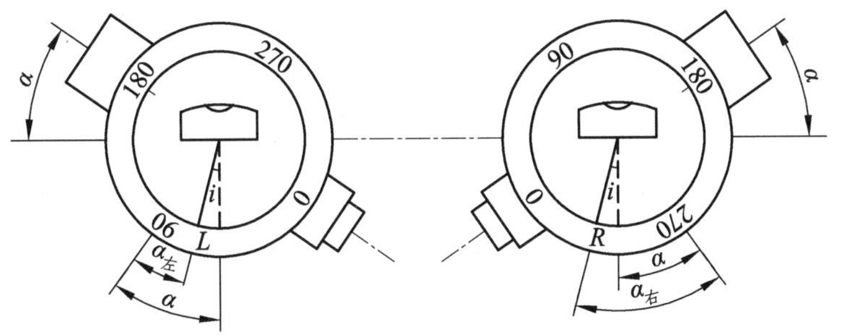

图 4-7　竖直角计算示意图（指标差不为 0）

3. 竖盘指标差的计算

竖盘指标差，即当望远镜视线水平，竖盘指标水准管气泡居中时，指标线所指的读数与始读数的差值。

$a_L = 90-（L-i）$　　（1）

$a_R = （R-i）-270$　　（2）

$a=1/2（a_L+a_R）=（R+L-180）/2$

（1）-（2）得 $i=（L+R-360）/2$

所以在测量竖直角时，用盘左、盘右两个位置观测，取其平均值作为结果，可以消除竖盘指标差（i）的影响。

【资源 2】拓展学习资源包

【附表 4-1】

竖直角外业观测手簿

任务规划（教师给出）	笔记栏

1. 执行规划建议

知识点	学习时间	学习方法	资源
竖直角的定义、指标差的定义、竖盘盘位的定义	20 分钟	自主学习	教室、多媒体设备
仪器安置	5 分钟	自主学习+操作练习	实训场
竖直角观测数据采集及填表	30 分钟	仪器操作+数据记录	实训场
内业数据处理	35 分钟	数据计算	实训场

2.教师任务安排

任务实施（学生规划）	笔记栏

请同学依据要完成的任务就对应知识点学习的时间分配，学习方法及形式，学习要点及总结要求等方面做出规划。

任务扩展（教师给出）	笔记栏

学习总结

子项目学习质量监控单（教师填写）

序号	评分项	分值	实施要求	评定标准	得分
1	资源学习情况	15	1.学习痕迹明显，笔记认真仔细。 2.知识点掌握牢固，并能合理、灵活运用	优：课堂问答及练习能独立完成，回答正确，读书笔记细致。 良：课堂问答及练习成果正确，读书笔记记录较好。 中：课堂问答表述不清，练习成果基本正确。 差：完全不正确	
2	任务规划	15	1.规划内容完整。 2.规划内容应具可实施性。 3.规划过程应独立思考，具备一定的独特性	优：规划的内容详尽，具有很强的可实施性。 良：规划的内容详尽，可实施性一般。 中：规划的内容不全面，可实施性一般。 差：无规划，或者其规划的内容不全，无法实施	
3	任务实施	50	1.过程严格按规范要求进行。 2.过程性资料收集齐全。 3.独立完成任务要求的成果，提交及时	优：任务目标完成质量优良，过程规范，无错误。 良：任务目标完成质量良好，过程规范，无明显错误。 中：任务目标完成质量一般，过程相对规范，无明显错误。 差：没有完成任务目标或成果完全错误	
4	任务扩展	10	独立思考，能利用所学知识及相关手段完成所布置的拓展任务	优：独立思考，成果正确。 良：独立思考，成果基本正确。 中：任务完成得一般。 差：没有完成任务目标或成果完全错误	
5	其他	10	1.及时完成相关表格的填写。 2.独立完成总结的撰写，记录要详尽，要能从技能、知识等多方面进行总结	优：独立思考，任务全部完成，总结到位并能及时上交。 良：独立思考，任务基本完成，总结基本到位并能及时上交。 中：任务基本完成，总结基本到位。 差：没有完成任务目标	
6	职业能力评价	优：完全掌握技能及知识要点，操作规范，安全意识及团队意识好，吃苦耐劳，认真仔细。 良：基本掌握技能及知识要点，操作规范，安全意识及团队意识较好，认真仔细。 中：掌握部分技能及知识要点，操作相对规范，具有一定的安全意识。 未达标：没有掌握要求的技能及知识要点，或操作出现严重错误导致人员及设备损坏			
综合得分		学习过程（项1～5）评价得分： 技能水平评价：合格□ 不合格□			
教师评语					

项目5

距离测量

距离测量是指测量地面上两点连线长度的工作。通常需要测定的是水平距离，即两点连线投影在某水准面上的长度。它是确定地面点的平面位置的要素之一，是测量工作中最基本的任务之一。在三角测量、导线测量、地形测量和工程测量等工作中都需要进行距离测量。

距离测量的常用方法有卷尺测距、视距测量和电磁波测距等。卷尺测距是用可以卷起来的尺子沿地面丈量，属于直接量距，是传统的量距方法，工具简单，成本低廉。但易受地形限制，目前仅用于平坦地区的近距离测量，例如用于地形测量中的细部丈量和规则建筑物尺寸测量等。视距测量是利用经纬仪或水准仪望远镜中的视距丝和标尺按几何光学原理进行测距，属于间接测距方法，适合于精度要求较低的近距离测量，例如水准测量中的前后视距测量。电磁波测距是用光学和电子仪器向目标发射并接收反射回来的电磁波（光波、红外或微波）进行测距，属于电子物理测距方法。仪器先进，测程远，精度高，操作方便。开始是用于控制测量中的高精度的远距离测量，逐步在近距离的细部测量、施工放样等工作中普及应用，目前已成为距离测量的主要方法。

本项目主要包括钢卷尺测距、测距仪测距和视距法测距。主要学习内容包括：钢卷尺测距方法、操作流程、钢卷尺测距的严密计算方法；测距仪测距原理、常用仪器、测距仪测距注意事项；视线水平时视距测量原理和视线倾斜时视距测量原理几部分。

5.1　钢卷尺测距

任务　钢卷尺测距

【任务情况】

1. 本学习内容主要完成任务

根据给定的条件，运用钢卷尺测定学校内某线路的直线距离，计算测量精度。

2. 学习目标

知识目标：掌握钢卷尺的测量原理及方法，了解常用钢卷尺的类型、构造、特性及使用注意事项；掌握钢卷尺精密测距的施测及计算方法。

技能目标：能够熟练使用不同类型的钢卷尺进行距离测量，能够完成不同地貌类型、不同精度的距离测量任务及数据处理方法。

情感目标：养成认真细致的学习素养、精益求精的职业素养及爱岗敬业的职业操守。

3. 学习时间分配

学习活动序号	学习活动	建议学习时长	备注
学习活动 1	钢卷尺测距	1	

【作业过程及任务点】

学习活动 1　钢卷尺测距

学习任务单			
任务名称	钢卷尺测距		
任务类型	计算型	能力面向	测绘地理信息数据获取与处理职业技能
完成时限	1 课时	学习方法	自主学习法+任务
实施方式	理论学习+计算	考核方式	过程性考核+成果考核
考核点	钢卷尺测距的实施方法，钢尺测距的严密计算方法		

学习人员信息（学生填写）

姓名		班级		学号		电话	

任务目标

测量路线：A—B

检定时拉力：10 kg　　　　日期：　　年　　月　　日

尺段	次数	尺段长度/m	平均尺段长度/m	温度/°C 温度改正/mm	高差/m 倾斜改正/mm	尺长改正/mm	改正后的尺段长度/m
A-1	1	29.912		21.80	+0.272		
	2	29.916					
	3	29.913					
1-2	1	29.942		21.60	+0.174		
	2	29.940					
	3	29.939					
B	1	8.725		22.5	−0.065		
	2	8.724					
	3	8.720					

在校园内，选择距离为 70 m 左右的两个点 A 和 B，利用 30 m 的钢卷尺、标杆、测钎、垂球、弹簧秤、温度计，按照钢卷尺精密测距的流程完成 A 和 B 之间距离的测量，相关数据记录如下，请完成计算[尺长方程为：$l=30+0.003+1.25\times10^{-5}(t-20\,°\mathrm{C})\times30$]。

任务介绍	笔记栏
【任务描述】 （1）自主学习钢卷尺测距的理论及实际操作方法。 （2）利用钢卷尺测定两点间的距离。 【任务要求】 （1）完成配套资源的学习，并完成学习笔记。 （2）能利用钢卷尺测定两点间的距离，并完成相应的计算。	

任务配套资源	笔记栏

【资源 1】文本型学习资源

知识点 1：钢卷尺和辅助工具

1. 钢卷尺

钢卷尺简称钢尺，如图 5-1，是用钢制成的带状尺，尺的宽度为 10～15 mm，厚度约 0.4 mm，长度有 20 m、30 m、50 m 等几种，一把钢尺的全长称为“一尺段”。钢尺可以卷放在圆形的尺壳内，或卷放在金属的尺架上。也有尺长仅为 2～5 m 的小钢卷尺，用于量取仪器高，或目标高，或在地形测量时量取地物细部的尺寸。钢尺上长度的最小分划为毫米，最小注记为厘米，各整米处也有注记。

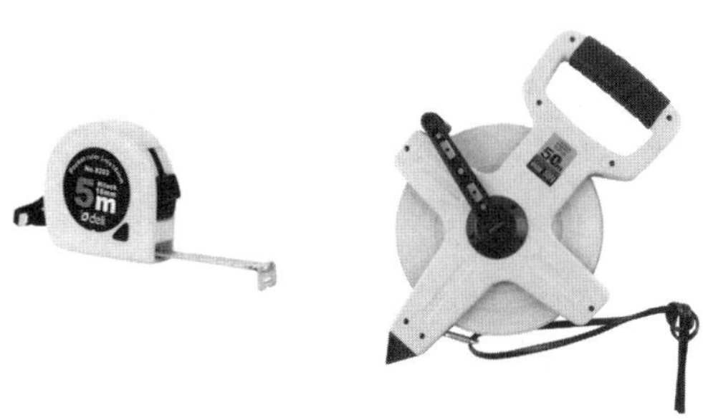

图 5-1　钢　尺

2. 辅助工具

钢尺量距的辅助工具有测钎、标杆、垂球、温度计、弹簧秤等，如图 5-2。标杆用于直线定线，测钎用于标定尺段数，垂球用于不平坦地区将尺子的端点垂直投影到地面。在精密测距时，还需要弹簧秤用于对钢尺施加规定的拉力，温度计用于测定钢尺量距时的温度，以对钢尺丈量的距离施加温度改正。

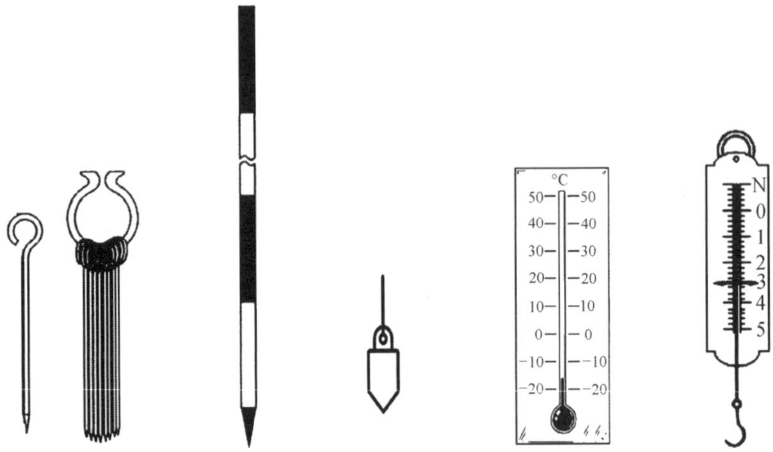

（a）测钎　（b）标杆　（c）垂球　（d）温度计　（e）弹簧秤

图 5-2　钢尺量距的辅助工具

知识点 2：直线定线

地面上两点之间距离较远时，用一个尺段不能量完，需分段丈量，为使距离测量沿直线方向进行，需要在两点间的直线上再标定一些点位，便于分段丈量工作的开展，这项工作称为直线定线，根据精度不同，可以分为目测定线和经纬仪定线两种。

1. 目测定线

如图 5-3 所示，设 *A*、*B* 两点可以通视，需要在两点间的直线上标定出 1、2 等点。首先在 *A*、*B* 点上竖立标杆，甲站在 *A* 点标杆后面约 1 m 处，指挥乙左右移动标杆，直到甲从 *A* 点沿标杆的同一侧看到 *A*、2、*B* 三支标杆在同一直线上为止。同法可定出直线上的其他点。两点间定线，一般应由远到近，如图中所示，应先定 1 点，再定 2 点。目测定线时，标杆应竖直，乙持标杆的方法为用食指和拇指夹住标杆的上部，稍稍提起，利用标杆的重心在手指下而使标杆自然竖直。

2. 经纬仪定线

如图 5-4 所示，如果测距精度要求较高时，需要用经纬仪定线。设 *A*、*B* 两点可以通视，安置经纬仪于 *A* 点，经过对中、整平后，用望远镜十字丝的纵丝瞄准 *B* 点标杆，固定水平制动螺旋；指挥持标杆的人员在两点间左右移动标杆，直至标杆为望远镜的纵丝所平分，便在标杆位置打下木桩，再根据十字丝在木桩上的位置准确地定出 *C* 点的位置。精密定线时，标杆应该用直径更小的测钎代替，或采用更适合于精确瞄准的觇牌。点位确定后用钢尺进行距离丈量，对于较长的距离（例如长度有多个尺段）一般需要3个人，分别担任前尺手、后尺手和记录的工作。在地势起伏较大地区或行人车辆较多的地区，还需增加辅助人员。丈量较短距离一般仅需2人。

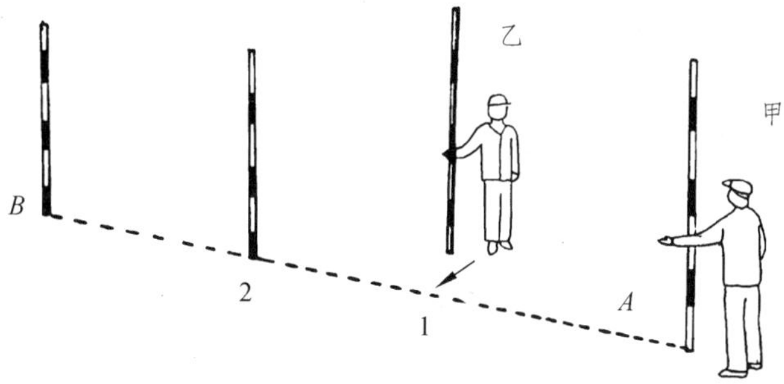

图 5-3　目测定线

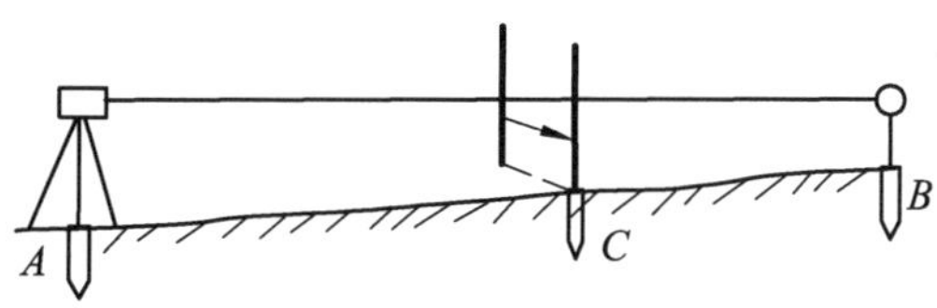

图 5-4　经纬仪定线

知识点3：钢尺量距的一般方法

1. 平坦地面的丈量方法

先在直线两端点 A、B 竖立标杆；丈量时，后尺手持钢尺的末端在起点 A，前尺手持钢尺的前端和一束测钎沿直线方向前进；到一整尺段（钢尺的长度）时，后尺手根据端点 B 的标杆指挥前尺手，将钢尺拉直在 AB 方向上，钢尺刻划面向上，平敷于地面，不存在扭曲；对准直线方向和拉紧钢尺后，前尺手喊“预备”，后尺手把钢尺末端分划对准起点 A 后喊“好”，前尺手在听到“好”的同时，把测钎对准钢尺零点分划垂直地插入地面，如为硬性地面可用测钎或铅笔在地面画线作记号，这样完成第一尺段的丈量。两人同时提尺离地前进，后尺手到达测钎或画线记号处，二人重复第一尺段的工作，量完第二尺段，后尺手拔起地上的测钎；依此操作，直至 AB 直线的最后一段，该段距离不会刚好是一整尺的长度，称为余长。丈量余长时，前尺手将钢尺零点分划对准 B 点，后尺手在钢尺上读取余长值。在平坦地区，沿地面丈量的结果即为水平距离。A、B 两点间的水平距离为：

$$D_{AB}=n\times 尺段长+余长 \tag{5.1}$$

式中，n 为整尺段数。

为了防止丈量错误和提高丈量精度，两点间的距离一般需要往返丈量。将往返丈量距离的差值（取绝对值），除以距离的概值，并化为分子为1的分式，称为测距的相对精度（或称为相对误差，或相对较差）。例如，AB 的往测距离为 121.90 m，返测距离为 121.94 m，则其测距的相对精度为：

$$\frac{|往测距离-返测距离|}{距离概值}=\frac{|121.90-121.94|}{122}=\frac{0.04}{122}=\frac{1}{3\,050}$$

相对精度的分母越大，说明量距的精度越高。钢尺量距的相对精度一般规定不应低于 1/3 000。量距的相对精度如果没有超限，则取往返测量的平均值作为两点间的水平距离 D。

2. 倾斜地面的丈量方法

如果 A、B 两点间有明显的高差，但地面坡度均匀，大致成一个倾斜面，如图 5-5 所示，可沿地面丈量倾斜距离 S（斜距），再用水准仪测定两点间的高差 h，则水平距离 D（平距）和高差改正 ΔD 为：

$$D=\sqrt{S^2-h^2}\text{，}\Delta D_{\text{h}}=D-S \tag{5.2}$$

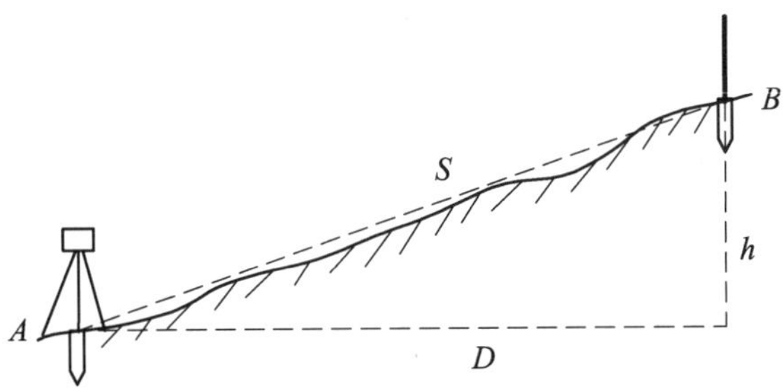

图 5-5 倾斜地面距离丈量

知识点 3：钢尺量距的精密方法

当量距精度要求高于 1/3 000 时，需采用钢尺量距的精密方法。首先利用经纬仪进行定线，定线时利用钢尺进行概略量距，每隔一个整尺段打一个木桩，木桩一般高出地面 2 ~ 3 cm。并在桩顶画线表示直线方向，再画细线与直线方向垂直，形成十字交点，作为钢尺读数的起点和终点。用检定过的钢尺（钢尺应有尺长方程式）在相邻两木桩间进行丈量，每段应测量 3 次，3 次尺段长度互差不应超过 2 ~ 5 mm，并记录温度。利用水准仪测量木桩间高差以便进行倾斜改正。钢尺量距的精密计算公式为：

$$l=l_0+\Delta l+\Delta l_t+\Delta l_h \tag{5.3}$$

式中 l——钢尺改正后的长度（m）；

l_0——钢尺的名义长度（m）；

Δl——尺长改正数（mm）；

Δl_t——温度改正数（mm）；

Δl_h——高差改正数（倾斜改正）（mm）。

1. 尺长改正

钢尺两端点分划线之间的标准长度称为钢尺的实际长度，端点分划的注记长度称为钢尺的名义长度。实际长度往往不等于名义长度，存在一个差值，这个差值就是尺长改正数，它等于实际尺长减名义尺长，通常是通过钢尺检校的方法获取一个固定的数值，尺长改正数计算公式如下：

$$\Delta l = l_{实} - l_{名} \tag{5.4}$$

2. 温度改正

另外，钢尺丈量时的温度对尺长也有影响，在精密测距中，需要对钢尺测得的距离进行温度改正，温度改正公式如下：

$$\Delta l_t = \alpha (t - t_0) l_0 \tag{5.5}$$

式中　α——钢的膨胀系数，其值为 0.011 5 ~ 0.012 5 mm/（m·°C）；

t_0——标准温度，一般取 20 °C；

t——丈量时温度（°C）。

3. 高差改正

当地面不平坦，有一定起伏时，需进行高差改正。当坡度不均匀时，需要分段进行高差测量，分段计算高差改正数，公式如下：

$$\Delta l_h = -\frac{h^2}{2l} \tag{5.6}$$

另外，量距时用不同的拉力拉直钢尺会使尺长有微小的变化，因此，量距时一般规定：对 30 m 钢尺，用 100 N（牛顿）的拉力（弹簧秤指针读数为 10 kg）；对 50 m 的钢尺，用 150 N（牛顿）的拉力（弹簧秤指针读数为 15 kg）。表 5-1 为钢尺量距的实际案例。

表 5-1　钢尺量距的实际案例

测量路线：*A*—*B*			尺长方程：$l = 30 + 0.004 + 1.25 \times 10^{-5} \times (t - 20\ ^\circ\mathrm{C}) \times 30$				
检定时拉力：10 kg			日期：　年　月　日				
尺段	次数	尺段长度/m	平均尺段长度/m	温度/°C 温度改正/mm	高差/m 倾斜改正/mm	尺长改正/mm	改正后的尺段长度/m
A-1	1	29.901	29.902	25.80	+0.272	+4.0	29.907
	2	29.903		+2.2	−1.2		
	3	29.902					
1-2	1	29.915	29.915	27.6	+0.174	+4.0	29.921
	2	29.915		+2.8	−0.5		
	3	29.916					
…	…	…	…	…	…	…	…

续表

尺段	次数	尺段长度/m	平均尺段长度/m	温度/°C 温度改正/mm	高差/m 倾斜改正/mm	尺长改正/mm	改正后的尺段长度/m
B	1	7.424	7.424	27.5	−0.065	+2.8	7.427
	2	7.426		+0.2	−1.2		
	3	7.426					

【资源 2】拓展学习资源包

学习推荐期刊:《测绘学报》《测绘通报》

任务规划（教师给出）

笔记栏

1. 执行规划建议

知识点	学习时间	学习方法	资源
钢卷尺和辅助工具	5 分钟	自主学习	教室、多媒体设备
定线方法	10 分钟	自主学习	教室、多媒体设备
钢尺量距的一般方法	15 分钟	自主学习+计算练习	教室
钢尺量距的精密方法	10 分钟	自主学习+计算练习	教室

2. 教师任务安排

任务实施（学生规划）

笔记栏

请同学依据要完成的任务就对应知识点学习的时间分配，学习方法及形式，学习要点及总结要求等方面做出规划。

任务扩展（教师给出）	笔记栏

学习总结

子项目学习质量监控单（教师填写）

序号	评分项	分值	实施要求	评定标准	得分
1	资源学习情况	15	1.学习痕迹明显，笔记认真仔细。 2.知识点掌握牢固，并能合理、灵活运用	优：课堂问答及练习能独立完成，回答正确，读书笔记细致。 良：课堂问答及练习成果正确，读书笔记记录较好。 中：课堂问答表述不清，练习成果基本正确。 差：完全不正确	
2	任务规划	15	1.规划内容完整。 2.规划内容应具可实施性。 3.规划过程应独立思考，具备一定的独特性	优：规划的内容详尽，具有很强的可实施性。 良：规划的内容详尽，可实施性一般。 中：规划的内容不全面，可实施性一般。 差：无规划，或者其规划的内容不全，无法实施	
3	任务实施	50	1.过程严格按规范要求进行。 2.过程性资料收集齐全。 3.独立完成任务要求的成果，提交及时	优：任务目标完成质量优良，过程规范，无错误。 良：任务目标完成质量良好，过程规范，无明显错误。 中：任务目标完成质量一般，过程相对规范，无明显错误。 差：没有完成任务目标或成果完全错误	
4	任务扩展	10	独立思考，能利用所学知识及相关手段完成所布置的拓展任务	优：独立思考，成果正确。 良：独立思考，成果基本正确。 中：任务完成得一般。 差：没有完成任务目标或成果完全错误	
5	其他	10	1.及时完成相关表格的填写。 2.独立完成总结的撰写，记录要详尽，要能从技能、知识等多方面进行总结	优：独立思考，任务全部完成，总结到位并能及时上交。 良：独立思考，任务基本完成，总结基本到位并能及时上交。 中：任务基本完成，总结基本到位。 差：没有完成任务目标	
6	职业能力评价	优：完全掌握技能及知识要点，操作规范，安全意识及团队意识好，吃苦耐劳，认真仔细。 良：基本掌握技能及知识要点，操作规范，安全意识及团队意识较好，认真仔细。 中：掌握部分技能及知识要点，操作相对规范，具有一定的安全意识。 未达标：没有掌握要求的技能及知识要点，或操作出现严重错误导致人员及设备损坏				
综合得分		学习过程（项1～5）评价得分： 技能水平评价：合格□ 不合格□				
教师评语						

5.2　视距法测距

任务　视线水平时测距和视线倾斜时测距

【任务情况】

1. 本学习内容主要完成任务

能够熟练使用水准仪和经纬仪对校园内两个点进行距离测量。

2. 学习目标

知识目标：掌握视线水平时和倾斜时视距法测距的原理及方法。

技能目标：能够熟练使用水准仪和经纬仪进行距离测量，能够对距离测量数据进行处理。

情感目标：严谨的工作态度及团结合作的精神。

3. 学习时间分配

学习活动序号	学习活动	建议学习时长	备注
学习活动 1	视线水平时测距	1	
学习活动 2	视线倾斜时测距	1	

【作业过程及任务点】

学习活动 1　视线水平时测距

<table>
<tr><th colspan="8">学习任务单</th></tr>
<tr><td colspan="2">任务名称</td><td colspan="6">视线水平时测距</td></tr>
<tr><td colspan="2">任务类型</td><td colspan="2">实操型</td><td colspan="2">能力面向</td><td colspan="2">测绘地理信息数据获取与处理职业技能</td></tr>
<tr><td colspan="2">完成时限</td><td colspan="2">1 课时</td><td colspan="2">学习方法</td><td colspan="2">教师讲授、学生自主扩展学习法</td></tr>
<tr><td colspan="2">实施方式</td><td colspan="2">理论学习+实际操作</td><td colspan="2">考核方式</td><td colspan="2">理论考核+实践考核</td></tr>
<tr><td colspan="2">考核点</td><td colspan="6">视线水平时测距原理及公式，施测方法及步骤</td></tr>
<tr><th colspan="8">学习人员信息（学生填写）</th></tr>
<tr><td>姓名</td><td></td><td>班级</td><td></td><td>学号</td><td></td><td>电话</td><td></td></tr>
<tr><th colspan="8">任务目标</th></tr>
<tr><td colspan="8">在校园内选择一个通视良好的区域架设水准仪，任意选择几个 100 m 范围内可以通视的点，放置水准尺（或者塔尺），瞄准后读取上、下丝读数，计算视距和水平距离（以 m 为单位）。</td></tr>
</table>

点号	上丝读数	下丝读数	视距（n）	水平距离（S）

任务介绍	笔记栏
【任务描述】 （1）自主学习视线水平时测距的理论及实际操作方法。 （2）能够熟练使用水准仪测定两点间的距离。 【任务要求】 完成配套资源的学习，并完成学习笔记。	

任务配套资源	笔记栏

【资源 1】文本型学习资源

知识点 1：视线水平时视距测量原理

经纬仪和水准仪的望远镜内都有视距装置，如图 5-6 所示，它就是在十字丝分划板上加两根与十字丝横丝平行而又间隔相等的横丝，即视距丝。

视距测量原理如图 5-6 所示，仪器安置在 A 点，对远近不同的点（如 1、2），望远镜以水平位置（视线水平）照准立于这些点的视距尺，以视距丝对视距尺读数，得上、下丝读数，其读数之差 n 叫尺间隔（或视距）。根据三角形相似特点由图可得 $\frac{S_1}{n_1}=\frac{S_2}{n_2}$，这说明 $S/n=k$（k 为常数），即 $S=kn$，为方便计算，仪器生产厂家通过调节有关参数使得 $k=100$，从而有：

$$S=kn=100n \tag{5.7}$$

公式（5.7）就是望远镜处于水平位置即视线水平时平距的计算公式。水准测量就是用水准仪按上述方法测得后视距离和前视距离的。

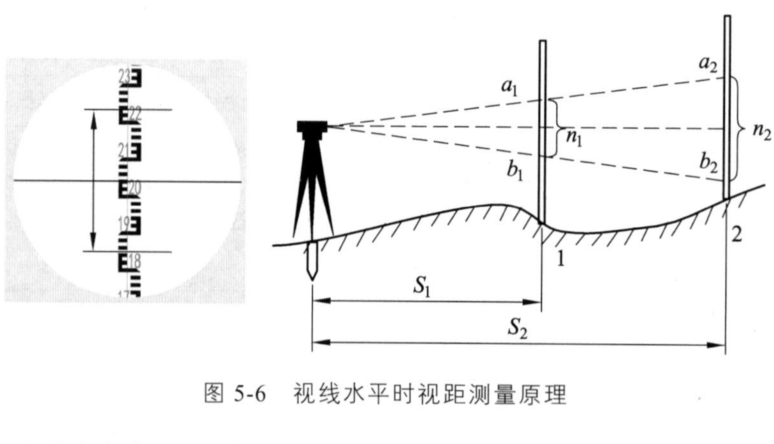

图 5-6　视线水平时视距测量原理

尽管在水准尺上的读数可精确至毫米，但公式（5.7）中有乘数 100，因此其测距精度只能达到分米。当距离太远（如超过 100 m）时，从望远镜中看到的刻划成像就会变细，此时的估读误差就会较大，因此视距测量对长度是有限制的，一般应控制在 100 m 以内。

【资源 2】拓展学习资源包

学习推荐期刊：《测绘学报》《测绘通报》

任务规划（教师给出）	笔记栏

1. 执行规划建议

任务点	用时	学习方法	实施步骤	场地	设备
水准仪距离测量	40 分钟	小组学习，建议 4 人 1 组	步骤 1：分组及场地分配（5 分钟）。 步骤 2：各小组在场地中选择一个平坦易架设仪器的点作为设站点，选择多个可以通视的点作为待测点（5 分钟）。 步骤 3：架设仪器，瞄准、读数、计算，完成距离测量（20 分钟）。 步骤 4：总结及回收设备（5 分钟）	视线开阔，通视良好，远离车辆	DS_3 水准仪 1 台、水准仪脚架、水准尺或者塔尺

2. 教师任务安排

任务实施（学生规划）	笔记栏

请同学依据要完成的任务就数据准备、人员分工（若为小组训练）、设备清单、实施步骤及要点、安全及总结要求等方面做出规划。

任务扩展（教师给出）	笔记栏

学习总结

学习活动 2　视线倾斜时测距

<table>
<tr><th colspan="8">学习任务单</th></tr>
<tr><td>任务名称</td><td colspan="7">视线倾斜时测距</td></tr>
<tr><td>任务类型</td><td colspan="3">计算型</td><td colspan="2">能力面向</td><td colspan="2">测绘地理信息数据获取与处理职业技能</td></tr>
<tr><td>完成时限</td><td colspan="3">1 课时</td><td colspan="2">学习方法</td><td colspan="2">教师讲授、学生自主扩展学习法</td></tr>
<tr><td>实施方式</td><td colspan="3">理论学习+计算练习</td><td colspan="2">考核方式</td><td colspan="2">理论考核+计算考核</td></tr>
<tr><td>考核点</td><td colspan="7">视线倾斜时测距原理及公式，施测方法及步骤</td></tr>
<tr><th colspan="8">学习人员信息（学生填写）</th></tr>
<tr><td>姓名</td><td></td><td>班级</td><td></td><td>学号</td><td></td><td>电话</td><td></td></tr>
</table>

任务目标

在校园内选择一个通视良好的区域，找一个已知控制点（或者自己制作一个点）架设经纬仪，任意选择几个 100 m 范围内可以通视的点，放置塔尺，瞄准后读取上、中、下丝读数和竖盘读数，记录在下表内，计算水平距离、高差和高程。

测站名称：________　　测站高程：_________m　　仪器高：________m

测站	上丝 下丝/m	视距间隔 n/m	中丝读数 v/m	竖盘读数 （° ′ ″）	竖直角 α （° ′ ″）	水平距离 D/m	高差 h/m	高程 H/m
1								
2								

任务介绍	笔记栏
【任务描述】 （1）自主学习视线倾斜时测距的理论及实际操作方法。 （2）熟练使用经纬仪测定两点间的距离和高差。 【任务要求】 完成配套资源的学习，并完成学习笔记。	

任务配套资源	笔记栏

【资源 1】文本型学习资源

知识点 1：视线倾斜时视距测量原理

1. 视线倾斜时的距离计算公式

若视线倾斜，如图 5-7，设中丝竖直角为 α，将目标处的视距尺旋转 α 角，即从 a、n、b 位置旋转至 a'、n'、b'位置，则此时视线与视距尺垂直，由公式（5.7）可得，仪器中心到视距尺的距离为 $S=kn'$，式中 n'是视距丝在旋转后的视距尺上的尺间隔，易知 $n' = n\cos\alpha$，于是 $S=kn\cos\alpha$，由图可见 S 为斜距，将其换算为水平距离得 $D=S\cos\alpha$，因此视线倾斜时视距测量的公式为：

$$D = kn\cos^2\alpha \tag{5.8}$$

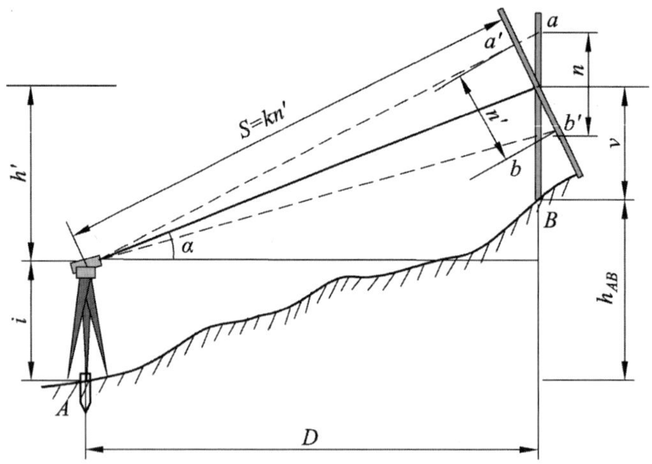

图 5-7　视线倾斜时视距测量原理

2. 视线倾斜时的高差计算公式

A、B 两点的高差为 h_{AB}，由图 5-7 可以列出方程：

$$h_{AB} + v = h' + i$$

而 $h' = D\tan\alpha$，因此可得高差计算公式如下：

$$h_{AB} = D\tan\alpha + i - v \tag{5.9}$$

3. 视线倾斜时视距测量的观测及计算

经纬仪视距测量的观测步骤：

（1）在 A 点安置经纬仪，进行对中、整平，并量取仪器高 i。

（2）用望远镜瞄准 B 点上的视距尺，读取上丝、中丝和下丝读数，然后打开竖盘补偿器，读取盘左的竖盘读数 L。

（3）计算视距间隔及竖直角，按照公式（5.8）和（5.9）计算水平距离和高差，并记录于表 5-2 中。

表 5-2 视距测量计算表

测站名称：A　　测站高程：1 896.860 m　　仪器高：1.20 m

测站	上丝 下丝/m	视距间隔 n/m	中丝读数 v/m	竖盘读数 (° ′ ″)	竖直角 α (° ′ ″)	水平距离 D/m	高差 h/m	高程 H//m
1	2.061 1.065	0.996	1.563	86 35 00	+3 25 00	99.25	+5.562	1 902.422
2	2.205 1.315	0.890	1.760	95 17 36	−5 17 36	88.24	−8.735	1 888.124
…	…	…	…	…				

由于风沙和雾气等原因造成视线不清晰，往往会影响读数的准确性，最好避免在这种天气进行视距测量。另外，从上、下两视距丝出来的视线通过不同密度的空气层将产生垂直折光差，特别是接近地面的光线折射更大，所以视距丝的最小读数应大于 0.3 m。条件允许的情况下，最好采用往返测量取平均值的方法来削弱大气折光的影响。

根据理论和实验资料分析，在良好的外界条件下，普通视距测量的相对误差一般为 1/200 ~ 1/300。

【资源 2】拓展学习资源包

学习推荐期刊：《测绘学报》《测绘通报》

任务规划（教师给出）

笔记栏

1. 执行规划建议

知识点	学习时间	学习方法	资源
视线倾斜时测距原理	10 分钟	自主学习	教室、多媒体设备
水平距离计算	15 分钟	自主学习+计算练习	教室
高差计算	15 分钟	自主学习+计算练习	教室

2. 教师任务安排

<table>
<tr><th>任务实施（学生规划）</th><th>笔记栏</th></tr>
<tr><td>请同学依据要完成的任务就对应知识点学习的时间分配，学习方法及形式，学习要点及总结要求等方面做出规划。</td><td></td></tr>
<tr><th>任务扩展（教师给出）</th><th>笔记栏</th></tr>
<tr><td></td><td></td></tr>
<tr><th colspan="2">学习总结</th></tr>
<tr><td colspan="2"></td></tr>
</table>

子项目学习质量监控单（教师填写）

<table>
<tr><th>序号</th><th>评分项</th><th>分值</th><th>实施要求</th><th>评定标准</th><th>得分</th></tr>
<tr><td>1</td><td>资源学习情况</td><td>15</td><td>1.学习痕迹明显，笔记认真仔细。
2.知识点掌握牢固，并能合理、灵活运用</td><td>优：课堂问答及练习能独立完成，回答正确，读书笔记细致。
良：课堂问答及练习成果正确，读书笔记记录较好。
中：课堂问答表述不清，练习成果基本正确。
差：完全不正确</td><td></td></tr>
<tr><td>2</td><td>任务规划</td><td>15</td><td>1.规划内容完整。
2.规划内容应具可实施性。
3.规划过程应独立思考，具备一定的独特性</td><td>优：规划的内容详尽，具有很强的可实施性。
良：规划的内容详尽，可实施性一般。
中：规划的内容不全面，可实施性一般。
差：无规划，或者其规划的内容不全，无法实施</td><td></td></tr>
<tr><td>3</td><td>任务实施</td><td>50</td><td>1.过程严格按规范要求进行。
2.过程性资料收集齐全。
3.独立完成任务要求的成果，提交及时</td><td>优：任务目标完成质量优良，过程规范，无错误。
良：任务目标完成质量良好，过程规范，无明显错误。
中：任务目标完成质量一般，过程相对规范，无明显错误。
差：没有完成任务目标或成果完全错误</td><td></td></tr>
<tr><td>4</td><td>任务扩展</td><td>10</td><td>独立思考，能利用所学知识及相关手段完成所布置的拓展任务</td><td>优：独立思考，成果正确。
良：独立思考，成果基本正确。
中：任务完成得一般。
差：没有完成任务目标或成果完全错误</td><td></td></tr>
<tr><td>5</td><td>其他</td><td>10</td><td>1.及时完成相关表格的填写。
2.独立完成总结的撰写，记录要详尽，要能从技能、知识等多方面进行总结</td><td>优：独立思考，任务全部完成，总结到位并能及时上交。
良：独立思考，任务基本完成，总结基本到位并能及时上交。
中：任务基本完成，总结基本到位。
差：没有完成任务目标</td><td></td></tr>
<tr><td>6</td><td>职业能力评价</td><td colspan="3">优：完全掌握技能及知识要点，操作规范，安全意识及团队意识好，吃苦耐劳，认真仔细。
良：基本掌握技能及知识要点，操作规范，安全意识及团队意识较好，认真仔细。
中：掌握部分技能及知识要点，操作相对规范，具有一定的安全意识。
未达标：没有掌握要求的技能及知识要点，或操作出现严重错误导致人员及设备损坏</td><td></td></tr>
<tr><td colspan="2">综合得分</td><td colspan="3">学习过程（项 1～5）评价得分：　　　技能水平评价：合格□　不合格□</td><td></td></tr>
<tr><td colspan="2">教师评语</td><td colspan="3"></td><td></td></tr>
</table>

项目 6

小区域控制测量

本项目主要包括控制测量的基本概念、小区域平面控制测量、高程控制测量的测量方法和计算方法。主要学习内容包括：控制网的布设方式和等级要求、三四等水准测量的流程和计算、三角高程的测量方法和计算方法、导线的布设形式和计算方法、GNSS 静态测量的流程及结算。

任何测量不可避免地存在着测量误差。在一项测量工作完成的基础上进行另外一项测量工作时，不但会产生新的测量误差，而且原有的测量误差也会传递到该次测量。随着测量范围（测区）的扩大，误差在测量数据的传递过程中形成累积，将越来越影响测量成果的准确性。为了不使误差累积，保证测量成果的质量，大比例尺地形图的测量工作必须遵循“先整体后局部”“先控制后碎部”的原则进行。

6.1　控制测量概述

任务　控制测量

【任务情况】

1. 本学习内容主要完成任务

遵循“先控制后碎部”的原则，具体来说就是：在测绘某一测区地形图之前，先进行控制测量。按控制测量的相关要求确定出地面上控制点的平面坐标和高程，再进行碎步测图，即在控制点的基础上测量并计算出周边碎部点（特征点）的平面坐标和高程。

控制测量包括平面控制测量和高程控制测量。

2. 学习目标

知识目标：掌握国家基本控制网的概念及等级。

掌握平面控制测网的布设形式及等级。

掌握高程控制网的布设形式及等级。

掌握小区域控制测量的意义及建立方法。

技能目标：能正确区分国家基本控制网与小区域控制测量的意义。

情感目标：增长学生对测量科学的见识，激发学习兴趣。

3. 学习时间分配

学习活动序号	学习活动	建议学习时长	备注
学习活动 1	控制测量	1	

【作业过程及任务点】

学习活动 1　控制测量

<table>
<tr><th colspan="8">学习任务单</th></tr>
<tr><td>任务名称</td><td colspan="7">控制测量</td></tr>
<tr><td>任务类型</td><td colspan="3">概念型</td><td colspan="2">能力面向</td><td colspan="2">测绘地理信息数据获取与处理</td></tr>
<tr><td>完成时限</td><td colspan="3">1 课时</td><td colspan="2">学习方法</td><td colspan="2">自主学习法</td></tr>
<tr><td>实施方式</td><td colspan="3">计算</td><td colspan="2">考核方式</td><td colspan="2">过程性考核</td></tr>
<tr><td>考核点</td><td colspan="7">控制网的布设形式　控制网的等级</td></tr>
<tr><th colspan="8">学习人员信息（学生填写）</th></tr>
<tr><td>姓名</td><td></td><td>班级</td><td></td><td>学号</td><td></td><td>电话</td><td></td></tr>
<tr><th colspan="8">任务目标</th></tr>
<tr><td colspan="8">通过学习理解国家基本控制网、城市与工程控制网、图根控制网等的应用范围、适用条件、建立方法，完成以下任务：
结合学校的特点，规划学校的控制网。</td></tr>
</table>

<table>
<tr><th>任务介绍</th><th>笔记栏</th></tr>
<tr><td>【任务描述】
（1）能初略了解国家基本控制网、城市与工程控制网的概念及等级。
（2）能掌握图根控制测量的使用范围及要求。
（3）能准确认识平面控制测量和高程控制测量意义。
【任务要求】
（1）完成配套资源的学习，并完成学习笔记。
（2）能区分平面控制测量和高程控制测量区别和联系。</td><td></td></tr>
</table>

任务配套资源	笔记栏

【资源 1】文本型学习资源

知识点 1：国家基本控制网的概念及等级

国家为了满足国防、科研及经济建设等各种不同的需要，须要在全国范围领土范围内建立精密的控制网，这就是国家大地控制网。用以控制平面位置的称为基本平面控制网，用以控制高程的称为基本高程控制网。

国家基本控制网按照精度不同，分为一等、二等、三等、四等，由高级到低级逐步进行建立。

国家一等平面控制网主要采用纵横三角锁的形式布设，如图 6-1 所示。三角形边长一般为 20～25 km。在所系交叉处精密测定起始边长，在起始边两端还用天文测量的方法测定天文方位角，用来控制误差传播和提供起算数据。一等三角锁的主要作用是统一全国坐标系统，控制以下各级控制测量和为研究地球形状及大小提供精确资料。

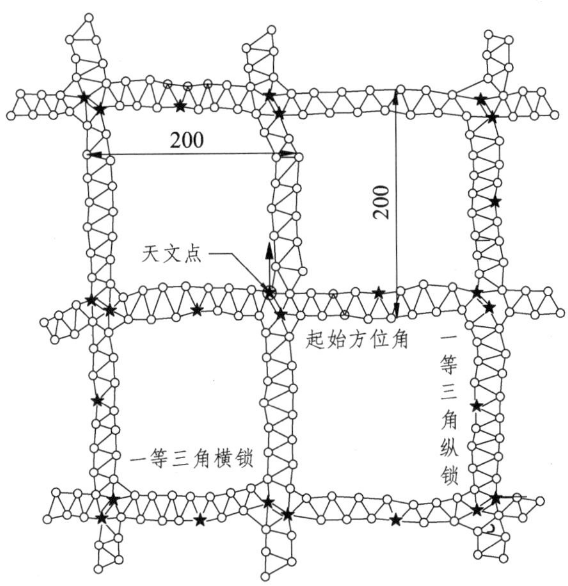

图 6-1　国家一等三角锁（单位：km）

国家二等平面控制网主要采用三角网布设，一般称为二等全面网。它是以连续三角网的形式布设在一等锁环内的地区。我国二等网平均边长为 13 km，网的中间通常选一条边，测定其边长并进行天文测量。二等全面网的作用是满足测图控制的需要，由于一等、二等锁网中要进行天文测量，所以常称之为国家天文大地网。

国家三等、四等平面控制网是在二等三角网基础上，根据需要，采用插网方法布设。当受地形限制时，也可采用插点法进行施测。三等三角网平均边长为 8 km，四等网边长一般为 2～6 km。三等、四等控制测量主要为地区测图提供首级控制，国家基本网布设规格及技术要求见表 6-1。

表 6-1 国家基本网规格及技术要求

等级	平均边长/km	三角形最大闭合差	起始边相对中误差
一等网	20 ~ 25	±2.5″	1∶350 000
二等网	13	±3.5″	1∶250 000
三等网	8	±7.0″	1∶150 000
四等网	2 ~ 6	±9.0″	1∶100 000

国家高程控制测量主要用水准测量方法进行，按照精度要求的不同，分为一等、二等、三等、四等水准测量，其布设同样也是遵循“由高级到低级、逐级控制”的原则。另外，用三角高程测量作为高程控制的补充。各级国家控制测量经过严密的数据处理，可得到大地点的精确位置——平面坐标和高程，为地形测量、工程建设提供起算数据。各等级水准测量的技术指标见表 6-2。

表 6-2 水准测量技术指标

等级	水准网环线周长/km	测角中误差	每千米高差中数		环线闭合差/mm
			偶然中误差/mm	全中误差/mm	
一等	10 000 ~ 2 000		±0.5	±1.0	$\pm 2\sqrt{L}$
二等	13		±1.0	±2.0	$\pm 2\sqrt{L}$
三等	8	150	±3.0	±6.0	$\pm 6\sqrt{L}$
四等	2 ~ 6	80	±5.0	±10.0	$\pm 20\sqrt{L}$

知识点 2：城市与工程控制网

1. 城市控制网

国家等级控制网控制的范围大、密度小，不能满足相对较小范围的城市和建设的需要，为此需要建立城市控制网。城市控制网一般根据城市的规模可在不同等级的国家基本控制网的基础上分级布设。建立城市控制网的规定和要求均列于《城市测量规范》（CJJ/T8—2011）。对于城市平面控制网，中小城市一般以国家三等、四等网作为首级控制网，面积较小的城市（小于 10 km^2）可用四等及四等以下的小三角网或一级导线网作为首级控制，与国家等级网相似，城市平面控制网可布设成三角网、精密导线网、GNSS 网，只是相应等级的平均边长较短。三角网、边角网和 GNSS 网的精度等级依次为二等、三等、四等和一级、二级；导线网的精度等级依次为三等、四等和一级、二级和三级。

城市高程控制网主要是水准网，等级依次分为二等、三等、四等。城市首级高程控制网不应低于三等水准，光电测距三角高程测量可代替四等水准测量。城市高程控制网的首级网应布设成闭合环线，加密网可布设成符合路线、结点网和闭合环，一般不允许布设水准支线。

2. 工程控制网

工程控制网是为了满足各类工程建设、施工放样、安全监测等而布设的控制网。按用途分为测图控制网和专用控制网两个大类。测图控制网是在各项工程建设的规划设计阶段，为测绘大比例尺地形图而建立的控制网。专用控制网是为工程建筑物的施工放样或变形观测等专门用途而建立的控制网。工程控制网一般根据工程规模的大小、工程建设所处位置的地形、工程建筑的类别等布设成不同的形式，精度要求也不一样。例如为满足道路建设的需要，一般布设成导线网，精度要求相对较低，而为满足大型工业厂房的设备安装、水利水电工程等一般布设成三角网，而且精度相对较高。国家制定了相应的测量规范《工程测量规范》(GB50026—2007)。

知识点 3：图根控制网

在面积小于 15 km^2 范围内建立的控制网，称为小区域控制网。在小区域范围内，根据面积大小和精度要求，分级建立控制网。在测区范围内建立统一的精度最高的控制网，称为首级控制网。由于国家等级控制点和首级控制点的密度不能完全满足测图的需要，必须建立直接为测图服务的控制网，这样的控制网就称为图根控制网。

组成图根控制网的点，满足了直接测图的需要，这些控制点称为图根控制点，简称图根点。图根点有两个作用：① 直接作为测站点，进行碎步测量；② 作为临时增设测站点的依据。图根点的密度是由测图比例尺和地形条件的复杂程度决定的。平坦开阔地区的密度不应低于表 6-3 的规定。对于地形复杂以及城市建筑区，可适当加大图根点的密度。

表 6-3　图根点的密度指标

比例尺	每平方千米的控制点数	每幅图的控制点数	比例尺	每平方千米的控制点数	每幅图的控制点数
1∶500	120	8	1∶2 000	15	15
1∶1 000	40	10	1∶5 000	4	20

知识点 4：小区域控制网建立的方法

小区域控制网的建立是根据测区面积的大小，按精度要求分级建立的。小区域控制网的布设形式随科学技术的发展而变化，由传统而经典的三角测量，如三角锁、三角网、大地四边形等形式转化为光电技术和空间信息为主导的全站仪导线测量和 GNSS 控制测量方式。目前小区域控制网建立的方法主要有导线测量和 GNSS 测量等形式。

导线测量时将地面点和未知点构成一系列的折线，观测其相邻折线所夹的水平角和折线边的水平距离，由已知数据和观测数据推算未知点坐标。导线测量因选点灵活，工作效率高，在光电技术普及使用的今天，仍然是小区域控制测量的主要方法。

GNSS 测量是一种现代的控制测量方法，在小区域控制测量中，特别是RTKGNSS 技术，比导线测量更灵活，更快捷，是目前正在推广使用的新方法。

小区域高程控制测量通常采用水准测量和三角高程测量。本部分所讲述的平面控制测量以图根导线测量为对象，有关具体的测量方法和精度均按图根级要求阐述。高程控制测量仅限于三等、四等水准测量和三角高程测量。

任务规划（教师给出）

笔记栏

1. 执行规划建议

知识点	建议学习时间	学习方法	资源要求	效果
国家基本控制网的概念及等级	5 分钟	自主学习	教室+多媒体设备	
城市与工程控制网	10 分钟	自主学习	教室+多媒体设备	
图根控制网	10 分钟	自主学习	教室+多媒体设备	
小区域控制网的建立方法	15 分钟	自主学习	教室+多媒体设备	

2. 教师任务安排

任务实施（学生规划）

笔记栏

请学生依据所学控制测量的基本知识，结合校区环境思考如何进行控制点的建立，选择最优方案，做出规划。

任务扩展（教师给出）	笔记栏

学习总结

子项目学习质量监控单（教师填写）

序号	评分项	分值	实施要求	评定标准	得分
1	资源学习情况	15	1.学习痕迹明显，笔记认真仔细。 2.知识点掌握牢固，并能合理、灵活运用	优：课堂问答及练习能独立完成，回答正确，读书笔记细致。 良：课堂问答及练习成果正确，读书笔记记录较好。 中：课堂问答表述不清，练习成果基本正确。 差：完全不正确	
2	任务规划	15	1.规划内容完整。 2.规划内容应具可实施性。 3.规划过程应独立思考，具备一定的独特性	优：规划的内容详尽，具有很强的可实施性。 良：规划的内容详尽，可实施性一般。 中：规划的内容不全面，可实施性一般。 差：无规划，或者其规划的内容不全，无法实施	
3	任务实施	50	1.过程严格按规范要求进行。 2.过程性资料收集齐全。 3.独立完成任务要求的成果，提交及时	优：任务目标完成质量优良，过程规范，无错误。 良：任务目标完成质量良好，过程规范，无明显错误。 中：任务目标完成质量一般，过程相对规范，无明显错误。 差：没有完成任务目标或成果完全错误	
4	任务扩展	10	独立思考，能利用所学知识及相关手段完成所布置的拓展任务	优：独立思考，成果正确。 良：独立思考，成果基本正确。 中：任务完成得一般。 差：没有完成任务目标或成果完全错误	
5	其他	10	1.及时完成相关表格的填写。 2.独立完成总结的撰写，记录要详尽，要能从技能、知识等多方面进行总结	优：独立思考，任务全部完成，总结到位并能及时上交。 良：独立思考，任务基本完成，总结基本到位并能及时上交。 中：任务基本完成，总结基本到位。 差：没有完成任务目标	
6	职业能力评价		优：完全掌握技能及知识要点，操作规范，安全意识及团队意识好，吃苦耐劳，认真仔细。 良：基本掌握技能及知识要点，操作规范，安全意识及团队意识较好，认真仔细。 中：掌握部分技能及知识要点，操作相对规范，具有一定的安全意识。 未达标：没有掌握要求的技能及知识要点，或操作出现严重错误导致人员及设备损坏		
综合得分			学习过程（项 1 ~ 5）评价得分：	技能水平评价：合格□　不合格□	
教师评语					

6.2 高程控制测量

任务 1 三、四等水准测量

【任务情况】

1. 本学习内容主要完成任务

小区域高程控制测量三、四等水准测量的工作流程，表格填写方法及计算方法，成果整理及复测要求。

2. 学习目标

知识目标：掌握三、四等水准测量的技术要求。

掌握三、等水准测量观测程序和记录方法。

技能目标：能正确应用三、四等水准测量的方法，完成目标水准点高差的测量。

能快速、准确地完成三、四等水准测量的相关计算。

情感目标：通过完成实际测量任务，培养团结协作的精神，养成吃苦耐劳的优良品质，逐渐形成爱岗敬业、精益求精的工作态度。

3. 学习时间分配

学习活动序号	学习活动	建议学习时长（学时）	备注
学习活动 1	三、四等水准测量的方法介绍	0.5	
学习活动 2	三、四等水准测量观测手簿的计算方法及主要事项	1.5	
学习活动 3	四等水准测量的外业观测及计算	2	

【作业过程及任务点】

学习活动 三、四等水准测量

<table>
<tr><th colspan="8">学习任务单</th></tr>
<tr><td>任务名称</td><td colspan="7">三、四等水准测量</td></tr>
<tr><td>任务类型</td><td colspan="3">演示性+实操性</td><td>能力面向</td><td colspan="3">测绘地理信息数据获取与处理职业技能</td></tr>
<tr><td>完成时限</td><td colspan="3">4 课时</td><td>学习方法</td><td colspan="3">演示法、自主学习法、操作法</td></tr>
<tr><td>实施方式</td><td colspan="3">讲授法、演示法</td><td>考核方式</td><td colspan="3">问答</td></tr>
<tr><td>考核点</td><td colspan="7">四等水准测量 后-前-前-后 视距 视距差 累积差 K+黑-红 计算校核</td></tr>
<tr><th colspan="8">学习人员信息（学生填写）</th></tr>
<tr><td>姓名</td><td></td><td>班级</td><td></td><td>学号</td><td></td><td>电话</td><td></td></tr>
</table>

任务目标

通过对四等水准测量测量流程及计算方法的学习，能熟练掌握完成四等水准测量的技能要求，即测量过程中对仪器的使用要求、视距要求，计算过程中的限差要求等，并能将其应用到三等水准测量中。

在学校场地内选取一段 400 ~ 600 m 的闭合水准路线，4 ~ 6 人为一组进行测量，并能正确填写下表。

四等水准测量外业成果计算表

观测者：　　　　　　记录者：　　　　　　路线：______－______　　　　　　日期：20　　年　　月　　日

<table>
<tr><td rowspan="4">测站编号</td><td rowspan="4">测点编号</td><td rowspan="2">后尺</td><td>下丝</td><td rowspan="2">前尺</td><td>下丝</td><td rowspan="4">方向及尺号</td><td colspan="2">标尺读数/m</td><td rowspan="4">K 加黑减红/mm</td><td rowspan="4">高差中数/m</td><td rowspan="4">备注</td></tr>
<tr><td>上丝</td><td>上丝</td><td rowspan="2">黑面</td><td rowspan="2">红面</td></tr>
<tr><td colspan="2">后距</td><td colspan="2">前距</td></tr>
<tr><td colspan="2">视距差 d/m</td><td colspan="2">$\sum d$ / m</td><td></td><td></td></tr>
<tr><td rowspan="4"></td><td rowspan="4"></td><td colspan="2">(1)</td><td colspan="2">(4)</td><td>后</td><td>(3)</td><td>(8)</td><td>(14)</td><td rowspan="4">(18)</td><td rowspan="24"></td></tr>
<tr><td colspan="2">(2)</td><td colspan="2">(5)</td><td>前</td><td>(6)</td><td>(7)</td><td>(13)</td></tr>
<tr><td colspan="2">(9)</td><td colspan="2">(10)</td><td>后-前</td><td>(15)</td><td>(16)</td><td>(17)</td></tr>
<tr><td colspan="2">(11)</td><td colspan="2">(12)</td><td></td><td></td><td></td><td></td></tr>
<tr><td rowspan="4"></td><td rowspan="4"></td><td colspan="2"></td><td colspan="2"></td><td></td><td></td><td></td><td></td><td rowspan="4"></td></tr>
<tr><td colspan="2"></td><td colspan="2"></td><td></td><td></td><td></td><td></td></tr>
<tr><td colspan="2"></td><td colspan="2"></td><td></td><td></td><td></td><td></td></tr>
<tr><td colspan="2"></td><td colspan="2"></td><td></td><td></td><td></td><td></td></tr>
<tr><td rowspan="4"></td><td rowspan="4"></td><td colspan="2"></td><td colspan="2"></td><td></td><td></td><td></td><td></td><td rowspan="4"></td></tr>
<tr><td colspan="2"></td><td colspan="2"></td><td></td><td></td><td></td><td></td></tr>
<tr><td colspan="2"></td><td colspan="2"></td><td></td><td></td><td></td><td></td></tr>
<tr><td colspan="2"></td><td colspan="2"></td><td></td><td></td><td></td><td></td></tr>
<tr><td rowspan="4"></td><td rowspan="4"></td><td colspan="2"></td><td colspan="2"></td><td></td><td></td><td></td><td></td><td rowspan="4"></td></tr>
<tr><td colspan="2"></td><td colspan="2"></td><td></td><td></td><td></td><td></td></tr>
<tr><td colspan="2"></td><td colspan="2"></td><td></td><td></td><td></td><td></td></tr>
<tr><td colspan="2"></td><td colspan="2"></td><td></td><td></td><td></td><td></td></tr>
<tr><td rowspan="4"></td><td rowspan="4"></td><td colspan="2"></td><td colspan="2"></td><td></td><td></td><td></td><td></td><td rowspan="4"></td></tr>
<tr><td colspan="2"></td><td colspan="2"></td><td></td><td></td><td></td><td></td></tr>
<tr><td colspan="2"></td><td colspan="2"></td><td></td><td></td><td></td><td></td></tr>
<tr><td colspan="2"></td><td colspan="2"></td><td></td><td></td><td></td><td></td></tr>
<tr><td rowspan="4"></td><td rowspan="4"></td><td colspan="2"></td><td colspan="2"></td><td></td><td></td><td></td><td></td><td rowspan="4"></td></tr>
<tr><td colspan="2"></td><td colspan="2"></td><td></td><td></td><td></td><td></td></tr>
<tr><td colspan="2"></td><td colspan="2"></td><td></td><td></td><td></td><td></td></tr>
<tr><td colspan="2"></td><td colspan="2"></td><td></td><td></td><td></td><td></td></tr>
</table>

续表

四等水准测量内业成果计算表

记录者：　　　　　　　　　　计算者：　　　　　　　　　　计算日期：20　年　月　日

点号	路线长度/km	实测高差/m	改正数/mm	改正后高差/m	高程/m	备注
Σ						
辅助计算	$f_h=$ mm	$f_{h允}=\pm 20\sqrt{L}=$ mm		$v_{1km}=-\frac{f_h}{L}=$ mm/km		

任务介绍	笔记栏

【任务描述】

（1）掌握四等水准测量的测量流程。

（2）掌握四等水准测量的表格填写及计算方法。

（3）熟悉三、四等水准测量成果整理及复测要求。

【任务要求】

（1）熟练掌握四等水准测量流程，找出测量过程容易出现的导致误差的原因，通过现场指定水准点进行施测，增强对数据成果的敏感性。学会正确使用水准尺的编号，并准确记录在表格中，不会因此而造成混淆。

（2）在计算中养成边测边算的习惯，牢记所有检核部分的限差值，每个测站必须所有数据达到限差要求后方可迁站。

任务配套资源	笔记栏

【资源 1】文本型+数字化学习资源

知识点 1：三、四等水准测量的技术要求

三、四等水准测量，一般应与一等、二等水准网联测，使整个测区具有统一的高程系统。若测区附近没有国家一、二等水准点，则在小区域范围内可假定起算点的高程，采用闭合水准路线的方法，建立独立的首级高程控制网。对于较小测区，图根控制可作为首级控制，三等、四等水准测量及图根水准测量的精度要求列于表 6-4、表 6-5。

表 6-4　水准测量的主要技术要求

等级	路线长度/km	水准仪	水准尺	观测次数		往返较差、附合或环线闭合差	
				与已知点联测	附合或环线	平地/mm	山地/mm
三等	≤50	DS_1	铟瓦	往返各一次	往一次	$\pm12\sqrt{L}$	$\pm4\sqrt{L}$
		DS_3	双面		往返各一次		
四等	≤16	DS_3	双面	往返各一次	往一次	$\pm20\sqrt{L}$	$\pm6\sqrt{L}$
图根	≤5	DS_3	单面	往返各一次	往一次	$\pm40\sqrt{L}$	$\pm12\sqrt{L}$

注：L 为路线长度（km）；n 为测站数。

表 6-5　水准观测的主要技术要求

等级	水准仪型号	视线长度/m	前后视距差	视距累计差/m	视线离地面最低高度/m	黑红面读数较差/mm	黑红面高差较差/mm
三等	DS_1	100	3	6	0.3	1	1.5
	DS_3	75				2	3.0
四等	DS_3	100	5	10	0.2	3	5.0
图根	DS_3	150	大致相等	—	—	—	—

三、四等水准路线一般沿道路布设，尽量避开土质松软地段，水准点间的距离一般为 2～4 km，在城市建筑区为 1～2 km。水准点应选在地基稳固，能长久保存和便于观测的地方。

知识点 2：三、四等水准测量的方法

1. 观测方法

三、四等水准测量的观测应在通视良好、望远镜成像清晰稳定的情况下进行，若用微倾式 DS_3 水准仪观测，则应注意：每次读数前都应精平——使符合水准气泡居中。如果使用自动安平水准仪，则无须精平，工作效率可以很大程度地提高。记录与计算参见表 6-6。

表 6-6　三等、四等水准测量观测手簿

测站编号	测点编号	后尺 下丝	前尺 下丝	方向及尺号	标尺读数/m		K 加黑减红/mm	高差中数/m	备注
		后尺 上丝	前尺 上丝		黑面	红面			
		后距	前距						
		视距差 d/m	$\sum d$/m						
		(1)	(4)	后	(3)	(8)	(14)	(18)	
		(2)	(5)	前	(6)	(7)	(13)		
		(9)	(10)	后-前	(15)	(16)	(17)		
		(11)	(12)						
1	BM_A-TP_1	0.284	1.805	后 K_1	0.490	5.178	-1	-1.504	
		0.672	2.189	前 K_2	1.996	6.781	+2		
		38.8	38.4	后-前	-1.506	-1.603	-3		
		+0.4	+0.4						
2	TP_1-TP_2	1.178	1.601	后 K_2	1.283	6.069	+1	-0.423	
		1.398	1.821	前 K_1	1.705	6.393	-1		K_1=4.687
		22.0	22.0	后-前	-0.422	-0.324	+2		K_2=4.787
		0	+0.4						
3	TP_3-TP_3	1.459	1.198	后 K_1	1.448	6.133	+2	-0.264	
		1.760	1.505	前 K_2	1.710	6.498	-1		
		30.1	30.7	后-前	-0.262	-0.365	+3		
		-0.6	-0.2						
4	TP_3-BM_B	2.132	0.532	后 K_2	2.223	7.011	-1	+1.375	
		2.515	0.920	前 K_1	0.849	5.535	+1		
		38.3	38.8	后-前	+1.374	+1.476	-2		
		-0.5	-0.7						
每页校核									

下面介绍用双面水准尺法在四等水准测量一个测站的观测流程：

（1）后视水准尺黑面，读取上、下视距丝和中丝读数，记入记录表（表 6-6）中（1）、（2）、（3）。

（2）前视水准尺黑面，读取上、下视距丝和中丝读数，记入记录表中（4）、

(5)、(6)。

(3)前视水准尺红面，读取中丝读数，记入记录表中(7)。

(4)后视水准尺红面，读取中丝读数，记入记录表中(8)。

这样的观测顺序简称为“后-前-前-后”，其优点是可以减弱仪器下沉误差的影响。概括起来，每个测站共需读取 8 个读数，并立即进行测站计算与检核，满足四等水准测量的有关限差要求后方可迁站。

2. 测站计算与检核

1)视距计算

根据前、后视的上、下视距丝读数计算前、后视的视距：

后视距离：(9)=100×[(2)-(1)]

前视距离：(10)=100×[(5)-(4)]

计算前、后视距差(11)：(11)=(9)-(10)

对于三等水准测量，(11)不得超过 3 m；对于四等水准测量，不得超过 5 m。

计算前、后视距离累积差(12)：(12)=上站(12)+本站(11)

对于三等水准测量，(12)不得超过 6 m；对于四等水准测量，不得超过 10 m。

2)尺常数 K 检核

同一水准尺黑面与红面读数差的检核：

(13)=K_1+(6)-(7)

(14)=K_2+(3)-(8)

K_i 为双面水准尺的红面分划与黑面分划的零点差(常数为 4.687 m 或 4.787 m。本例中 K_1=4.687，为后尺；K_2=4.787，为前尺)。对于三等水准测量，尺常数误差不得超过 2 mm；对于四等水准测量，不得超过 3 mm。

3)高差计算与检核

按前、后视水准尺红、黑面中丝读数分别计算该站高差：

黑面高差：(15)=(3)-(6)

红面高差：(16)=(8)-(7)

黑红面高差之差：(17)=(15)-[(16)±0.1]=(14)-(13)

式中 0.1 的处理原则为红面高差±0.1 后靠近黑面高差，原因是：使用配对的水准尺，尺常数相差 0.1 m)。对于三等水准测量，(17)的误差不得超过 3 mm；对于四等水准测量，不得超过 5 mm。红黑面高差之差在容许范围以内时取其平均值，作为该站的观测高差：

(18)=[(15)+(16)±0.1 m]/2

上式计算时，±0.1 m 的原则与黑红面高差之差的计算相同。总之，平均高差(18)应与黑面高差(15)很接近。

4)每页水准测量记录计算检核

每页水准测量记录应作总的计算检核：

高差检核：$\sum(3)-\sum(6)=\sum(15)$

$\sum(8)-\sum(7)=\sum(16)$

$\sum(15)+\sum(16)=2\sum(18)$（偶数站）

或 $\sum(15)+\sum(16)=2\sum(18)\pm0.1$ m（奇数站）

视距差检核：$\sum(9)-\sum(10)$=本页末站（12）-前页末站（12）

本页总视距：$\sum(9)+\sum(10)$

知识点 3：三、四等水准测量的成果整理

注意事项：

（1）四等水准测量比工程水准测量有更严格的技术规定，要求达到更高的精度，其关键在于：前后视距相等（在限差以内）；从后视转为前视（或相反）望远镜不能重新调焦；水准尺应完全竖直，最好用附有圆水准器的水准尺。

（2）每站观测结束，已经立即进行计算和进行规定的检核，若有超限，则应重测该站。全线路观测完毕，线路高差闭合差在容许范围以内，方可收测，结束实验。

知识点 4：成果的重测和取舍

（1）测段往返测高差不符值超限，应先就可靠程度较小的往测或返测进行整测段重测，并按下列原则取舍：

① 若重测的高差与同方向原测高差的不符值超过往返测高差不符值的限差，但与另一单程高差的不符值不超出限差，则取用重测结果。

② 若同方向两高差不符值未超出限差，且其中数与另一单程高差的不符值亦不超出限差，则取同方向中数作为该单程的高差。

③ 若（1）中的重测高差[或（2）中两同方向高差中数]与另一单程的高差不符值超出限差，须重测另一单程。

④ 若超限测段经过两次或多次重测后，出现同向观测结果靠近而异向观测结果间不符值超限的分群现象时，如果同方向高差不符值小于限差之半，则取原测的往返高差中数作往测结果，取重测的往返高差中数作为返测结果。

（2）区段、路线往返测高差不符值超限时，应就往返测高差不符值与区段（路线）不符值同符号中较大的测段进行重测，若重测后仍超出限差，则须重测其他测段。

（3）符合路线和环线闭合差超限时，应就路线上可靠程度较小（往返测高差不符值较大或观测条件较差）的某些测段进行重测，如果重测后仍超出限差，则须重测其他测段。

（4）每千米水准测量的偶然中误差、全中误差超限时，应分析原重测有关测段或路线。

（5）测段重测与原测时间超过了 3 个月，且重测高差与原测高差之差超过检测限差时，须按规定进行测段两端点可靠性的检测。

【微课】

四等水准测量施测流程

【微课】

四等水准测量内业计算

任务规划（教师给出）

笔记栏

1. 执行规划建议

知识点	学习时间	学习方法	资源
四等水准测量技术要求	10 分钟	自主学习+计算练习	教室+多媒体设备
四等水准测量测量的方法	15 分钟	自主学习+计算练习	教室+多媒体设备
四等水准测量成果整理	10 分钟	自主学习+计算练习	教室+多媒体设备
四等水准测量成果的重测和取舍	55 分钟	自主学习+计算练习	教室+多媒体设备
四等水准测量外业实操	80 分钟	自主练习+计算练习	室外

2. 教师任务安排

任务实施（学生规划）

笔记栏

任务扩展（教师给出）	笔记栏

学习总结

任务 2　三角高程布设

【任务情况】

1. 任务概况

三角高程测量是在测站点上安置经纬仪，观测点上竖立标尺，已知两点之间的水平距离，根据经纬仪所测得的竖直角及量取的仪器高和目标高，应用平面三角的原理算出测站点和观测点之间的高差。这种方法较之水准测量灵活方便，但精度较低，主要用于山区的高程控制和平面控制点的高程测定。

2. 学习目标

知识目标：

（1）了解三角高程测量的测量方法及计算方法。

（2）掌握三角高程测量的应用范围。

技能目标：掌握使用经纬仪进行三角测量，获取计算参数，完成三角高程路线高差计算。

情感目标：通过完成实际测量任务，培养团结协作的精神，养成吃苦耐劳的优良品质，逐渐形成爱岗敬业、精益求精的工作态度。

3. 学习时间分配

学习活动序号	学习活动	建议学习时长	备注
学习活动 1	三角高程测量计算公式讲解	0.5	
学习活动 2	球气差影响及改正方法		
学习活动 3	三角高程路线高差计算表格的填写方法		
学习活动 4	三角高程测量实际操作	0.5	

【作业过程及任务点】

学习活动　三角高程测量的应用

<table>
<tr><td colspan="8">学习任务单</td></tr>
<tr><td>任务名称</td><td colspan="7">三角高程测量</td></tr>
<tr><td>任务类型</td><td colspan="3">实操性</td><td>能力面向</td><td colspan="3">测绘地理信息数据获取与处理职业技能</td></tr>
<tr><td>完成时限</td><td colspan="3">2 课时</td><td>学习方法</td><td colspan="3">演示法、自主学习法</td></tr>
<tr><td>实施方式</td><td colspan="3">讲授法、演示法</td><td>考核方式</td><td colspan="3">实作</td></tr>
<tr><td>考核点</td><td colspan="7">三角高程　球气差　仪器高　标杆高度　往返测</td></tr>
<tr><td colspan="8">学习人员信息（学生填写）</td></tr>
<tr><td>姓名</td><td></td><td>班级</td><td></td><td>学号</td><td></td><td>电话</td><td></td></tr>
</table>

任务目标

掌握三角高程测量的方法和计算公式，理解球气差影响及改正的方法。并完成下表：

三角高程测量原始记录表

记录者：　　　　　　　　仪器号：　　　　　　　　计算日期：20　年　月　日

测站	仪器高	测回数	目标点	棱镜高	竖直角		高差		平均高差	平均高差	总平均高差

任务介绍

笔记栏

【任务描述】

（1）掌握三角高程测量的适用范围，有余力的情况下可试着推导计算公式，掌握公式中各字母的含义及数据获取的方法。

（2）理解气球差含义，并在计算中加入气球差。

（3）完成至少一个目标点的三角高程测量，计算并填写计算表。

【任务要求】

（1）区分三角高程测量与普通水准测量的异同及各自特点。

（2）能独立完成仪器架设及成果整理。

任务配套资源

笔记栏

【资源 1】文本型学习资源

知识点 1：三角高程测量

如图 6-2 所示，在已知高程的点 A 上安置经纬仪，在 B 点上竖立标杆（或标尺），照准目标杆，测出竖直角 α。设 A、B 之间的水平距离 D 为已知，则 A、B 之间的高差可以用下面公式计算：

$$h_{AB}=D\tan\alpha+i-v \tag{6.1}$$

式中　i——经纬仪的仪器高度；

v ——标杆的高度（中丝读数）;

$D\tan\alpha$——高差主值。

如果 A 点的高程为 H_A，则 B 点的高程为：

$$H_B=H_A+h_{AB}=H_A+D\tan\alpha+i-v \tag{6.2}$$

三角高程测量又可分为经纬仪三角高程测量（如上所述）和光电测距三角高程测量。光电测距三角高程测量常与光电测距导线合并进行，形成所谓的三维导线。其原理是按测距仪测定两点间距 S 来计算高差，计算公式为：

$$h=S\sin\alpha+i-v \tag{6.3}$$

光电测距三角高程测量的精度较高、速度较快，故应用较广。

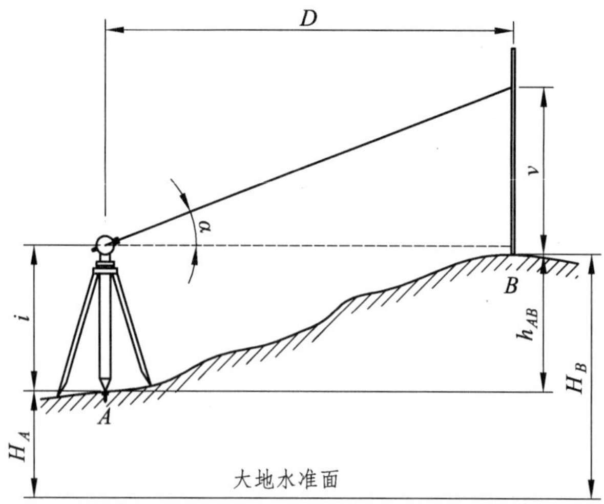

图 6-2　三角高程测量

知识点 2：球气差影响及改正方法

三角高程测量的计算公式是假定水准面为水平面，视线是直线。而在实际观测时，并非如此。所以，还必须考虑地球曲率和大气折光造成的误差。前者为地球曲率差，简称球差，后者为大气垂直折光差，简称气差。

两差（球气差）的改正数为：

$$f=p-r=\frac{D^2}{2R}-\frac{D^2}{14R}\approx 0.43\frac{D^2}{R} \tag{6.4}$$

式中　D ——两点间的水平距离；

R ——地球半径，其值为 6 371 km。

用不同的 D 值计算出改正数列于表 6-7 中。

表 6-7　球气差改正数

D/m	100	200	300	400	500	600	700	800	900	1 000
f/cm	0.1	0.3	0.6	1.1	1.7	2.4	3.3	4.3	5.5	6.8

所以，加入球气差改正后的三角高程测量的计算公式为：

$$h=D\tan\alpha+i-v+f \tag{6.5}$$

知识点 3：三角高程测量的实施

为了消除或减小球气差，一般三角高程测量都采用往返测。在已知高程的点上安置仪器测未知点的测量过程，称为直觇；在未知点上安置仪器测已知点的测量过程，称为反觇。三角高程测量的内容与步骤如下。

（1）安置仪器于测站点上，量取仪器的高度（i）和目标高（v）两次，精确至 1 mm。两次读数差不大于 3 mm 时，取平均值。

（2）瞄准标尺顶端，测竖直角一至两测回。

（3）若是经纬仪三角高程测量，则水平距离 D 已知；若是光电测距三角高程测量，距离 S 由测距仪测出。

计算高差和高程。

任务规划（教师给出）

笔记栏

1. 执行规划建议

知识点	学习时间	学习方法	资源
三角高程的测量方法	10 分钟	自主学习	教室+多媒体设备
球气差影响及改正方法	15 分钟	自主学习	教室+多媒体设备
三角高程测量的实施	10 分钟	自主学习+计算练习	教室+多媒体设备

2. 教师任务安排

任务实施（学生规划）	笔记栏
任务扩展（教师给出）	**笔记栏**

学习总结

子项目学习质量监控单（教师填写）

序号	评分项	分值	实施要求	评定标准	得分
1	资源学习情况	15	1.学习痕迹明显，笔记认真仔细。 2.知识点掌握牢固，并能合理、灵活运用	优：课堂问答及练习能独立完成，回答正确，读书笔记细致。 良：课堂问答及练习成果正确，读书笔记记录较好。 中：课堂问答表述不清，练习成果基本正确。 差：完全不正确	
2	任务规划	15	1.规划内容完整。 2.规划内容应具可实施性。 3.规划过程应独立思考，具备一定的独特性	优：规划的内容详尽，具有很强的可实施性。 良：规划的内容详尽，可实施性一般。 中：规划的内容不全面，可实施性一般。 差：无规划，或者其规划的内容不全，无法实施	
3	任务实施	50	1.过程严格按规范要求进行。 2.过程性资料收集齐全。 3.独立完成任务要求的成果，提交及时	优：任务目标完成质量优良，过程规范，无错误。 良：任务目标完成质量良好，过程规范，无明显错误。 中：任务目标完成质量一般，过程相对规范，无明显错误。 差：没有完成任务目标或成果完全错误	
4	任务扩展	10	独立思考，能利用所学知识及相关手段完成所布置的拓展任务	优：独立思考，成果正确。 良：独立思考，成果基本正确。 中：任务完成得一般。 差：没有完成任务目标或成果完全错误	
5	其他	10	1.及时完成相关表格的填写。 2.独立完成总结的撰写，记录要详尽，要能从技能、知识等多方面进行总结	优：独立思考，任务全部完成，总结到位并能及时上交。 良：独立思考，任务基本完成，总结基本到位并能及时上交。 中：任务基本完成，总结基本到位。 差：没有完成任务目标	
6	职业能力评价	优：完全掌握技能及知识要点，操作规范，安全意识及团队意识好，吃苦耐劳，认真仔细。 良：基本掌握技能及知识要点，操作规范，安全意识及团队意识较好，认真仔细。 中：掌握部分技能及知识要点，操作相对规范，具有一定的安全意识。 未达标：没有掌握要求的技能及知识要点，或操作出现严重错误导致人员及设备损坏			
综合得分		学习过程（项 1～5）评价得分： 技能水平评价：合格□ 不合格□			
教师评语					

6.3 平面控制测量

任务 1 导线测量

1. 任务概况

导线测量是平面控制测量的一种常用方法，所谓导线就是将测区内的相邻控制点连成一系列的折线。构成导线的控制点称为导线点，折线称为导线边。导线测量就是用测量仪器测定各转折角和各导线边长及起始边的方位角，根据已知数据和观测数据计算导线点（即控制点）坐标的工作。

2. 学习目标

知识目标：

（1）掌握导线布设的三种形式——附合导线、闭合导线、支导线。

（2）掌握附合导线内业计算及成果整理。

技能目标：

（1）使用全站仪进行水平角测量，完成各转折角数据采集（测回法）。

（2）使用全站仪进行距离测量，完成各导线边数据采集。

情感目标：通过完成实际测量任务，培养团结协作的精神，养成吃苦耐劳的优良品质，逐渐形成爱岗敬业、精益求精的工作态度。

3. 学习时间分配

学习活动序号	学习活动	建议学习时长	备注
学习活动 1	学习方位角、象限角、坐标正反算、方位角推算等基本知识	2	
学习活动 2	学习附合导线内业计算的方法及成果整理	2	
学习活动 3	按闭合导线的布设形式，在校内布设 4 ~ 6 点导线点，并完成相关数据的采集	2	
学习活动 4	已范例完成闭合导线坐标计算表格		

【作业过程及任务点】

学习活动

1. 附合导线的计算（理论）

2. 全站仪导线测量（实作）

学习任务单

任务名称	导线测量		
任务类型	演示性+实操性	能力面向	测绘地理信息数据获取与处理职业技能
完成时限	6 课时	学习方法	演示法、自主学习法
实施方式	现场演示、计算、实操	考核方式	教师问答、学生演示
考核点	导线的布设形式、附合导线相关计算、角度闭合差、方位角、象限角、方位角的推算、坐标增量、坐标正反算、坐标增量闭合差、闭合导线		

学习人员信息（学生填写）

姓名		班级		学号		电话	

任务目标

根据所在学校已有导线点的情况，在场地上设置闭合导线或附合导线，结合教材中的计算例题，最终完成下表内容的填写。

点号	转折角（左）（° ′ ″）	改正数（″）	改正后角值（° ′ ″）	坐标方位角 α（° ′ ″）	边长 D/m	坐标增量及改正数/m		改正后增量值/m		坐标/m	
						Δx	Δy	$\Delta x'$	$\Delta y'$		
1	2	3	4	5	6	7	8	9	10	11	12
辅助计算											

任务介绍	笔记栏
【任务描述】 （1）完成相关理论知识及计算案例的学习，熟练掌握方位角的推算及坐标的正、反算。 （2）小组合作方式实地布设导线点，并讨论实施方案。 （3）以小组的方式根据测量方案开展导线角度及距离测量。 【任务要求】 （1）掌握方位角命名规则，能正确绘制方位角简图；能正确判断出 $\beta_{左}$（或 $\beta_{右}$）；能正确使用±180°以得到正确结果。 （2）理解坐标增量的含义，以及其与方位角之间的关系。 （3）熟悉导线计算的整个过程，理解、记忆并灵活运用各前序公式。认真分析各步骤之间的衔接关系，了解各计算量的实际意义。掌握附合导线计算表的填写，参照附合导线计算和测量范例，在校区内完成5个（或以上）点的闭合导线的布设，进行转折角、水平距离的测量，并完成闭合导线计算。转折角及水平距离的测量按规范符合限差要求后方可使用。闭合导线计算过程中限差要求参照范例进行取舍。	

任务配套资源	笔记栏

【资源1】文本型+数字化学习资源

知识点1：坐标方位角

1. 坐标方位角定义

从坐标纵轴方向的北端起顺时针方向量到某直线的水平角，称为该直线的坐标方位角，取值范围是0°～360°，坐标方位角一般用 α 表示，如图6-3所示。

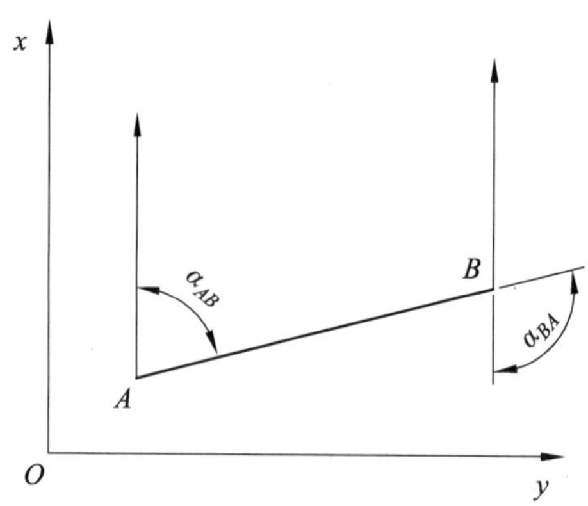

图6-3 正反坐标方位角

2. 正、反坐标方位角

测量工作中的直线都具有一定方向的，一条直线存在正、反两个方向，如图 6-3 所示，就直线而言，点 A 是起点，点 B 是终点。通过起点 A 的坐标纵轴北方向与直线 AB 所夹的坐标方位角 α_{AB} 称为直线 AB 的正坐标方位角；过终点 B 的坐标纵轴北方向与直线 BA 所夹的坐标方位角 α_{BA}，称为直线 AB 的反坐标方位角（是直线 BA 的正坐标方位角）。正、反坐标方位角互差 180°，即：

$$\alpha_{AB}=\alpha_{BA}\pm180° \tag{6.6}$$

知识点 2：象限角

直线与坐标纵线有两个夹角，其中与坐标纵线所夹的锐角，称为象限角，以 R 表示。如图 6-4 所示，通过直线起点 O 的坐标纵线（南北方向线）和横坐标线（东西方向线）将平面划分为 4 个象限。直线 OA 位于第一象限，象限角为 R_{OA}；直线位 OB 位于第二象限，象限角为 R_{OB}；直线 OC 位于第三象限，象限角为 R_{OC}；直线 OD 位于第四象限，象限角为 R_{OD}。显然，象限角的变化范围是 0°～90°。

由图中可知，直线的方位角与象限角存在表 6-8 中关系。

表 6-8　方位角与象限角关系

象限	方位角 α 与象限角 R 的关系	Δx	Δy
Ⅰ	$\alpha=R$	+	+
Ⅱ	$\alpha=180°-R$	−	+
Ⅲ	$\alpha=180°+R$	−	−
Ⅳ	$\alpha=360°-R$	+	−

用象限角来表示直线的方向，必须注明直线所处象限。第Ⅰ象限记为“北东”，第Ⅱ象限记为“南东”，第Ⅲ象限记为“南西”，第Ⅳ象限记为“北西”。图 6-4 中，假定 R_{OA}=42°30′、R_{OC}=44°18′，则应分别记为 R_{OA}=北偏东 42°30′，R_{OC}=南偏西 44°18′。

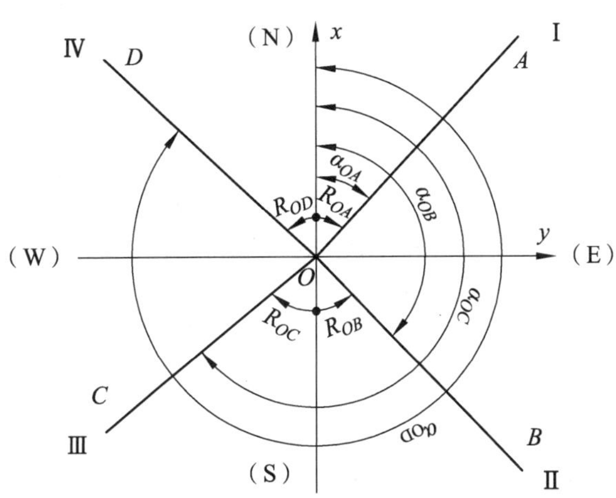

图 6-4　象限角及方位角

知识点 3：坐标方位角的推算

测量工作中并不直接测定每条直线的坐标方位角，而是通过与已知点的联测，由各相邻边构成的角度经计算求得各边的坐标方位角。如图 6-5 所示，通过已知坐标方位角和观测的水平角来推算出各边的坐标方位角。在推算时，水平角 β 有左角和右角之分，图中沿前进方向 $A \to B \to C \to D$ 右侧的水平角 β_1 称为右角，沿前进方向左侧的水平角 β_2 称为左角。

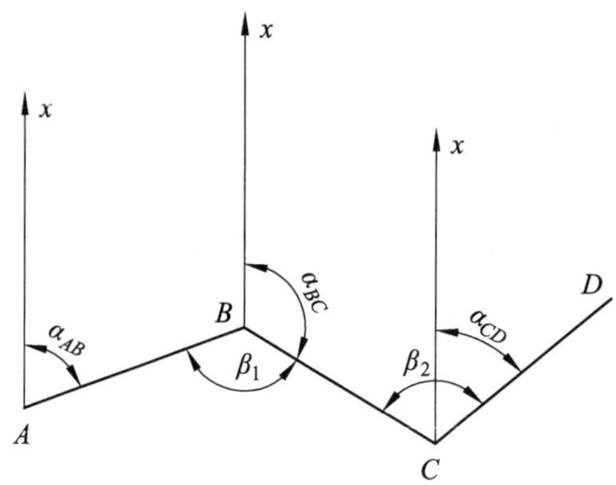

图 6-5　坐标方位角的推算

1. 邻边间坐标方位角的推算

设为 α_{AB} 为已知起始方位角，β_1 和 β_2 为转折角。从图 6-5 中的角度之间关系我们可以看出：

$$\alpha_{BC}=\alpha_{AB}-\beta_1+180^\circ$$

$$\alpha_{CD}=\alpha_{BC}+\beta_2-180^\circ$$

由此规律可总结，按线路前进方向，由后一导线的已知方位角和左右角关系推算线路前一导线的坐标方位角的计算公式为：

$$\alpha_{前}=\alpha_{后}+\beta_{左}\pm180^\circ \tag{6.7}$$

$$\alpha_{前}=\alpha_{后}-\beta_{右}\pm180^\circ \tag{6.8}$$

综合式（6.7）和式（6.8），可得：

$$\alpha_{前}=\alpha_{后}\pm\beta\pm180^\circ \tag{6.9}$$

式中：β 前的“±”取法是，当 β 为左角时取“+”，为右角时取“-”；180° 前的“±”取法是，当 $\alpha_{后}\pm\beta<180^\circ$ 时取“+”，当 $\alpha_{后}\pm\beta>180^\circ$ 时取“-”。同时，+180°后仍小于 0°时，再加 360°，-180°后仍大于 360°时减 360°，使最后的结果满足 $0^\circ \leqslant \alpha \leqslant 360^\circ$。

2. 任意边坐标方位角的推算

由已知边的坐标方位角，推算某一边的坐标方位角时，可将式（6.6）、式（6.7）、式（6.8）等号左、右两边依次相加，一直加到所求的终边（将所求的边看作终边）。可得：

$$\alpha_{终}=\alpha_{始}\pm\sum\beta\pm n\times 180°\qquad(6.10)$$

式（6.10）即为坐标方位角计算公式的通式。式中：$\pm\beta$ 的“±”取法是 β 为左角时取“+”，β 为右角时取“-”，n 是转折角的个数，“±”可任取“+”或“-”，但要注意在最后的结果中根据方位角的范围进行加上或减去若干个360°计算，使得方位角在 0°～360°范围内。

例 6-1 在图 6-5 中，已知 $\alpha_{AB}=70°27'06''$，$\beta_1=130°05'30''$，$\beta_2=110°31'33''$，根据式（6.9），得

$$\alpha_{BC}=\alpha_{AB}-\beta_1\pm180°$$
$$=70°27'06''-130°05'30''+180°=120°21'36''$$
$$\alpha_{CD}=\alpha_{BC}+\beta_2\pm180°$$
$$=120°21'36''+110°31'33''-180°=50°53'09''$$

知识点 4：坐标正、反算

1. 坐标正算

根据直线起始点的坐标、直线的水平距离及其方位角计算直线终点的坐标，称为坐标正算，主要用于计算未知点的平面坐标。如图 6-6 所示，直线 AB 的始点 A 的坐标（x_A，y_A）为已知，测得 AB 直线的水平距离 D_{AB} 和方位角 α_{AB}，则终点 B 的坐标（x_B，y_B）可按下列步骤计算。

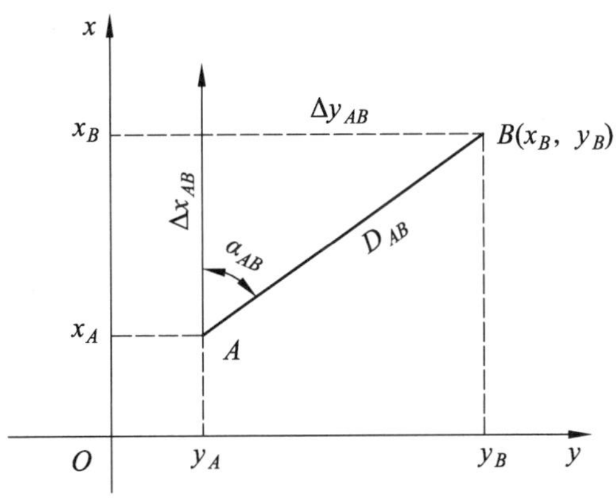

图 6-6　坐标正算

由图 6-6 可以看出，A、B 两点间纵横坐标增量分别为：

$$\begin{cases}\Delta x_{AB}=D_{AB}\cos\alpha_{AB}\\ \Delta y_{AB}=D_{AB}\sin\alpha_{AB}\end{cases}\qquad(6.11)$$

B 点的坐标计算式为：

$$\begin{cases}x_B=x_A+\Delta x_{AB}=x_A+D_{AB}\cos\alpha_{AB}\\ y_B=y_A+\Delta y_{AB}=y_A+D_{AB}\sin\alpha_{AB}\end{cases}\qquad(6.12)$$

2. 坐标反算

根据直线始点和终点的坐标，计算两点间的水平距离和该直线的坐标方位角，称为坐标反算，主要用于求算起始方位角和边长的检校。

如图 6-6 所示，*A*、*B* 两点的水平距离及方位角可按下列公式计算：

$$D_{AB}=\sqrt{\Delta x_{AB}^2+\Delta y_{AB}^2}=\sqrt{(x_B-x_A)^2+(y_B-y_A)^2} \quad (6.13)$$

$$\alpha_{AB}=\arctan\frac{\Delta y_{AB}}{\Delta x_{AB}}=\arctan\frac{y_B-y_A}{x_B-x_A} \quad (6.14)$$

根据式（6.14）计算所得的角值，需要进行象限的判别。

当 $\Delta x_{AB}>0$，$\Delta y_{AB}>0$ 时，α_{AB} 位于第一象限内，范围为 0°～90°，计算的角值即为该方位角值。

当 $\Delta x_{AB}<0$，$\Delta y_{AB}>0$ 时，α_{AB} 位于第二象限内，范围为 90°～180°。计算得到的负角值应加上 180°，即得所求方位角值。

当 $\Delta x_{AB}<0$，$\Delta y_{AB}<0$ 时，α_{AB} 位于第三象限内，范围为 180°～270°。计算得到的正角值应加上 180°，即得所求方位角值。

当 $\Delta x_{AB}>0$，$\Delta y_{AB}<0$ 时，α_{AB} 位于第四象限内，范围为 270°～360°。计算得到的负角值应加上 360°，即得所求方位角值。

如果先计算出坐标方位角值，也可用下式计算水平距离 D_{AB}：

$$D_{AB}=\frac{\Delta y_{AB}}{\sin\alpha_{AB}}=\frac{\Delta x_{AB}}{\cos\alpha_{AB}} \quad (6.15)$$

例 6-2 已知 *A* 点的坐标为（538.69，679.65），*AB* 边的边长为 83.96 m，*AB* 边的坐标方位角 α_{AB} 为 53°45′，试求 *B* 点坐标。

解： $x_B=538.69+83.96\times\cos53°45'=588.34$

$y_B=679.65+83.96\times\sin53°45'=747.36$

例 6-3 已知 *A*、*B* 两点的坐标为 *A*（626.34，465.53），*B*（375.82，763.35），试计算 *AB* 的边长及 *AB* 边的坐标方位角。

解： $D_{AB}=\sqrt{(37\,582-62\,634)^2+(76\,335-46\,553)^2}=251\ 114$

$$\alpha_{AB}=\arctan\frac{76\,335-46\,553}{37\,582-62\,634}=\arctan(-1.19)=-49°55'52''$$

由于 $\Delta x_{AB}<0$，$\Delta y_{AB}>0$，所以 α_{AB} 应为第二象限的角，根据方位角的判别方法，有：

$$\alpha_{AB}=-49°55'52''+180°=130°04'08''$$

知识点 5：导线测量

导线测量是建立小区域平面控制网的一种常用方法，它适用于地物分布较复杂的建筑区和通视条件较差的带状区和隐蔽区。将测区内相邻控制点用直线连接形成的折线，称为导线，这些控制点称为导线点；相邻导线边间的水平角称为导线角或转折角；导线测量就是依次测定各导线边的长度和各转折角，根据起算数据，推算各边的坐标方位角，从而求出各导线点的坐标。

1. 导线的布设形式

导线测量中导线的布设形式有附合导线、闭合导线、支导线等几种。

附合导线：由一已知导线点出发，附合于另一已知控制点的导线，如图 6-7（a）所示。附合导线通常还区分为测两个连接角、测一个连接角、布测连接角的附合导线。

闭合导线：由一已知导线点出发，最后仍回到这一点的导线，如图 6-7（b）所示。

支导线：由一已知导线点出发，既不闭合也不附合到另一已知导线点的导线，如图 6-7（c）所示。

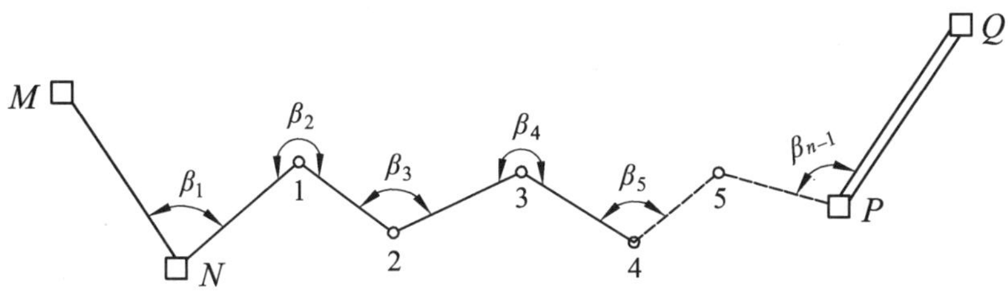

（a）附合导线

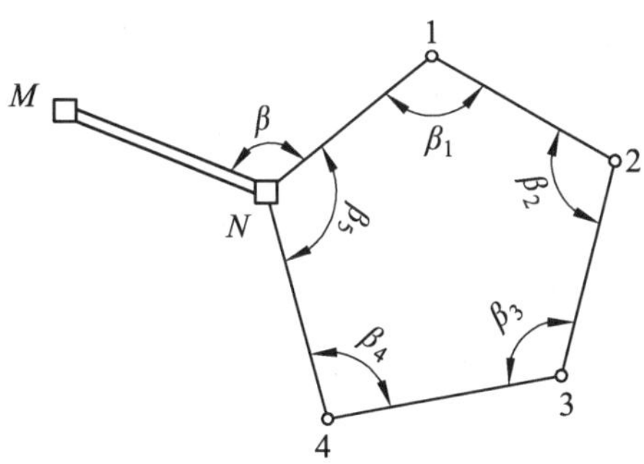

（b）闭合导线

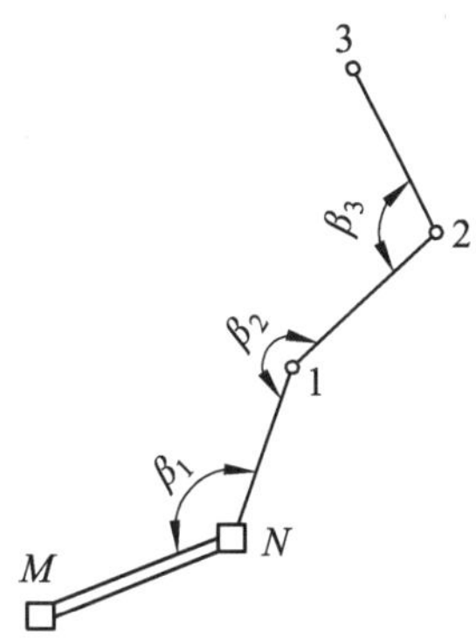

（c）支导线

图 6-7　导线的布设形式

导线形式的选择主要取决于已知点的分布情况、导线的用途和测区地形、地物条件。

导线测量按导线边的测定方法可分为电磁波测距导线、经纬仪钢尺测距导线等，按测区精度可分为国家等级导线测量、基本控制测量和图根导线测量，本部分仅介绍图根导线测量。

2. 导线测量外业工作

导线测量的外业工作，包括选点、埋石、转折角观测、导线边测量等工作。

1）选点、埋石

选点前应调查、搜集测区已有的小比例尺地形图或旧的地形图和高级控制点的成果资料，把控制点展绘在测区原地形图上，然后在地形图上拟订导线布设方案，最后到实地定点位和建立标志。如果没有测区原地形图资料，则需详细踏勘现场，根据已知控制点的分布，测区地形条件及测图等具体情况，合理地选定导线点的位置。实地选点应注意以下几点：

（1）相邻点间通视良好，地势较平坦，便于测角和量距。

（2）点位应选取在土质坚实处，便于保存标志和安置仪器。

（3）导线各边的边长应大致相等，边长应符合表 6-9 的要求。

（4）导线边长应选在视野开阔的地段，方便进行碎步测量。

（5）导线点应有足够多的密度，分布均匀，便于控制整个测区。

表 6-9　图根导线测量主要技术指标

测图比例尺	导线长度/m	平均长度/m	往返丈量相对误差	测角中误差/（″）	导线全称相对闭合差	测回数 DJ_6	方位角闭合差/（″）
1∶500	500	75	1/3 000	±20	1/2 000	1	±60
1∶1 000	1 000	110					
1∶2 000	2 000	180					

2）建立标志

导线点选定后，应在点位上建立标志。如果是临时性图根点，通常在点位上顶一个木桩，在桩顶钉一个小钉作为点的标志。如需长期保存，需埋设永久性标志，同时还要根据周围地物绘制点之记。

3）导线边长测量

导线边长一般用钢尺或测距仪直接测量。钢尺丈量时，应选用经过鉴定后的钢尺丈量，图根导线边长的丈量应为往返丈量，其丈量的相对误差应小于 1/3 000。

4）角度测量

导线的角度测量一般采用测回法观测。在导线角度测量中，附合导线一般测量左角，闭合导线测量内角，支导线应观测左右角。DJ_6 经纬仪一般观测 1 个测回。

知识点 6：导线平差计算

1. 导线计算的步骤

在导线测量中主要有角度观测和边长两种不同类型的观测值，所以在导线计算时必须对两个观测值进行平差计算。这也是导线平差计算的核心内容，主要步骤如下所述。

1）角度平差计算

计算角度闭合差。

计算角度改正数。

计算改正后的角度值。

2）方位角计算（相邻边方位角计算）

3）坐标增量计算

对于边长的平差计算，主要体现在对坐标增量的平差计算中，如图 6-8。

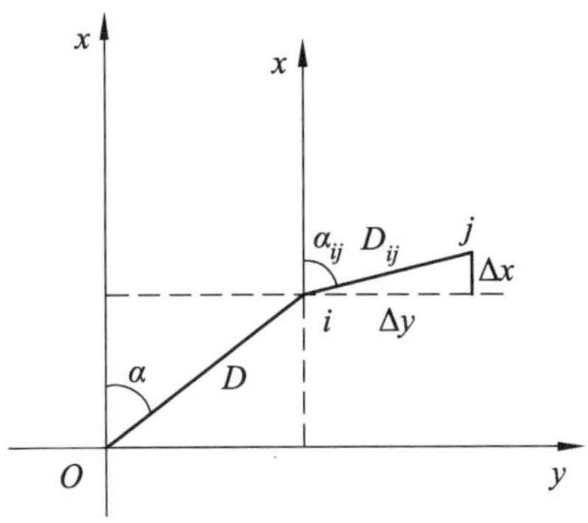

图 6-8　坐标增量计算例图

（1）计算相邻边之间的坐标增量。

$$\begin{cases}\Delta x_{ij}=D_{ij}\cos\alpha_{ij}\\ \Delta y_{ij}=D_{ij}\sin\alpha_{ij}\end{cases}\tag{6.16}$$

（2）计算坐标增量闭合差。

$$\begin{cases}f_x=\sum\Delta x_{测}-\sum\Delta x_{理}\\ f_y=\sum\Delta y_{测}-\sum\Delta y_{理}\end{cases}\tag{6.17}$$

（3）坐标闭合差的调整和分配。

$$\begin{cases}v_{xi}=-\dfrac{f_x}{\sum D}D_i\\ v_{yi}=-\dfrac{f_y}{\sum D}D_i\end{cases}\tag{6.18}$$

（4）计算改正后坐标增量。

$$\begin{cases}\Delta x'_i=\Delta x'_i+v_{xi}\\ \Delta y'_i=\Delta y'_i+v_{yi}\end{cases}\tag{6.19}$$

4）坐标计算

坐标计算的公式为：

$$\begin{cases}x_i=x_{i-1}+\Delta x'(i-1)i\\ y_i=y_{i-1}+\Delta y'(i-1)i\end{cases}\tag{6.20}$$

2. 附合导线计算示例

现以图 6-9 所示数据为例，转折角采用经纬仪测回法测水平角，以下为附合导线的计算步骤。计算前先将图 6-9 中的有关数据（如点号、观测角、边长、已知方位角和已知坐标）填入表 6-10 相应栏内，然后按下列步骤进行计算。

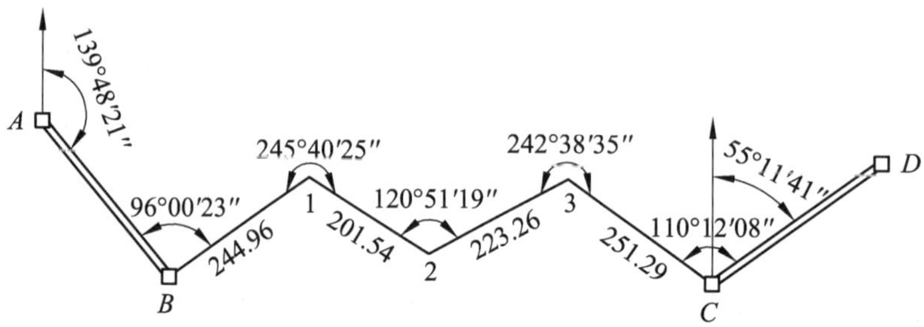

图 6-9　附合导线坐标计算例图

（1）角度闭合差的计算与调整。

根据起始方位角 α_{AB} 及所观测的转折角 β_i（左角），按式（6.7）推算出终边方位角 α'_{CD}，写成一般公式为：

$$\alpha_{终}=\alpha_{始}\pm\sum\beta_i\pm n\times180° \tag{6.21}$$

式中　$\alpha_{终}$——终边方位角；

$\alpha_{始}$——已知的起始边方位角；

$\sum\beta_i$——导线转折角的总和；

n——附合导线观测角个数。

则有　$\alpha'_{CD}=\alpha_{AB}\pm\sum\beta_i\pm5\times180°=55°11'11''$

附合导线角度闭合差为：

$$\begin{aligned}f_\beta&=\sum\beta_{测}-\sum\beta_{理}\\&=\alpha'_{CD}-\alpha_{CD}=-30''\end{aligned} \tag{6.22}$$

根据图根导线技术要求的规定，当测图比例尺为 1∶500～1∶2 000 时，允许的角度闭合差为：

$$f_\beta=\pm60\sqrt{n} \tag{6.23}$$

如果 $f_\beta<f_{\beta容}$，说明观测的结果符合要求，则可进行角度闭合差的调整，否则，应分析原因进行重测。角度闭合差调整的原则是以闭合差相反的符号平均分配到各个观测角中，各角的改正数 $V_{\beta i}$ 为：

$$V_{\beta i}=-\frac{f_\beta}{n}\quad(n=1,\ 2,\ 3\cdots) \tag{6.24}$$

故本例中：

$$V_\beta=-\frac{f_\beta}{n}=-\frac{-30''}{5}=6''$$

改正数取至整秒，当除不尽时，可将余数凑整到短边所夹的角的改正数中。角度改正数应满足：

$$\sum V_{\beta i} = -f_{\beta} \tag{6.25}$$

改正后的角度用 β_i' 表示：

$$\beta_i' = \beta_i + V_{\beta i} \tag{6.26}$$

按照表格设置，完成所有改正后转折角的计算，计算结果见表 6-10 第 4 列。

（2）导线各边方位角的推算。

根据起始边方位角和改正后的观测角，按式（6.7）方位角计算公式推算各边的方位角，即左角公式有：

$$\alpha_{前}=\alpha_{后}+\beta'_{i左}\pm180° \tag{6.27}$$

例如，图 6-8 中观测角 $\angle B$ 为左角，起始方位角 α_{AB} 为已知，应用左角公式得：

$$\begin{aligned}\alpha_{B1}&=\alpha_{AB}+\angle 1\pm180°\\&=139°48'21''+96°00'29''-180°\\&=55°48'50''\end{aligned}$$

图 6-9 中各边方位角的计算填写如表 6-10 中的第 5 列所示。当从起始边方位角推算到终边时应以终边的方位角相等作为推算方位角的校核，即以 α_{3C} 推算 α'_{CD}，如果推算结果与终边的已知边方位角 α_{CD} 不相等，说明计算方位角过程中有错误，要进行检查，直到符合要求为止。

（3）坐标增量的计算。

在计算前，将导线各边的长度依次填写到表 6-10 中第 6 列内，然后计算各边的坐标增量，例如，图 6-9 中，$B1$ 边的坐标增量计算为：

$$\Delta x_{B1}=D_{B1}\cos\alpha_{B1}=244.96\times\cos55°48'50''=137.639\ (\mathrm{m})$$

$$\Delta y_{B1}=D_{B1}\sin\alpha_{B1}=244.96\times\sin55°48'50''=202.635\ (\mathrm{m})$$

采用有坐标正、反算功能的多功能计算器计算坐标增量非常快速，图 6-9 中各边坐标增量的计算，填写在第 7、8 两列内。

（4）坐标增量闭合差的计算和调整。

① 坐标增量闭合差的计算。

B、C 为已知导线点，认为是理论值没有误差，按导线的推算方向 B 点为起始点，C 点为推算的终点，因此，可以写成一般式子为：

$$\begin{cases}\Sigma\Delta x_{理} = x_{终} - x_{始}\\ \Sigma\Delta y_{理} = y_{终} - y_{始}\end{cases} \tag{6.28}$$

式中　$x_{始}$，$y_{始}$——附合导线始点的纵、横坐标；

　　　$x_{终}$，$y_{终}$——附合导线终点的纵、横坐标。

由于坐标增量是采用角度和边长进行计算的，角度虽然通过改正，但还存在误差，另外边长测量中也同样存在误差，因此，坐标增量计算值的代数和不等于理论值，就产生坐标增量闭合差，如图 6-10 所示。分别用 f_x 和 f_y 表示纵、横坐标增量闭合差，即：

$$\begin{cases} f_x = \sum \Delta x_{测} - \sum \Delta x_{理} = \sum \Delta x_{ij} - (x_{终} - x_{始}) \\ f_y = \sum \Delta y_{测} - \sum \Delta y_{理} = \sum \Delta y_{ij} - (y_{终} - y_{始}) \end{cases} \tag{6.29}$$

式中　$\sum \Delta x_{测}$ ——各边坐标增量 Δx_{ij} 计算值的总和；

$\sum \Delta y_{测}$ —各边坐标增量 Δy_{ij} 计算值的总和。

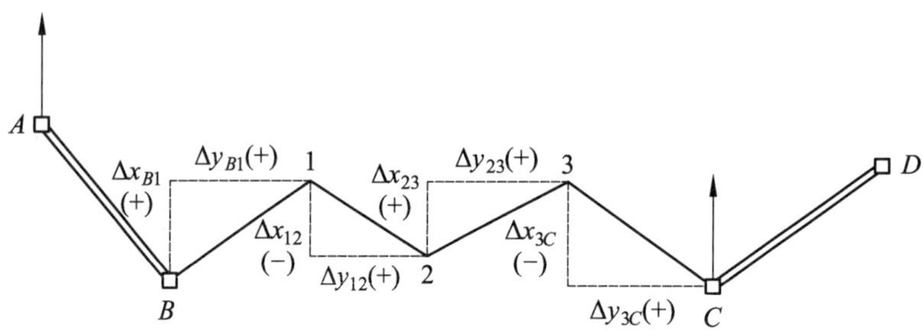

图 6-10　坐标增量闭合差示意图

本例中，表 6-10 的 7、8 两列中各边纵坐标增量 Δx_{ij} 计算值的总和与各边横坐标增量 Δy_{ij} 计算值的总和分别为：

$$\sum \Delta x_{测} = \sum \Delta x_{ij} = -8.113\ (\text{m})$$

$$\sum \Delta y_{测} = \sum \Delta y_{ij} = +778.118\ (\text{m})$$

其理论的坐标增量为：

$$\sum \Delta x_{理} = x_{终} - x_{始} = x_C - x_B = 354.249 - 362.346 = -8.097\ (\text{m})$$

$$\sum \Delta y_{理} = y_{终} - y_{始} = y_C - y_B = 1\,892.645 - 1\,114.54 = 778.105\ (\text{m})$$

则纵、横坐标增量闭合差为：

$$f_x = \sum \Delta x_{测} - \sum \Delta x_{理} = -8.113 - (-8.097) = -0.016\ (\text{m})$$

$$f_y = \sum \Delta y_{测} - \sum \Delta y_{理} = 778.118 - 778.105 = 0.013\ (\text{m})$$

② 导线全长闭合差和相对误差的计算。

所谓导线全长闭合差就是从起点出发，根据各边坐标计算值算出各点的坐标后，不能闭合于终点，造成错开的现象，这种错开的距离长度就称为导线全长闭合差，用 f_D 表示，如图 6-11 所示。f_x 即为 f_D 在 x 轴上的投影，f_y 即为 f_D 在 y 轴上的投影，则：

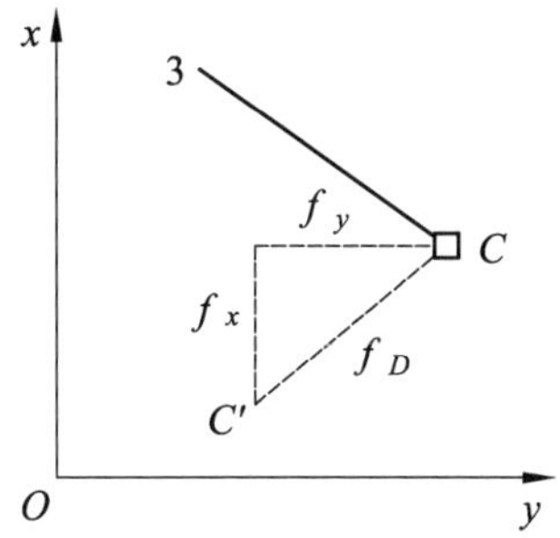

图 6-11 导线全长闭合差计算示意图

$$f_D=\sqrt{f_x^2+f_y^2} \tag{6.30}$$

导线越长，导线测角和量距的误差积累就越大。将 f_D 值与导线的总长之比，化为分子为 1 的分数表示，称为导线全长相对闭合差 K，即：

$$K=\frac{f_D}{\sum D}=\frac{1}{\frac{\sum D}{f_D}} \tag{6.31}$$

K 值越小，导线测量的精度越高。在通常情况下，图根导线的 K 值不应超过 1/2 000，困难地区的也不应超过 1/1 000。若 K 值符合精度要求，则可将坐标增量闭合差以相反的等号，按边成正比例分配到各坐标增量上去，使改正后的坐标增量总和等于其理论值。计算结果见表 6-10 辅助计算。

③坐标增量闭合差的调整。

由于坐标增量闭合差主要由于边长误差影响而产生，而边长误差大小与边长的长短有关，因此，坐标增量闭合差的调整方法是将增量闭合差 f_x、f_y 反号，按与边长成正比分配于各个坐标增量之中，使改正后的 $\sum x_{ij}$、$\sum y_{ij}$ 均等于零。设第 i 边边长为 D_{ij}，其纵横坐标增量改正数分别为 V_{xi}、V_{yi}，则：

$$\begin{cases} V_{xi}=-\dfrac{f_x}{\sum D}\cdot D_{ij} \\ V_{yi}=-\dfrac{f_y}{\sum D}\cdot D_{ij} \end{cases} \tag{6.32}$$

式中 V_{xi} ——第 i 边的纵坐标增量（m）;

V_{yi} ——第 i 边的横坐标增量（m）;

$\sum D$ ——导线边长总和（m）。

改正数的总和与坐标增量闭合差的绝对值相等，符号相反，作为计算检核，即：

$$\begin{cases} \sum V_{xi}=-f_x \\ \sum V_{yi}=-f_y \end{cases} \tag{6.33}$$

对于图根导线，改正数一般取至厘米，坐标增量改正数写在表 6-10 中第 7、8 两列坐标增量计算值的上方。改正后的坐标增量用 $\Delta x'_{ij}$、$\Delta y'_{ij}$ 表示，即：

$$\begin{cases}\Delta x'_{ij}=\Delta x_{ij}+V_{xi}\\ \Delta y'_{ij}=\Delta y_{ij}+V_{yi}\end{cases} \tag{6.34}$$

表 6-10　附合导线坐标计算表

点号	转折角（左）（° ′ ″）	改正数/（″）	改正后角值（° ′ ″）	坐标方位角 α（° ′ ″）	边长 D/m	坐标增量及改正数/m		改正后增量值/m		坐标/m	
						Δx	Δy	$\Delta x'$	$\Delta y'$		
1	2	3	4	5	6	7	8	9	10	11	12
A											
				139 48 21							
B	96 0 23	6	96 00 29							362.346	1114.540
				55 48 50	244.96	0.004 137.639	−0.003 202.633	137.642	202.630		
1	245 40 25	6	245 40 31							499.988	1317.170
				121 29 21	201.54	0.003 −105.272	−0.002 171.862	−105.269	171.860		
2	120 51 19	6	120 51 25							394.720	1489.030
				62 20 46	223.26	0.004 103.62	−0.003 197.754	103.624	197.751		
3	242 38 35	6	242 38 41							498.344	1686.781
				124 59 27	251.29	0.005 −144.1	−0.003 205.867	−144.095	205.864		
C	110 12 8	6	110 12 14							354.249	1892.645
				55 11 41							
D											
$\sum$	815 22 50	30	815 23 20			−8.114	778.116	0	0		
辅助计算	$f_\beta=\sum\beta_{测}-\sum\beta_{理}=\alpha_{CD'}-\alpha_{CD}$ $=(139°48'21''+815°22'50''-180°\times5)-55°11'41''=-30''$ $f_{\beta容}=\pm60\sqrt{n}=\pm60\sqrt{5}=134$　$f_\beta\leqslant f_{\beta容}$转折角观测满足要求 f_x=−0.017　f_y=0.011　$f_L=\sqrt{f_x^2+f_y^2}=0.020\text{ m}$ $K=\frac{f_D}{\sum D}\approx\frac{1}{45\,000}\leqslant\frac{1}{2\,000}$										

改正数一般取至毫米，改正后坐标增量的总和应与其理论值相等作为校核，即：

$$\begin{cases}\sum\Delta x'_{ij}=\sum\Delta x_{理}\\ \sum\Delta y'_{ij}=\sum\Delta y_{理}\end{cases} \tag{6.35}$$

如果有余数，可将余数调整到长边的坐标增量的改正数上。

④ 导线点坐标计算。

坐标增量调整后，可根据起算点的坐标和调整后的坐标增量，按照坐标正算公式逐点计算各导线点的坐标，其计算公式为：

$$\begin{cases} x_j = x_i + \Delta x'_{ij} \\ y_j = y_i + \Delta y'_{ij} \end{cases} \tag{6.36}$$

知识点 7：闭合导线计算示例

闭合导线的计算步骤与附合导线的基本相同，但闭合导线构成闭合多边形，因此与附合导线计算有两个不同点。

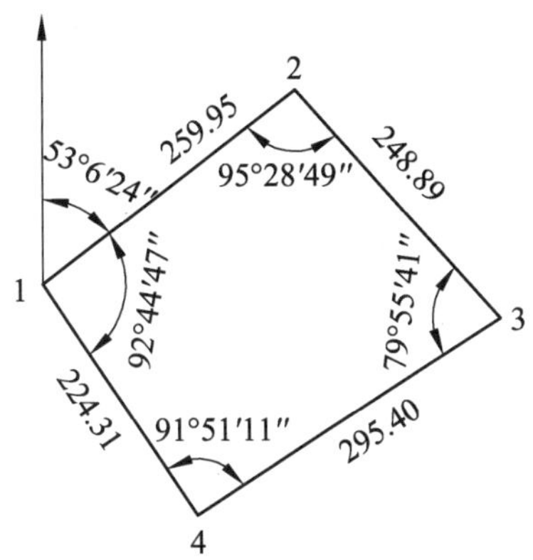

图 6-12　闭合导线的推算

1. 闭合导线角度闭合差计算

闭合导线角度闭合差计算与附合导线计算不同，闭合导线的内角和必须符合多边形内角和的条件。由于测量不可避免存在误差，观测值内角和不等于其理论值，而产生角度闭合差，图 6-12 所示是一条闭合导线，角度闭合差的计算用下式计算：

$$f_\beta=\sum\beta_{测}-\sum\beta_{理} \tag{6.37}$$

式中　f_β——闭合导线角度闭合差；

$\sum\beta_{测}$——闭合导线各内角观测值总和。

闭合多边形的内角和的理论值为（$n-2$）×180°，n 为多边形内角个数，用 $\sum\beta_{理}$表示：

$$\sum\beta_{理}=(n-2)\times180° \tag{6.38}$$

则图 6-12 中闭合导线有：

$$f_\beta=\sum\beta_{测}-\sum\beta_{理}=\sum\beta_i-(n-2)\times180°$$

$$=360°00'28''-360°=28''$$

其角度闭合差的允许值和改正数及改正后的角度与附合导线的计算方法相同，如表 6-10 附合导线计算表 3、4 列所示。

表 6-11　闭合导线坐标计算

点号	转折角（左）(° ′ ″)	改正数/(″)	改正后转折角(° ′ ″)	坐标方位角 α (° ′ ″)	边长 D/m	坐标增量及改正数/m		改正后增量值/m		坐标/m	
						Δx	Δy	$\Delta x'$	$\Delta y'$	x	y
1	2	3	4	5	6	7	8	9	10	11	12
1										681.362	591.684
				53 06 24	259.95	0.006 156.055	−0.005 207.896	156.061	207.891		
2	95 28 49	−7	95 28 42							837.423	799.575
				137 37 42	248.89	0.006 −183.877	−0.005 167.736	−183.871	167.731		
3	79 55 41	−7	79 55 34							653.552	967.306
				237 42 08	295.4	0.008 −157.838	−0.007 −249.696	−157.83	−249.703		
4	91 51 11	−7	91 51 04							495.722	717.603
				325 51 04	224.31	0.005 185.635	−0.004 −125.915	185.64	−125.919		
1	92 44 47	−7	92 44 40							681.362	591.684
				53 06 24	259.950						
2											
Σ	360028	−28	360 00 00		1028.55	−0.025	0.021	0	0		
辅助计算	$f_\beta=-\sum\beta_{测}-\sum\beta_{理}=\sum\beta_i=+28''$ $f_{\beta容}=\pm60''\sqrt{n}=\pm60''\sqrt{5}=134''$　$f_\beta\leqslant f_{\beta容}$ 转折角观测满足要求 $f_x=-0.025$　$f_y=0.021$　$f_D=\sqrt{f_x^2+f_y^2}=0.032\ \text{m}$　$K=\dfrac{f_D}{\sum D}\approx\dfrac{1}{31\,000}\leqslant\dfrac{1}{2\,000}$										

2. 闭合导线坐标增量闭合差计算

闭合导线坐标增量闭合差计算与附合导线计算不同。从图 6-12 可看出，闭合导线各边纵、横坐标增量代数和的理论值应分别等于零，即：

$$\begin{cases}\sum\Delta x_{理}=0\\\sum\Delta y_{理}=0\end{cases}\tag{6.39}$$

由于导线边长测量中存在有误差，角度虽然通过改正，但还仍然存在误差，因此，纵、横坐标增量计算值不等于零，而产生纵、横坐标增量闭合差，即：

$$\begin{cases}f_x=\sum\Delta x_{测}-\sum\Delta x_{理}=\sum\Delta x_{测}\\f_y=\sum\Delta y_{测}-\sum\Delta y_{理}=\sum\Delta y_{测}\end{cases}\tag{6.40}$$

闭合导线全长闭合差、相对闭合差及纵横坐标增量改正数和改正后的坐标增量的计算，如表 6-11 的辅助计算和 6、7 列所示。

【资源 2】拓展学习资源包

【微课】
方位角的概念及计算

【微课】
象限角的概念及计算

【微课】
坐标正反算的方法

【微课】
附合导线计算表的填写

任务规划（教师给出）

笔记栏

1. 执行规划建议

知识点	学习时间	学习方法	资源
坐标方位角与象限角	20 分钟	自主学习+计算练习	教室、多媒体设备
方位角的推算	20 分钟	自主学习+计算练习	教室、多媒体设备
坐标正反算	20 分钟	自主学习+计算练习	教室、多媒体设备
附合导线平差计算	80 分钟	自主学习+计算练习	教室、多媒体设备
闭合导线外业观测及计算	100 分钟	自主练习+计算练习	室外

2. 教师任务安排

任务实施（学生规划）

笔记栏

任务扩展（教师给出）	笔记栏
了解平面控制测量的历史发展进程中的几种常用方法，如国家三角网、导线网、GNSS 网等，以及对应的布网原则、布网方案、布网等级等相关知识	

学习总结

子项目学习质量监控单（教师填写）

序号	评分项	分值	实施要求	评定标准	得分
1	资源学习情况	15	1.学习痕迹明显，笔记认真仔细。 2.知识点掌握牢固，并能合理、灵活运用	优：课堂问答及练习能独立完成，回答正确，读书笔记细致。 良：课堂问答及练习成果正确，读书笔记记录较好。 中：课堂问答表述不清，练习成果基本正确。 差：完全不正确	
2	任务规划	15	1.规划内容完整。 2.规划内容应具可实施性。 3.规划过程应独立思考，具备一定的独特性	优：规划的内容详尽，具有很强的可实施性。 良：规划的内容详尽，可实施性一般。 中：规划的内容不全面，可实施性一般。 差：无规划，或者其规划的内容不全，无法实施	
3	任务实施	50	1.过程严格按规范要求进行。 2.过程性资料收集齐全。 3.独立完成任务要求的成果，提交及时	优：任务目标完成质量优良，过程规范，无错误。 良：任务目标完成质量良好，过程规范，无明显错误。 中：任务目标完成质量一般，过程相对规范，无明显错误。 差：没有完成任务目标或成果完全错误	
4	任务扩展	10	独立思考，能利用所学知识及相关手段完成所布置的拓展任务	优：独立思考，成果正确。 良：独立思考，成果基本正确。 中：任务完成得一般。 差：没有完成任务目标或成果完全错误	
5	其他	10	1.及时完成相关表格的填写。 2.独立完成总结的撰写，记录要详尽，要能从技能、知识等多方面进行总结	优：独立思考，任务全部完成，总结到位并能及时上交。 良：独立思考，任务基本完成，总结基本到位并能及时上交。 中：任务基本完成，总结基本到位。 差：没有完成任务目标	
6	职业能力评价	优：完全掌握技能及知识要点，操作规范，安全意识及团队意识好，吃苦耐劳，认真仔细。 良：基本掌握技能及知识要点，操作规范，安全意识及团队意识较好，认真仔细。 中：掌握部分技能及知识要点，操作相对规范，具有一定的安全意识。 未达标：没有掌握要求的技能及知识要点，或操作出现严重错误导致人员及设备损坏			
综合得分		学习过程（项 1～5）评价得分： 技能水平评价：合格□ 不合格□			
教师评语					

6.4　GNSS 静态控制测量

任务　GNSS 静态控制测量

【任务情况】

1. 本学习内容主要完成任务

GNSS 测量工作与传统测量工作类似，按其性质可分为外业和内业两部分。其中，外业主要包括选点、设立测站标志、野外作业观测和成果质量检核等；内业主要包括 GNSS 测量的技术：设计、测后数据处理及技术总结等工作。

为了满足用户对测量精度和可靠性的要求，GNSS 测量作业必须遵循统一的规范和细则。国家和相关部门为了实际工作的需要，制定了一些规范和规程，这些规范只是针对 GNSS 测量工作提出了一些原则性的规定和要求，GNSS 测量工作的基本方法和原则必须以这些规范和规程作为依据。GNSS 控制网的技术设计主要依据是现行的 GNSS 测量规范、技术设计书或测量任务书。

2. 学习目标

知识目标：

（1）了解全球导航卫星系统在测量工作中的作用和意义。

（2）掌握 GNSS 卫星定位的基本原理。

（3）熟悉 GNSS 控制网的精度要求，掌握 GNSS 控制网设计的基本形式，掌握外业选点的基本原则。

（4）掌握 GNSS 控制测量外业工作步骤和内业计算方法。

技能目标：

（1）能够根据要求建立 GNSS 控制网。

（2）能够进行内业数据的处理。

3. 学习时间分配

学习活动序号	学习活动	建议学习时长	备注
学习活动 1	GNSS 定位原理及 GNSS 控制网设计	2	
学习活动 2	GNSS 外业测量（静态）	2	
学习活动 3	GNSS 数据处理	2	

【作业过程及任务点】

学习活动　使用 GNSS 静态模式进行控制测量

学习任务单	
任务名称	GNSS 静态控制测量

<table>
<tr><td>任务类型</td><td colspan="3">实操性</td><td colspan="2">能力面向</td><td colspan="2">测绘地理信息数据获取与处理职业技能</td></tr>
<tr><td>完成时限</td><td colspan="3">4 课时</td><td colspan="2">学习方法</td><td colspan="2">演示法、自主学习法</td></tr>
<tr><td>实施方式</td><td colspan="3">讲授法、演示法</td><td colspan="2">考核方式</td><td colspan="2">问答</td></tr>
<tr><td>考核点</td><td colspan="7">静态定位、动态定位、相对定位、星型网、点连式、边连式、混连式、网连式、布网原则、GNSS 静态外业测量、GNSS 基线解算、RMS、RATIO、同步环闭合差、异步环闭合差、重复基线较差、残差图</td></tr>
<tr><th colspan="8">学习人员信息（学生填写）</th></tr>
<tr><td>姓名</td><td></td><td>班级</td><td></td><td>学号</td><td></td><td>电话</td><td></td></tr>
<tr><th colspan="8">任务目标</th></tr>
<tr><td colspan="8">能够回答以下问题：
1. GNSS 定位的原理是什么？

2. GNSS 静态定位原理在控制测量中的应用有哪些？

3. GNSS 网的图形设计方法和布设原则是什么？

4. 外业测量的流程及选点原则是什么？

5. GNSS 数据处理的方法是什么？</td></tr>
</table>

任务介绍	笔记栏

【任务描述】

（1）掌握 GNSS 静态控制测量的实施流程。

（2）完成 6 个 GNSS 控制点的静态数据采集及数据处理。

【任务要求】

（1）掌握 GNSS 控制测量中的注意事项，并讨论多种方案实施过程的优缺点。

（2）通过练习获得独立完成从网形设计到外业实施再到数据处理的能力。

任务配套资源	笔记栏

【资源 1】文本型+数字化学习资源

知识点 1：GNSS 网的图形设计

当投入作业的接收机数目在两台或多于两台时，就可以在同一时段内，几个测站上的接收机同步观测共视卫星，这种观测过程称为同步观测。由同步观测边所构成的几何图形称为同步网。其中，3 台或 3 台以上接收机同步观测所获得的基线向量构成的闭合环称为同步观测环，简称同步环。

同步网是 GNSS 网的一个单元。多个同步网相互连接就构成了完整的 GNSS 网，这个网也称异步网。同步网的不同连接方式会出现不同的异步网的网形结构。异步网中，由非同步观测获得的基线向量构成的闭合环称为异步观测环，简称异步环。

在异步网中，同步网之间的连接方式主要有以下几种。

1. 星形网

星形网的几何图形简单，直接观测边之间不构成任何闭合图形，所以检验和发现粗差的能力较差，如图 6-13 所示。

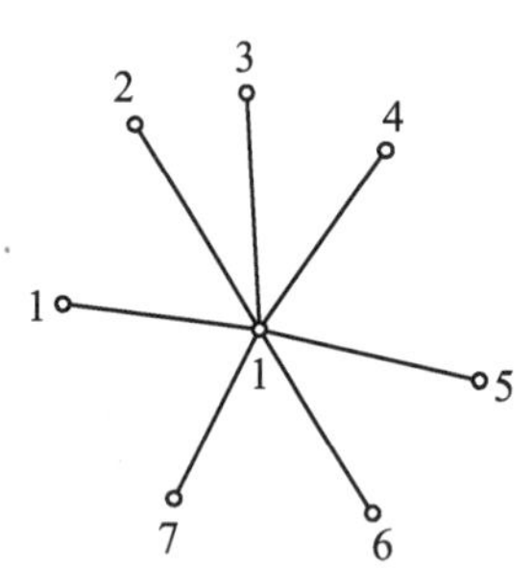

图 6-13　星形网

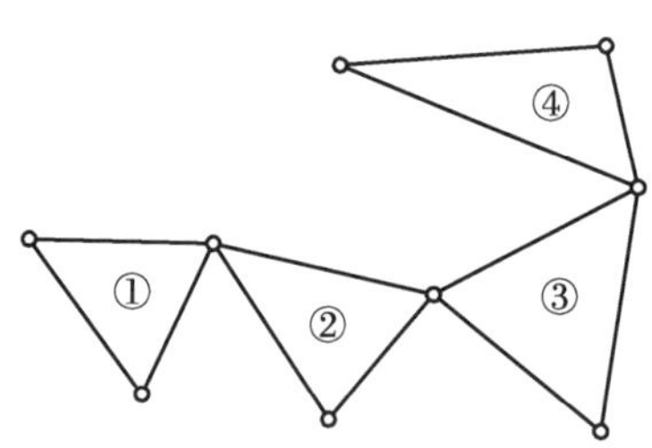

图 6-14　点连式异步网

2. 点连式

同步网之间仅有一点相连接的异步网称为点连式异步网，如图 6-14 所示。

3. 边连式

同步网之间由一条基线边相连接的异步网称为边连式异步网，如图 6-15

所示。

4. 网连式

网连式是指相邻同步图形之间有两个以上的公共点相连接，相邻图形间有一定的重叠。这种作业方法需要 4 台以上的接收机。采用这种布网方式所测设的 GNSS 网具有较强的图形强度和较高的可靠性，但作业效率低，花费的经费和时间较多，一般仅用于要求精度较高的控制网测量。

5. 混连式

这是实际作业中较常采用的布网方式，能保证网的几何强度，提高网的可靠指标，能有效地发现粗差，既减少了外业工作量，又降低了成本，如图 6-16 所示。

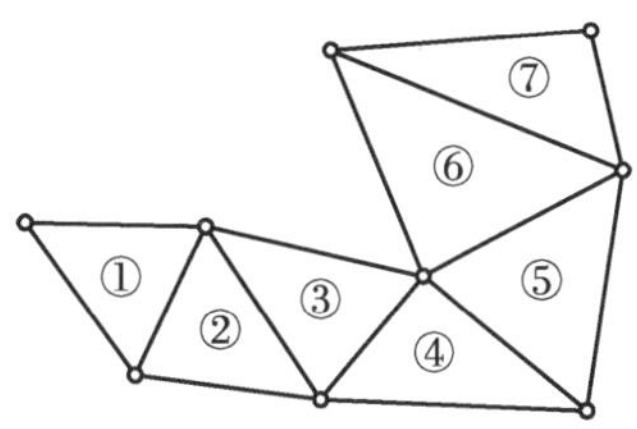

图 6-15　边连式异步网

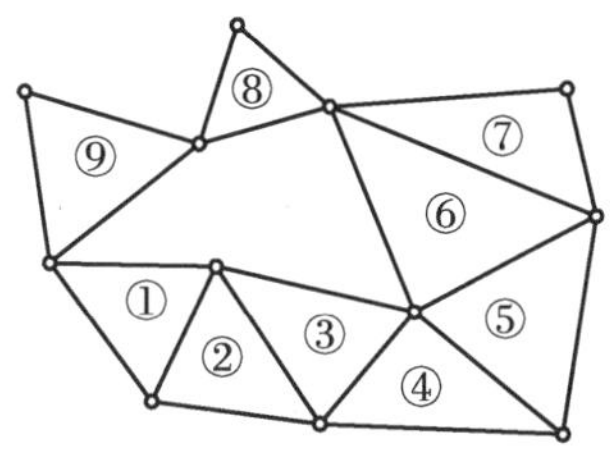

图 6-16　混连式异步网

点连式、边连式和混连式是常用的三种连接方式。点连式工作量最小，但无重复基线检核；边连式工作量最大，检核条件亦最多，结构也最稳定，定位精度较高；混连式比较灵活，工作量、检核条件比较适中。在选择测设方案时，应从所具备的接收机数量和精度、工作量大小、卫星运行状态、测区条件等方面进行权衡。

知识点 2：GNSS 网的布设原则

从不同的构网形式可见，在 GNSS 技术设计中应设计出一个比较实用的网形，使其既可以满足一定的精度、可靠性要求，又有较高的经济指标。因此，为了用户的利益，GNSS 网图形设计时应遵循以下原则。

（1）GNSS 网应根据测区实际需要和交通状况、作业时的卫星状况、预期达到的精度、成果的可靠性及工作效率，按照优化设计原则进行设计。

（2）GNSS 网中不应存在自由基线。因为自由基线未构成闭合图形，不具备发现粗差的能力。

（3）GNSS 网一般应按“每个观测至少应独立设站观测两次”的原则进行布网。这样不同接收机测量构成网的精度和可靠性指标比较接近。

（4）GNSS 网一般应通过独立观测边构成闭合图形。例如，一个或若干个独立观测环，或者附合路线形式，以增加检核条件，提高网的可靠性。

（5）GNSS 网中点与点之间不要求通视，但应考虑常规测量方法加密时的应用，网中应有至少一对以上通视方向。另外，为了便于施测，减少多路径效应的影响，GNSS 点位应选在交通便利、视野开阔的地方。

（6）在可能的条件下，新布设的 GNSS 网应与附近已有 GNSS 网点进行联测；新布设的 GNSS 网点应尽量与地面原有控制网点相连接，连接处的重合点数不应少于 3 个，且分布均匀，以便可靠地确定 GNSS 网与原有网之间的转换参数。

（7）GNSS 网点应利用已有水准点联测高程。C 级网每隔 3～6 点联测一个高程点，D 级网和 E 级网视具体情况确定联测点数。A 级网和 B 级网的高程联测分别采用三、四等水准测量的方法，C 级网至 E 级网可采用等外水准或与其精度相当的方法进行。

知识点 3：GNSS 网的联测设计

GNSS 卫星定位所测得的点位坐标，属于 WGS-84 坐标系。为了将它们转换成国家或地方坐标系，在设计 GNSS 定位网时，一定要考虑联测一定数量的常规控制点和基准点。

1. 联测点的精度要求

联测点作为 GNSS 成果转化到常规地面坐标系的基准点，在 GNSS 测量数据处理中具有重要的意义。联测点的地面实用坐标是将 GNSS 定位结果的 WGS-84 坐标系转换至地面坐标系时的起算数据，所以要求联测点的地面坐标具有较高的精度。

为此，联测点应是下列几种点之一：测区内现有的最高等级的常规地面控制点、地方坐标系中控制网定位定向的起算点、连接国家坐标系和地方坐标系的连接点、水准点。

2. 联测点的密度和分布

GNSS 网与地面网的联测点最少应有两个。其中一个作为 GNSS 在地面网坐标系内的定位起算点，两个点间的方位和距离作为 GNSS 网在地面坐标系内定向、尺度的起算数据。

为了更好地解决 GNSS 网与地面网两者成果的转换问题，应有更多的联测点。分析研究和作业实践表明，一个 GNSS 网应联测 3～5 个精度较高、分布合理的地面点作为 GNSS 网的一部分。当测区较大时，还应适当增加联测点。

3. GNSS 网中水准点的选择和分布

GNSS 网一般是求得测站点的三维坐标，其中高程为大地高，而实际应用的高程系统为正常高系统。为此，通常是在 GNSS 网中施测或重合少量的几何水准点，用数值拟合法拟合出测区的似大地水准面，继而内插出其他 GNSS 点的高程异常，再求出其正常高。

根据研究，在平原地区布测的 GNSS 网中，只要用三等水准测量实测并重合全网五分之一 GNSS 点的几何水准，用数值拟合法求出 GNSS 点的正常高，即可代替四等水准测量。所实测的水准点，大部分应布设在网的周围点上，少量放在网的中间，以求获得最佳效果。

知识点 4：GNSS 外业测量

GNSS 测量的外业实施主要包括 GNSS 点位的选定、标志的埋设、观测数据的采集、数据传输及数据预处理等工作。

由于 GNSS 测量中不要求测站之间相互通视，网的图形结构也比较灵活，所以选点的野外工作比较简便。但是，点位的正确选择对观测工作的顺利进行和测量结果的可靠性具有重要意义。所以，在选点工作开始之前，要充分了解和研究测区情况，特别是交通、通信、供电、气象及原有控制点分布、标型、标石的完好状况，除此之外，选点工作还应遵循以下原则。

（1）点位应选设在易于安置接收设备和便于操作的地方，视野应开阔。被测卫星的地平高度角一般应大于 15°，以减弱对流层折射影响。

（2）点位应远离大功率无线电发射源（如电视台、微波站等），其距离不得小于 200 m，并应远离高压输电线，其距离不得小于 50 m，以避免周围磁场对 GNSS 卫星信号的干扰。

（3）点位附近不应有强烈干扰接收卫星信号的物体（如接打手机、对讲机最好在 10 m 以外），并尽量避免大面积水域，以减弱多路径误差的影响。

（4）点位应选在交通方便的地方，有利于用其他测量手段联测或扩展。

（5）地面基础稳定，利于点位保存。

（6）选点人员按照技术设计图形进行实地踏勘，在现场选定点位。网形应有利于观测及边、点连接。

（7）应充分利用符合要求的原有控制点。

知识点 5：GNSS 点标志和标石埋设

中心标石是地面 GNSS 点的永久性标志，为了长期使用 GNSS 测量成果，点的标石必须稳定、坚固，以便长期保存和利用。GNSS 点的永久性标志及普通标石的规格及埋设。

各等级 GNSS 点的标石用混凝土灌制。一般普通标石分上标石和下标石两层，其上均设有金属的中心标志。

埋设标石时，须使各层标志中心在同一铅垂线上，其偏差不得大于 2 mm。新埋标石时，应依法办理征地手续和测量标志委托保管书。

无论是新埋设的点还是利用原有点位，均应按规范或规程中规定的格式在实地绘制 GNSS 点的点之记，并提交以下资料：

（1）填写了埋石情况的点之记。

（2）土地占用标准文件与测量标志委托保管书。

（3）埋石工作技术总结。

GNSS 点名可取村名、山名、地名、单位名，应向当地政府部门或群众进行调查后确定。当利用符合要求的旧有控制点时，点名不宜更改。

知识点 6：GNSS 数据处理

GNSS 数据处理是从原始的观测值出发得到最终测量定位成果的过程。其数据处理过程大致分为数据采集、数据传输、数据格式转换（可选）、预处理、基线解算和网平差，以及 GNSS 网与地面网联合平差等几个阶段。

1. 数据预处理

GNSS 数据预处理的目的是：对数据进行平滑滤波检验、剔除粗差；统一数据文件格式，并将各类数据文件加工成标准化文件（如 GNSS 卫星轨道方程的标准化、卫星时钟钟差标准化、观测值文件标准化等）；找出整周跳变点并修复观测值；对观测值进行各种模型改正。

2. GNSS 基线解算的基本原理

1）观测值

基线解算一般采用差分观测值，较为常用的差分观测值为双差观测值，即由两个测站的原始观测值分别在测站和卫星间求差后所得到的观测值。

2）基线解算

基线解算的过程实际上主要是一个平差的过程，平差所采用的观测值主要是双差观测值。在基线解算时，平差要分三个阶段进行：第一阶段进行初始平差，解算出整周模糊度参数（实数）和基线向量的实数解（浮动解）；第二阶段将整周未知数固定成整数；第三阶段将确定了的整周模糊度作为已知值，仅将待定的测站坐标作为未知参数，再次进行平差解算，解求出基线向量的最终解——整数解（固定解）。

3）基线解算阶段的质量控制指标

（1）单位权方差因子

单位权方差因子又称参考因子：

$$\hat{\sigma}_0^2=\sqrt{\frac{V^T PT}{n}} \tag{6.41}$$

式中 V——观测值的残差；

P——观测值的权；

n——观测值的总数。

（2）数据删除率

在基线解算时，如果观测值的改正数大于某一个阈值时，则认为该观测值含有粗差，则需要将其删除。被删除观测值的数量与观测值的总数的比值，就是所谓的数据删除率。

数据删除率从某一方面反映出了 GNSS 原始观测值的质量。数据删除率越高，说明观测值的质量越差。《全球定位系统（GNSS）测量规范》（GB/T

18314—2009）规定同一时段观测值的数据剔除率不宜大于 10%。

（3）RMS

RMS 即均方根误差（Root Mean Square），其定义式为：

$$\mathrm{RMS}=\sqrt{\frac{V^T PV}{n-1}} \tag{6.42}$$

式中 V——观测值的残差；

P——观测值的权；

n——观测值的总数。

RMS 表明了观测值的质量，观测值质量越好，RMS 越小，反之，RMS 越大，它不受观测条件（观测期间卫星分布图形）好坏的影响。依照数理统计的理论观测值误差落在 1.96 RMS 范围内的概率是 95%。

（4）RATIO

$$\mathrm{RATIO}=\frac{\mathrm{RMS}_{次最小}}{\mathrm{RMS}_{最小}} \tag{6.43}$$

显然，RATIO≥1.0。RATIO 反映了所确定出的整周模糊度参数的可靠性，这一指标取决于多种因素，它既与观测值的质量有关，也与观测条件的好坏有关，所谓观测条件是指卫星星座的几何图形和运行轨迹。

（5）RDOP

RDOP 值指的是在基线解算时待定参数的协因数阵的轨迹 $\mathrm{tr}(Q)$的平方根，即：

$$\mathrm{RDOP}=\sqrt{\mathrm{tr}(Q)} \tag{6.44}$$

RDOP 值大小与基线位置、卫星在空间中的几何分布、运行轨迹（即观测条件）有关。当基线位置确定后，RDOP 值就只与观测条件有关了，而观测条件又是时间的函数，因此，实际上对于某条基线向量来讲，其 RDOP 值的大小与观测时间段有关。RDOP 表明了 GNSS 卫星的状态对相对定位的影响，即取决于观测条件的好坏，它不受观测质量好坏的影响。

（6）同步环闭合差

同步环闭合差是由同步观测基线所组成的闭合环的闭合差。由于同步观测基线间具有一定的内在联系，从而使得同步环闭合差在理论上应总是为 0 的。如果同步环闭合差超限，则说明组成同步环的基线中至少存在一条基线向量是错误的，但反过来，如果同步环闭合差没有超限，还不能说明组成同步环的所有基线在质量上均合格。

（7）异步环闭合差

不是完全由同步观测基线所组成的闭合环称为异步环，异步环的闭合差称为异步环闭合差。当异步环闭合差满足限差要求时，则表明组成异步环的基线向量的质量是合格的；当异步环闭合差不满足限差要求时，则表明组成异步环的基线向量中至少有一条基线向量的质量不合格，要确定出哪些基线向量的质量不合格，可以通过多个相邻的异步环或重复基线来进行。

（8）重复基线较差

不同观测时段，对同一条基线的观测结果，就是所谓重复基线。这些观测结果之间的差异，就是重复基线较差。

RATIO、RDOP 和 RMS 这几个质量指标只具有某种相对意义，它们数值的高低不能绝对地说明基线质量的高低。若 RMS 偏大，则说明观测值质量较差；若 RDOP 值较大，则说明观测条件较差。

4）影响 GNSS 基线解算结果的几个因素及应对措施

（1）影响因素

① 基线解算时所设定的起点坐标不准确，起点坐标不确定会导致基线出现尺度和方向上的偏差。

② 少数卫星的观测时间太短，导致这些卫星的整周模糊度无法准确确定。整周模糊度无法准确确定的卫星参与计算，将影响整个 GNSS 基线解算的结果。

③ 在整个观测时段里，有个别时间段里如果周跳太多，会使周跳修复不完善。

④ 在观测时段内，多路径效应比较严重，观测值的改正数普遍较大。

⑤ 对流层或电离层折射影响过大。

（2）基线精化处理的有力工具——残差图

在基线解算时经常要判断影响基线解算结果质量的因素，或需要确定哪颗卫星或哪段时间的观测值质量上有问题，残差图对于完成这些工作非常有用。所谓残差图就是根据观测值的残差绘制的一种图表。

图 6-17 所示为一种常见双差分观测值残差图的形式，它的横轴表示观测时间，纵轴表示观测值的残差，右上角的“SV12-SV15”表示此残差是 SV12 号卫星与 SV15 号卫星的差分观测值的残差。正常的残差图一般为残差绕着零轴上下摆动，振幅一般不超过 0.1 周。

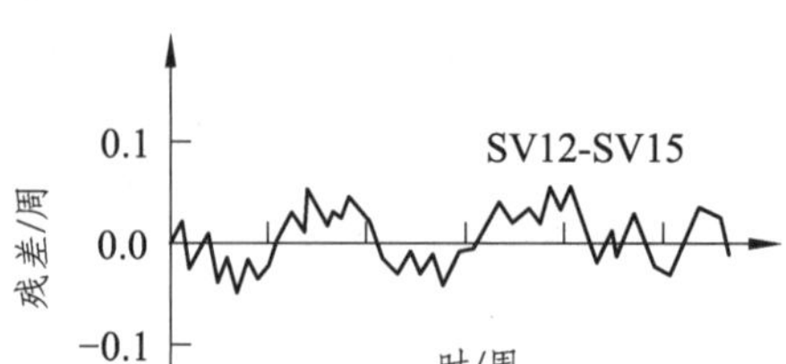

图 6-17　SV12-SV15 号卫星残差图

图 6-18 表明 SV12 号与 SV15 号卫星的差分观测值中含有周跳。

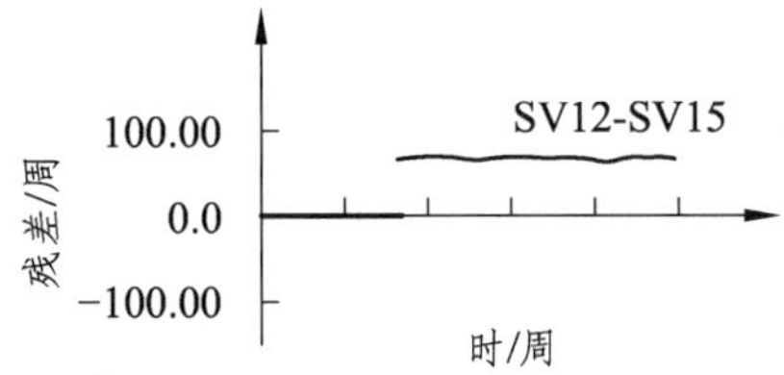

图 6-18　SV12-SV15 号卫星的差分观测值含有周跳的残差图

图 6-19 所示残差图表明 SV12 号与 SV25 号卫星的差分观测值中含有周跳在 T_1-T_2 时间段内受不明因素（可能是多路径效应、对流层折射、电离层折射或强电磁波干扰）影响严重。

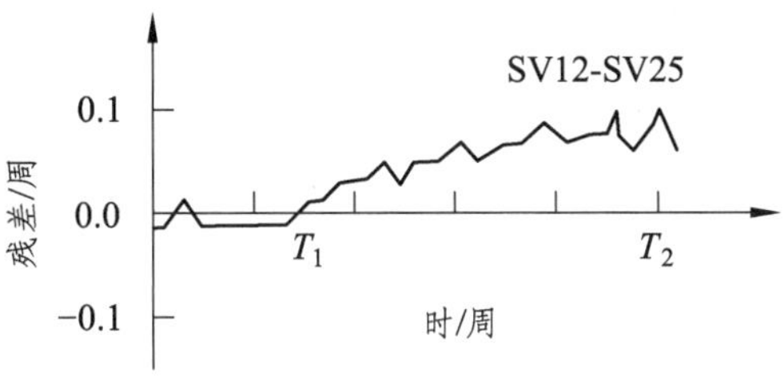

图 6-19　SV12-SV25 号卫星的差分观测受不明因素影响的残差图

5）GNSS 基线解算

每个厂商所生产的接收机都会配备相应的数据处理软件，它们的使用方法都有其各自不同的特点，但是，无论哪种软件，它们在使用步骤上却是大致相同的。

基线解算完毕后，基线结果并不能马上用于后续的处理，还必须对基线的质量进行检验。只有质量合格的基线才能用于后续的处理。如果不合格，则需要设置控制参数对基线进行重新解算或重新测量。

3. GNSS 网平差

GNSS 控制网是由相对定位所求得的基线向量而构成的空间基线向量网。在 GNSS 网的数据处理过程中，基线解算所得到的基线向量仅能确定 GNSS 网的几何形状，但却无法提供最终确定网中点的绝对坐标所必需的绝对位置基准。而用户布设 GNSS 网的主要目的是确定网中点在某一特定坐标系统下的坐标值，这就需要通过在平差时输入该坐标系统下的起算数据来实现。当然，由 GNSS 基线向量组成的网平差，还可以消除由于各种类型的误差引起的 GNSS 基线向量观测值和地面观测中的矛盾。

4. GNSS 高程

由 GNSS 相对定位得到的三维基线向量，通过 GNSS 网平差计算，可以得到高精度的大地高差。如果网中有一点或多点具有一定精度的 WGS-84 坐标系的大地高程，则在 GNSS 网平差后，可以求得各 GNSS 点的 WGS-84 大地高 H_{84}。但在实际应用中，地面点的高程采用正常高系统。地面点的正常高 H_r 是地面点沿铅垂线至似大地水准面的距离。这种高程是通过水准测量来确定的。这就有必要找出 GNSS 点的大地高 H_{84} 与正常高 H_r 的关系，并用一定的方法将 H_{84} 转换为 H_r。

ξ 表示似大地水准面至椭球面间的高差，称为高程异常。显然，如果知道了各 GNSS 点的高程异常 ξ 值，则不难由各 GNSS 点的大地高 H_{84} 求得各 GNSS 点的正常高 H_r 项值。如果同时知道了各 GNSS 点的大地高 H_{84} 和正常高 H_r，则可以求得各点的高程 ξ。

$$H_r=H_{84}-\xi \tag{6.45}$$

由此可见，研究 GNSS 高程的意义有两个方面：一是精确求定 GNSS 点的正常高；二是求定高精度的似大地水准面。通常又称利用 GNSS 和水准测量成果确定似大地水准面的方法为 GNSS 水准。

【资源 2】拓展学习资源包（某品牌接收机数据处理软件演示）

【微课】
GNSS 网的布设形式

【视频】
GNSS 静态数据采集的实施流程

任务规划（教师给出）

笔记栏

1. 执行规划建议

知识点	学习时间	学习方法	资源
GNSS 网的图形设计	15 分钟	自主学习+计算练习	教室、多媒体设备
技术设计中考虑因素	15 分钟	自主学习+计算练习	教室、多媒体设备
GNSS 网的布设原则	20 分钟	自主学习+计算练习	教室、多媒体设备
GNSS 网的联测设计	10 分钟	自主学习+计算练习	教室、多媒体设备
GNSS 外业测量	10 分钟	自主学习+计算练习	教室、多媒体设备
GNSS 数据处理	30 分钟	自主学习+计算练习	+计算练习

2. 教师任务安排

任务实施（学生规划）

笔记栏

任务扩展（教师给出）	笔记栏

学习总结

子项目学习质量监控单（教师填写）

序号	评分项	分值	实施要求	评定标准	得分
1	资源学习情况	15	1.学习痕迹明显，笔记认真仔细。 2.知识点掌握牢固，并能合理、灵活运用	优：课堂问答及练习能独立完成，回答正确，读书笔记细致。 良：课堂问答及练习成果正确，读书笔记记录较好。 中：课堂问答表述不清，练习成果基本正确。 差：完全不正确	
2	任务规划	15	1.规划内容完整。 2.规划内容应具可实施性。 3.规划过程应独立思考，具备一定的独特性	优：规划的内容详尽，具有很强的可实施性。 良：规划的内容详尽，可实施性一般。 中：规划的内容不全面，可实施性一般。 差：无规划，或者其规划的内容不全，无法实施	
3	任务实施	50	1.过程严格按规范要求进行。 2.过程性资料收集齐全。 3.独立完成任务要求的成果，提交及时	优：任务目标完成质量优良，过程规范，无错误。 良：任务目标完成质量良好，过程规范，无明显错误。 中：任务目标完成质量一般，过程相对规范，无明显错误。 差：没有完成任务目标或成果完全错误	
4	任务扩展	10	独立思考，能利用所学知识及相关手段完成所布置的拓展任务	优：独立思考，成果正确。 良：独立思考，成果基本正确。 中：任务完成得一般。 差：没有完成任务目标或成果完全错误	
5	其他	10	1.及时完成相关表格的填写。 2.独立完成总结的撰写，记录要详尽，要能从技能、知识等多方面进行总结	优：独立思考，任务全部完成，总结到位并能及时上交。 良：独立思考，任务基本完成，总结基本到位并能及时上交。 中：任务基本完成，总结基本到位。 差：没有完成任务目标	
6	职业能力评价	优：完全掌握技能及知识要点，操作规范，安全意识及团队意识好，吃苦耐劳，认真仔细。 良：基本掌握技能及知识要点，操作规范，安全意识及团队意识较好，认真仔细。 中：掌握部分技能及知识要点，操作相对规范，具有一定的安全意识。 未达标：没有掌握要求的技能及知识要点，或操作出现严重错误导致人员及设备损坏			
综合得分		学习过程（项 1 ~ 5）评价得分：		技能水平评价：合格□　不合格□	
教师评语					

项目 7

施工放样测量

本项目主要包括铁路、公路等线状工程测量及桥梁、隧道等主要构筑物的施工测量。主要学习内容包括：线路中线施工测量；路基纵、横断面施工测量；桥梁施工测量及隧道施工测量几部分。

线路测量的任务分为初测和定测两部分。在初步设计阶段为线路提供带状地形图和有关资料的过程，称为初测；在技术设计阶段进行中线测量、纵横断面测量，为施工提供依据的过程，称为定测。综上所述，线路工程设计及施工阶段的测量工作，统称为线路工程施工测量。本教材主要针对线路平面线形组成、曲线参数计算、圆曲线施工放样参数计算、路基横断面组成及测量实施等展开叙述，并设置相关实训项目。

7.1 全站仪放样

任务 1 全站仪平面坐标放样

【任务情况】

1. 本学习内容主要完成任务

根据某项目两个已知点（一般由设计提供）A 和 B，待放样点为 P（由设计提供），根据测量原理，分别采用全站仪直角坐标法和全站仪极坐标法放样出待放点 P 的实际位置。

2. 学习目标

知识目标：掌握全站仪直角坐标法放样的步骤和程序。
掌握全站仪极坐标法放样的步骤和程序。
掌握全站仪坐标法放样的精度要求及注意事项。

技能目标：能正确设置全站仪直角坐标法放样的参数。
能正确地使用全站仪进行建站、定向和检核。
能规范地使用全站仪进行直角坐标法放样。
能规范地使用全站仪进行极坐标法放样。

情感目标：养成认真细致的学习素养、精益求精的职业素养及爱岗敬业的职业操守。

3. 学习时间分配

学习活动序号	学习活动	建议学习时长	备注
学习活动 1	全站仪直角坐标法放样	2	
学习活动 2	全站仪极坐标法放样	2	

【作业过程及任务点】

学习活动 1　全站仪直角坐标法放样

<table>
<tr><th colspan="4">学习任务单</th></tr>
<tr><td>任务名称</td><td colspan="3">全站仪直角坐标法放样</td></tr>
<tr><td>任务类型</td><td>操作型</td><td>能力面向</td><td>测绘地理信息数据获取与处理职业技能</td></tr>
<tr><td>完成时限</td><td>2 课时</td><td>学习方法</td><td>自主学习法</td></tr>
<tr><td>实施方式</td><td>仪器操作</td><td>考核方式</td><td>过程性考核+计算成果考核</td></tr>
<tr><td>考核点</td><td colspan="2">全站仪直角坐标法放样的步骤和程序</td><td>全站仪直角坐标法放样的精度</td></tr>
</table>

<table>
<tr><th colspan="8">学习人员信息（学生填写）</th></tr>
<tr><td>姓名</td><td></td><td>班级</td><td></td><td>学号</td><td></td><td>电话</td><td></td></tr>
</table>

任务目标

能熟练使用全站仪，采用直角坐标法，根据控制点（已知点）A 和 B，现场测设出设计点 P 的位置，并完成“放样点实测坐标与理论坐标较差表”的填写。

表 7-1　放样点坐标表

<table>
<tr><th colspan="2">点号</th><th>X</th><th>Y</th><th>备　注</th></tr>
<tr><td rowspan="3">序号</td><td>1</td><td>X_A=1 402.000 m</td><td>Y_A=1 571.000 m</td><td>控制点</td></tr>
<tr><td>2</td><td>X_B=1 571.000 m</td><td>Y_B=1 682.000 m</td><td>控制点</td></tr>
<tr><td>3</td><td>X_P=1 442.500 m</td><td>Y_P=1 602.500 m</td><td>待放点</td></tr>
</table>

<table>
<tr><th>任务介绍</th><th>笔记栏</th></tr>
<tr><td>【任务描述】
（1）能根据设计提供的控制点和设计点坐标，使用全站仪进行直角坐标放样。
（2）能正确按照作业流程准确地放样出待放点 P 的位置。
【任务要求】
完成配套资源的学习，并完成学习笔记。</td><td></td></tr>
</table>

任务配套资源	笔记栏
【资源 1】文本型+数字化学习资源 知识点 1：全站仪坐标放样步骤和注意事项 全站仪坐标放样在施工现场使用极其频繁。坐标放样前，需要计算出放样点的坐标，放样点的坐标可以在办公室计算完成后打印出来，现场放样时手工输入，也可以提前在计算器中编制好程序，现场放样时用软件计算出坐标后手工输入；也可以将常用数据，如整桩号的中桩坐标等，提前输入全站仪，放样的时候直接调用。 全站仪坐标放样的方法与坐标测量的方法类似，即置镜、后视、设置棱镜及常数、设置大气改正数都是一样的，只是选用的功能菜单不同，一个是“坐标测量”，另一个是“坐标放样”。如果在坐标放样的过程中需要测出放样点的高程，则需要输入置镜点的高程 H 坐标、仪器高、棱镜高；如果只是放出桩位即可，则不需要输入这 3 个上高程相关的参数。 （1）设置测站：将全站仪安置在已知的控制点上，并手工输入或者选定测站点的坐标（X，Y，H）。 （2）后视定向：转动望远镜照准另一已知方向，设定后视点的坐标（X，Y）或者坐标方位角。 （3）棱镜常数设置：选择目标类型，如圆棱镜、反射片、360°棱镜等，并输入棱镜常数。 （4）大气改正值设置：必须先测定环境的温度和气压，然后输入到全站仪中。 （5）镜站高：输入全站仪的仪器高和前方棱镜的棱镜高。 （6）将全站仪设定为坐标放样模式，将待放样点的坐标（X，Y）输入全站仪，仪器自动计算放样点的角度和距离。 （7）转动望远镜，使得屏幕显示的水平角度差 $\Delta\alpha=0°$，锁定仪器，然后用手势或者对讲机反复指挥棱镜置于望远镜视线上，并置镜于大致估算的水平距离上。 （8）继续按“测量”键，全站仪自动检测棱镜点与放样点的水平距离偏差 ΔD，并显示至仪器上。如果 $\Delta D>0$，说明全站仪和棱镜间距离长了，应该缩短，即棱镜向靠近全站仪方向移动；如果 $\Delta D<0$，说明全站仪和棱镜间距离短了，应该加长，即棱镜向远离全站仪方向移动。反复调整后直至 $\Delta D=0$ 时，棱镜点即为放样点的位置。 （9）在棱镜位置打木桩、钉铁钉或做其他标记，并再次复核 $\Delta\alpha=0$ 和 $\Delta D=0$ 是否同时满足，如果有偏差再次调整。 特别提示：全站仪放样点位时，首先选择邻近的控制点安置全站仪，通	

常一次放样很多点位，有些点位由于视线太远或者不通视等原因不能继续放样时，可以将全站仪转站继续放样。

【资源 2】拓展学习资源包

【附表】
放样点实测坐标与理论坐标较差表

【微课】
全站仪直角坐标法放样操作

任务规划（老师给出）

笔记栏

1. 执行规划建议

任务点	用时	学习方法	实施步骤	场地	设备
全站仪直角坐标放样	90 分钟	小组学习，建议 4 人 1 组	步骤 1：分组及场地分配（5 分钟）。 步骤 2：各小组控制点现场布设（可以采用独立坐标）布置（20 分钟）。 步骤 3：测站点安置仪器，设站定向、检核及参数设置（20 分钟）。 步骤 4：完成待放点 P 的放样并评定放样精度（30 分钟）。 步骤 5：总结及回收设备（15 分钟）	1. 单组用实训场地成矩形，最小边大于 100 m。 2. 地面平整便于操作及地面做点。 3. 视线开阔以便管理	1. 全站仪：仪器 1 台/组。 2. 可采用放样小棱镜、三脚撑架等用作放样

2. 教师任务安排

任务实施（学生规划）	笔记栏
请同学依据要完成的任务就对应知识点学习的时间分配，学习方法及形式，学习要点及总结要求等方面做出规划。	

任务扩展（教师给出）	笔记栏

学习总结

学习活动 2　全站仪极坐标法放样

<table>
<tr><th colspan="4">学习任务单</th></tr>
<tr><td>任务名称</td><td colspan="3">极坐标法放样</td></tr>
<tr><td>任务类型</td><td>实操型</td><td>能力面向</td><td>测绘地理信息数据获取与处理职业技能</td></tr>
<tr><td>完成时限</td><td>2 课时</td><td>学习方法</td><td>小组学习+任务</td></tr>
<tr><td>实施方式</td><td>现场实操+成果提交</td><td>考核方式</td><td>过程性考核+成果考核</td></tr>
<tr><td>考核点</td><td colspan="3">放样元素的计算　使用仪器进行极坐标法放样</td></tr>
</table>

<table>
<tr><th colspan="8">学习人员信息（学生填写）</th></tr>
<tr><td>姓名</td><td></td><td>班级</td><td></td><td>学号</td><td></td><td>电话</td><td></td></tr>
</table>

任务目标

在实训场空旷处，设置控制点 A 和控制点 B，如图所示布置待放点 P，熟练使用仪器（全站仪或经纬仪），根据计算出来的放样元素，采用极坐标法步骤如下：

（1）在已知点 A 上安置仪器，照准后视点 B，水平度盘置数为 $0°00'00''$。

（2）按照直接放样角度的过程，放样出 B，得到方向线 AP'。

（3）在 AP' 方向上，从 A 点起直接放样距离 S，得到点 P，在木板上固定，得到待放样的点 P 的位置。

现场测设出下表中 P 点的位置，并完成“放样点实测坐标与理论坐标较差表”的填写。

表 7-2　P 点坐标数据

<table>
<tr><th colspan="2">点号</th><th>X</th><th>Y</th><th>备注</th></tr>
<tr><td rowspan="3">序号</td><td>1</td><td>X_A=1 402.000 m</td><td>Y_A=1 571.000 m</td><td>控制点</td></tr>
<tr><td>2</td><td>X_B=1 571.000 m</td><td>Y_B=1 682.000 m</td><td>控制点</td></tr>
<tr><td>3</td><td>X_P=1 442.500 m</td><td>Y_P=1 602.500 m</td><td>待放点</td></tr>
</table>

任务介绍

笔记栏

【任务描述】

（1）能按照要求完成极坐标法放样元素的计算。

（2）能按照操作规范独立完成全站仪的安置及参数设置。

（3）能正确操作仪器完成极坐标法放样。

（4）对放样点位进行测量，对比计算值，分析测量成果精度。

【任务要求】

自主完成配套资源的学习，并完成学习笔记。

任务配套资源	笔记栏

【资源 1】文本型学习资源

知识点 1：坐标反算

根据已知点的坐标，算出两点的距离和坐标方位角。如已知点分别为：A 的平面坐标（X_A，Y_A），B 的平面坐标（X_B，Y_B）。

两点的水平距离 $D_{AB}=\sqrt{(x_B-x_A)^2+(y_B-y_A)^2}$

两点的坐标方位角 $\alpha_{AB}=\arctan\dfrac{\Delta y_{AB}}{\Delta x_{AB}}$

知识点 2：放样元素的计算

计算放样数据。根据已知点 AB 及待放样点 P 的坐标，反算放样元素水平角 B 和水平距离 S，即：

两方向之间水平夹角 $\beta=\alpha_{AP}-\alpha_{AB}$

控制点至待放点的水平距离 $S=\sqrt{(X_P-X_A)^2+(Y_P-Y_A)^2}$

任务规划（教师给出）	笔记栏

1. 执行规划建议

任务点	用时	学习方法	实施步骤	场地	设备
极坐标法放样	90 分钟	小组学习，建议 4 人 1 组	步骤 1：分组及场地分配（5 分钟）。 步骤 2：放样元素计算（20 分钟）。 步骤 3：各小组控制点现场布置、测站点安置仪器，设站定向、检核和参数设置（20 分钟）。 步骤 4：待放点 P 的放样（30 分钟）。 步骤 5：总结及回收设备（15 分钟）	1.单组用实训场地成三角形，最小边大于 60 m。 2.地面平整便于操作及地面做点。 3.视线开阔以便管理	1. 全站仪：仪器 1 台/组。 2.可采用放样小棱镜、三脚撑架等用作放样

2. 教师任务安排

任务实施（学生规划）	笔记栏
请同学依据要完成的任务就数据准备、人员分工（若为小组训练）、设备清单、实施步骤及要点、安全及总结要求等方面做出规划。	
任务扩展（教师给出）	**笔记栏**

学习总结

子项目学习质量监控单（教师填写）

序号	评分项	分值	实施要求	评定标准	得分
1	资源学习情况	15	1.学习痕迹明显，笔记认真仔细。 2.知识点掌握牢固，并能合理、灵活运用	优：课堂问答及练习能独立完成，回答正确，读书笔记细致。 良：课堂问答及练习成果正确，读书笔记记录较好。 中：课堂问答表述不清，练习成果基本正确。 差：完全不正确	
2	任务规划	15	1.规划内容完整。 2.规划内容应具可实施性。 3.规划过程应独立思考，具备一定的独特性	优：规划的内容详尽，具有很强的可实施性。 良：规划的内容详尽，可实施性一般。 中：规划的内容不全面，可实施性一般。 差：无规划，或者其规划的内容不全，无法实施	
3	任务实施	50	1.过程严格按规范要求进行。 2.过程性资料收集齐全。 3.独立完成任务要求的成果，提交及时	优：任务目标完成质量优良，过程规范，无错误。 良：任务目标完成质量良好，过程规范，无明显错误。 中：任务目标完成质量一般，过程相对规范，无明显错误。 差：没有完成任务目标或成果完全错误	
4	任务扩展	10	独立思考，能利用所学知识及相关手段完成所布置的拓展任务	优：独立思考，成果正确。 良：独立思考，成果基本正确。 中：任务完成得一般。 差：没有完成任务目标或成果完全错误	
5	其他	10	1.及时完成相关表格的填写。 2.独立完成总结的撰写，记录要详尽，要能从技能、知识等多方面进行总结	优：独立思考，任务全部完成，总结到位并能及时上交。 良：独立思考，任务基本完成，总结基本到位并能及时上交。 中：任务基本完成，总结基本到位。 差：没有完成任务目标	
6	职业能力评价	优：完全掌握技能及知识要点，操作规范，安全意识及团队意识好，吃苦耐劳，认真仔细。 良：基本掌握技能及知识要点，操作规范，安全意识及团队意识较好，认真仔细。 中：掌握部分技能及知识要点，操作相对规范，具有一定的安全意识。 未达标：没有掌握要求的技能及知识要点，或操作出现严重错误导致人员及设备损坏			
综合得分		学习过程（项 1～5）评价得分：　　技能水平评价：合格□　不合格□			
教师评语					

7.2　RTK 放样

任务 1　RTK 坐标点放样

【任务情况】

1. 本学习内容主要完成任务

根据某项目 3 个已知点（一般由设计提供）为 *A*、*B* 和 *C*，待放样点为 *P*（出设计图纸提供），根据测量原理，分别用 RTK 法放样出待放点 *P* 的实际位置。

2. 学习目标

知识目标：掌握 RTK 参数设置的步骤和程序。

掌握 RTK 放样的步骤和程序。

技能目标：能正确设置 RTK 的参数。

能正确使用 RTK 进行点的平面位置放样。

能正确使用 RTK 进行点的高程放样。

情感目标：养成认真细致的学习素养、精益求精的职业素养及爱岗敬业的职业操守。

3. 学习时间分配

学习活动序号	学习活动	建议学习时长	备注
学习活动 1	RTK 点的坐标放样	2	

【作业过程及任务点】

学习活动 1　RTK 点的坐标放样

<table>
<tr><th colspan="8">学习任务单</th></tr>
<tr><td>任务名称</td><td colspan="7">RTK 点的坐标放样</td></tr>
<tr><td>任务类型</td><td colspan="2">操作型</td><td colspan="2">能力面向</td><td colspan="3">测绘地理信息数据获取与处理职业技能</td></tr>
<tr><td>完成时限</td><td colspan="2">2 课时</td><td colspan="2">学习方法</td><td colspan="3">自主学习法</td></tr>
<tr><td>实施方式</td><td colspan="2">仪器操作</td><td colspan="2">考核方式</td><td colspan="3">过程性考核+计算成果考核</td></tr>
<tr><td>考核点</td><td colspan="7">RTK 放样的步骤和程序　　RTK 放样的精度</td></tr>
<tr><th colspan="8">学习人员信息（学生填写）</th></tr>
<tr><td>姓名</td><td></td><td>班级</td><td></td><td>学号</td><td></td><td>电话</td><td></td></tr>
</table>

任务目标

在学校实训场地内，选择已经有的控制点 A 点、B 点、C 点，检查点位与成果是否相符、点位完整性，确定无误后，坐标已知如表 7-3 放样点坐标表所示。以 A 点、B 点、C 点中的任意两点作为计算点，求出四参数，利用第三个点进行检核，检核精度符合要求情况下，输入待放点 P 的坐标，根据仪器提示放出 P 点的平面位置和高程，并完成“放样点实测坐标与理论坐标较差表”的填写。

表 7-3　放样点坐标表

序号	X	Y	H	备注
1	X_A=1 402.000 m	Y_A=1 571.000 m	H_A=1 898.123 m	控制点
2	X_B=1 571.000 m	Y_B=1 682.000 m	H_B=1 902.457 m	控制点
3	X_C=1 500.000 m	Y_C=1 600.000 m	H_C=1 905.418 m	控制点（检核用）
4	X_P=1 442.500 m	Y_P=1 602.500 m	H_P=1 899.413 m	待放点

任务介绍

笔记栏

【任务描述】

（1）根据任务目标要求中提供的各点坐标，完成 P 点的放样。

（2）能熟练使用设备，正确设置设备参数。

【任务要求】

（1）完成配套资源的学习，并完成学习笔记。

（2）能根据任务要求提供的控制点和设计点坐标，独立使用 RTK 进行平面坐标坐标放样和高程放样。

任务配套资源

笔记栏

【资源 1】文本型学习资源

GNSS RTK 特别适宜顶空障碍较小地区的放样，并且很少产生误差累积，属于直接坐标法的点放样。下面以银河系列 RTK，说明相关的操作。

步骤 1：安置 RTK

此内容参考本教材项目 2 中 2.4 部分内容。

步骤 2：求转换参数

GNSS 接收机输出的数据是 CGCS2000 经纬度坐标，需要转化到施工测量坐标，这就需要软件进行坐标转换参数的计算和设置，转换参数就是完成这一工作的主要工具。求转换参数主要是计算四参数或七参数和高程拟合参数，可以方便直观地编辑、查看、调用参与计算四参数和高程拟合参数的控制点。

在软件中的四参数指的是在投影设置下选定的椭球内 GNSS 坐标系和施工测量坐标系之间的转换参数。需要特别注意的是参与计算的控制点原则上至少要用两个或两个以上的点，控制点等级的高低和点位分布直接决定了四参数的控制范围。经验上四参数理想的控制范围一般都在 20～30 km^2 以内。七参数的应用范围较大（一般大于 50 km^2），计算时用户需要知道 3 个已知点的地方坐标和 CGCS2000 坐标，即 CGCS2000 坐标转换到地方坐标的 7 个转换参数。具体的参数转化过程如下，以四参数的设置为例：

“输入”—“求转换参数”，如图 7-1 所示。首先点击右上角的设置按钮，将“坐标转换方法”改为“一步法”，点击“确定”，则可以开始四参数的设置，如图 7-2 所示。

图 7-1　打开求转换参数

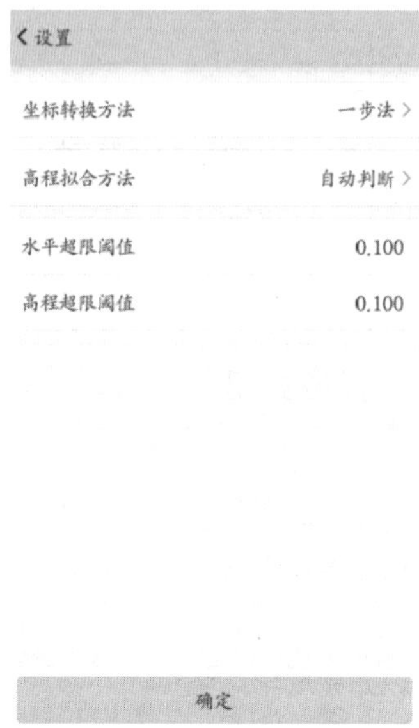

图 7-2　四参数设置

点击“添加”，输入已知平面坐标，如图 7-3 所示，大地坐标可以点击更多获取方式，里面有“定位获取”和“点库获取”，输入完成以后，点击“确定”，添加完第一个坐标 a_1。同样的方法添加第二个坐标 a_2，如图 7-4 所示。如果输入有误，可以单击 a_1 或 a_2，进行修改或者删除，如图 7-5 所示。然后点击“计算”，“应用”，如图 7-6、7-7 所示。将该参数应用到该工程以后，可以在“配置”“转换参数设置”“四参数”中查看四参数的北偏移、东偏移、旋转角和比例尺，如图 7-8 和 7-9 所示。

步骤 3：点放样

“测量”—“点放样”，进入放样界面，如图 7-10 所示。

点击“目标”，选择需要放样的点，点击“点放样”，如图 7-11 所示。也可点击右上角“三条黑线”组成的图案，直接放样坐标管理库里的点。

点击“选项”，选择“提示范围”，选择 1 m，则当前点移动到离目标点 1 m 范围以内时，系统会语音提示，如图 7-12 所示。在放样主界面上也会三方向上提示往放样点移动多少距离。

放样与当前点相连的点时，可以不用进入放样点库，点击“上点”或“下点”根据提示选择即可。

图 7-3　打开添加

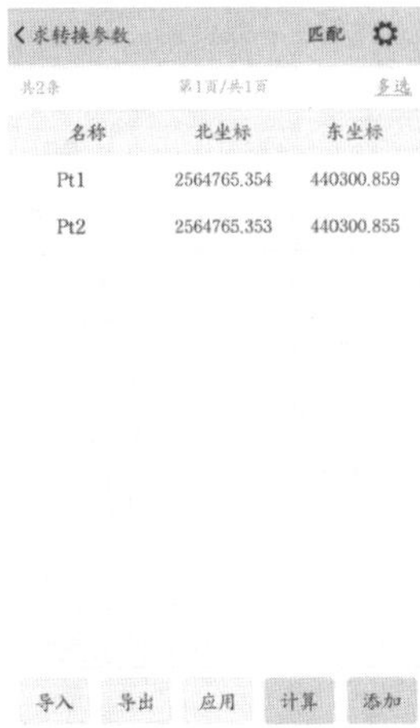

图 7-4　添加坐标

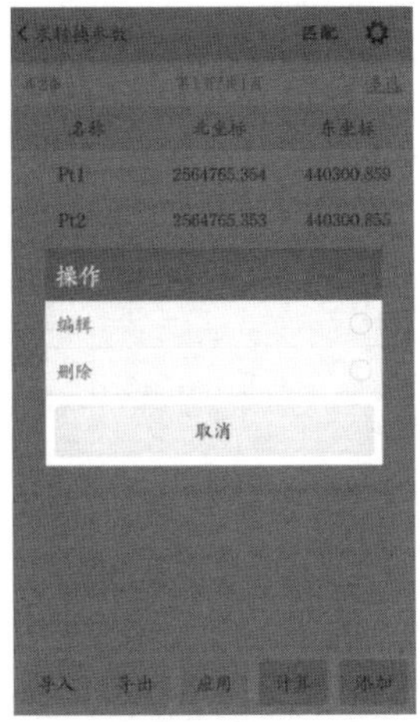

图 7-5　修　改

图 7-6　计　算

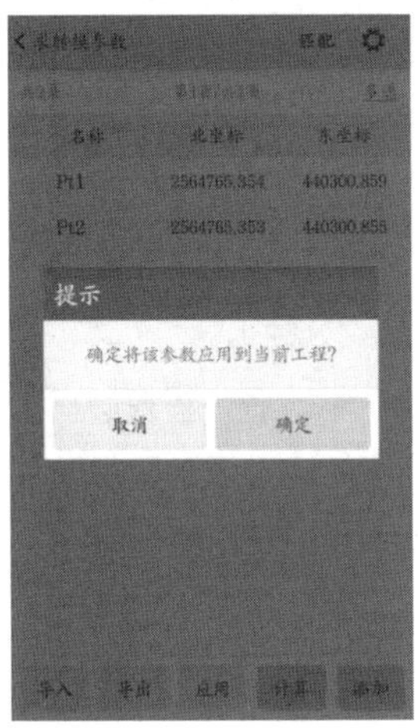

图 7-7　应用数据

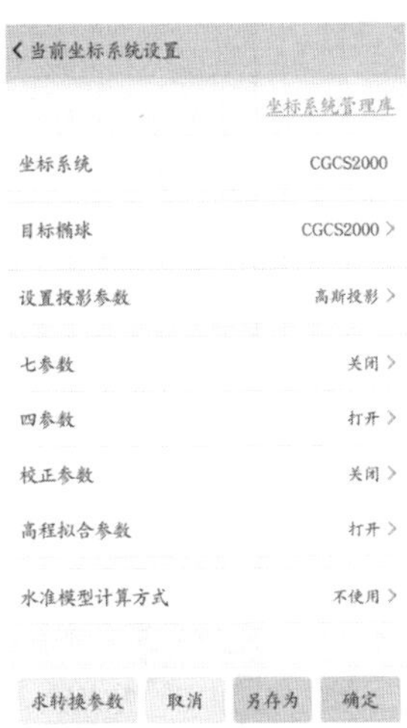

图 7-8　参数设置

图 7-9　参数值

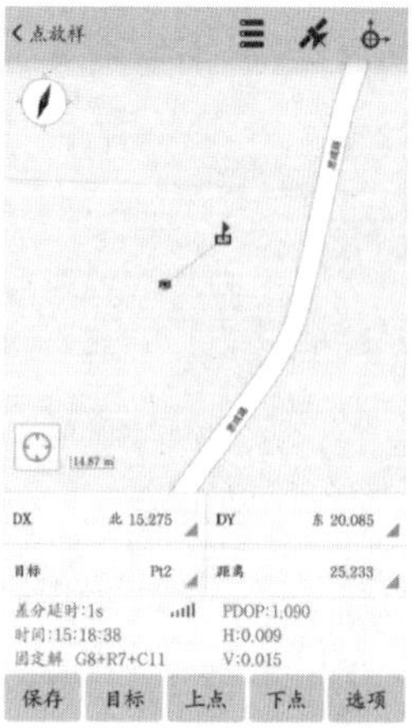

图 7-10　点放样界面

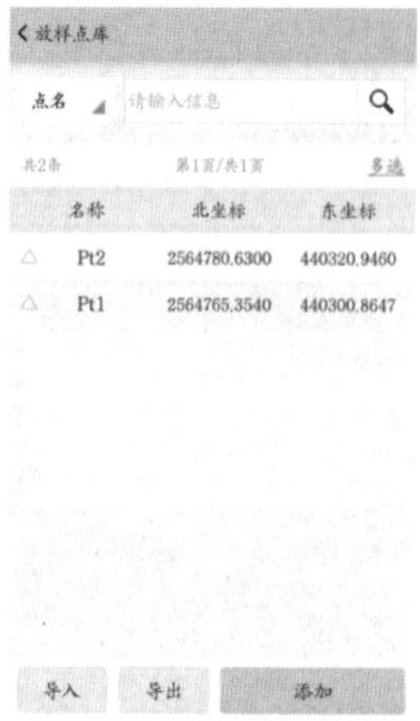

图 7-11　选择放样点

图 7-12　放样点提示设置

任务规划（教师给出）

1. 执行规划建议

任务点	学习时间	学习方法	实施步骤	资源
RTK 法坐标点放样	90 分钟	小组学习，建议 4 人 1 组	步骤 1：分组及场地分配（5 分钟）。 步骤 2：各小组控制点现场布设（可以采用独立坐标）布置（20 分钟）。 步骤 3：求转换参数、检核输入待放点的坐标（20 分钟）。 步骤 4：完成待放点 P 的放样并评定放样精度（30 分钟）。 步骤 5：总结及回收设备（15 分钟）	1.场地条件： （1）单组用实训场地成矩形，最小边大于 100 m。 （2）地面平整便于操作及地面做点。 （3）视线开阔以便管理。 2.设备： （1）RTK 移动站：移动站 1 台/组。 （2）配套的碳纤杆，钢卷尺、记号笔等

2. 教师任务安排

任务实施（学生规划）	笔记栏
请同学依据要完成的任务，就任务点学习的时间分配，学习方法及形式，数据准备、人员分工、设备清单、实施步骤及要点，安全及总结要求等方面做出规划。	

任务扩展（教师给出）	笔记栏

学习总结

子项目学习质量监控单（教师填写）

序号	评分项	分值	实施要求	评定标准	得分
1	资源学习情况	15	1.学习痕迹明显，笔记认真仔细。 2.知识点掌握牢固，并能合理、灵活运用	优：课堂问答及练习能独立完成，回答正确，读书笔记细致。 良：课堂问答及练习成果正确，读书笔记记录较好。 中：课堂问答表述不清，练习成果基本正确。 差：完全不正确	
2	任务规划	15	1.规划内容完整。 2.规划内容应具可实施性。 3.规划过程应独立思考，具备一定的独特性	优：规划的内容详尽，具有很强的可实施性。 良：规划的内容详尽，可实施性一般。 中：规划的内容不全面，可实施性一般。 差：无规划，或者其规划的内容不全，无法实施	
3	任务实施	50	1.过程严格按规范要求进行。 2.过程性资料收集齐全。 3.独立完成任务要求的成果，提交及时	优：任务目标完成质量优良，过程规范，无错误。 良：任务目标完成质量良好，过程规范，无明显错误。 中：任务目标完成质量一般，过程相对规范，无明显错误。 差：没有完成任务目标或成果完全错误	
4	任务扩展	10	独立思考，能利用所学知识及相关手段完成所布置的拓展任务	优：独立思考，成果正确。 良：独立思考，成果基本正确。 中：任务完成得一般。 差：没有完成任务目标或成果完全错误	
5	其他	10	1.及时完成相关表格的填写。 2.独立完成总结的撰写，记录要详尽，要能从技能、知识等多方面进行总结	优：独立思考，任务全部完成，总结到位并能及时上交。 良：独立思考，任务基本完成，总结基本到位并能及时上交。 中：任务基本完成，总结基本到位。 差：没有完成任务目标	
6	职业能力评价	优：完全掌握技能及知识要点，操作规范，安全意识及团队意识好，吃苦耐劳，认真仔细。 良：基本掌握技能及知识要点，操作规范，安全意识及团队意识较好，认真仔细。 中：掌握部分技能及知识要点，操作相对规范，具有一定的安全意识。 未达标：没有掌握要求的技能及知识要点，或操作出现严重错误导致人员及设备损坏				
综合得分		学习过程（项 1～5）评价得分： 技能水平评价：合格□ 不合格□				
教师评语						

7.3　高程放样

任务　水准仪法高程点放样

【任务情况】

1. 本学习内容主要完成任务

根据实训场地已有的高程点 A，放样待定点 B，根据场地的不同主要分为两种情况：① 近距离、小高差、一测站放样一个高程点；② 近距离、大高差、一测站水准仪结合钢尺放样一个高程点，可重复上述放样过程，获得 B 点的多个位置，通过实地测量、计算，获得平均位置，通过计算放样误差，计算放样中误差。

2. 学习目标

知识目标：了解水准仪放样一个高程点的过程。
掌握水准仪放样一个高程点的方法。

技能目标：能正确掌握水准仪放样出近距离、小高差、一测站放样一个高程点的方法。
能正确掌握水准仪放样出近距离、大高差、一测站水准仪结合钢尺放样一个高程点的方法。

情感目标：养成认真细致的学习素养、精益求精的职业素养及爱岗敬业的职业操守。

3. 学习时间分配

学习活动序号	学习活动	建议学习时长	备注
学习活动 1	水准仪法高程点放样	2	

【作业过程及任务点】

学习活动 1　水准仪法高程点放样

<table>
<tr><th colspan="8">学习任务单</th></tr>
<tr><td colspan="2">任务名称</td><td colspan="6">水准仪法高程点放样</td></tr>
<tr><td colspan="2">任务类型</td><td colspan="2">操作型</td><td colspan="2">能力面向</td><td colspan="2">测绘地理信息数据获取与处理职业技能</td></tr>
<tr><td colspan="2">完成时限</td><td colspan="2">2 课时</td><td colspan="2">学习方法</td><td colspan="2">自主学习法</td></tr>
<tr><td colspan="2">实施方式</td><td colspan="2">仪器操作</td><td colspan="2">考核方式</td><td colspan="2">过程性考核+计算成果考核</td></tr>
<tr><td colspan="2">考核点</td><td colspan="3">水准仪放样一个高程点的步骤和程序</td><td colspan="3">水准仪放样一个高程点的精度</td></tr>
<tr><th colspan="8">学习人员信息（学生填写）</th></tr>
<tr><td>姓名</td><td></td><td>班级</td><td></td><td>学号</td><td></td><td>电话</td><td></td></tr>
</table>

任务目标

在学校实训场地内，选择相互距离不远的 A 点和 B 点，如图 7-13 所示，其中 A 点为控制点，其高程为 H_A=1 898.123 m，B 点为待放样点，其高程为 H_B=1 902.457 m。根据水准测量的原理，采用短距离和长距离放样的方法，分两次放出待放点 B 的位置。

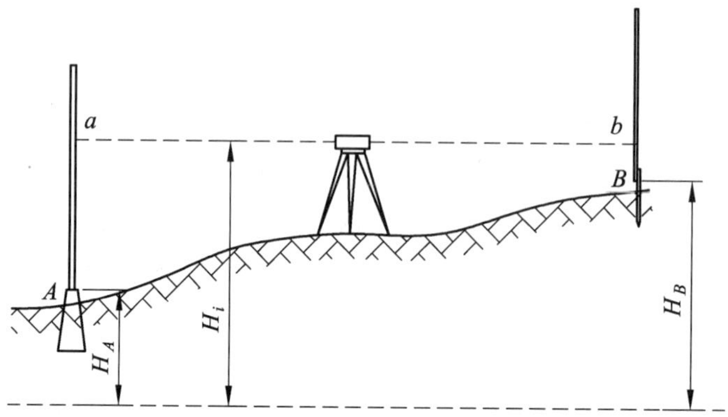

图 7-13　高程点放样示意图

任务介绍

笔记栏

【任务描述】

能正确使用水准仪按照作业流程，准确放样出待放点 B 的位置。

【任务要求】

（1）完成配套资源的学习，并完成学习笔记。

（2）任务实施前完成实施计划及设备认领清单。

团队合作完成任务，最后撰写该实训项目的小结，字数不少于 500 字。

任务配套资源

笔记栏

【资源 1】文本型学习资源

知识点 1：近距离、小高差、一测站放样一个高程点

如图 7-14 所示，其放样步骤如下。

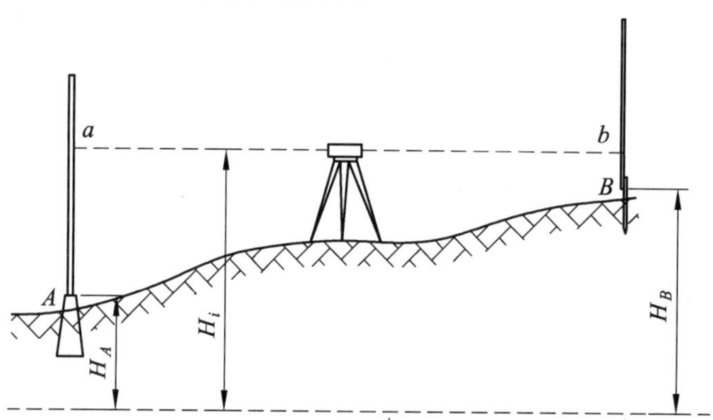

图 7-14　近距离、小高差、一测站放样一个高程点

步骤 1：根据已知高程点 A 的高程 H_A 和待定高程点 B 的高程 H_B 计算放样数据，$h_{AB}=H_B-H_A$。

步骤 2：在已知高程点 A 处立一水准尺，在待放样点 B 与 A 之间的中间位置安置水准仪。

步骤 3：照准后视尺，精确整平后，读取读数 a。

步骤 4：计算前视尺读数 $b=a-h_{AB}$。

步骤 5：在待放样点 B 处直立一标志（也可选择墙面、柱子等直立物），将前视尺靠在标志上，精确整平水准仪，上下移动前视尺，当中丝与 b 读数重合时，固定前视尺，则尺底位置即为 B，B 点高程为 H_B。

步骤 6：变换水准仪高度，重复步骤 2、3、4，进行校核后，得到该点。

知识点 2：近距离、大高差、一测站水准仪结合钢尺放样一个高程点

如图 7-15 所示，其放样步骤如下。

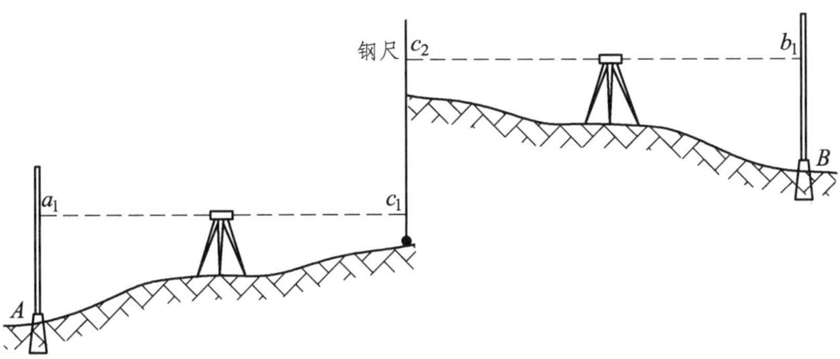

图 7-15　近距离、大高差、一测站水准仪结合钢尺放样一个高程点

步骤 1：选择一高于 3 m 的建筑，在顶部悬吊一钢尺（钢尺应高于建筑顶部 1.5 m 以上），钢尺零点在底部，加标准拉力（15 kg）。

步骤 2：在已知点 A 立后视尺，在钢尺与后视尺之间的中间位置安置水准仪，照准后视尺精确整平后读取读数 a_1，照准钢尺，精确整平读取钢尺读数 c_1。

步骤 3：在建筑物顶部、距离钢尺和待放样点 B 等距离处安置一台水准仪，照准钢尺，精确整平读取读数 c_2。

步骤 4：计算待定点尺的读数 $b_1=H_A+a_1+c_2-c_1-H_B$。

步骤 5：在待定点 B 处立后视尺，照准后视尺，精确整平后，上下移动后视尺，当读数为 b_1 时，固定尺，则尺底位置即为点 B 的位置，该点高程为 H_B。

步骤 6：改变仪器高度，重复步骤 2、3、4，得出 b_2，按照步骤 5，获得另一点 B_2，取 B_1、B_2 两点的中间位置，则该点为待放样点 B 的位置。

任务规划（教师给出）	笔记栏

1. 执行规划建议

任务点	用时	学习方法	实施步骤	场地	设备
水准仪法高程点放样	90分钟	小组学习，建议4人1组	步骤1：分组及场地分配（5分钟）。 步骤2：各小组控制点现场布设（15分钟）。 步骤3：完成短距离高程点 B 的放样过程，并评定放样精度（20分钟）。 步骤4：完成长距离，大高程点 B 放样过程，并评定放样精度（30分钟）。 步骤5：总结及回收设备（15分钟）	1.单组用实训场地最小边大于100 m。 2.地面平整便于操作及地面做点。 3.视线开阔以便管理	1.水准仪1台/组。 2.配套脚架，钢卷尺、记号笔等

2. 教师任务安排

任务实施（学生规划）	笔记栏

请同学依据要完成的任务就对应知识点学习的时间分配，学习方法及形式，学习要点及总结要求等方面做出规划。

任务扩展（教师给出）	笔记栏

学习总结

子项目学习质量监控单（教师填写）

序号	评分项	分值	实施要求	评定标准	得分
1	资源学习情况	15	1.学习痕迹明显，笔记认真仔细。 2.知识点掌握牢固，并能合理、灵活运用	优：课堂问答及练习能独立完成，回答正确，读书笔记细致。 良：课堂问答及练习成果正确，读书笔记记录较好。 中：课堂问答表述不清，练习成果基本正确。 差：完全不正确	
2	任务规划	15	1.规划内容完整。 2.规划内容应具可实施性。 3.规划过程应独立思考，具备一定的独特性	优：规划的内容详尽，具有很强的可实施性。 良：规划的内容详尽，可实施性一般。 中：规划的内容不全面，可实施性一般。 差：无规划，或者其规划的内容不全，无法实施	
3	任务实施	50	1.过程严格按规范要求进行。 2.过程性资料收集齐全。 3.独立完成任务要求的成果，提交及时	优：任务目标完成质量优良，过程规范，无错误。 良：任务目标完成质量良好，过程规范，无明显错误。 中：任务目标完成质量一般，过程相对规范，无明显错误。 差：没有完成任务目标或成果完全错误	
4	任务扩展	10	独立思考，能利用所学知识及相关手段完成所布置的拓展任务	优：独立思考，成果正确。 良：独立思考，成果基本正确。 中：任务完成得一般。 差：没有完成任务目标或成果完全错误	
5	其他	10	1.及时完成相关表格的填写。 2.独立完成总结的撰写，记录要详尽，要能从技能、知识等多方面进行总结	优：独立思考，任务全部完成，总结到位并能及时上交。 良：独立思考，任务基本完成，总结基本到位并能及时上交。 中：任务基本完成，总结基本到位。 差：没有完成任务目标	
6	职业能力评价	优：完全掌握技能及知识要点，操作规范，安全意识及团队意识好，吃苦耐劳，认真仔细。 良：基本掌握技能及知识要点，操作规范，安全意识及团队意识较好，认真仔细。 中：掌握部分技能及知识要点，操作相对规范，具有一定的安全意识。 未达标：没有掌握要求的技能及知识要点，或操作出现严重错误导致人员及设备损坏				
综合得分		学习过程（项1～5）评价得分： 技能水平评价：合格□ 不合格□				
教师评语						

项目 8

地形测量

本项目是整个测量学教学的一个重要组成部分，是贯彻理论联系实际原则和进行工程师基本训练所不可缺少的教学环节，是使同学获得感性认识、培养动力能力和解决实际问题能力最有效的方法，对提高测量学教学质量有重要作用。

通过地形测量，使学生了解从图根控制到大比例尺测图生产作业的全过程，从而巩固和加深对知识的理解，并增强学生的动手能力，培养学生运用所学知识分析问题的能力和解决问题的能力。

8.1 地形图基本知识

任务 1 地形图基本知识

【任务情况】

1. 本学习内容主要完成任务

能正确识读地形图，对照地形图能说出图中所示图例的含义，能对地形图进行总体的描述。

2. 学习目标

知识目标：掌握比例尺的概念及其应用。
掌握地物、地貌在地形图上的表示方法。
掌握地物、地貌特征点的选择、测量和绘图方法。
掌握大比例尺地形图测绘内容及测图方法。
掌握等高线的特性及勾绘等内容。

技能目标：能正确识读地形图上的图例。
会使用地形图图件与比例尺。
能对地形图进行总体的描述，分析地形地貌。

情感目标：通过实习培养严谨、细致的学习态度。
养成专注的工作作风。

3. 学习时间分配

学习活动序号	学习活动	建议学习时长	备注
学习活动 1	地形图基本知识	4	

【作业过程及任务点】

学习活动 1　地形图基本知识

<table>
<tr><th colspan="8">学习任务单</th></tr>
<tr><td colspan="2">任务名称</td><td colspan="6">地形图基本知识</td></tr>
<tr><td colspan="2">任务类型</td><td colspan="2">理论性</td><td colspan="2">能力面向</td><td colspan="2">测绘地理信息数据获取与处理职业技能</td></tr>
<tr><td colspan="2">完成时限</td><td colspan="2">4 课时</td><td colspan="2">学习方法</td><td colspan="2">教师讲授、学生自主扩展学习法</td></tr>
<tr><td colspan="2">实施方式</td><td colspan="2">理论学习</td><td colspan="2">考核方式</td><td colspan="2">理论考核、实践考核</td></tr>
<tr><td colspan="2">考核点</td><td colspan="6">地形图比例尺、地形图图式、等高线</td></tr>
<tr><th colspan="8">学习人员信息（学生填写）</th></tr>
<tr><td>姓名</td><td></td><td>班级</td><td></td><td>学号</td><td></td><td>电话</td><td></td></tr>
<tr><th colspan="8">任务目标</th></tr>
</table>

完成下面地形图的识读，完成“地形图识读任务表”。

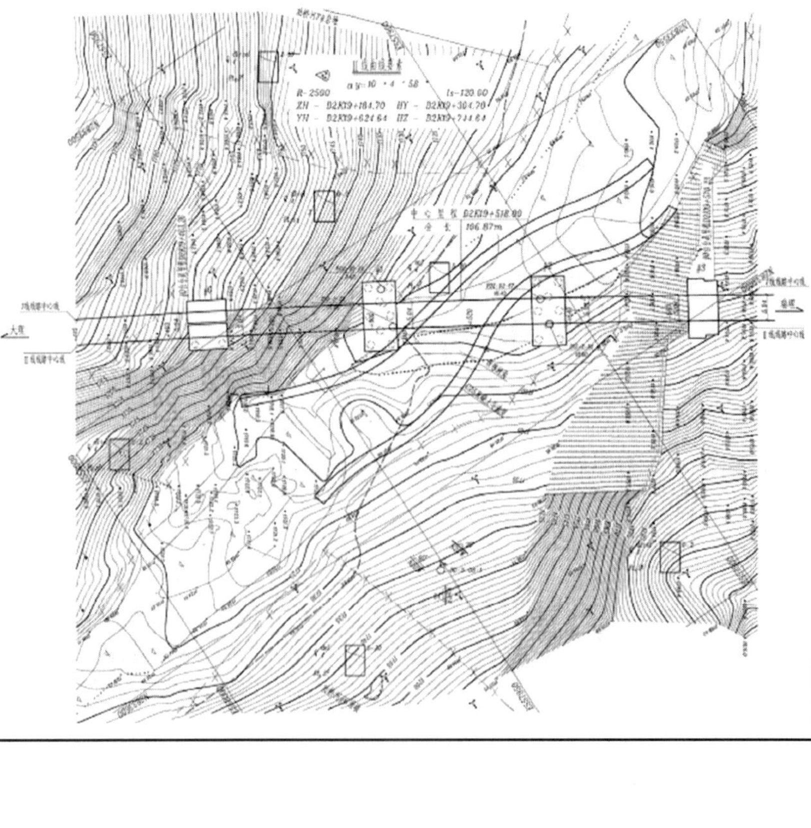

地形图识读任务表

序号	任务要求	回答
1	该地形图的比例为多少？ 是属于哪种类型的比例尺？ 该比例尺可以表示实际地面多少精度范围？	
2	该图上有什么地物？用的是什么地物符号？ 请按照以下顺序回答： （画地物符号）表示××，采用的是比例符号	
3	请总体描述一下该图所表示的地貌情况（如：是什么地形？有几个山头？每个山头几个方向的坡度如何？有没有陡坎？）	
4	请在图上用红笔标示出山头、山脊、山谷、山坡、鞍部、洼地、绝壁	

任务介绍

笔记栏

【任务描述】

（1）能正确描述地形图的组成及主要内容。

（2）能正确回答“地形图识读任务表”中的问题。

【任务要求】

（1）完成配套资源的学习，并完成学习笔记。

（2）能独立识读地形图，对于不清楚的问题能及时查找答案给予解决。

任务配套资源

学习笔记栏

【资源1】文本型学习资源

知识点1：地形图概述

地面上由人工建造的固定物体和由自然力形成的准物体，例如房屋、道路、河流、树林、孤立岩石等，称为地物。地面上主要由自然力形成高低起伏的连续形态，如平原、山岭、山谷、斜坡、洼地等称为地貌。地物和地貌又总称为地形。

地形图测绘是按照测量工作的“先控制，后细部”的原则进行的。先在测区内建立平面和高程控制网，然后根据控制点进行地物和地貌测绘。将地面上各种地物的平面位置按一定的比例用线条和符号测绘在图纸上，并测定地面代表性点位的高程，这种图称为地物平面图；如果既测绘地物平面位置，又测定地面高程点，并据此绘制表示地貌的等高线，这种图称为等高线地形图。这两种图又通称为地形图。在地形图上用点位、线条、符号、文字表示的地物和地貌的空间位置及属性称为地形要素。地形测量就是测定地形要素，其最终成果就是地形图。

用传统的地形测量方法测绘的地形图是以图纸（优质画图纸或聚酯薄膜）

为载体将野外实测的地形数据，按预定的测图比例尺，手工用几何作图的方法，缩绘于图纸上即用图纸保存点位、线条、符号等地形信息。故按这种图的性质，称之为图解地形图，或称为白纸测图。最初的成品为地形原图，然后复制或印刷成纸质地形图，提供给用户使用。

自从电子全站仪应用于地形测量和计算机技术应用于制图领域以来，地形图测绘的方法已改进为野外实测数据的自动化记录和内业绘图时的计算机辅助成图，简称机助成图。

实测数据经过全站仪和计算机的数据通信以及计算机软件的编辑处理，将地形信息生成地形图，并以数字形式储存于光盘等载体。故按这种图的性质，称之为数字地形图，俗称为电子地图。

知识点 2：地形图比例尺

1. 比例尺的表示方法与分类

1）比例尺的概念

比例尺就是图上某一线段的长度 d 与地面上相应线段的水平距离 D 之比，可用下式表示：

$$\frac{d}{D}=\frac{1}{M} \tag{8.1}$$

或写成 $1:M$。

式中 M 为比例尺的分母，表示地形图的缩小倍数。M 愈大，比例尺愈小；反之，比例愈大。

根据式（8.1），若知道了图上距离 d，就可由 $D=Md$ 得到实际水平距离了；反之，知道了实地两点间的水平距离 D，也可得到其图上距离为 $d=D/M$。

2）比例尺的表示方法

由于测图和用图的需求不同，比例尺的表示方法可分为数字比例尺和图式比例尺两种。

数字比例尺是直接用分子为 1 的分数或数字来表示的，如缩小倍数为 1 000 的比例尺可写为 $\frac{1}{1\,000}$ 或 1∶1 000。

图式比例尺是把数字比例尺用图的形式来表示（图 8-1），图式比例尺由两条平行线构成，把它们分成若干个 2 cm 或 1 cm 长的基本单位，左边的一个基本单位分成 10 等份，所注记的数字表示以 m 为单位的实际距离。

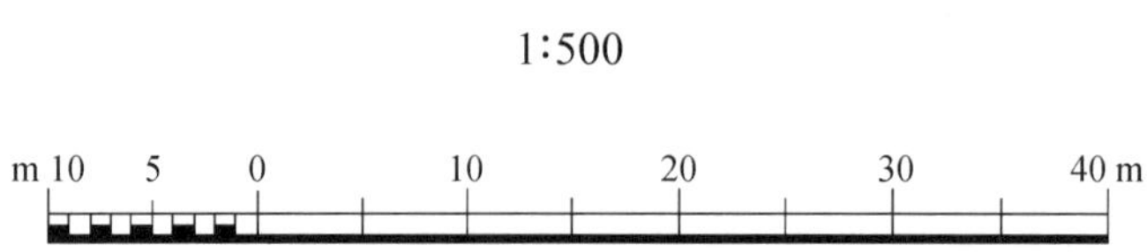

图 8-1　1∶500 的图示比例尺

图式比例尺是直接绘制在图样上的，它直观且使用方便；更为主要的是，它随图样一起产生伸缩变形，用它量取的距离可以消除图样伸缩产生的影响。

使用图式比例尺时，用分规的两脚尖对准图上欲量取距离的两个点，然后将分规移至图式比例尺，使其一个脚尖落在“0”分划右侧的某一整分划线上，另一个脚尖落在“0”分划的左侧，左右两侧的读数之和就是所要量取的距离，不足一个小分划的可以估读。

3）比例尺的分类

地形图的比例尺按大小不同可以分为大、中、小比例尺，其相应的图样称大、中、小比例尺地形图。通常将1∶500、1∶1 000、1∶2 000和1∶5 000比例尺的地形图称为大比例尺地形图；1∶10 000、1∶25 000、1∶50 000 和1∶100 000 比例尺的地形图称为中比例尺地形图；1∶200 000、1∶500 000 和1∶1 000 000 比例尺的地形图称为小比例尺地形图。

中、小比例尺地形图由国家测绘部门负责测绘，以航空摄影测量的方法成图，大比例尺地形图由人工采用普通测量仪器以实测的方法成图。

2. 比例尺的精度

1）比例尺精度的概念

地形图上0.1 mm所代表的实地水平距离就称为比例尺精度，用ε表示，即：

$$\varepsilon=0.1\times M \tag{8.2}$$

人眼的分辨率只有0.1 mm，也就是说间距小于0.1 mm的两个点我们已无法分辨，实际上这两个点也难以画到图上。

不同比例尺及其精度值见表8-1。

表8-1　比例尺及其精度

比例尺	1∶100	1∶500	1∶1 000	1∶2 000	1∶5 000	1∶10 000
比例尺精度/m	0.01	0.05	0.10	0.20	0.50	1.00

2）比例尺精度的作用

比例尺精度的作用主要表现在两个方面：一方面是可以根据比例尺的大小来确定在碎部测量距离时的准确程度。例如，在测绘1∶1 000比例尺地形图时，实地量距精度只要达到0.10 m就可以；若小于0.10 m，则无法在图上绘出来。另一方面，按照测量地物的要求精度，可以决定测图比例尺的大小。

3）地形图比例尺的选用

图的比例尺愈大，其表示的地物、地貌愈详细，精度也愈高。但是一幅图所能包含的地面面积也愈小，而且测绘工作量也会成倍增加。所以，应该按实际需要选择测图的比例尺。在城市和工程建设的规划、设计和施工中，要用到多种比例尺的地形图，其比例尺的选用如表8-2所示。

表 8-2　地形图比例尺选用

比例尺	用　途
1∶10 000	城市总体规划、项目选择、区域布置方案比较
1∶5 000	
1∶2 000	城市详细规划及工程项目初步设计
1∶1 000	建筑设计、城市详细规划、工程施工设计、地下管线图、工程竣工图
1∶500	

知识点 3：地形图的表示方法

1. 地形图图式

为便于测图和用图，在地形图上用各种点位、线条、符号、文字等表示实地的地物和地貌，这些线条和符号等统一代表地形图上所有的地形要素，总称为地形图图式。现行《国家基本比例尺地图图式第一部分：1∶500　1∶1 000　1∶2 000 地形图图式》（GB/T20257.1—2017）于 2017 年 10 月 14 日发布，自 2018 年 5 月 1 日起实施的，以下简称《图式》，节选见图 8-2 所示。

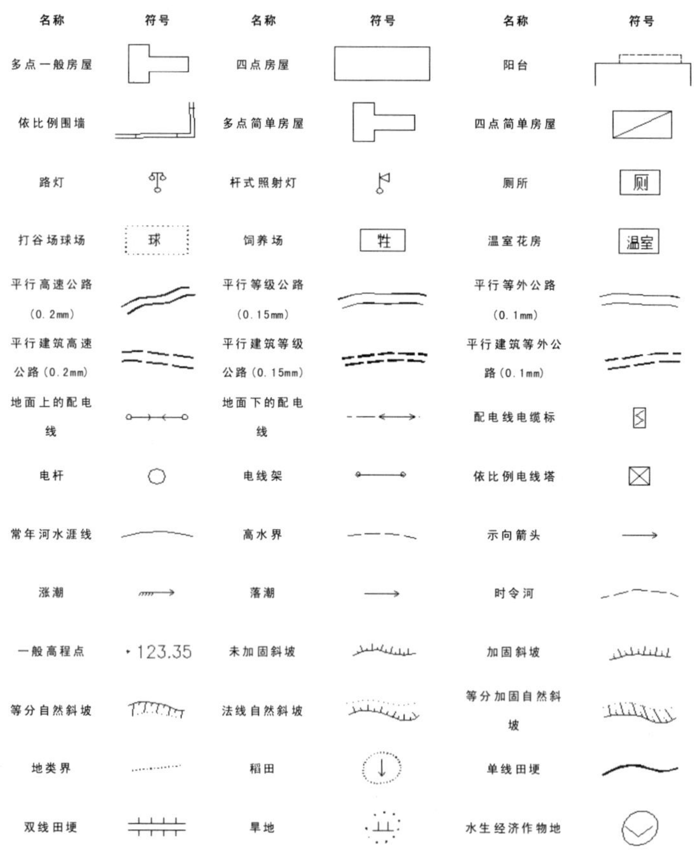

图 8-2　地形图常用图式

2. 地物在地形图上的表示方法

《图式》中的符号分为地物符号、地貌符号和注记符号三种，其中地物符号又分为比例符号、半比例符号和非比例符号三类。图 8-2 为部分地形图图示符号。

1）比例符号

把地面上轮廓较大的地物，依其形状和大小按比例尺缩绘到图样上，这类符号称为比例符号，如房屋、运动场、湖泊、森林的范围等。

2）半比例符号

一些线状延伸的地物，如电力线、道路、沟渠、管线等，其长度可以按比例缩绘，而其宽度不能按比例缩绘，这类符号称为半比例符号。

3）非比例符号

有些地物很小，不能按比例缩绘，而这些地物又很重要，必须在图上表示出来，这时不管地物的实际尺寸，均用规定的符号来表示，这类符号称为非比例符号，如三角点、水准点、水塔、独立树、消火栓等。

非比例符号的定位点是这样规定的：几何符号的定位点在其几何中心，如三角点；具有宽底线的符号，定位点在底线中心，如里程碑、岗亭；用几种几何图形构成的符号，其定位点在下方图形的几何中心或交叉点，如路灯；底部为直角的其定位点在直角的顶点上。

4）注记符号

为了补充地物符号的信息而加注的文字、数字或符号等称为注记符号，如地名、高程、楼房的结构和层数、地类、植被及其种类，江河的水流方向等。

3. 地貌在地形图上的表示方法

地形图上表示地貌的方法主要是用等高线符号和微观特征地貌符号。

1）等高线

等高线是地面上高程相等的相邻各点所连成的闭合曲线。如图 8-3 所示，设想以平均海平面作为高程起算的基准面，然后用许多平行于这个基准面且间隔相等的水准面，分别用高程为 100 m、200 m、300 m、400 m 的平面去截取山体；将水准面与地表面的截口线，按正射投影的方法投影到基准面上，并标记高程，然后按地图比例尺缩绘，所得图形是一圈套一圈的闭合曲线，每一条闭合曲线上的各点高程均相等，故称为等高线。

2）等高距

等高距是地面上两相邻截平面之间的垂直距离，或者说是相邻两条等高线之间的高程差，如图 8-4 所示。

等高距的选择必须根据地形高低起伏程度、测图比例尺的大小和使用地形图的目的等因素来决定。

基本等高距：根据不同的地貌类型和比例尺，在同一测区或图幅中，确定的唯一使用的等高距。等高距的选用可参考相应的测量规范，其中对大比例尺地形图测绘时等高距的规定见表 8-3，在同一幅地形图上或同一测区，一般不能有两种不同的等高距。

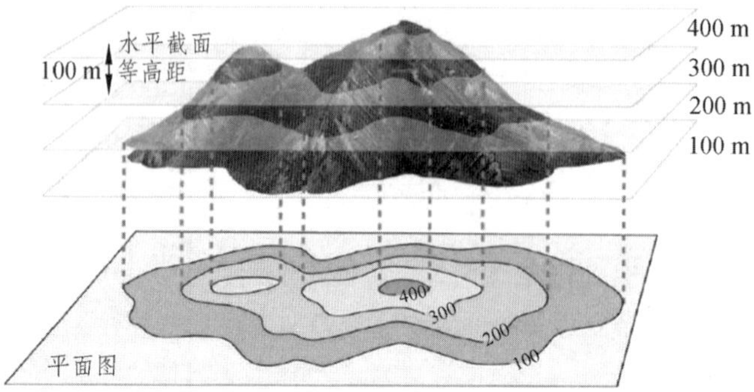

图 8-3　等高线示意图

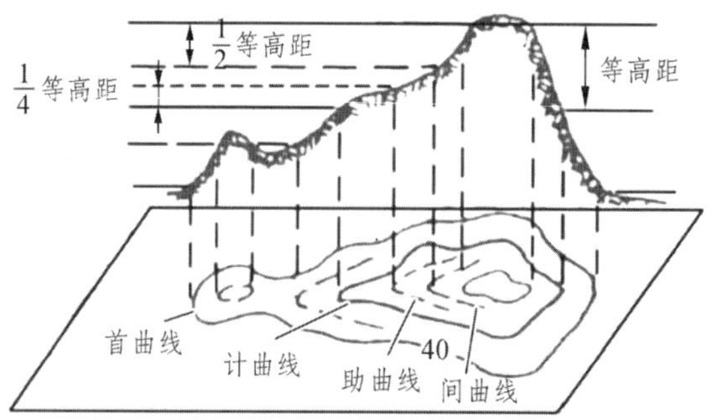

图 8-4　等高距示意图

表 8-3　地形图基本等高距

比例尺	基本等高距			
	平 地	丘陵地	山 地	高山地
1∶500	0.5	1.0（0.5）	1.0	1.0
1∶1 000	0.5（1.0）	1.0	1.0	2.0
1∶2 000	1.0（0.5）	1.0	2.0（2.5）	2.0（2.5）

等高线平距是指相邻两条等高线之间的水平距离，用 d 表示。在同一幅图中，一般等高距是固定不变的，等高距平距随地面坡度大小不同而产生变化。陡坡平距小，缓坡平距大，均坡平距相等，而一个斜面的等高线是一组平行线。

坡度常用百分率来表示，上坡为正，下坡为负，用 i 来表示坡度，则:

$$i=\frac{h}{MC} \tag{8.3}$$

3）等高线种类

在地形图上，为了精确地显示地貌，便于读图和计算高程，将等高线分为首曲线、计曲线、间曲线和助曲线四种。此外，在局部还以示坡线辅助表示地貌。等高线符号如图 8-4 所示，示坡线的表示如图 8-5 所示。

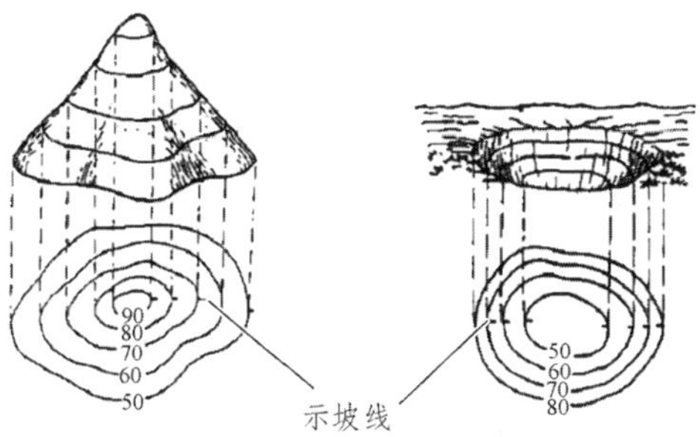

图 8-5　示坡线示意图

（1）首曲线是从高程基准面起算，按基本等高距测绘的等高线，又称基本等高线。用以显示地貌的基本形态。图上用 0.15 mm 的细实线表示。

（2）计曲线是为便于等高线的高程判读，从高程基准面起算，每隔 4 条或 3 条（等高距为 2.5 m 时每隔 3 条）首曲线加粗一条的等高线，又称加粗等高线。图上用 0.3 mm 粗的实线表示。

（3）用基本等高线有时不能显示出地貌的某些局部小起伏形态（如小山头、阶坡或鞍部等），按 1/2 基本等高距测绘的等高线，称为间曲线，又称半距等高线。图上用线粗为 0.15 mm 的长虚线表示。表示时可不闭合，但应表示到基本等高线间隔较小、地貌倾斜相同的地方为止。在表示小山顶、小洼地、小鞍部等地貌形态时，可缩短其实部和虚部的尺寸。

（4）当用基本等高线和半距等高线都不能显示出地貌的某些微小起伏形态时，则采用 1/4 等高距的等高线，称为助曲线，以线粗为 0.15 mm 的短虚线表示。

（5）间曲线与助曲线只用于局部地区，所以它们并不像首曲线那样一定要自身闭合。当用于显示微型地貌形态时，一般应注意其对称描绘，除山头与凹地的间曲线要闭合外，表示阶坡时，两端应终止于最窄处，表示鞍部时，要对称地画两条。

（6）示坡线是指示斜坡降落的方向线，它与等高线垂直相交。一般应表示在谷地、山头、鞍部、图廓边及斜坡方向不易判读的地方。凹地的最高、最低一条等高线上也应表示示坡线。

（7）水下等高线：海岸线以下采用 1985 国家高程基准作为高程起算面测定水下高程及等高线（无法与国家高程基准进行联测的岛屿，可采用当地平均海水面作为高程起算面）也可采用深度基准面测定水深及等深线，但同一幅图内只能采用一种起算面。

4）等高线的基本特征

（1）等高性

同一条等高线上的所有点的高程都相等，但高程相等的点不一定在同一条等高线上。

（2）闭合性

等高线是一条闭合曲线，它不在图内闭合就会在图外闭合，在一幅图内，只有遇到符号或数字时才断开。

（3）非交性

等高线之间一般不能相交，只有在陡崖和悬崖处的等高线才有可能相交或重叠，交点成对出现。

（4）正交性

等高线与山脊线或山谷线成正交，也就是说，等高线应与山脊线或山谷线垂直。

（5）密陡稀缓性

在一幅图内，等高线愈密，说明等高线平距愈小，该实地的坡度愈大；反之，则山坡缓，平距大。

任务规划（教师给出）

笔记栏

1. 执行规划建议

知识点	学习时间	学习方法	资源
地形图概述	20 分钟	自主学习	教室、多媒体设备
地形图比例尺	25 分钟	自主学习+讨论+计算练习	教室
地形图的表示方法	20 分钟	自主学习+读图练习	教室
任务的完成	25 分钟	讨论+习题	教室

2. 教师任务安排

任务实施（学生规划）

笔记栏

请同学依据要完成的学习任务就对应知识点学习的时间分配，学习方法及形式，学习要点及总结要求等方面做出规划。

任务扩展（教师给出）	笔记栏

学习总结

子项目学习质量监控单（教师填写）

序号	评分项	分值	实施要求	评定标准	得分
1	资源学习情况	15	1.学习痕迹明显，笔记认真仔细。 2.知识点掌握牢固，并能合理、灵活运用	优：课堂问答及练习能独立完成，回答正确，读书笔记细致。 良：课堂问答及练习成果正确，读书笔记记录较好。 中：课堂问答表述不清，练习成果基本正确。 差：完全不正确	
2	任务规划	15	1.规划内容完整。 2.规划内容应具可实施性。 3.规划过程应独立思考，具备一定的独特性	优：规划的内容详尽，具有很强的可实施性。 良：规划的内容详尽，可实施性一般。 中：规划的内容不全面，可实施性一般。 差：无规划，或者其规划的内容不全，无法实施	
3	任务实施	50	1.过程严格按规范要求进行。 2.过程性资料收集齐全。 3.独立完成任务要求的成果，提交及时	优：任务目标完成质量优良，过程规范，无错误。 良：任务目标完成质量良好，过程规范，无明显错误。 中：任务目标完成质量一般，过程相对规范，无明显错误。 差：没有完成任务目标或成果完全错误	
4	任务扩展	10	独立思考，能利用所学知识及相关手段完成所布置的拓展任务	优：独立思考，成果正确。 良：独立思考，成果基本正确。 中：任务完成的一般。 差：没有完成任务目标或成果完全错误	
5	其他	10	1.及时完成相关表格的填写。 2.独立完成总结的撰写，记录要详尽，要能从技能、知识等多方面进行总结	优：独立思考，任务全部完成，总结到位并能及时上交。 良：独立思考，任务基本完成，总结基本到位并能及时上交。 中：任务基本完成，总结基本到位。 差：没有完成任务目标	
6	职业能力评价	优：完全掌握技能及知识要点，操作规范，安全意识及团队意识好，吃苦耐劳，认真仔细。 良：基本掌握技能及知识要点，操作规范，安全意识及团队意识胶好，认真仔细。 中：掌握部分技能及知识要点，操作相对规范，具有一定的安全意识。 未达标：没有掌握要求的技能及知识要点，或操作出现严重错误导致人员及设备损坏				
综合得分	学习过程（项 1～5）评价得分： 技能水平评价：合格□ 不合格□				
教师评语					

8.2 大比例尺地形图测绘

地形图测绘按比例尺的缩小要求，将地面点测绘到平面图纸上形成地形图的技术过程。地形图测绘主要分为图根控制测量、外业数据采集和计算机成图等步骤。

【任务情况】

1. 本学习内容主要完成任务

根据校园内待测区域情况，以小组的形式开展讨论，利用所学知识拟订该区域地形测量实施计划，在测区内布设控制点，完成控制点测量，计算控制点参数。开展碎步测量工作，同步将碎步点进行展绘，最终利用成图软件整理完成地形图。

2. 学习目标

知识目标：掌握图根控制网的布设及计算方法。
掌握大比例尺地形图测绘的作业方法与步骤。
掌握极坐标测量碎部点的方法。
掌握全站仪的数据采集的方法。

技能目标：能根据任务情况，编制简单的测量实施计划。
能利用控制测量的理论结合实际完成测区控制网的布设。
能熟悉使用全站仪、RTK 完成外业数据的采集。
能正确计算控制网参数。
能据实绘制草图，利用工具结合仪器采集的数据完成外业碎步点展绘。
能将仪器收集的数据进行导出，并利用 CASS 软件进行地形图绘制。

情感目标：培养学生团队合作、吃苦耐劳的职业素养。
提高学生分析和解决实际问题的能力。
养成学生严谨、细致、准确、快速的工作作风和科学态度。

3. 学习时间分配

学习活动序号	学习活动	建议学习时长	备注
学习活动 1	测量准备工作	6	踏勘选点、方案编制、图根导线测量
学习活动 2	野外数据采集（外业）	6	
学习活动 3	图形编辑处理及资料整理（内业）	6	图形整饰及外业检核、资料整理、编写实训报告书

【作业过程及任务点】

学习活动 1　测量准备工作

学习任务单

任务名称	测量准备工作		
任务类型	任务型	能力面向	测绘地理信息数据获取与处理职业技能
完成时限	6 课时	学习方法	自主学习法
实施方式	小组协同	考核方式	过程性考核+成果考核
考核点	踏勘选点、方案编制、图根导线测量成果		

学习人员信息（学生填写）

姓名		班级		学号		电话	

任务目标

在学校教学区规划一块场地，基本具备以下条件：面积约 10 000 m^2；地貌最好有一定的起伏，尽量包括陡坎、斜坡、洼地等，测区内要有房屋、公路；测区内可选定 6 ~ 8 个导线点组成闭合导线，要求相邻点通视，边长以 80 ~ 100 m 为宜，确定导线前进方向。选定两个公共点作为控制点提供已知坐标，做定向用。在各点上用油漆标定点位，在下面空白处绘出导线布置图，并将计算结果标明在图纸上。

任务介绍	笔记栏
【任务描述】 （1）完成测区的踏勘选点。 （2）根据选点情况结合小组情况完成作业部署，编制实施方案。 （3）利用测量设备完成导线测量。 （4）正确计算导线相关参数。	

【任务要求】

（1）完成配套资源的学习，并完成学习笔记。

（2）以小组为单位在测区完成踏勘，布设图根控制点，并按要求做点，并完成导线测量实施计划的编写。

（3）小组共同完成导线点的外业数据采集及内页成果计算。

任务配套资源　　笔记栏

【资源 1】文本型学习资源

1. 选择控制点

在测区内选定合适数量的导线点组成闭合导线，要求相邻点通视，边长以 80 ~ 100 m 为宜，确定导线前进方向。选定两个公共点作为控制点提供已知坐标，做定向用。在各点上用油漆标定点位，并绘出导线略图。导线点应选在道路路边或其他相对安全而又便于仪器观测的地点。

2. 图根控制测量

图根控制测量按施测项目不同分为图根平面控制测量和图根高程控制测量。传统图根平面控制测量多采用导线测量、三角测量、交会测量等方法，高程控制测量采用图根水准测量和三角高程测量。全站仪和 GNSS 的使用，使得图根控制布设形式、测量方法和测量手段都发生了重大变化。目前采用的方法主要以全站仪导线测量和 GNSS-RTK 测量为主。由于仪器精度提高，数字测图对图根点的密度要求已不很严格，一般以 500 m 内能测到碎部点为原则。通视条件好的地方，图根点可稀些，地物密集、通视困难的地方，图根点可密集一些。具体要求见表 8-4 所示。

表 8-4　图根控制点密度要求

测图比例尺	1∶500	1∶1 000	1∶2 000
图根控制点密度	64	16	4

现介绍以下几种常用图根控制测量的方法。

1）全站仪导线测量

全站仪导线测量与导线测量布设形式完全相同，一般分为附合导线、闭合导线、支导线。导线测量时，导线的边长采用全站仪双向施测，每个单向施测一测回，即盘左、盘右分别进行观测，读数较差和往返测较差均不宜超过 20 mm，水平角施测一测回，测角中误差不宜超过 20″。每边的高差采用往返观测，每个单向施测一测回，即盘左、盘右分别进行观测，盘左、盘右和往返测高差较差均不宜超过 $0.02D$（m）（D 为边长，单位为 km，300 m 内按 300 m 计算）。

全站仪导线测量角度闭合差不大于± $60''\sqrt{n}$（n 为测站数），导线相对闭合差不大于 1/2 500，高差闭合差不大于 $\pm 40\sqrt{D}$ mm（D 为边长，单位为 km）。

2）RTK 实时动态测量

利用 RTK 进行图根控制点测量时，将仪器存储模式设定为平滑存储，然后设定存储次数，一般设定为 5 ~ 10 次，测量时其结果为每次存储的平均值，其点位精度可以达到 1 ~ 3 cm。由于 RTK 一个普通基准站即可控制半径超过 10 km 的作业范围，使用 RTK 布设图根控制点时，甚至不需要逐级加密测区的控制点，只需在测区的首级控制网下直接布设图根控制点即可。

任务规划（教师给出）

笔记栏

1. 执行规划建议

知识点	学习时间	学习方法	资源
测区现场踏勘	45 分钟	自主学习	测区现场
图根控制测量方案拟订	45 分钟	自主学习+成果	教室
现场布设控制点	45 分钟	小组	测区现场
控制测量	135 分钟	小组协同+计算数据	测区现场

2. 教师任务安排

任务实施（学生规划）

笔记栏

请同学依据要完成的任务就对应知识点学习的时间分配、学习方法及形式、学习要点及总结要求等方面做出规划。

任务扩展（教师给出）	笔记栏

学习总结

学习活动 2　野外数据采集（外业）

<table>
<tr><th colspan="8">学习任务单</th></tr>
<tr><td>任务名称</td><td colspan="7">野外数据采集（外业）</td></tr>
<tr><td>任务类型</td><td colspan="3">实践性</td><td colspan="2">能力面向</td><td colspan="2">测绘地理信息数据获取与处理职业技能</td></tr>
<tr><td>完成时限</td><td colspan="3">6 课时</td><td colspan="2">学习方法</td><td colspan="2">自主学习法</td></tr>
<tr><td>实施方式</td><td colspan="3">小组协同开展实训</td><td colspan="2">考核方式</td><td colspan="2">过程性考核+成果考核</td></tr>
<tr><td>考核点</td><td colspan="7">数据采集　地形图绘制（草图）</td></tr>
<tr><th colspan="8">学习人员信息（学生填写）</th></tr>
<tr><td>姓名</td><td></td><td>班级</td><td></td><td>学号</td><td></td><td>电话</td><td></td></tr>
<tr><th colspan="8">任务目标</th></tr>
<tr><td colspan="8">在上一学习活动中规划的测区内，根据小组测量方案，基于图根控制网完成测区内碎步点的数据采集，并采用草图法随测量过程完成测区草图的绘制，各小组单独所绘制的草图作为成果。</td></tr>
</table>

<table>
<tr><th>任务介绍</th><th>笔记栏</th></tr>
<tr><td>【任务描述】
（1）能根据学校现有设备选择外业数据采集的方法。
（2）实施前，小组协同完成测量实施计划，说明设备要求、列出相关标准、人员分工、实施流程。
（3）数据采集前完成测区草图的绘制。
（4）能小组协同正确熟练地操作设备完成测区特征点数据的收集。
（5）对照草图整理设备采集的数据。
【任务要求】
（1）自主完成配套资源的学习，并完成学习笔记。
（2）实施前提交计划，并开展相关设备的熟悉。
（3）独立完成测区草图的绘制。
（4）撰写工作日志及工作总结。</td><td></td></tr>
</table>

任务配套资源	笔记栏

【资源】文本型

知识点 1：地形图测绘野外数据采集的方法

完成图根控制测量后即可进行野外数据采集工作，即以图根点为测站，测定出测站周围碎部点的平面位置和高程，并记录其连接关系及属性。所谓碎部点即地形的特征点，包括地物特征点和地貌特征点。

地貌特征点：体现地貌形态，反映地貌性质的特殊点位简称地貌点，如山顶、鞍部、变坡点、地性线、山脊点和山谷点等（图 8-6）。

地物特征点：能够代表地物平面位置，反映地物形状、性质的特殊点位，简称地物点，如建筑轮廓线的转折点、交叉和弯曲等变化处的点，路线边界的转折点，电力线的走向中心，独立地物的中心点等（图 8-7）。

图 8-6　地貌特征点

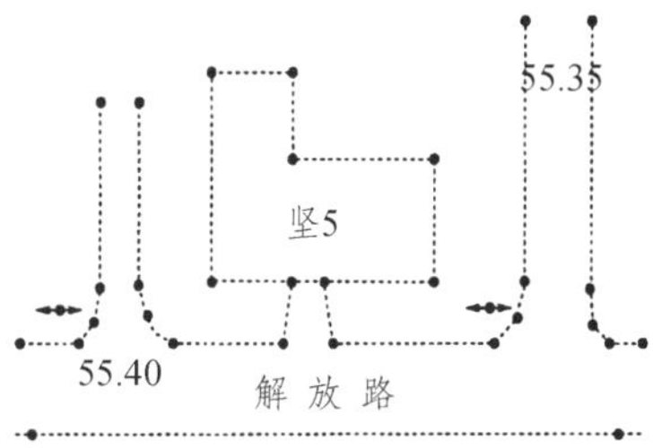

图 8-7　地物特征点

目前，数据采集方法主要有全站仪数据采集、RTK 数据采集。

在数据采集时，如何选择适当的碎部点至关重要。由于地物形状极不规则，一般规定主要地物凸凹部分在图上大于 0.4 mm 均应表示出来，小于 0.4 mm 时，可用直线连接，所以外业碎部点选择时要综合取舍。对于地貌来说，碎部点应选在最能反应地貌特征的山脊线、山谷线等地性线上，如山顶、鞍部、山脊、山谷、山坡、山脚等坡度变化及方向变化处，这样采集的数据才能最好地反映实地地形情况。

1. 全站仪数据采集

全站仪坐标数据采集实质上是极坐标测量方法的应用，即通过测定出已知点（等级控制点、图根点或支站点）与地面上任意一待定点之间的相对关系（角度、距离、高差），利用全站仪内部自带的计算程序计算出待定点的三维坐标（X，Y，Z）；也可以通过对已知点的观测，用交会的方法求得待定点的坐标。由于全站仪数据采集具有精度高、速度快、测量范围大、人工干预少、不易出错、能进行数据传输等特点，所以它是目前大比例尺数字测图野外采集数据的主要方法。

全站仪坐标数据采集的一般步骤：

步骤 1：安置全站仪。将仪器安置（对中、整平）于测站点（等级控制点、图根点或支站点）上，量取仪器高两次取平均值。

步骤 2：全站仪初始设置。测出测量时测站周围环境的温度、气压，并输入全站仪；选择测量模式（反射片、棱镜、无合作目标），当选择棱镜时，应设置配套的棱镜常数，并检查各基本量的单位设置。

步骤 3：建站。建站是让所采集的碎部点坐标归于所采用的坐标系中，即告诉全站仪所测点是由以测站点为依据的相对关系所得。一般包括输入仪器高、定向、检查等具体内容。在进行碎部点测量前，必须正确设站。

步骤 4：采集。在建站的基础上，开始对碎部点进行坐标测量。

2. RTK 数据采集

大量实践证明，在开阔区域，RTK 定位技术有着常规测量技术不可比拟的优势，如速度快、精度高、不要求通视等，所以在数字测图中 RTK 技术已得到了越来越广泛的应用。

以下将以灵锐 S82 型 RTK 结合工程之星为例，介绍 RTK 坐标数据采集的作业方法。

步骤 1：打开工程之星（手簿与主机为内置蓝牙连接）。如果手簿上状态为无数据，则表示手簿与主机未连接成功，退出工程之星；将手簿热启动一次，再次打开工程之星。

步骤 2：手簿上的状态为“固定解”状态后，新建一个工程。依次按要求填写或选取工程名称、椭球系名称、投影参数设置等工程信息。进行四参数设置、七参数设置和高程拟合参数设置（未启用可暂不填写）。

步骤 3：校正作业。校正方法有两种，即基准站架设在已知点或未知点上。

（1）基准站架设在已知点。启动“校正向导”，按提示输入基准站坐标和基准站仪器高（此时移动站可安置在任意点固定不动，并且为“固定解”状态），点“校正”即已完成单点校正作业（单点校正获得两个坐标系间移动参数。在基准站与移动站距离很近的情况下，用“三参数”进行坐标转换是可行的）。如果作业距离比较远，则要用两点校正（采用两点校正可自动获得并启用“四参数”）。两点校正时，第一点校正步骤同前，第二点校正时，移动站需安置在一已知点上，启动校正向导，第一个界面跳过（点【下一步】），输入此已知点的坐标与移动站的仪器高，点【校正】即完成校正作业。

（2）基准站架设在未知点。步骤基本同上，按手簿软件提示来操作即可。

基准站在未知点架设，可以把基准站架设在驻地的房顶等不需要看管的位置，更加适合数据链通信，但要做好设备的安全防护。

步骤 4：校正作业完成后，当确定校正无误时，则可以进行数据采集：选择【测量】→【目标点测量】→输入点名、属性、天线高→点击【确定】保存。继续测量时，点名将自动累加。

碎部点的选择与传统作业模式一致，但在进行测定时，必须时刻注意移动站手簿界面显示的一些指标是否达到数据采集的条件。

状态栏分别会出现 3 个状态：

（1）固定解：表明锁定卫星足够，差分信号稳定，可进行数据采集。

（2）浮点解：表明锁定卫星较少，差分信号不稳定，此时不能采集数据。

（3）单点解：表明锁定卫星较少，且差分信号质量较差，此时不能采集数据。

在数据采集过程中，通常要求锁定卫星颗数≥4，精度因子≤4，解算状态必须是固定解状态，水平精度 HRMS≤2 cm，高程精度 VRMS≤3 cm。

知识点 2：地形图测绘内容

（1）1∶500，1∶1 000，1∶2 000 地形图测绘内容应包括测量控制点、水系、居民地及设施、交通、管线、境界与政区、地貌、植被与土质等要素，并应着重表示与城市规划、建设有关的各项要素。

（2）各等级测量控制点应测绘其平面的几何中心位置，并应表示类型、等级和点名。

（3）水系要素的测绘及表示应符合下列规定：

① 江、河、湖、海、水库、池塘、沟渠、泉、井及其他水利设施，应测绘及表示，有名称的应注记名称，并可根据需要测注水深，也可用等深线或水下等高线表示。

② 河流、溪流、湖泊、水库等水涯线，宜按测绘时的水位测定。当水涯线与陡坎线在图上投影距离小于 1 mm 时，水涯线可不表示。图上宽度小于 0.5 mm 的河流、图上宽度小于 1 mm 或 1∶2 000 图上宽度小于 0.5 mm 的沟渠，宜用单线表示。

③ 海岸线应以平均大潮高潮的痕迹所形成的水陆分界线为准。各种干出滩应在图上用相应的符号或注记表示，并应适当测注高程。

④ 应根据需求测注水位高程及施测日期；水渠应测注渠顶边和渠底高程；时令河应测注河床高程；堤、坝应测注顶部及坡脚高程；池塘应测注塘顶边及塘底高程；泉、井应测注泉的出水口与井台高程，并应根据需求测注井台至水面的深度。

（4）居民地及设施要素的测绘及表示应符合下列规定：

① 居民地的各类建（构）筑物及主要附属设施应准确测绘外围轮廓和如实反映建筑结构特征。

② 房屋的轮廓应以墙基外角为准，并应按建筑材料和性质分类并注记层数。1∶500、1∶1 000 地形图，房屋应逐个表示，临时性房屋可舍去；1∶2 000 地形图可适当综合取舍，图上宽度小于 0.5 mm 的小巷可不表示。

③ 建筑物和围墙轮廓凸凹在图上小于 0.4 mm、简单房屋小于 0.6 mm 时，可舍去。

④ 对于 1∶500 地形图，房屋内部天井宜区分表示；对于 1∶1 000 地形图，图上面积 6 mm^2 以下的天井可不表示。

⑤ 工矿及设施应在图上准确表示其位置、形状和性质特征；依比例尺表示的，应测定其外部轮廓，并应按图式配置符号或注记；不依比例尺表示的，应测定其定位点或定位线，并用不依比例尺符号表示。

⑥ 垣栅的测绘应类别清楚，取舍得当。城墙按城基轮廓依比例尺表示时，城楼、城门、豁口均应测定；围墙、栅栏、栏杆等，可根据其永久性、规整性、重要性等综合取舍。

（5）交通要素的测绘及表示应符合下列规定：

① 应反映道路的类别和等级，附属设施的结构和关系；应正确处理道路的相交关系及与其他要素的关系；并应正确表示水运和海运的航行标志，河流的通航情况及各级道路的通过关系。

② 铁路轨顶、公路路中、道路交叉处、桥面等，应测注高程，曲线段的铁路，应测量内侧轨顶高程；隧道、涵洞应测注底面高程。

③ 公路与其他双线道路在图上均应按实宽依比例尺表示，并应在图上每隔 150 ~ 200 mm 注出公路技术等级代码及其行政等级代码和编号，且有名称的，应加注名称。公路、街道宜按其铺面材料分别以砼、沥、砾、石、砖、渣、土等注记于图中路面上，铺面材料改变处，应用地类界符号分开。

④ 铁路与公路或其他道路平面相交时，不应中断铁路符号，而应将另一道路符号中断；城市道路为立体交叉或高架道路时，应测绘桥位、匝道与绿地等；多层交叉重叠，下层被上层遮住的部分可不绘，桥墩或立柱应根据用图需求表示。

⑤ 路堤、路堑应按实地宽度绘出边界，并应在其坡顶、坡脚适当测注高程。

⑥ 道路通过居民地应按真实位置绘出且不宜中断；高速公路、铁路、轨道交通应绘出两侧围建的栅栏、墙和出入口，并应注明名称，中央分隔带可根据用图需求表示；市区街道应将车行道、过街天桥、过街地道的出入口、分隔带、环岛、街心花园、人行道与绿化带等绘出。

⑦ 跨河或谷地等的桥梁，应测定桥头、桥身和桥墩位置，并应注明建筑结构；码头应测定轮廓线，并应注明其名称，无专有名称时，应注记“码头”；码头上的建筑应测定并以相应符号表示。

（6）管线要素的测绘及表示应符合下列规定：

① 永久性的电力线、电信线均应准确表示，电杆、铁塔位置应测定。当多种线路在同一杆架上时，可仅表示主要的。各种线路应做到线类分明，走向连贯。

② 架空的、地面上的、有管堤的管道均应测定，并应分别用相应符号表示，注记传输物质的名称。当架空管道直线部分的支架密集时，可适当取舍。地下

管线检修井宜测绘表示。

（7）境界与政区要素的测绘及表示应符合下列规定：

① 地形图上应正确反映境界的类别、等级、位置以及与其他要素的关系。

② 县（区、旗）和县以上境界应根据勘界协议、有关文件准确绘出，界桩、界标应精确表示几何位置。乡、镇和乡级以上国营农、林、牧场以及自然保护区界线可按需要测绘。

③ 两级以上境界重合时，应以较高一级境界符号表示。

（8）地貌要素的测绘及表示应符合下列规定：

① 应正确表示地貌的形态、类别和分布特征。

② 自然形态的地貌宜用等高线表示，崩塌残蚀地貌、坡、坎和其他特殊地貌应用相应符号或用等高线配合符号表示。城市建筑区和不便于绘等高线的地方，可不绘等高线。

③ 各种自然形成和人工修筑的坡、坎，其坡度在 70°以上时应以陡坎符号表示，70°以下时应以斜坡符号表示；在图上投影宽度小于 2 mm 的斜坡，应以陡坎符号表示；当坡、坎比高小于 1/2 基本等高距或在图上长度小于 5 mm 时，可不表示；坡、坎密集时，可适当取舍。

④ 梯田坎坡顶及坡脚宽度在图上大于 2 mm 时，应测定坡脚；测制 1∶2 000 DLG 时，若两坎间距在图上小于 5 mm，可适当取舍；梯田坎比较缓且范围较大时，也可用等高线表示。

⑤ 坡度在 70°以下的石山和天然斜坡，可用等高线或用等高线配合符号表示；独立石、土堆、坑穴、陡坎、斜坡、梯田坎、露岩地等应测注上下方高程，也可测注上方或下方高程并量注比高。

⑥ 各种土质应按图式规定的相应符号表示，大面积沙地应采用等高线加注记表示。

⑦ 高程注记点的分布应符合下列规定：

a. 图上高程注记点应分布均匀，丘陵地区高程注记点间距宜符合表 8-5 的规定；平坦及地形简单地区可放宽至 1.5 倍，地貌变化较大的丘陵地、山地与高山地应适当加密。

表 8-5　丘陵地区高程注记点间距

测图比例尺	1∶500	1∶1 000	1∶2 000
高程注记点间距	15	30	50

b. 山顶、鞍部、山脊、山脚、谷底、谷口、沟底、沟口、凹地、台地、河川湖池岸旁、水涯线上以及其他地面倾斜变换处，均应测高程注记点。

c. 城市建筑区高程注记点应测设在街道中心线、街道交叉中心、建筑物墙基脚和相应的地面、管道检查井井口、桥面、广场、较大的庭院内或空地上以及其他地面倾斜变换处。

d. 基本等高距为 0.5 m 时，高程注记点应注至厘米；基本等高距大于 0.5 m 时可注至分米。

⑧ 计曲线上的高程注记，字头应朝向高处，且不应在图内倒置；山顶、鞍部、凹地等不明显处等高线应加绘示坡线；当首曲线不能显示地貌特征时，可测绘二分之一基本等高距的间曲线。

（9）植被与土质要素的测绘及表示应符合下列规定：

① 地形图上应正确反映植被的类别特征和范围分布；对耕地、园地应测定范围，并应配置相应的符号。大面积分布的植被在能表达清楚的情况下，可采用注记说明；同一地段生长有多种植物时，可按经济价值和数量适当取舍，符号配置连同土质符号不应超过 3 种。

② 种植小麦、杂粮、棉花、烟草、大豆、花生和油菜等的田地应配置旱地符号，有节水灌溉设备的旱地应加注“喷灌”“滴灌”等；经济作物、油料作物应加注品种名称；一年分几季种植不同作物的耕地，应以夏季主要作物为准配置符号表示。

③ 在图上宽度大于 1 mm 的田埂应用双线表示，小于 1 mm 的应用单线表示；田块内应测注高程。

（10）各种名称、说明注记和数字注记应准确注出；图上所有居民地、道路（包括市镇的街、巷）、山岭、沟谷、河流等自然地理名称，以及主要单位等名称，均应进行调查核实，有法定名称的应以法定名称为准，并应正确注记。

任务规划（教师给出）

笔记栏

1. 执行规划建议

知识点	学习时间	学习方法	资源
实施计划的编制		课后小组完成	
测区草图绘制		课后小组完成	测区现场
碎部点采集	270 分钟	小组协同	测区现场

2. 教师任务安排

任务实施（学生规划）

笔记栏

请同学依据要完成的任务就数据准备、人员分工（若为小组训练）、设备清单、实施步骤及要点、安全及总结要求等方面做出规划。

任务扩展（教师给出）	笔记栏

工作总结

学习活动 3　图形编辑处理及资料整理（内业）

<table>
<tr><th colspan="8">学习任务单</th></tr>
<tr><td>任务名称</td><td colspan="7">图形编辑处理及资料整理（内业）</td></tr>
<tr><td>任务类型</td><td colspan="3">实践性</td><td colspan="2">能力面向</td><td colspan="2">测绘地理信息数据获取与处理职业技能</td></tr>
<tr><td>完成时限</td><td colspan="3">6 课时</td><td colspan="2">学习方法</td><td colspan="2">自主学习法</td></tr>
<tr><td>实施方式</td><td colspan="3">实训</td><td colspan="2">考核方式</td><td colspan="2">过程性考核+成果考核</td></tr>
<tr><td>考核点</td><td colspan="7">展点　绘平面图　绘等高线　图框设置　图纸输出</td></tr>
<tr><th colspan="8">学习人员信息（学生填写）</th></tr>
<tr><td>姓名</td><td></td><td>班级</td><td></td><td>学号</td><td></td><td>电话</td><td></td></tr>
<tr><th colspan="8">任务目标</th></tr>
<tr><td colspan="8">将上一学习活动中采集到的碎步点数据导出，利用 CASS 软件完成规划区域的数字地形图的绘制，最终提交 PDF 格式的数字地形图成果。</td></tr>
</table>

<table>
<tr><th>任务介绍</th><th>笔记栏</th></tr>
<tr><td>【任务描述】
（1）完成外业数据的导出。
（2）正确使用 CASS 软件对碎步点数据按照展点、绘平面图、绘等高线的顺序进行数据处理及地形图绘制。
（3）通过图框设置，最终完成 PDF 格式的图纸输出。
【任务要求】
（1）自主完成配套资源的学习，并完成学习笔记。
（2）独立使用 CASS 软件完成外业数据的处理工作。
（3）每位同学独立生成一副图纸。
（4）撰写工作日志及工作总结。</td><td></td></tr>
<tr><th>任务配套资源</th><th>笔记栏</th></tr>
<tr><td>【资源】文本型学习资源

外业数据采集完成后可利用 CASS 软件绘制数字地形图。CASS 成图软件是基于 AutoCAD 平台技术的数字化测绘数据采集系统，广泛应用于地形成图、地籍成图、工程测量等领域。

知识点 1：外业碎步点数据导出

将全站仪中测量完成的数据导出并存储，建议文件以小组名称+日期的方式命名。数字化成图软件导入的坐标数据文件一般需要固定格式，根据不同的成图软件需要编辑、转换数据格式，可使用 Excel、记事本等常用软件进行编辑。</td><td></td></tr>
</table>

一般坐标数据文件格式为：

点号，编码，Y 坐标，X 坐标，高程

如：K1，，532994.112，2743589.060，2145.836

K2，，532968.443，2743600.451，2160.329

注意：文件扩展名为 dat（即*.dat），编码可以为空，但是其后面的“，”必须保留，“，”为半角符号。

知识点 2：计算机辅助成图

1. 展　点

此操作的作用是将上述的*.dat 格式文件中记录的碎步点的点号根据坐标展绘在 CASS 工作窗口，具体步骤如下：

步骤 1：打开南方 CASS 软件。

步骤 2：数据导入，点击 CASS 软件菜单栏的“绘图处理”（图 8-8 所示），选择“展野外测点点号”（图 8-9 所示），选择需展点的 dat 数据文件，点击打开（图 8-10 所示），将呈现碎步点的展示情况，如图 8-11 所示。

图 8-8　点击绘图处理

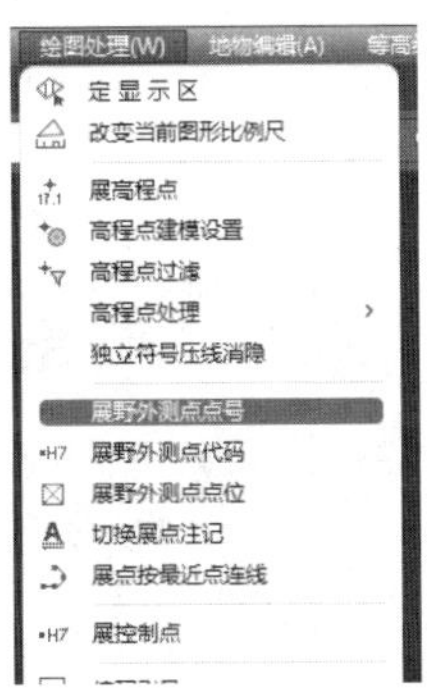

图 8-9　点击展野外测点点号

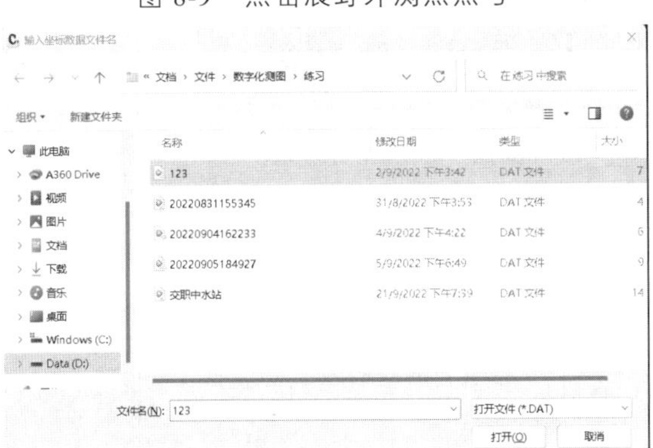

图 8-10　选择需展点的 dat 文件

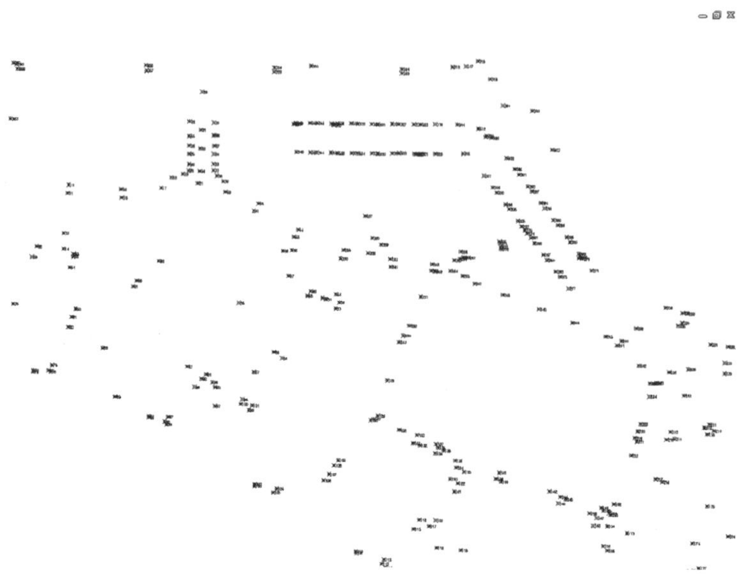

图 8-11　展点后的情况

2. 绘平面图

1）面状地物绘制

例：房屋绘制

步骤 1：在 CASS 界面右侧找到图 8-12 所示的定位标志，单击，并且在搜索框内，输入“多点一般房屋”，后出现示意图示（图 8-13），单击该图示。

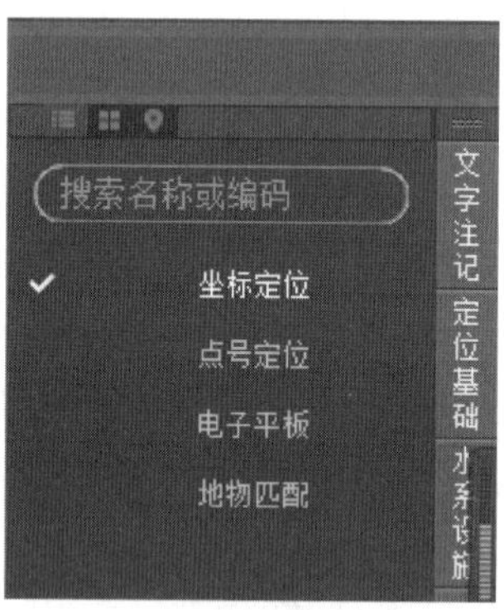

图 8-12　定位搜寻

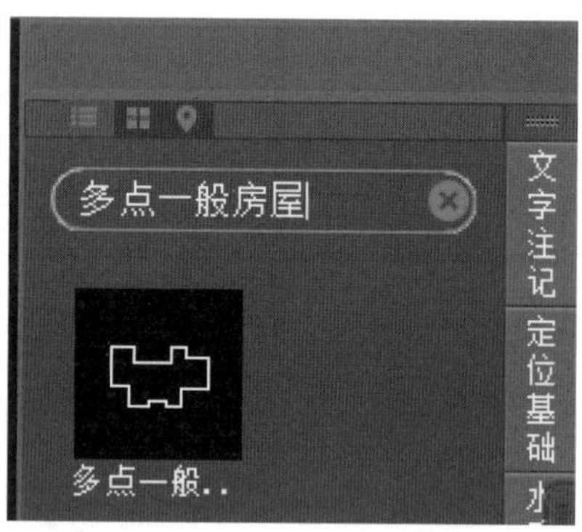

图 8-13　多点一般房屋示意图示

步骤 2：绘制房屋平面，根据草图记录的点号，顺序连接成一个闭合的多边形，回车，将在 CASS 底部的对话栏出现图 8-14 所示内容，根据房屋实际材料，在对应位置输入数字“1”或“2”（注：默认为砼），回车，之后输入房屋楼层和地下层数（例如：2 层，输入 2；2 层+1 层地下室，输入 2-1），回车，最终软件将自动生成房屋的平面图形，如图 8-15 所示。

图 8-14　多点一般房屋绘制人机对话示意

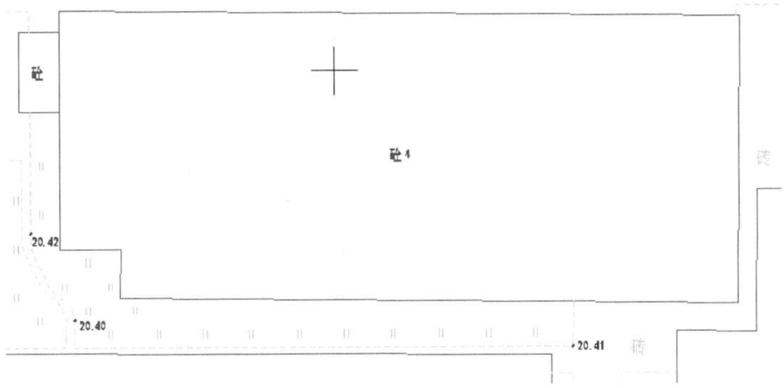

图 8-15　多点一般房屋绘制成果

2）线状地物绘制

例：内部道路

在图 8-12 所示的定位搜索框内，输入“内部道路”根据记录点号连接起来点击需要拟合的线段，在命令栏，输入“N”，输入“S”，回车，得到拟合后图形，如图 8-16 所示。

3）独立地物

例：路灯

在图 8-12 所示的定位搜索框内，输入“路灯”，按照点位绘制即可，如图 8-17 所示。

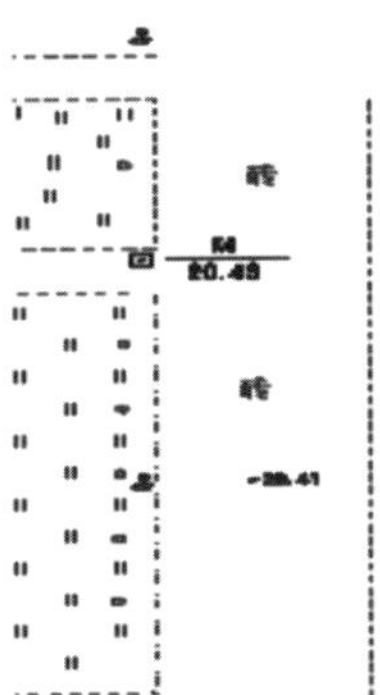

图 8-16　内部道路成果

图 8-17　路灯成果

在绘图过程中，部分独立地物会在命令栏中有一些提示，按照需求输入代号即可。

3. 绘等高线

步骤 1：展高程点。

点击 CASS 软件菜单栏的“绘图处理”(图 8-18 所示),选择“展高程点”(图 8-19 所示),选择需展点的 dat 数据文件,点击打开(图 8-20 所示),将呈现碎步点的高程,如图 8-21 所示。

图 8-18 点击绘图处理

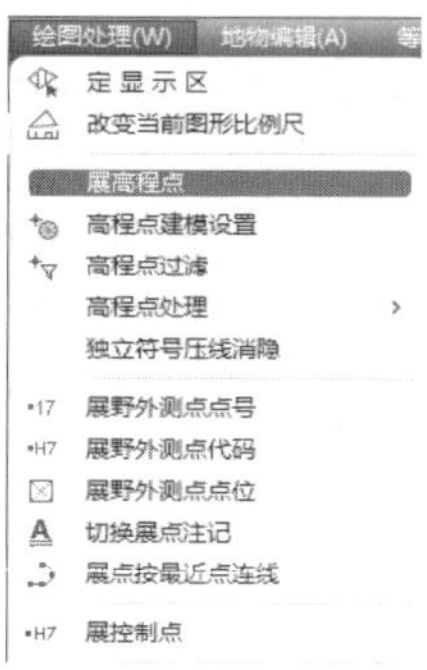

图 8-19 点击展高程点　　　　图 8-20 选择需展点的 dat 文件

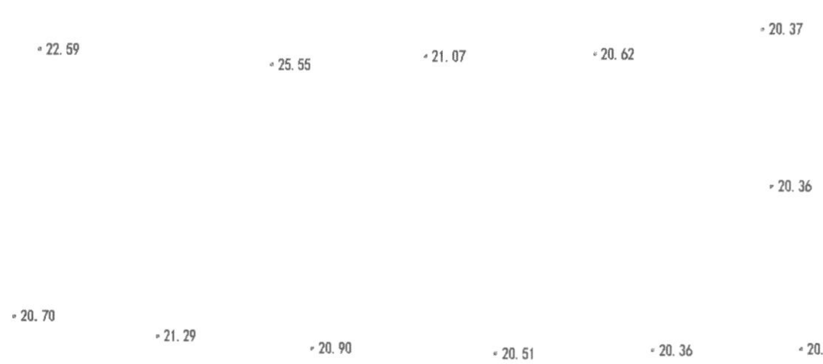

图 8-21 展点后各点的情况

步骤 2:建立三角网。

点击 CASS 软件菜单栏的“等高线”(图 8-22 所示),选择“建立三角网”(图 8-23 所示),弹出窗口后,点击“由图面高程生成”(图 8-24 所示),按图 8-24 所示进行选择后确定,CASS 将自动生成三角网,如图 8-25 所示。

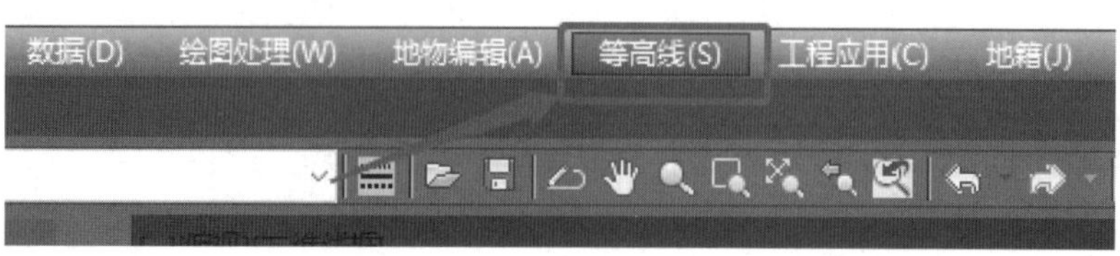

图 8-22 点击等高线

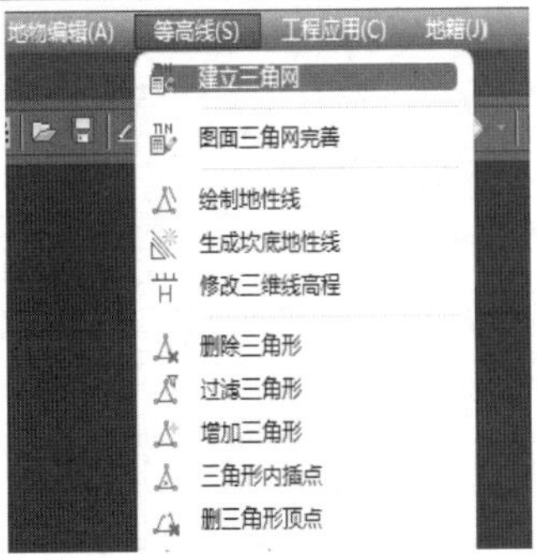

图 8-23　点击建立三角网

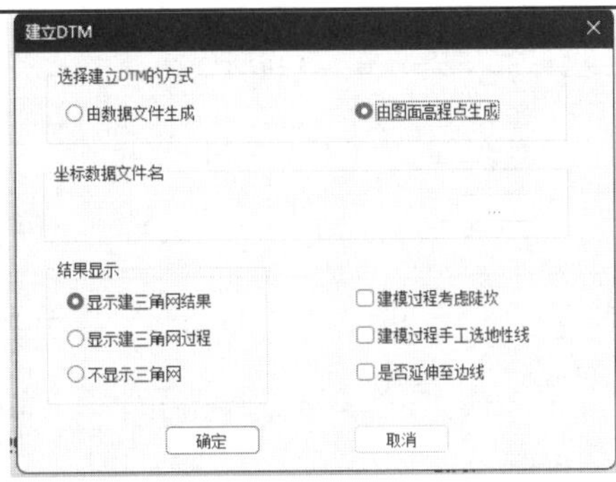

图 8-24　绘制等高线弹窗

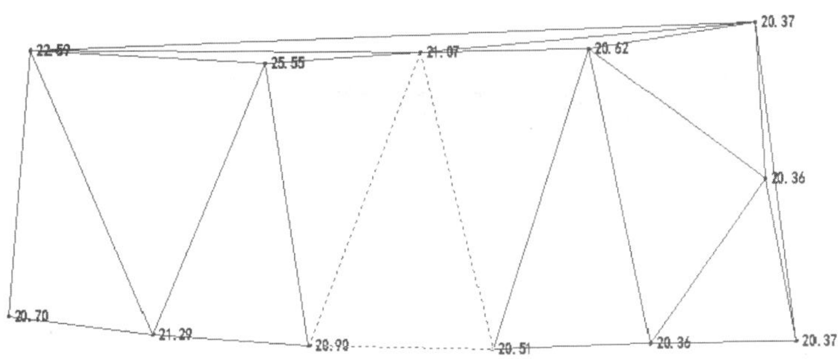

图 8-25　生成的三角网示意

步骤 3：过滤三角网。

点击图 8-26 所示“过滤三角网”菜单，在 CASS 底部的对话栏出现图 8-27 所示内容，输入三角网最小角度值后回车，最终生成三角网如图 8-28 所示。

步骤 4：绘制等高线。

点击图 8-29 所示“绘制等高线”菜单，弹出窗口后，点击选择“三次 B 样条拟合”（图 8-30），等高距按实际要求填写，确定，CASS 自动生成等高线，如图 8-31 所示。

图 8-26　点击过滤三角网

图 8-27　输入三角网最小角度

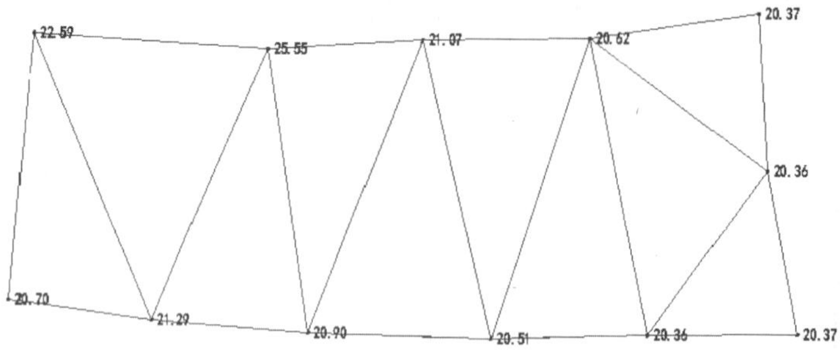

图 8-28　生成的三角网示意

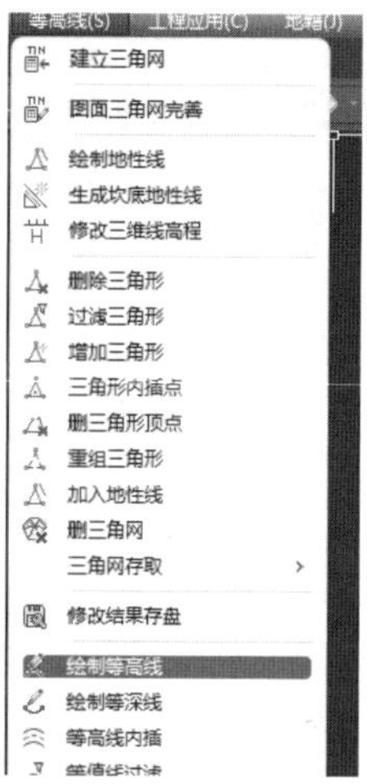

图 8-29　点击绘制等高线

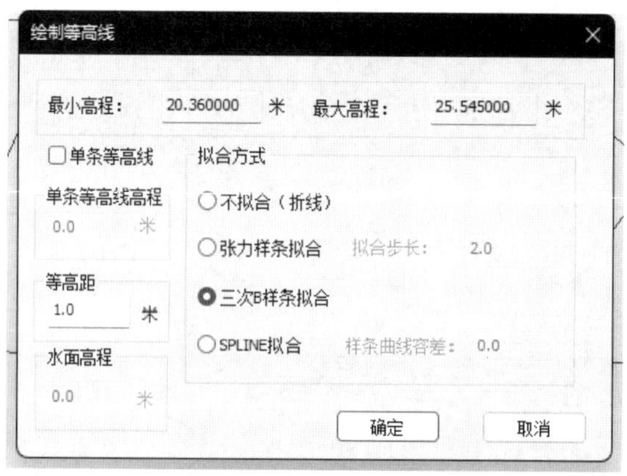

图 8-30　绘制等高线弹窗

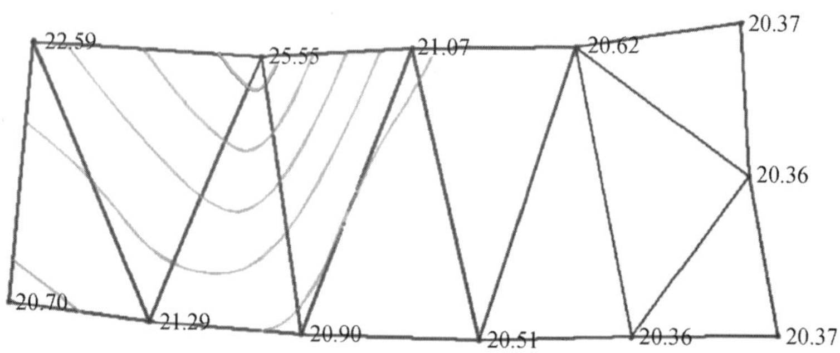

图 8-31　生成的等高线示意

步骤 5：删除三角网。

点击图 8-32 所示“删除三角网”菜单，即可。

步骤 6：等高线注记。

在绘图区已经生成的等高线上绘制一条由底处向高处、穿过等高线的复合线，如图 8-33 所示，点击“等高线注记”，选择“沿直线高程注记”，如图 8-34 所示，选中之前绘制的复合线，等高线注记完成，如图 8-35 所示。

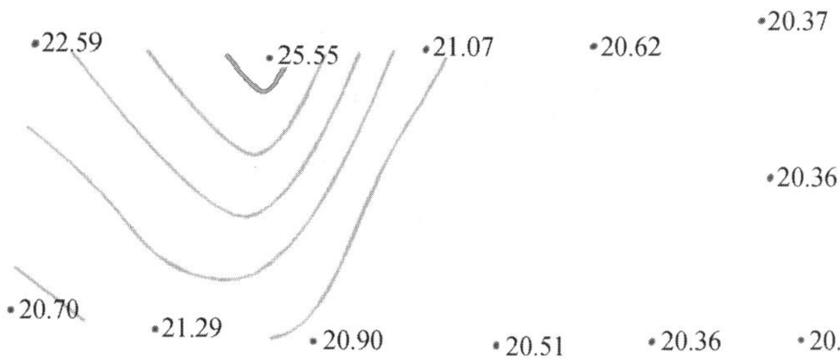

图 8-32　删除三角网后的等高线示意

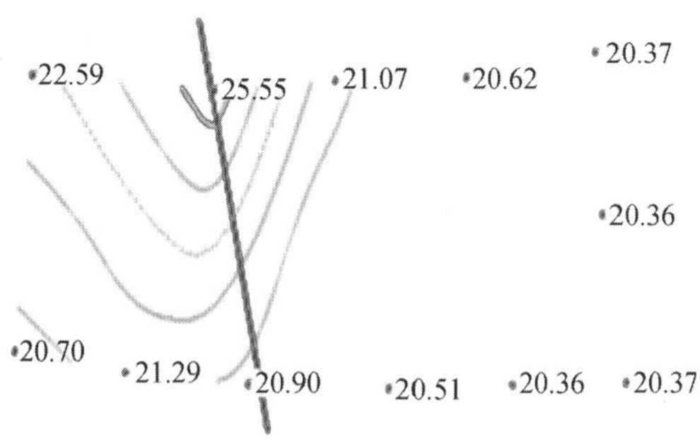

图 8-33　绘制等高线上的复合线

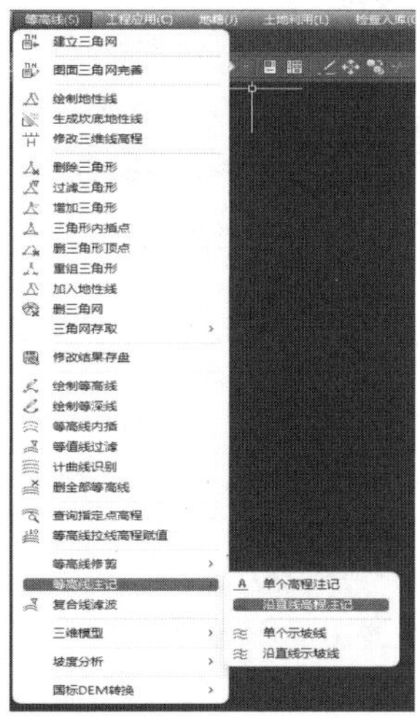

图 8-34　选择沿直线高程注记

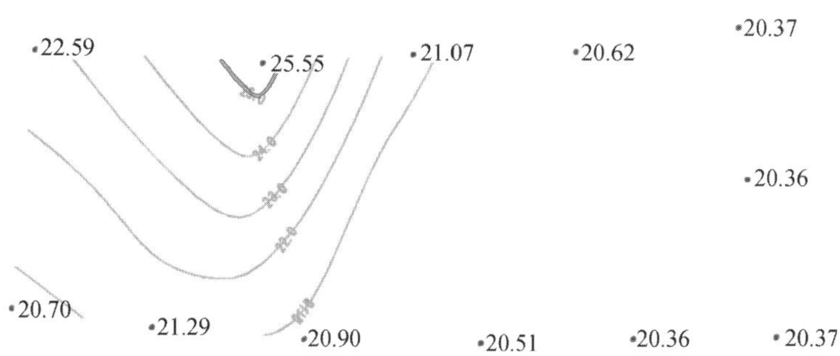

图 8-35　等高线注记完成示意

步骤 7：等高线修剪。

在“等高线”菜单下，选择“等高线修剪”，之后选择“批量修剪等高线”，如图 8-36 所示，弹出窗口后（图 8-37），根据要求勾选后确定，即可得到修剪后的等高线，如图 8-38 所示。

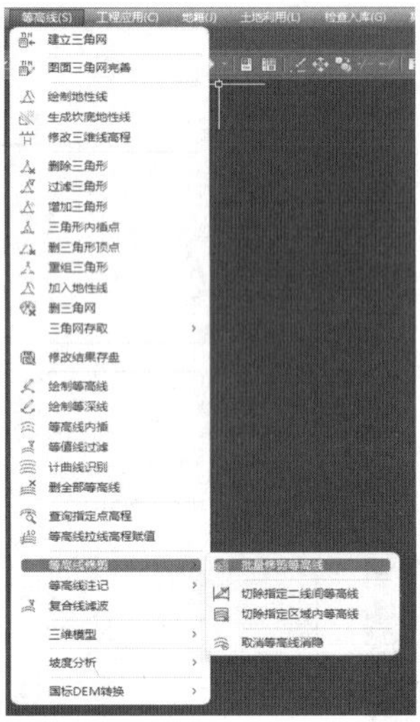

图 8-36　选择批量修剪等高线

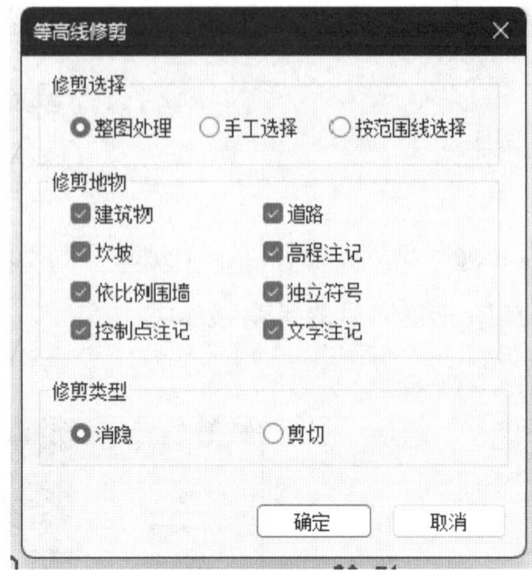

图 8-37　等高线修剪弹窗

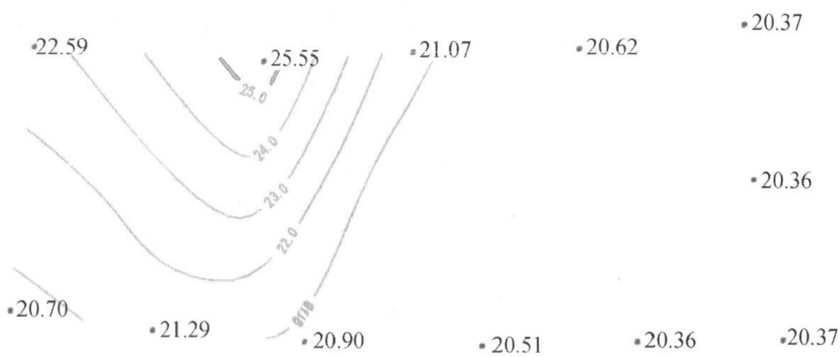

图 8-38　等高线修剪后示意图

4. 添加图框及图纸输出

步骤 1：图框属性设置。

点击“文件”菜单（图 8-39 所示），选择“参数配置”（图 8-40 左图所示），选择图廓属性（根据要求修改相关信息），点击确定（图 8-40 右图所示）。

步骤 2：绘制图框。

点击“绘图处理”菜单（图 8-41 所示），选择“任意图幅”（图 8-42 所示），在底部对话框中点击“选择自定义两角”（图 8-43 所示），点击图的最左下角，然后右上角，确保整个图在图框内，跳出弹窗后（图 8-44 所示），输入相关信息，确认，图框添加成功（图 8-45 所示）。

图 8-39　选择文件菜单

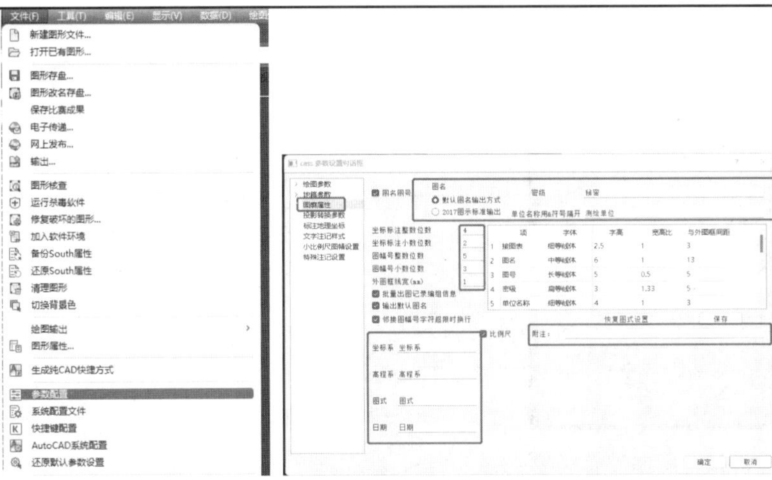

图 8-40 选择参数配置，设置图廓属性参数

图 8-41 选择绘图处理菜单

图 8-42 选择任意图幅菜单

图 8-43 人机对话框选择“选择自定义两角”

图 8-44　图幅整饰弹窗

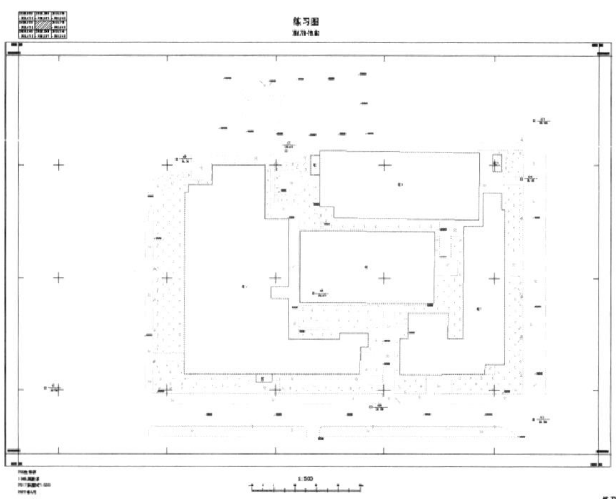

图 8-45　图框添加成功示意

步骤 3：保存图纸。

点击“文件”菜单（图 8-39 所示），选择“图形存盘”（图 8-46 所示），跳出对话框后，输入名称，点击保存（图 8-47 所示）。

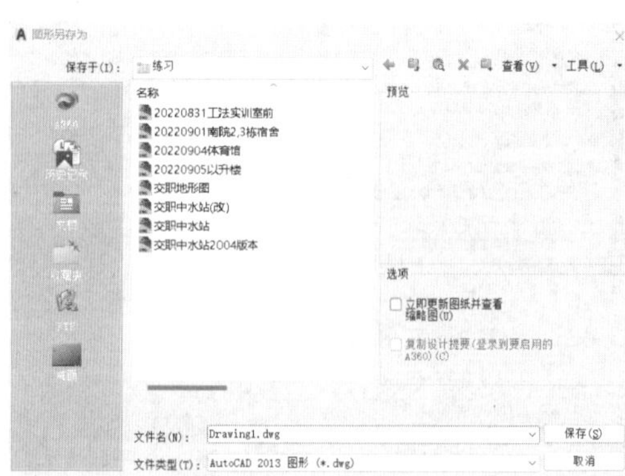

图 8-46　选择图形存盘菜单　　　　　　图 8-47　另存对话框

步骤 4：PDF 格式图纸输出。

点击“文件”菜单（图 8-39 所示），选择“绘图输出”“打印”（图 8-48 所示），跳出打印对话框后，将打印机名称选择 Microsoft Print to PDF，点击确定（图 8-49 所示）。

图 8-48　选择“绘图输出”“打印”菜单

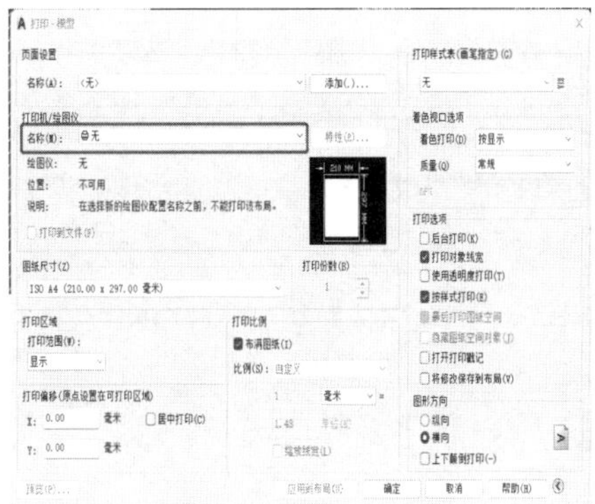

图 8-49　打印设置对话框

任务规划（教师给出）

笔记栏

1. 执行规划建议

任务点	用时	学习方法	实施步骤	场地	设备
外业碎步点数据导出	20 分钟	小组学习		计算机房	外业设备、计算机
计算机辅助成图	250 分钟	小组协同，个人完成		计算机房	计算机，CASS 软件

2. 教师任务安排

任务实施（学生规划）

笔记栏

请同学依据要完成的任务就数据准备设备清单、实施步骤与要点及总结要求等方面做出规划。

任务扩展（教师给出）	笔记栏

工作总结

子项目学习质量监控单（教师填写）

序号	评分项	分值	实施要求	评定标准	得分
1	资源学习情况	15	1.学习痕迹明显，笔记认真仔细。 2.知识点掌握牢固，并能合理、灵活运用	优：课堂问答及练习能独立完成，回答正确，读书笔记细致。 良：课堂问答及练习成果正确，读书笔记记录较好。 中：课堂问答表述不清，练习成果基本正确。 差：完全不正确	
2	任务规划	15	1.规划内容完整。 2.规划内容应具可实施性。 3.规划过程应独立思考，具备一定的独特性	优：规划的内容详尽，具有很强的可实施性。 良：规划的内容详尽，可实施性一般。 中：规划的内容不全面，可实施性一般。 差：无规划，或者其规划的内容不全，无法实施	
3	任务实施	50	1.过程严格按规范要求进行。 2.过程性资料收集齐全。 3.独立完成任务要求的成果，提交及时	优：任务目标完成质量优良，过程规范，无错误。 良：任务目标完成质量良好，过程规范，无明显错误。 中：任务目标完成质量一般，过程相对规范，无明显错误。 差：没有完成任务目标或成果完全错误	
4	任务扩展	10	独立思考，能利用所学知识及相关手段完成所布置的拓展任务	优：独立思考，成果正确。 良：独立思考，成果基本正确。 中：任务完成的一般。 差：没有完成任务目标或成果完全错误	
5	其他	10	1.及时完成相关表格的填写。 2.独立完成总结的撰写，记录要详尽，要能从技能、知识等多方面进行总结	优：独立思考，任务全部完成，总结到位并能及时上交。 良：独立思考，任务基本完成，总结基本到位并能及时上交。 中：任务基本完成，总结基本到位。 差：没有完成任务目标	
6	职业能力评价	优：完全掌握技能及知识要点，操作规范，安全意识及团队意识好，吃苦耐劳，认真仔细。 良：基本掌握技能及知识要点，操作规范，安全意识及团队意识较好，认真仔细。 中：掌握部分技能及知识要点，操作相对规范，具有一定的安全意识。 未达标：没有掌握要求的技能及知识要点，或操作出现严重错误导致人员及设备损坏				
综合得分		学习过程（项 1～5）评价得分： 技能水平评价：合格□ 不合格□			
教师评语					

项目 9

民用建筑施工测量

本项目主要包括:

(1)民用建筑施工前准备工作:熟悉图纸、现场踏勘,确定测试方案、绘制测设略图、准备测设数据、准备仪器根据。

(2)民用建筑的定位与放线:① 建筑物的定位方法:根据控制点定位、根据建筑方格网和建筑基线定位、根据原有建筑物和道路的关系定位。② 建筑物的放线:测设轴线细部交点、引测轴线。

(3)民用建筑基础施工测量:开挖深度和垫层标高控制、在垫层上投测基础中心线、基础标高控制。

9.1 建筑物定位与放线

任务 民用建筑定位与放线

【任务情况】

1. 本学习内容主要完成任务

根据案例提供的设计资料和审核批准的图纸,在测设前充分熟悉图纸,了解施工建筑物与相邻地物的相互关系,以及建筑物本身的尺寸关系,计算测设工作中所需要的定位数据。根据设计条件和现场条件选择合理的定位方法。根据现场已测设好的建筑物定位点详细测设其他各轴线交点的位置,并将其延长到安全的地方做好标志。

2. 学习目标

知识目标:分析已有建筑物与拟建建筑物的位置关系。
掌握民用建筑定位的方法。
掌握基坑开挖后恢复中心线的方法。

技能目标:根据设计图纸,结合现场条件和实际情况拟订测设方案。
计算所需定位数据。
根据现场条件选择合理的定位方法并能顺利进行定位及放线。
检核放线后角度与距离误差。

情感目标：严谨工作态度，养成认真细致的职业素养、精益求精的专业品质及爱岗敬业的职业操守。

3. 学习时间分配

学习活动序号	学习活动	建议学习时长	备注
学习活动 1	民用建筑定位与放线	2	

【作业过程及任务点】

学习活动 1　民用建筑定位与放线

<table>
<tr><th colspan="8">学习任务单</th></tr>
<tr><td colspan="2">任务名称</td><td colspan="6">民用建筑定位与放线</td></tr>
<tr><td colspan="2">任务类型</td><td colspan="2">讲授、实操</td><td colspan="2">能力面向</td><td colspan="2">测绘地理信息数据获取与处理职业技能</td></tr>
<tr><td colspan="2">完成时限</td><td colspan="2">2 课时</td><td colspan="2">学习方法</td><td colspan="2">实际操作、自主学习</td></tr>
<tr><td colspan="2">实施方式</td><td colspan="2">理论讲授、现场实操</td><td colspan="2">考核方式</td><td colspan="2">实操</td></tr>
<tr><td colspan="2">考核点</td><td colspan="6">数据计算、点位校核</td></tr>
<tr><th colspan="8">学习人员信息（学生填写）</th></tr>
<tr><td>姓名</td><td></td><td>班级</td><td></td><td>学号</td><td></td><td>电话</td><td></td></tr>
<tr><th colspan="8">任务目标</th></tr>
<tr><td colspan="8">完成民用建筑的定位与放线。
现场有 a、b 两个平面控制点，图示的规划建筑物外轮廓轴线交点坐标为 1、2、3、4，现请将此规划建筑物测设于实地上，并说明其测设方法。
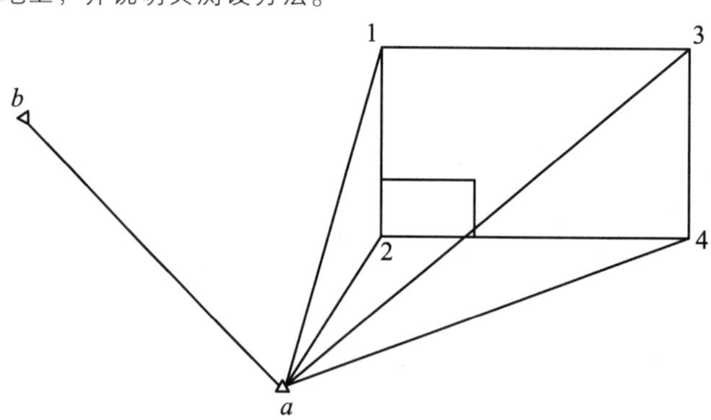
</td></tr>
</table>

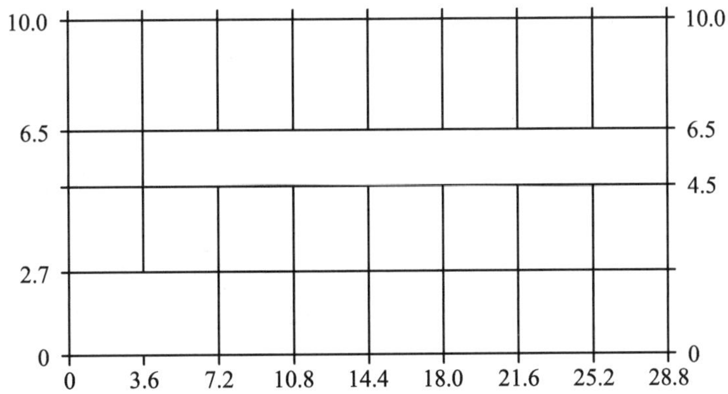

图 9-1　规划建筑物测设

任务介绍	笔记栏
【任务描述】 （1）根据现场控制点选择合理的定位方法。 （2）根据选定的定位方法将建筑物外轮廓轴线交点定位于现场。 （3）根据已定位的外轮廓轴线交点测设出建筑物的细部轴线交点位置，用木桩标定出来，并根据基础宽度和放坡宽度用白灰洒出开挖边线。 【任务要求】 （1）完成配套资源的学习，并完成学习笔记、通关任务点。 （2）能独立完成民用建筑物的定位数据计算及方法选择。 （3）能独立完成建筑物角点定位及校核。 （4）能独立完成建筑物细部轴线放线。	

任务配套资源	笔记栏
【资源 1】文本型学习资源 建筑物的定位是根据设计图纸，将建筑物四周外廓主要轴线交点（也称角点或定位点）测设到实地，作为建筑物基础放样和细部轴线放样的依据；由于设计条件与现场条件不同，建筑物的定位方法也有不同，下面介绍三种常见定位方法。 知识点 1：极坐标法放样法 如图 9-2 所示，建筑物定位点设计坐标值已知（P），附近有符合条件可利用的控制点（A、B），可根据实际情况选用极坐标法，角度交会法或距离交会法测设定位点。 如图 9-3 所示，建筑场地已设有建筑方格网或基线，可利用极坐标法和直角坐标法进行测设。 若不满足以上两个条件，可根据原有建筑物的边线或道路中线将新建建筑物定位点测设出来。	

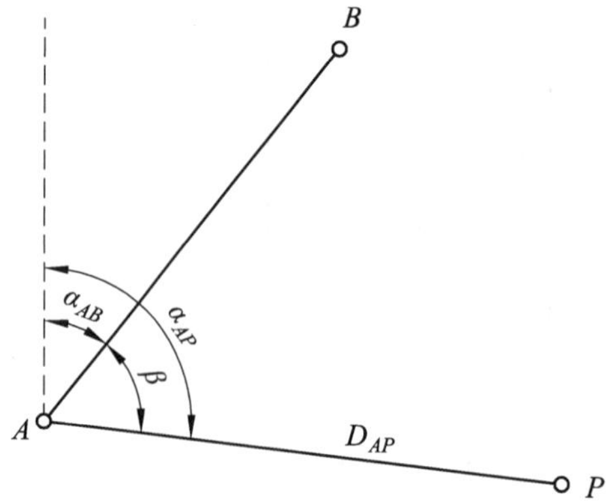

【视频】

极坐标法放样

图 9-2　极坐标法放样示意图

知识点 2：基于方格网放样法

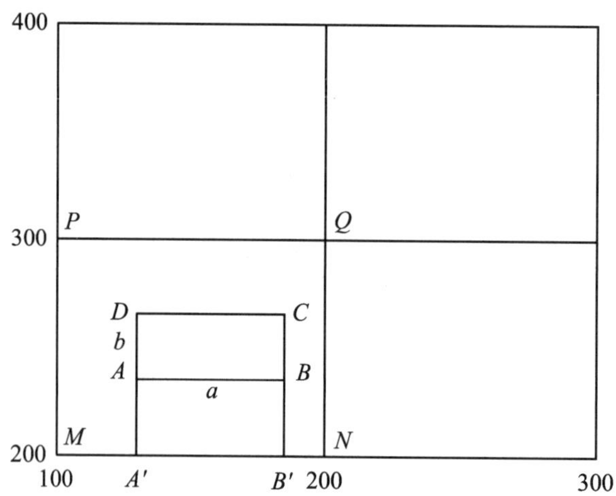

图 9-3　基于方格网放样示意图

知识点 3：基于原有建筑物放样法

如图 9-4 所示，风荷苑为已有建筑物，丹桂苑为待建建筑物，测设待建建筑物定位点 M、N、P、Q。

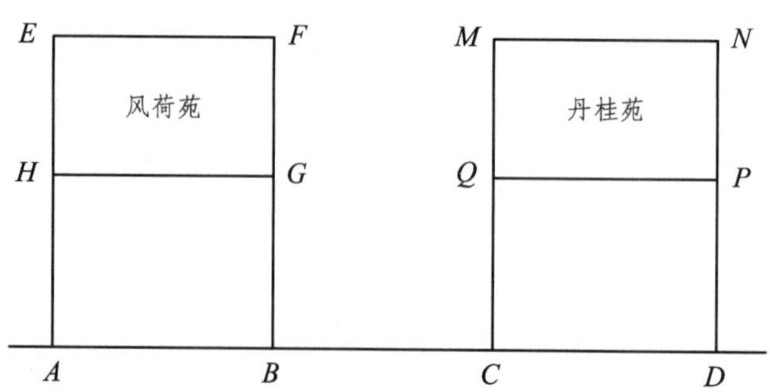

图 9-4　基于原有建筑物放样示意图

知识点 4：建筑物主轴线放样

建筑物的放线是根据现场已测设好的建筑物定位点再详细测设其他各轴线交点的位置，并将其延长到安全的地方做好标志。然后以细部轴线为依据，按基础宽度和放坡要求用白灰洒出开挖边线。

如图 9-5 所示，A、E、1、6 轴是建筑物的四条外墙主轴线，其交点 A_1、E_1、A_6、E_6 是建筑物的定位点，各主轴线间隔如图 9-5 所示，测设次要轴线与主轴线的交点。

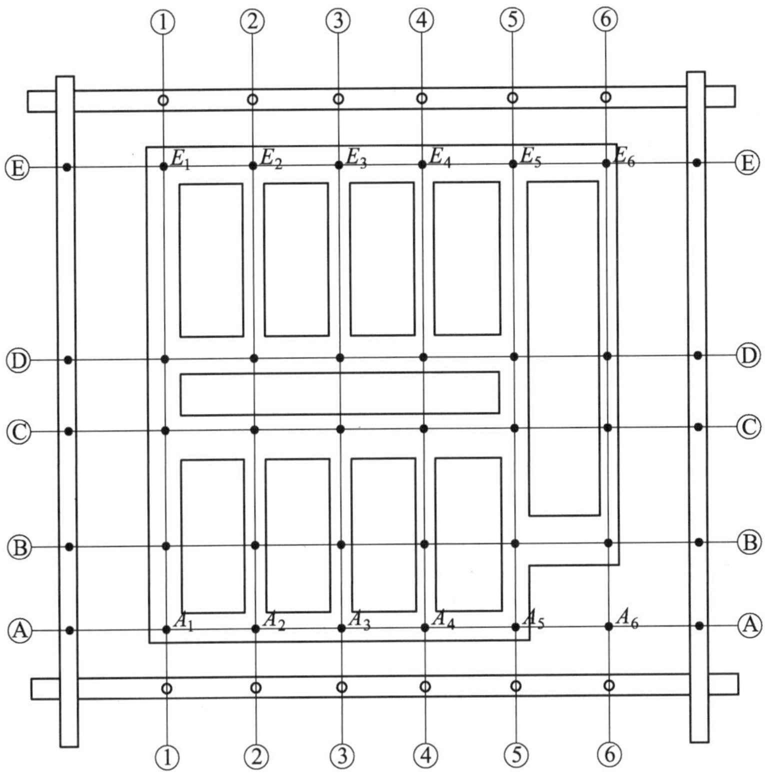

图 9-5　建筑物主轴线放样示意图

知识点 5：基槽基坑放样

基槽基坑开挖时，定位桩和细部灰线会被挖掉，为了便于开挖后各阶段施工能顺利进行，需要准确地恢复各轴线的位置，应把各轴线引测到开挖边界以外的安全位置并做好标识，引测方法有设置轴线控制桩和设置龙门板两种方法。

1. 设置轴线控制桩法

轴线控制桩设置在基槽外基础轴线的延长线上，作为开槽后各施工阶段恢复轴线的依据，如图 9-6 所示。轴线控制桩一般设置在基槽外 2～4 m 处，打下木桩，桩顶钉上小钉，准确标出轴线位置，并用混凝土包裹木桩。如附近有建筑物，也可把轴线投测到建筑物上，用红漆做出标志，以代替轴线控制桩。

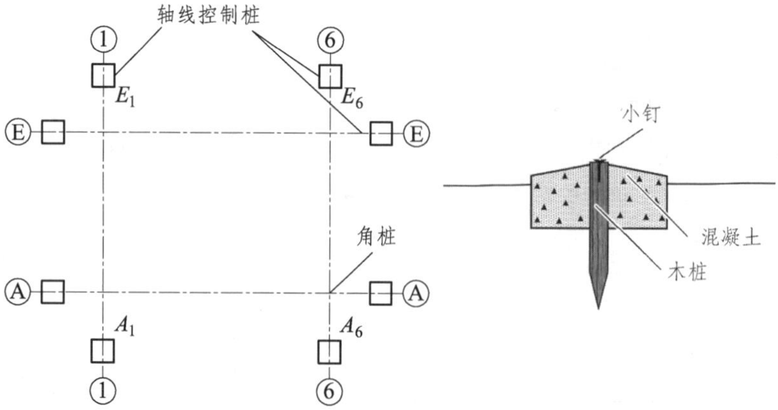

图 9-6　轴线控制桩放样示意图

2. 设置龙门板法（如图 9-7 所示）

（1）在建筑物四角与隔墙两端基槽开挖边界线以外 1.5 ~ 2 m 处（根据槽深和土质情况而定）设置龙门桩。龙门桩要竖直、牢固，桩的外侧面应与基槽平行。

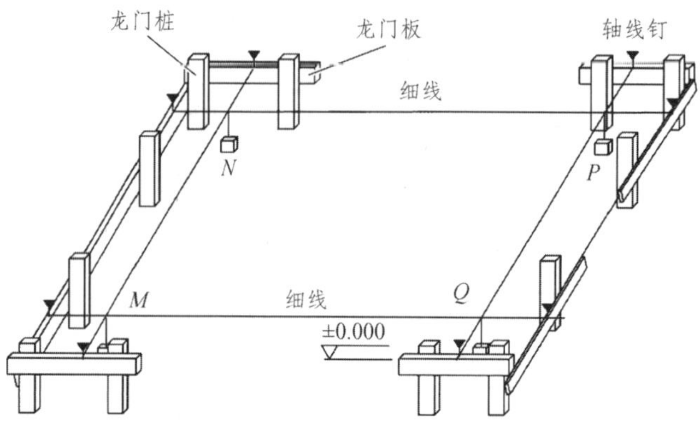

图 9-7　设置龙门板放样示意图

（2）根据附近的水准点，用水准仪在每个龙门桩外侧，测设出该建筑物室内地坪设计高程线（即±0 标高线），并做出标志。在地形条件受到限制时，可测设比±0 高或低整分米的标高线。同一个建筑最好选用一个标高，如地形起伏较大需要两个标高时，必须标注清楚，以防出错。

（3）沿龙门桩上±0 标高线钉设龙门板，龙门板顶面的高程在±0 的水平面上。然后用水准仪校核龙门板的高程，允许误差为±5 mm，如有差错应及时纠正。

（4）在经纬仪安置在中心桩上，将各轴线引测到龙门板上，钉小钉作为标志。中心钉定位误差应小于±5 mm。如果建筑物较小，可用垂球对准定位桩中心，在轴线两端龙门板间拉一小线使其紧贴垂球线，将轴线延长标定在龙门板上并做好标志。

（5）用钢尺沿龙门板的顶面，检查轴线钉的间距，其误差不超过 1∶2 000。检查合格后，以轴线钉为准，将墙边线、基础边线、基础开挖边线等标定在龙门板上。最后根据基槽上口宽度拉线，用白灰撒出基槽基础开挖边线。

知识点 6：基础开挖边线放样

撒出基础开挖边线：按基础设计剖面图、基础大样图及基础平面图给出设计尺寸，计算基槽的开挖宽度，如图 9-8 所示。

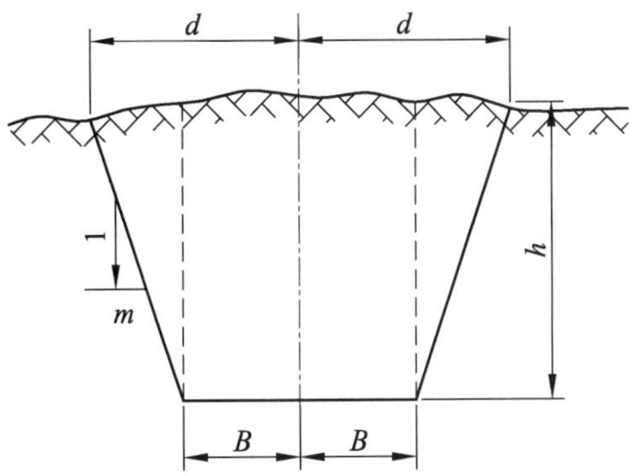

图 9-8 基础开挖边线放样示意图

任务规划建议（教师给出）

笔记栏

1. 执行规划建议

任务点	建议用时	学习方法	实施步骤	场地	设备
民用建筑定位与放线	90 分钟	小组学习，建议 4 人 1 组	1.熟悉图纸，现场踏勘（10 分钟）。 2.根据现场条件选择点位放样方法（10 分钟）。 3.计算所需放样数据（10 分钟）。 4.熟悉仪器操作（5 分钟）。 5.地面点位放样及细部轴线放样（30 分钟）。 6.放样距离、角度检核（15 分钟）	1.实训场地大小如篮球场。 2.地面平整便于操作。 3.视线开阔以便管理	1.全站仪（2″）或者经纬仪每组 1 台。 2.DS_3 水准仪每组 1 台

2. 教师任务安排

任务实施（学生规划）	笔记栏
请同学依据要完成的任务就数据准备、人员分工（若为小组训练）、设备清单、实施步骤及要点、安全及总结要求等方面做出规划	

任务扩展（教师给出）	笔记栏
请上网查询并说出高层建筑如何进行桩位放样	

学习总结

子项目学习质量监控单（教师填写）

序号	评分项	分值	实施要求	评定标准	得分
1	资源学习情况	15	1.学习痕迹明显，笔记认真仔细。 2.知识点掌握牢固，并能合理、灵活运用	优：课堂问答及练习能独立完成，回答正确，读书笔记细致。 良：课堂问答及练习成果正确，读书笔记记录较好。 中：课堂问答表述不清，练习成果基本正确。 差：完全不正确	
2	任务规划	15	1.规划内容完整。 2.规划内容应具可实施性。 3.规划过程应独立思考，具备一定的独特性	优：规划的内容详尽，具有很强的可实施性。 良：规划的内容详尽，可实施性一般。 中：规划的内容不全面，可实施性一般。 差：无规划，或者其规划的内容不全，无法实施	
3	任务实施	50	1.过程严格按规范要求进行。 2.过程性资料收集齐全。 3.独立完成任务要求的成果，提交及时	优：任务目标完成质量优良，过程规范，无错误。 良：任务目标完成质量良好，过程规范，无明显错误。 中：任务目标完成质量一般，过程相对规范，无明显错误。 差：没有完成任务目标或成果完全错误	
4	任务扩展	10	独立思考，能利用所学知识及相关手段完成所布置的拓展任务	优：独立思考，成果正确。 良：独立思考，成果基本正确。 中：任务完成得一般。 差：没有完成任务目标或成果完全错误	
5	其他	10	1.及时完成相关表格的填写。 2.独立完成总结的撰写，记录要详尽，要能从技能、知识等多方面进行总结	优：独立思考，任务全部完成，总结到位并能及时上交。 良：独立思考，任务基本完成，总结基本到位并能及时上交。 中：任务基本完成，总结基本到位。 差：没有完成任务目标	
6	职业能力评价	优：完全掌握技能及知识要点，操作规范，安全意识及团队意识好，吃苦耐劳，认真仔细。 良：基本掌握技能及知识要点，操作规范，安全意识及团队意识较好，认真仔细。 中：掌握部分技能及知识要点，操作相对规范，具有一定的安全意识。 未达标：没有掌握要求的技能及知识要点，或操作出现严重错误导致人员及设备损坏			
综合得分		学习过程（项 1 ~ 5）评价得分： 技能水平评价：合格□ 不合格□			
教师评语					

9.2 基础施工测量

任务 基础施工放样

【任务情况】

1. 本学习内容主要完成任务

基础开挖深度和垫层标高的控制，引测轴线的基础上在垫层上投测基础中心线，认识皮数杆。

2. 学习目标

知识目标：掌握基础开挖深度的控制方法。
掌握轴线恢复的方法。
掌握基础皮数杆的使用方法。

技能目标：水平桩位置的测设。
熟练基础中心线的恢复步骤。

情感目标：严谨工作态度，养成认真细致的学习素养、精益求精的专业品质及爱岗敬业的职业操守。

3. 学习时间分配

学习活动序号	学习活动	建议学习时长	备注
学习活动 1	基础施工测量	2	

【作业过程及任务点】

学习活动 1 基础施工测量

<table>
<tr><th colspan="8">学习任务单</th></tr>
<tr><td>任务名称</td><td colspan="7">基础施工放样</td></tr>
<tr><td>任务类型</td><td colspan="3">实操</td><td colspan="2">能力面向</td><td colspan="2">测绘地理信息数据获取与处理职业技能</td></tr>
<tr><td>完成时限</td><td colspan="3">2 课时</td><td colspan="2">学习方法</td><td colspan="2">实际操作、自主学习法</td></tr>
<tr><td>实施方式</td><td colspan="3">理论讲授、现场实操</td><td colspan="2">考核方式</td><td colspan="2">实操</td></tr>
<tr><td>考核点</td><td colspan="7">基础开挖深度、恢复轴线、基础标高控制</td></tr>
<tr><th colspan="8">学习人员信息（学生填写）</th></tr>
<tr><td>姓名</td><td></td><td>班级</td><td></td><td>学号</td><td></td><td>电话</td><td></td></tr>
</table>

任务目标
完成基槽开挖深度放样。 如图 9-9 所示，龙门板顶面标高为±0.000 m，槽底设计标高为−3.600 m，测设水平桩于槽底。 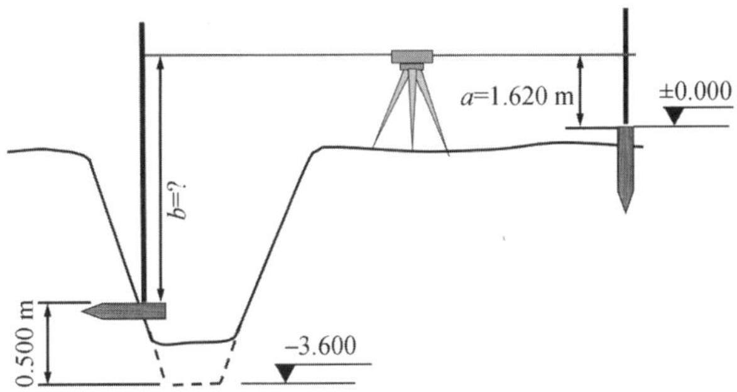 图 9-9　基槽开挖深度放样

任务介绍	笔记栏
【任务描述】 （1）掌握水平桩的测设方法。 （2）掌握轴线恢复的方法。 （3）掌握基础皮数杆的使用方法。 【任务要求】 （1）完成配套资源的学习，并完成学习笔记。 （2）能独立完成水平桩测设的计算。 （3）能独立完成基础中恢复中线的工作。	

任务配套资源	笔记栏
【资源 1】文本型学习资源 为了控制基槽开挖深度，在即将挖到槽底设计标高时，应用水准仪在槽壁上测设一些水平小木桩，使木桩上表面离槽底设计标高为一固定值（如 0.5 m），用以控制挖槽深度，称这些小木桩为腰桩，如图 9-10 所示。为了施工时使用方便，一般在槽壁各拐角处均打上水平桩，在直线段每隔 10 m 左右打一个水平桩；必要时可延腰桩的上表面拉上白线绳，作为清理槽底和打基础垫层时标高的依据，白线下 0.5 m 即为槽底设计高程。腰桩高程测设的允许误差为±10 mm。 基础垫层打好后，根据龙门板上的轴线钉或者轴线控制桩，用经纬仪或者拉绳挂线锤的方法把轴线投测到垫层上，如图 9-11 所示，根据基础详图用墨线弹出墙中心线和基础边线，以便砌筑基础或安装模板。 房屋基础墙是指±0.000 m 以下的砖墙，它的高度是用基础皮数杆来控制的。 基础皮数杆是一根木制的杆子，在杆上事先按照设计尺寸，将砖、灰缝厚度画出线条，并标明±0.000 m 和防潮层的标高位置。	

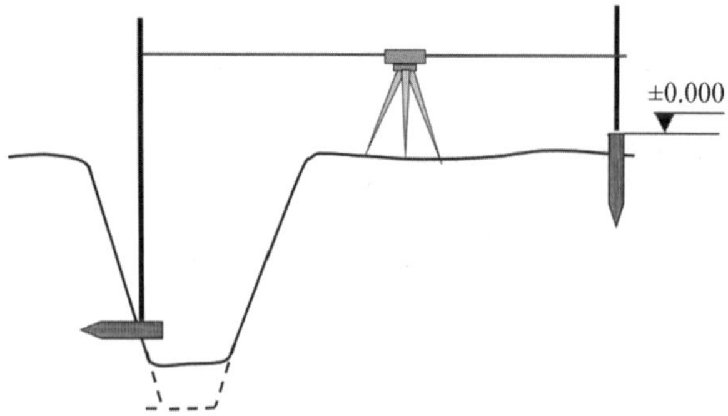

图 9-10　腰桩设置示意图

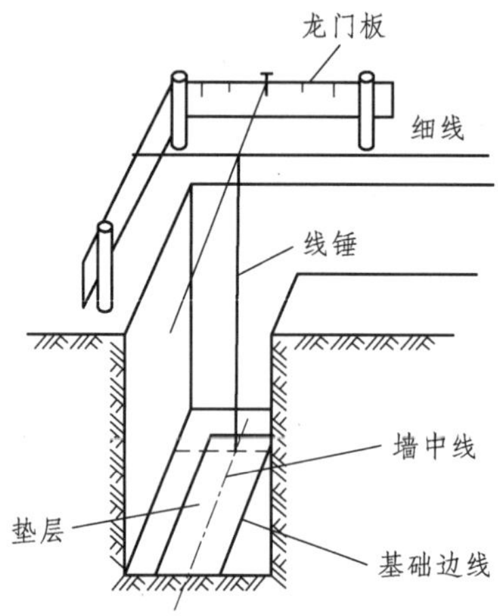

图 9-11　基础轴线投影示意图

立皮数杆时，先在立杆处打一木桩，用水准仪在木桩侧面定出一条高于垫层某一数值（如 100 mm）的水平线，然后将皮数杆上标高相同的一条线与木桩上的水平线对齐，并用大铁钉把皮数杆与木桩钉在一起，作为基础墙的标高依据，如图 9-12 所示。

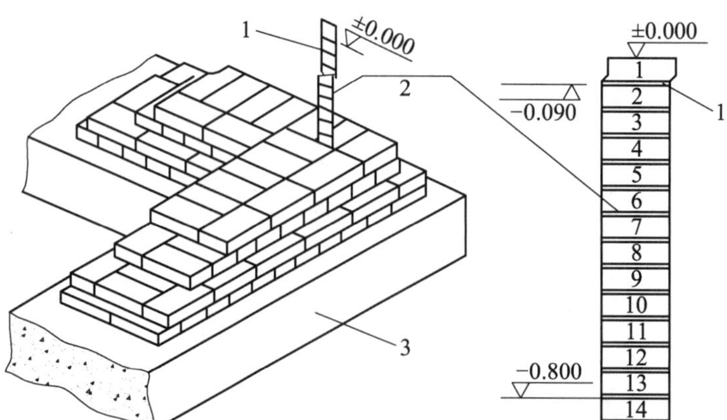

1—防潮层；2—灰缝；3—基础垫层。

图 9-12　立皮数杆示意图

任务规划（教师给出）	笔记栏

1. 执行规划建议

任务点	建议用时	学习方法	实施步骤	场地	设备
基础放样	90分钟	小组学习，建议4人1组	1.复测角度与距离，并校核（15分钟）。 2.计算所需数据（10分钟）。 3.测设工作开展（25分钟）。 4.恢复中线（20分钟）	1.实训场地大小如篮球场。 2.地面平整便于操作。 3.视线开阔以便管理	1.经纬仪每组1台。 2.DS_3 水准仪每组1台。 3.墨线盒每组1个

2. 教师任务安排

任务实施（学生规划）	笔记栏

请同学依据要完成的任务就数据准备、人员分工（若为小组训练）、设备清单、实施步骤及要点、安全及总结要求等方面做出规划。

<table>
<tr><th>任务扩展（教师给出）</th><th>笔记栏</th></tr>
<tr><td>分组讨论，并完成如何进行二楼以上楼房墙体标高传递</td><td></td></tr>
<tr><th colspan="2">工作总结</th></tr>
<tr><td colspan="2"></td></tr>
</table>

子项目学习质量监控单（教师填写）

序号	评分项	分值	实施要求	评定标准	得分
1	资源学习情况	15	1.学习痕迹明显，笔记认真仔细。 2.知识点掌握牢固，并能合理、灵活运用	优：课堂问答及练习能独立完成，回答正确，读书笔记细致。 良：课堂问答及练习成果正确，读书笔记记录较好。 中：课堂问答表述不清，练习成果基本正确。 差：完全不正确	
2	任务规划	15	1.规划内容完整。 2.规划内容应具可实施性。 3.规划过程应独立思考，具备一定的独特性	优：规划的内容详尽，具有很强的可实施性。 良：规划的内容详尽，可实施性一般。 中：规划的内容不全面，可实施性一般。 差：无规划，或者其规划的内容不全，无法实施	
3	任务实施	50	1.过程严格按规范要求进行。 2.过程性资料收集齐全。 3.独立完成任务要求的成果，提交及时	优：任务目标完成质量优良，过程规范，无错误。 良：任务目标完成质量良好，过程规范，无明显错误。 中：任务目标完成质量一般，过程相对规范，无明显错误。 差：没有完成任务目标或成果完全错误	
4	任务扩展	10	独立思考，能利用所学知识及相关手段完成所布置的拓展任务	优：独立思考，成果正确。 良：独立思考，成果基本正确。 中：任务完成得一般。 差：没有完成任务目标或成果完全错误	
5	其他	10	1.及时完成相关表格的填写。 2.独立完成总结的撰写，记录要详尽，要能从技能、知识等多方面进行总结	优：独立思考，任务全部完成，总结到位并能及时上交。 良：独立思考，任务基本完成，总结基本到位并能及时上交。 中：任务基本完成，总结基本到位。 差：没有完成任务目标	
6	职业能力评价	优：完全掌握技能及知识要点，操作规范，安全意识及团队意识好，吃苦耐劳，认真仔细。 良：基本掌握技能及知识要点，操作规范，安全意识及团队意识较好，认真仔细。 中：掌握部分技能及知识要点，操作相对规范，具有一定的安全意识。 未达标：没有掌握要求的技能及知识要点，或操作出现严重错误导致人员及设备损坏				
综合得分		学习过程（项 1～5）评价得分：		技能水平评价：合格□　不合格□	
教师评语					

项目 10

道路工程施工测量

本项目主要包括铁路、公路等线状工程测量及桥梁、隧道等主要构筑物的施工测量。主要学习内容包括线路中线施工测量，路基纵、横断面施工测量，桥梁施工测量及隧道施工测量几部分。

线路测量的任务分为初测和定测两部分。在初步设计阶段为线路提供带状地形图和有关资料的过程，称为初测；在技术设计阶段进行中线测量、纵横断面测量，为施工提供依据的过程，称为定测。综上所述，线路工程设计及施工阶段的测量工作，统称为线路工程施工测量。本教材主要针对线路平面线形组成、曲线参数计算、圆曲线施工放样参数计算、路基横断面组成及测量实施等展开叙述，并设置相关实训项目。

10.1 线路中线测量

任务 圆曲线放样

【任务情况】

1. 本学习内容主要完成任务

根据某线路的直线、曲线设计数据表，计算出案例中圆曲线的曲线要素，推算主点里程及主要里程点的放样用坐标值，使用全站仪用坐标法现场放出圆曲线各主点。

2. 学习目标

知识目标：掌握线路中线的组成和要素计算方法。

掌握测设（放样）的基本方法。

掌握线路测量中选、定线和中线测量的方法和程序。

掌握线路平面构成的相关知识。

掌握圆曲线的组成。

掌握圆曲线要素的计算方法。

掌握用坐标法计算圆曲线逐桩坐标。

技能目标：能正确计算不带缓和曲线圆曲线的曲线要素计算。

能进行圆曲线要素及逐桩坐标计算。

情感目标：养成认真细致的学习素养、精益求精的职业素养及爱岗敬业的职业操守。

3. 学习时间分配

学习活动序号	学习活动	建议学习时长	备注
学习活动 1	曲线要素及坐标计算	2	
学习活动 2	圆曲线测设	2	

【作业过程及任务点】

学习活动 1　曲线要素及坐标计算

学习任务单			
任务名称	曲线要素计算		
任务类型	计算型	能力面向	测绘地理信息数据获取与处理职业技能
完成时限	2 课时	学习方法	自主学习法
实施方式	计算	考核方式	过程性考核+计算成果考核
考核点	圆曲线要素计算　放样坐标数据计算		

学习人员信息（学生填写）							
姓名		班级		学号		电话	

任务目标

根据下表所示的某线路曲线设计数据，计算出 JD_1 圆曲线的曲线要素，推算主点里程，计算曲线上 20 m 倍数里程点的放样用坐标值，并完成“曲线施工放样成果表”的填写。

点号	交点桩号	交点坐标		转向角	曲线要素值				方位角
		X 坐标	Y 坐标	（° ′ ″）	R	T	L	l_0	（° ′ ″）
JD_1	K20+698.253	1 912.193	7 887.092	15 33 36（右）	300	49.959	99.010	0	97 35 26

曲线施工放样成果表

测站点坐标			后视点坐标	
计 算 成 果				
曲线要素	切线长 T			
	曲线长 L			
	外矢矩 E_0			
	切曲差 q			
曲线主点	特征点	里程	北坐标 X	东坐标 Y
	直圆点 ZY			
	曲中点 QZ			
	圆直点 YZ			

续表

曲线中桩	中桩里程	北坐标 X	东坐标 Y

任务介绍	笔记栏

【任务描述】

（1）能根据设计参数绘制出线路平面的布置图。

（2）能正确计算案例中圆曲线的曲线参数值。

（3）能正确推算出案例中各曲线的主点里程。

（4）能正确计算主要里程点的坐标值。

【任务要求】

（1）完成配套资源的学习，并完成学习笔记。

（2）能独立完成线路平面的布置图的绘制。

（3）能独立完成圆曲线要素的计算。

（4）能独立计算出圆曲线各主点里程。

（5）能正确计算主要里程点的坐标值。

任务配套资源	笔记栏

【资源 1】文本型学习资源

中线测量的任务是把带状地形图上设计好的线路中线测设到地面上，并用地面标志点标定出来。

知识点 1：线路平面线形组成

线路中心线在平面上的投影称为线路平面。线路平面图和纵断面图是整个线路施工的重要设计资料。线路平面图是线路设计的基本文件之一，是绘有线路中心线平面位置，并注明有关资料的地形图，线路平面图中会有经纬距、等高线及地貌等，线路平面用粗线表示，其中虚线表示在隧道内。线路平面由直线、圆曲线、缓和曲线三个元素组成，如图 10-1 所示。两直线间加入圆曲线是用以改变线路的方向，分为右偏曲线和左偏曲线，见图 10-2，10-3 所示。缓和曲线是设置在直线和圆曲线之间的过渡曲线，其曲率半径 ρ 从直线的无穷大逐渐变化到圆曲线的半径 R，用于过渡车辆从直线运行到曲线过程中，为平衡离心力而设置的外超高，从而有效提高乘客的舒适度。

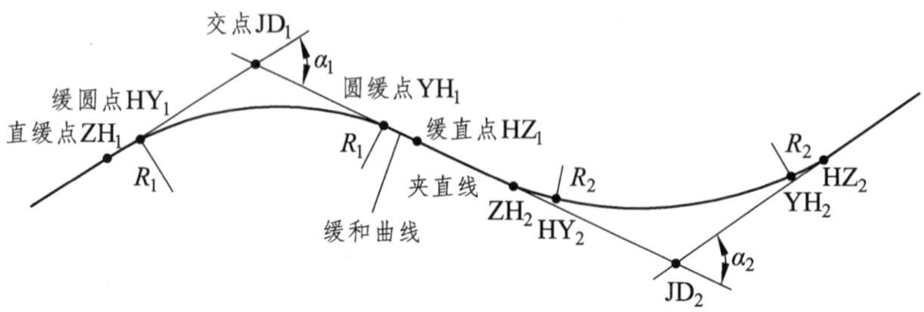

图 10-1　线路平面组成示意图

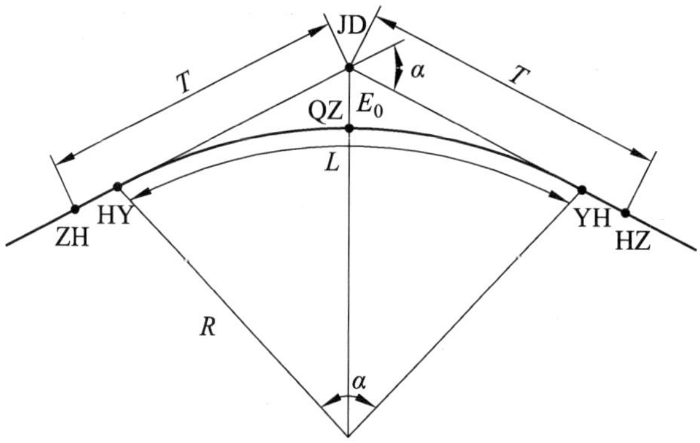

图 10-2　右偏曲线设置示意图

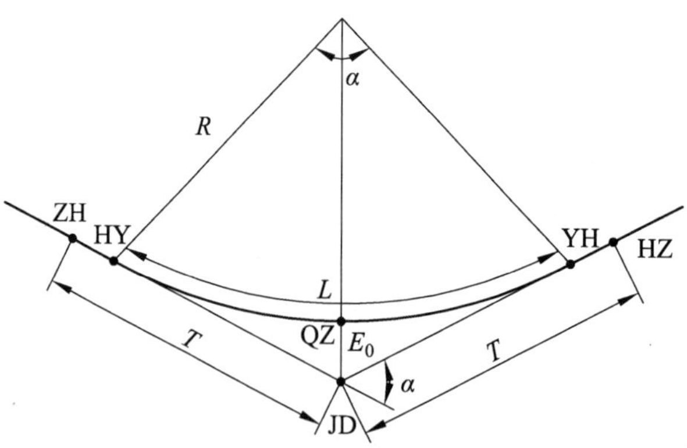

图 10-3　左偏曲线设置示意图

知识点 2：圆曲线要素计算

圆曲线的要素包括切线长（T）、曲线长（L）、外矢距（E_0）和切曲差（q），见图 10-4 所示。

（1）切线长：直圆点（ZY）或圆直点（YZ）至交点（JD）之间的直线长。

（2）曲线长：直圆点（ZY）到圆直点（YZ）间的曲线长度。

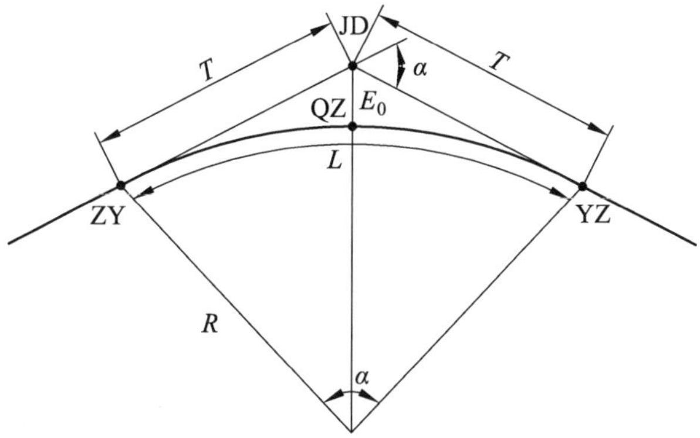

图 10-4　圆曲线要素示意图

（3）外矢距：交点（JD）沿半径方向至曲线中点（QZ）间的直线长。

（4）切曲差：两倍切线长与曲线长之差。

当圆曲线半径 R、转向角 α（即相邻两直线延长线的夹角）已知时，圆曲线要素的计算公式如下：

$$T = R\times\tan\frac{\alpha}{2} \tag{10.1}$$

$$L = R\times\alpha\times\frac{\pi}{180^\circ} \tag{10.2}$$

$$E_0 = R\times\sec\frac{\alpha}{2} - R \tag{10.3}$$

$$q = 2T - L \tag{10.4}$$

知识点 3：圆曲线主点里程推算

圆曲线上各主点的里程都是从一个已知里程的点开始计算的，通常已知 ZY 点或 JD 的里程，圆曲线主点里程推算如下：

$$\begin{cases} \text{ZY点里程} = \text{JD里程} - T \\ \text{QZ点里程} = \text{ZY点里程} + L/2 \\ \text{YZ点里程} = \text{ZY点里程} + L \end{cases} \tag{10.5}$$

必须注意的是，YZ 点的里程只能由 ZY 点加曲线长 L 计算，而不能由 JD 计算。

例 10-1 某铁路线路一圆曲线交点里程为 K20+520.000 m，该曲线半径为 R=2 800 m，转向角 α=26°47′36″，切线 T=261.84 m，计算该圆曲线各主点的里程。

解：（1）先计算曲线长度。

L=2 800 × 26°47′36″ × π/180°=1 309.37（m）

（2）计算曲线各主点里程（见图 10-5 所示）。

ZY 点里程=K20+520.000−261.840=K20+258.160（m）

QZ 点里程=K20+258.160+1 309.37/2=K20+912.795（m）

YZ 点里程=K20+258.160+1 309.370=K21+567.430（m）

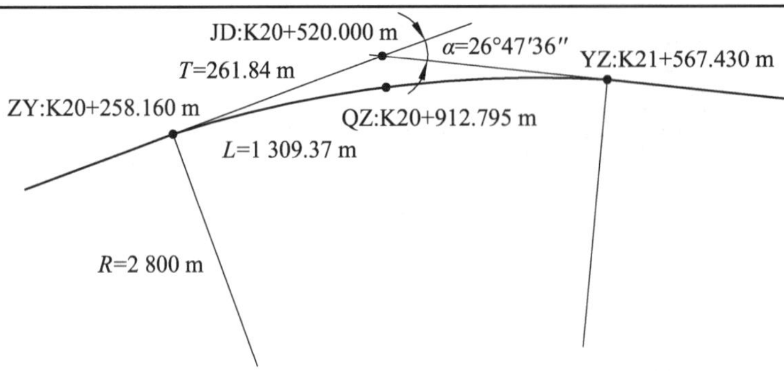

图 10-5　圆曲线主点里程推算示意图

知识点 4：圆曲线逐桩坐标计算

根据我国《工程测量规范》（GB 50026—2007）规定：曲线上中桩间距不宜大于 20 m，如果地形平坦且曲线半径大于 800 m 时，中线桩间距可为 40 m。公路曲线半径为 30 ~ 60 m 时，其中线桩间距不应大于 10 m。

故中线测设时应根据要求进行加桩点位的测设。随着全站仪及 GNSS-RTK 的普及应用，目前主要采用的是坐标法，现对曲线逐桩坐标计算进行介绍。设计文件所提供的的线路设计数据中主要包括：交点桩号、交点坐标、转向角、曲线半径、缓和曲线长、交点间方位角等。在某个圆曲线逐桩坐标计算时将依据这些数据，先计算曲线起点（ZY 点）的坐标，而后进行曲线上任意点在以 ZY 点为原点的自定义直角坐标系 ZY-xy 中的坐标值，最终再带到线路坐标系中换算成线路坐标系坐标。

（1）曲线起点（ZY）坐标计算（参看图 10-6）。

$$\begin{cases} X_{ZY} = X_{JD} + T \times \cos\ (\alpha_{ZY切} + 180°) \\ Y_{ZY} = Y_{JD} + T \times \sin\ (\alpha_{ZY切} + 180°) \end{cases} \tag{10.6}$$

式中　X_{JD}，Y_{JD}——JD 点的线路坐标；

X_{ZY}，Y_{ZY}——ZY 点的线路坐标；

$\alpha_{ZY切}$——ZY 点切线的坐标方位角。

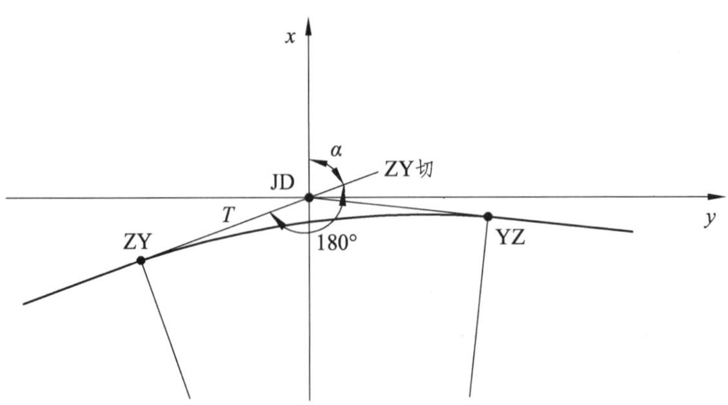

图 10-6　曲线起点（ZY）坐标计算示意图

（2）曲线上任意点 P 在 ZY-xy 直角坐标系中的坐标计算。

建立以 ZY 点为原点的自定义直角坐标系 ZY-xy，在该坐标系中 ZY 点的坐标为（0，0），ZY 点的切线方向为 x 轴正方向，顺时针旋转 90°为 y 轴正方向，如图 10-7 所示。在该坐标系中，圆曲线上任意点 P 的坐标计算公式如下：

$$\begin{cases} X_{P'} = R \times \sin\beta \\ Y_{P'} = R - R \times \cos\beta \end{cases} \tag{10.7}$$

式中　$\beta = \dfrac{K_P - K_{ZY}}{R} \times \dfrac{180^\circ}{\pi}$；

K_P——线路中线 P 点的里程；

K_{ZY}——圆曲线起点 ZY 点的里程。

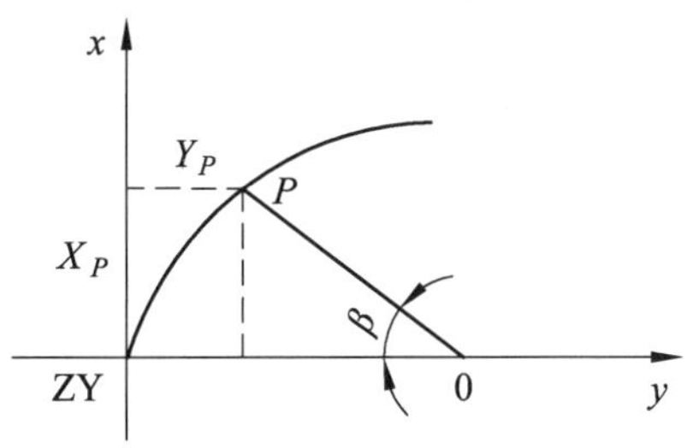

图 10-7　P 点在 ZY-xy 直角坐标系中坐标计算示意图

（3）曲线上任意点 P 在线路坐标系中的坐标换算。

$$\begin{cases} X_P = X_{ZY} + X_{P'} \times \cos\gamma + k \times Y_{P'} \times \sin\gamma \\ Y_P = Y_{ZY} - Y_{P'} \times \sin\gamma + k \times Y_{P'} \times \cos\gamma \end{cases} \tag{10.8}$$

式中曲线右偏时 k=1，曲线左偏时 k=−1。

例 10-2　某铁路线路的设计数据见表 10-1 所示。

表 10-1　铁路线路设计数据

点号	交点桩号	交点坐标		转向角（° ′ ″）	曲线要素值			方位角（° ′ ″）
		X 坐标	Y 坐标		R	T	L	
JD_{16}	K20+520.000	7 271.735	8 213.672	18 54 34（右）	300	49.959	99.010	78 26 42

试求里程为 K20+500.000 点的坐标值见图 10-8 所示。

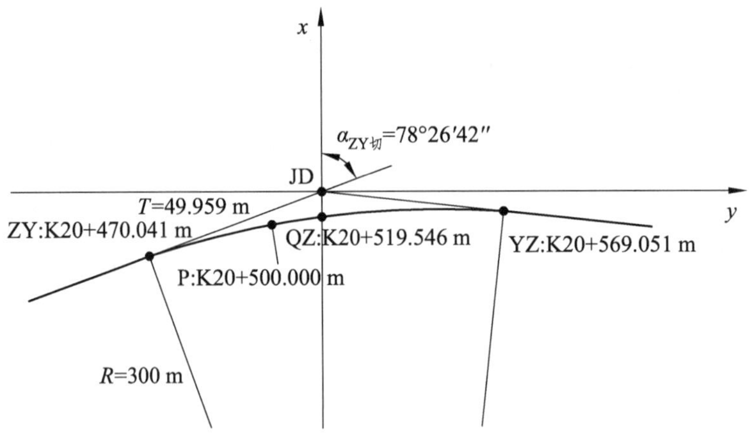

图 10-8　例 10-2 计算示意图

解：（1）推算主点里程。

ZY 点里程=K20+520.000−49.959=K20+470.041（m）

QZ 点里程=K20+470.041+99.010/2=K20+519.546（m）

YZ 点里程=K20+470.041+99.010=K20+569.051（m）

（2）曲线起点（ZY）坐标计算。

$X_{ZY}=X_{JD}+T\times\cos(\alpha_{ZY切}+180°)$

$=7\,271.735+49.959\times\cos(78°26'42''+180°)$

$=7\,261.728$（m）

$Y_{ZY}=Y_{JD}+T\times\sin(\alpha_{ZY切}+180°)$

$=8\,213.672+49.959\times\sin(78°26'42''+180°)$

$=8\,164.726$（m）

任务规划（教师给出）

笔记栏

1. 执行规划建议

知识点	学习时间	学习方法	资源
线路平面线形组成	10 分钟	自主学习	教室、多媒体设备
圆曲线要素计算	15 分钟	自主学习+计算练习	教室
圆曲线主点里程推算	10 分钟	自主学习+计算练习	教室
圆曲线逐桩坐标计算	55 分钟	自主学习+计算练习	教室

2. 教师任务安排

任务实施（学生规划）	笔记栏
请同学依据要完成的任务就对应知识点学习的时间分配，学习方法及形式，学习要点及总结要求等方面做出规划。	

任务扩展（教师给出）	笔记栏

学习总结

学习活动 2　圆曲线测设

学习任务单			
任务名称	圆曲线测设		
任务类型	实操型	能力面向	测绘地理信息数据获取与处理职业技能
完成时限	2 课时	学习方法	小组学习+任务
实施方式	现场实操+成果提交	考核方式	过程性考核+成果考核
考核点	全站仪架设及参数设置　　放样过程的规范性		

学习人员信息（学生填写）							
姓名		班级		学号		电话	

任务目标

在 2 课时时间内能熟练使用全站仪：2″级仪器，采用坐标法，现场测设出学习活动 1“曲线施工放样成果表”中的曲线主点及曲线上 20 m 倍数里程点，并完成“放样点实测坐标与理论坐标较差表”的填写。

放样点实测坐标与理论坐标较差表

测站点坐标			后视点坐标				
放样点里程	理论坐标		实测坐标		较差/m		
	北坐标 X	东坐标 Y	北坐标 X	东坐标 Y	ΔX	ΔY	Δd

任务介绍	笔记栏
【任务描述】 （1）能按照操作规范独立完成全站仪的架设。 （2）能独立完成全站仪设站及放样参数的设置。 （3）能小组协作完成曲线主点及曲线放样点的现场放样作业。 （4）对放样点位进行测量，对比计算值，分析测量成果精度。 【任务要求】 （1）自主完成配套资源的学习，并完成学习笔记。	

（2）完成现场放样过程，并实测已放样点，完成测量精度评价。

（3）撰写工作日志及工作总结。

任务配套资源	笔记栏

【资源】文本资源

圆曲线的测设工作分两步进行：第一步先测设曲线上起控制作用的点，称为曲线主点[即：直线交点（JD）；直圆点（ZY）或圆直点（YZ）；曲线中点（QZ）]。第二步是在主点间进行曲线的详细测设。

实际工作中，曲线的交点的设置在设计阶段及施工前中线复测时均已确定，且曲线主点及里程点的坐标均已求出，可以在 JD 上架设全站仪，输入各点坐标后，按照放样流程进行点位的放样工作。在教学中则需要先在实训现场模拟出曲线的两个切线方向，现就放样圆曲线放样测量的流程步骤介绍如下。

步骤 1：确定定向方向

在平坦场地上定出线路导线的两个点，即 JD_1 点、JD_1—ZY 点方向定向点，两点间的距离要大于待放样曲线切线值，如图 10-9 所示。

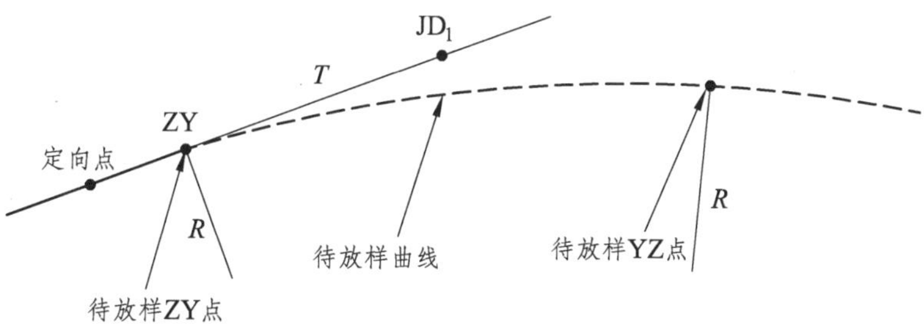

图 10-9　曲线放样定向点布置示意图

步骤 2：确定曲线方向点

在交点 JD_1 上安置全站仪，后视定向点，观测转向角 $\alpha_{右}$，并在此方向上定出 JD_1—YZ 点方向点，两点间的距离同样要大于待放样曲线切线值，如图 10-10 所示。

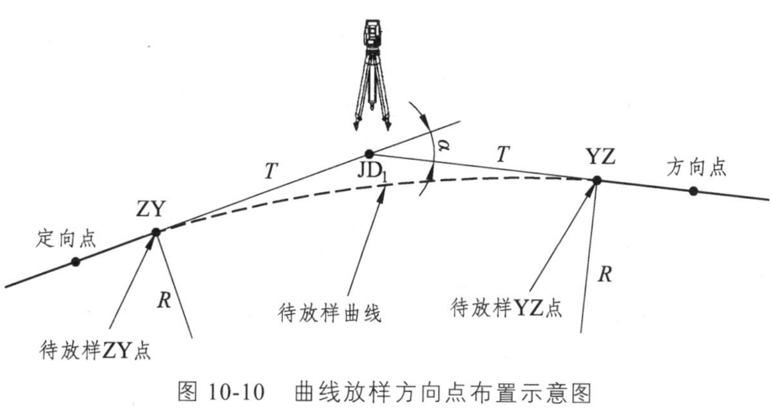

图 10-10　曲线放样方向点布置示意图

步骤 3：圆曲线主点放样

在 JD_1 上架设全站仪，观测 JD_1→定向点方向线上，自 JD_1 量取切线长 T，放出圆曲线起点 ZY 点，作为曲线起点。在观测 JD_1→方向点方向线上，自 JD_1 量取切线长 T，放出圆曲线起点 YZ 点，作为曲线终点。

在角平分线上自 JD_1 量取外距 E_0，放出圆曲线中点 QZ 点，见图 10-11 所示。

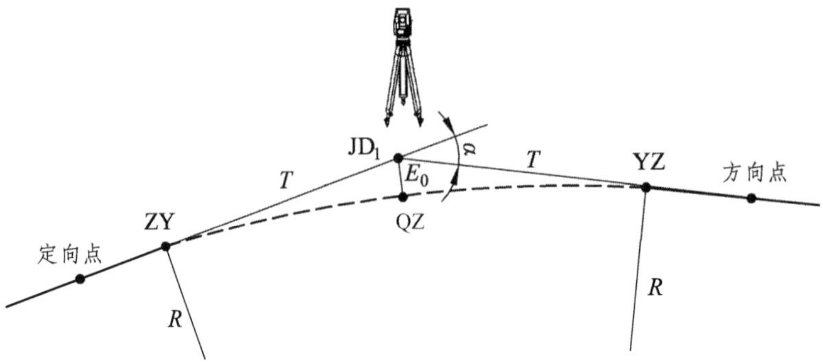

图 10-11　曲线主点放样布置示意图

放出曲线主点后，站在曲线内侧观察 ZY、QZ、YZ 点位是否有圆曲线的线形，以作为概略检核。重复步骤 3，再次放出曲线主点，看两次放样的主点位置是否重合。如果不重合，而且差得太大，则需要查找原因，重新测设。如在容许范围内，则点位即可确定。

步骤 4：圆曲线里程点放样

在 JD_1 上架设全站仪，输入各待放样里程点的坐标，逐一完成各点位的放样工作。放样完成后需在曲线内侧观察各点位组成的线形是否圆顺。

任务规划（教师给出）	笔记栏

1. 执行规划建议

任务点	用时	学习方法	实施步骤	场地	设备
圆曲线测设	90 分钟	小组学习，建议 4 人 1 组	步骤 1：分组及场地分配（5 分钟）。 步骤 2：各小组交点及 ZY 切线方向控制点的布置（20 分钟）。 步骤 3：交点架设仪器，设站并完成圆曲线主点放样（20 分钟）。 步骤 4：完成圆曲线里程点放样（30 分钟）。 步骤 5：总结及回收设备（15 分钟）	1. 单组用实训场地成矩形，最小边大于 60 m。 2. 地面平整便于操作及地面做点。 3. 视线开阔以便管理	1. 全站仪：2″级仪器 1 台/组。 2. 可采用放样小棱镜、三脚撑架等用作放样

2. 教师任务安排	
任务实施（学生规划）	**笔记栏**
请同学依据要完成的任务就数据准备、人员分工（若为小组训练）、设备清单、实施步骤及要点、安全及总结要求等方面做出规划。	
任务扩展（教师给出）	**笔记栏**
工作总结	

子项目学习质量监控单（教师填写）

序号	评分项	分值	实施要求	评定标准	得分
1	资源学习情况	15	1.学习痕迹明显，笔记认真仔细。 2.知识点掌握牢固，并能合理、灵活运用	优：课堂问答及练习能独立完成，回答正确，读书笔记细致。 良：课堂问答及练习成果正确，读书笔记记录较好。 中：课堂问答表述不清，练习成果基本正确。 差：完全不正确	
2	任务规划	15	1.规划内容完整。 2.规划内容应具可实施性。 3.规划过程应独立思考，具备一定的独特性	优：规划的内容详尽，具有很强的可实施性。 良：规划的内容详尽，可实施性一般。 中：规划的内容不全面，可实施性一般。 差：无规划，或者其规划的内容不全，无法实施	
3	任务实施	50	1.过程严格按规范要求进行。 2.过程性资料收集齐全。 3.独立完成任务要求的成果，提交及时	优：任务目标完成质量优良，过程规范，无错误。 良：任务目标完成质量良好，过程规范，无明显错误。 中：任务目标完成质量一般，过程相对规范，无明显错误。 差：没有完成任务目标或成果完全错误	
4	任务扩展	10	独立思考，能利用所学知识及相关手段完成所布置的拓展任务	优：独立思考，成果正确。 良：独立思考，成果基本正确。 中：任务完成得一般。 差：没有完成任务目标或成果完全错误	
5	其他	10	1.及时完成相关表格的填写。 2.独立完成总结的撰写，记录要详尽，要能从技能、知识等多方面进行总结	优：独立思考，任务全部完成，总结到位并能及时上交。 良：独立思考，任务基本完成，总结基本到位并能及时上交。 中：任务基本完成，总结基本到位。 差：没有完成任务目标	
6	职业能力评价	优：完全掌握技能及知识要点，操作规范，安全意识及团队意识好，吃苦耐劳，认真仔细。 良：基本掌握技能及知识要点，操作规范，安全意识及团队意识较好，认真仔细。 中：掌握部分技能及知识要点，操作相对规范，具有一定的安全意识。 未达标：没有掌握要求的技能及知识要点，或操作出现严重错误导致人员及设备损坏			
综合得分		学习过程（项1～5）评价得分： 技能水平评价：合格□ 不合格□			
教师评语					

10.2 线路横纵断面测量

任务1 线路纵断面测量

【任务情况】

1. 本学习内容主要完成任务

现场测出一段约1 000 m路线的中桩高程，绘制出该路线的纵断面图。

2. 学习目标

知识目标：掌握线路纵断面图的组成及主要内容。
掌握基平测量的概念及测量方法。
掌握中桩水准测量的概念及测量方法。
掌握中桩水准测量记录表的填写及计算方法。
掌握线路纵断面图绘制的步骤及方法。

技能目标：能完成线路纵断面测量的策划工作，完成简单测量方案的编制。
能熟练使用水准仪完成规定路线中桩高程测量。
能正确填写计算中桩水准测量记录表及表中数据计算。
能根据测量数据独立完成线路纵断面图的绘制。

情感目标：养成认真细致的学习素养、精益求精的职业素养及爱岗敬业的职业操守。

3. 学习时间分配

学习活动序号	学习活动	建议学习时长	备注
学习活动1	线路纵断面图的组成及主要内容	1	
学习活动2	线路纵断面图的测绘	1	实训可放到课后完成

【作业过程及任务点】

学习活动1　线路纵断面图的组成及主要内容

学习任务单							
任务名称	线路纵断面图的组成及主要内容						
任务类型	理论型			能力面向	测绘地理信息数据获取与处理职业技能		
完成时限	1课时			学习方法	自主学习法		
实施方式	识读线路纵断面图			考核方式	过程性考核+成果考核		
考核点	正确识读线路纵断面图						
学习人员信息（学生填写）							
姓名		班级		学号		电话	

任务目标

根据下图所示某铁路线路纵断面图，完成“线路纵断面识读任务表”。

【资料】

某铁路纵断面图

线路纵断面识读任务表

序号	任务要求	回答
1	线路起始里程分别是多少?	
2	线路高程起伏的最大值?	
3	该段线路包括几座桥梁?	
4	该段线路包括几座隧道?	
5	写出该段线路中坡度最大坡段的坡度值、起始里程及坡段长度	
6	线路由几个曲线组成?	
7	请写出曲线长度最长的右转曲线参数：转角？切线长？缓和曲线长？圆曲线长？曲线起、终点里程?	
8	例举说明 3 个线路加桩位置的情况	
9	该段线路路堑有几段?	
10	该段线路路堤有几段?	

任务介绍	笔记栏
【任务描述】 （1）能正确描述线路纵断面图的组成及主要内容。 （2）能正确描述线路纵断面图中各参数的意义。 【任务要求】 （1）完成配套资源的学习，并完成学习笔记。 （2）能独立识读线路纵断面图。	
任务配套资源	**笔记栏**
【资源1】文本型学习资源 线路平面图和纵断面图是整个线路施工的重要设计资料。其中，路基施工还包括路基横断面图、路基设计文件、构造物设计参数等设计资料。 知识点1：线路纵断面图的组成及主要内容 线路纵断面图是将线路中心线展直以后在铅垂面上的投影，线路纵断面图上绘有线路纵断面和其他有关资料，是线路设计的基本文件之一。图10-12为某铁路线路纵断面图，图10-13为某公路线路纵断面图。线路纵断面图绘制在图的上方，横向表示线路里程，竖向表示高程，线路资料和数据标注在图的下方，自下而上的顺序如下所述： （1）线路平面。为线路平面的示意图。凸起表示右偏角曲线，凹下表示左偏角曲线，凸起或凹下的转折点依次为ZH（直缓点）、HY（缓圆点）、YH（圆缓点）、HZ（缓直点），在ZH和HZ点处要注明距前一百米标的距离；曲线要素注于曲线内侧。两相邻曲线间的水平线为直线段，要标注其长度。 （2）里程及百米标。该处标注线路的连续里程，与线路平面里程对应，在整千米处注明里程，在整百米标处标注百米标数。 （3）加桩。加桩是指在路线测设过程中，对重要的位置设置加桩，即路线整桩号的中桩之间，根据线形或地形变化而加设的中桩。路线加桩分为地形加桩、地物加桩、曲线加桩和关系加桩，加标处标注距前一百米标的距离。 （4）地面高程。各百米标和加桩处应填写对应位置的地面高程。 （5）设计坡度。向上或向下的斜线表示上坡道和下坡道，水平线表示平道。线上数字表示坡度值，公路采用百分数，铁路采用千分数，线下的数字表示坡段长度（m）。 （6）设计高程。应标出各变坡点、百米标和加标处的线路位置的设计高程。铁路标注的是轨面设计高程，公路标注的是路肩设计高程。 （7）工程地质特征。扼要填写沿线各路段重大地质不良情况、主要地层构造、岩性特征和地质情况等。	

主要技术标准

铁路等级	Ⅲ级
正线数目	单线
限制坡度	13‰
最小曲线半径	300 m
牵引种类	内燃
机车类型	DFa
到发线有效长度	450 m
闭塞类型	半自动

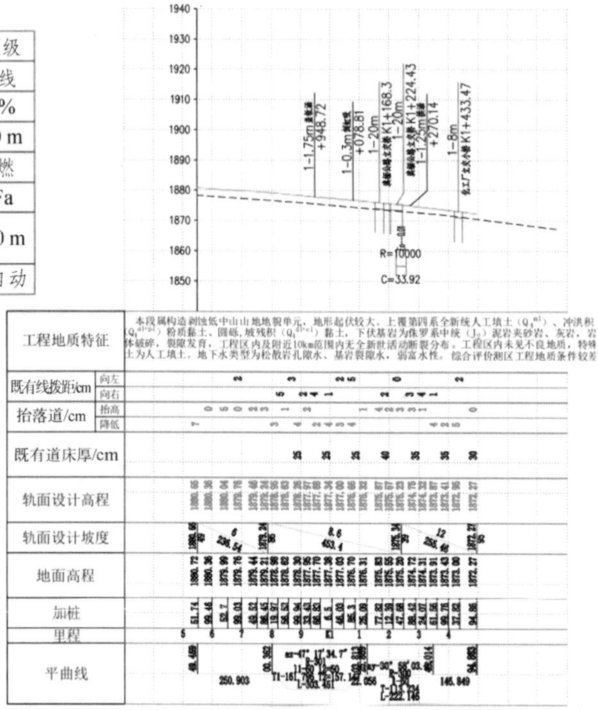

图 10-12　铁路线路纵断面图

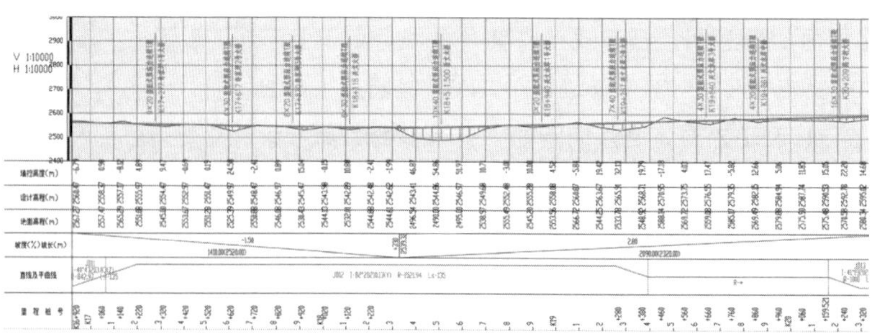

图 10-13　公路线路纵断面图

任务规划（教师给出）

笔记栏

1. 执行规划建议

知识点	学习时间	学习方法	资源
线路纵断面图的组成及主要内容	45 分钟	自主学习	教室

2. 教师任务安排

任务实施（学生规划）	笔记栏
请同学依据要完成的任务就对应知识点学习的时间分配，学习方法及形式，学习要点及总结要求等方面做出规划。	
任务扩展（教师给出）	笔记栏

学习总结

学习活动 2　线路纵断面图的测绘

<table>
<tr><th colspan="8">学习任务单</th></tr>
<tr><td>任务名称</td><td colspan="7">线路纵断面图的测绘</td></tr>
<tr><td>任务类型</td><td colspan="3">理论型+实训</td><td>能力面向</td><td colspan="3">测绘地理信息数据获取与处理职业技能</td></tr>
<tr><td>完成时限</td><td colspan="3">1 课时（理论）+4 课时（实践）</td><td>学习方法</td><td colspan="3">小组学习+任务</td></tr>
<tr><td>实施方式</td><td colspan="3">成果提交+现场实训</td><td>考核方式</td><td colspan="3">过程性考核+成果考核</td></tr>
<tr><td>考核点</td><td colspan="7">测量设备的使用；线路中桩高程测量方法、计算；纵断面图绘制</td></tr>
<tr><th colspan="8">学习人员信息（学生填写）</th></tr>
<tr><td>姓名</td><td></td><td>班级</td><td></td><td>学号</td><td></td><td>电话</td><td></td></tr>
<tr><th colspan="8">任务目标</th></tr>
<tr><td colspan="8">在校园环境中规划一段约 1 000 m 长的测量线路，线路地面高程应高低起伏。为便于测量过程不被干扰，线路尽量避开车流、人流较大的区域。任务实施前，在线路的起、终点附近需要提前完成覆盖所测线路长度的附合水准路线控制点的设置，以便用于纵断面高程测量的闭合检校。
在此线路上请同学们完成里程桩、百米标及加桩的设置，在进行中线高程测量前，完成覆盖所测线路长度的附合水准路线控制点的设置及高程测量。完后，能熟练使用相关仪器，测出该段路线的中桩高程，并利用 CAD 软件绘制出该路线的纵断面图。
请绘制线路示意图及控制点布置示意图（草图）：

请在此处说明以下问题：
1. 请列出完成本次测量任务所要用到的设备清单及小组人员分工。</td></tr>
</table>

2. 你将采用什么测量的方法？请写出作业的流程。

3. 请写出绘制纵断面图时，你的绘图步骤及绘图的要素有哪些。

任务介绍	笔记栏
【任务描述】 （1）能按照规范要求独立完成纵断面测量水准点的布设。 （2）能小组协同完成水准点及中桩的高程测量作业。 （3）能独立完成中桩高程计算。 （4）能使用 CAD 软件独立完成线路纵断面图的绘制。 【任务要求】 （1）自主完成配套资源的学习，并完成学习笔记。 （2）完成现场测量，规范记录，正确计算。 （3）撰写工作日志及工作总结。 （4）纵断面图的绘制主要呈现地面原有状态，横坐标表示线路里程，每 20 m 为 1 格，纵坐标分格根据测量段高差合理选定，最终要较好呈现地面起伏。 （5）绘图时能合理选择比例尺，所绘制的图纸要求符合相关制图规范的要求，规范美观。	

任务配套资源	笔记栏

【资源】文本型学习资源

线路纵断面测量分为基平测量和中桩高程测量。

基平测量又称线路水准点高程测量，是沿线路建立水准基点，以便为定测线路及日后的施工养护提供高程控制。

中桩高程测量是沿着定测线路中心线的标桩进行中线水准测量。最终利用中线水准测量的结果来绘制线路纵断面图。

知识点 1：线路基平测量

中线桩的高程测量，应布设成附合路线，其闭合差不应超过 $50\sqrt{L}$ mm（L 为附合路线长度，单位为 km）。因此铁路、二级及以下等级公路的高程控制测量的主要技术要求应符合以下规定：

控制网等级按五等设置，水准点的布设密度一般为 2 km 设置 1 个，但长度在 300 m 以上的桥梁和 500 m 以上隧道两端，大型车站范围内，均应设置水准点。每千米高差全中误差不超过 15 mm，路线长度不超过 30 km，往返较差、附合或环线闭合差不超过 $30\sqrt{L}$ mm。水准路线每个 30 km 应与高等级水准点联测一次。

知识点 2：线路中线桩水准测量

线路中线桩水准测量是测定中线上各里程、百米标及加桩处的地面高程。

线路中线桩水准测量采用附合水准路线，即从 BM_1 起测，附合到 BM_2 止，中间根据线路状态设置转点，转点可以单独设置于线路旁，也可以就里程点作为转点，本案例采用的是在线路旁单独设置转点。其测量过程如图 10-14 所示，中桩水准测量记录及计算见表 10-2 所示。

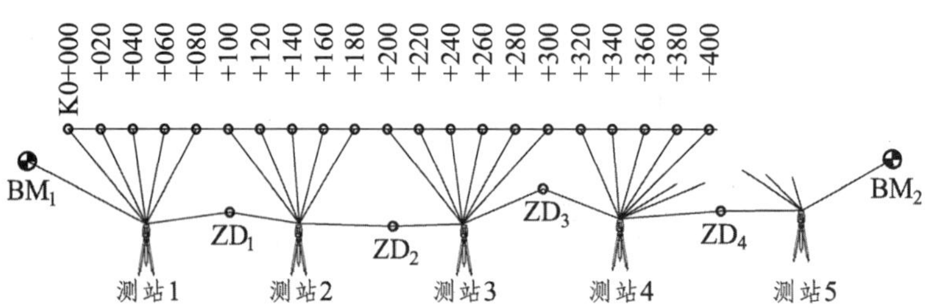

图 10-14　线路中线桩水准测量示意图

中桩高程计算采用仪器视线高法，先计算出仪器视线高 H_i：

$$H_i=\text{后视点高程}+\text{后视读数}，\text{中桩高程}=H_i-\text{中视读数}$$

表 10-2 中桩水准测量记录及计算表

测点	水准尺读数/m			视线高程/m	高程/m	备注
	后视	中视	前视			
BM_1	2.191			1 514.502	1 512.311	BM_1 的高程为基平测量所测，高程为 1 512.311 m
K0+000		2.32			1 512.18	
+020		1.90			1 512.60	
+040		1.62			1 513.88	
+060		1.03			1 513.47	
+080		0.91			1 513.59	
ZD_1	2.462		1.006	1 515.958	1 513.496	
+100		2.10			1 513.86	
+120		1.82			1 514.14	
+140		1.56			1 514.40	
+160		1.95			1 514.01	
+180		0.83			1 515.13	
ZD_2	2.673		0.621	1 518.010	1 515.337	
+200		1.58			1 516.43	
+240		1.90			1 516.11	基平测量所测 BM_2 的高程为 1 516.632 m
+260		2.33			1 515.68	
+280		0.76			1 517.25	
+295		1.52			1 516.49	
+300		2.67			1 515.34	
ZD_3	1.645		1.286	1 518.369	1 516.724	
+320		1.66			1 516.71	
+340		2.68			1 515.69	
+360		1.86			1 516.51	
+380		2.21			1 516.16	
+400		0.96			1 517.41	
+420		1.42			1 516.95	
+440		1.68			1 516.69	
+460		2.74			1 515.63	
ZD_4	1.864		2.069	518.164	1 516.300	
+480		1.52			1 516.64	
+500		1.87			1 516.29	

续表

测点	水准尺读数/m			视线高程/m	高程/m	备注
	后视	中视	前视			
+520		0.98			1 517.18	
+540		1.56			1 516.60	
+560		1.92			1 516.24	
+580		2.45			1 515.71	
+600		1.69			1 516.47	
+612		2.43			1 515.73	
+620		1.32			1 516.84	
BM_2			1.509		1 516.655	

辅助计算：

（1）检核计算：

$$h_{中}=\sum_{后}-\sum_{前}=10.835-6.491=4.344\text{（m）}$$

$$h_{基}=H_{BM2}-H_{BM1}=1\,516.655-1\,512.311=4.344\text{（m）}$$

所以：表格计算无误。

（2）闭合差检核：

$$f_h=\sum h-（H_{BM2}-H_{BM1}）=4.344-（1\,516.632-1\,512.311）$$

$$=4.344-4.321$$

$$=0.023=+23\text{（mm）}$$

$$f_{h容}=\pm30\sqrt{L}=\pm30\sqrt{0.62}\approx\pm24\,(\text{mm})$$

因为 $f_h<F_h$，所以观测精度符合要求。

知识点 3：线路纵断面图绘制

线路纵断面绘制时，采用的比例尺见表 10-3 所示。

表 10-3　线路测图纵断面比例尺表

线路名称	带状地形图	纵断面图	
		水平	垂直
铁路	1∶1 000	1∶1 000	1∶100
	1∶2 000	1∶2 000	1∶200
	1∶5 000	1∶10 000	1∶1 000
公路	1∶2 000	1∶2 000	1∶200
	1∶5 000	1∶5 000	1∶500

任务规划（教师给出）	笔记栏

1. 执行规划建议

任务点	用时	学习方法	实施步骤	场地	设备
线路纵断面图测绘	180分钟	小组实施，建议4人1组	步骤1：设备领取（5分钟）。 步骤2：标定测量点位（20分钟）。 步骤3：标定点位高程测量（100分钟）。 步骤4：仪器回收（5分钟）。 步骤5：绘制纵断面图（50分钟）	1.实训场地设计为线状，长度不少于1 000 m。 2.线路起、终点前后需提前做水准点，以便实施附合水准测量	水准仪采用不低于DS_3级及配套水准尺

2. 教师任务安排

任务实施（学生规划）	笔记栏

请同学依据要完成的任务就数据准备、人员分工（若为小组训练）、设备清单、实施步骤及要点、安全及总结要求等方面做出规划。

任务扩展（教师给出）	笔记栏

工作总结

任务 2　线路横断面测量

【任务情况】

1. 本学习内容主要完成任务

在线路纵断面测量完成的约 1 000 m 路线的纵断面图基础上，自行设计并编制该路线横断面测量方案，并找出不少于 5 个有代表性的断面（建议：路堤、路堑、半路堤半路堑及地面起伏较为明显断面）进行测量并绘制其横断面图。

2. 学习目标

知识目标：掌握线路横断面图的组成及主要内容。
掌握线路横断面测量的内容及方法。
掌握线路横断面图绘制的步骤及方法。

技能目标：能完成线路横断面测量的策划工作，完成简单测量方案的编制。
能熟练使用水准仪完成横断面高程测量。
能正确填写计算中桩水准测量记录表及表中数据计算。
能根据测量数据独立完成线路横断面图的绘制。

情感目标：养成认真细致的学习素养、精益求精的职业素养及爱岗敬业的职业操守。

3. 学习时间分配

学习活动序号	学习活动	建议学习时长	备注
学习活动 1	线路横断面图的组成及主要内容	1	
学习活动 2	线路横断面图测绘	4	实训可以放到课外

学习活动 1　线路横断面图的组成及主要内容

<table>
<tr><th colspan="8">学习任务单</th></tr>
<tr><td colspan="2">任务名称</td><td colspan="6">线路横断面图的组成及主要内容</td></tr>
<tr><td colspan="2">任务类型</td><td colspan="2">理论型</td><td colspan="2">能力面向</td><td colspan="2">测绘地理信息数据获取与处理职业技能</td></tr>
<tr><td colspan="2">完成时限</td><td colspan="2">1 课时</td><td colspan="2">学习方法</td><td colspan="2">自主学习法</td></tr>
<tr><td colspan="2">实施方式</td><td colspan="2">识读线路路基横断面图</td><td colspan="2">考核方式</td><td colspan="2">过程性考核+成果考核</td></tr>
<tr><td colspan="2">考核点</td><td colspan="6">正确识读线路路基横断面图</td></tr>
<tr><th colspan="8">学习人员信息（学生填写）</th></tr>
<tr><td>姓名</td><td></td><td>班级</td><td></td><td>学号</td><td></td><td>电话</td><td></td></tr>
<tr><th colspan="8">任务目标</th></tr>
<tr><td colspan="8">根据下图所示线路横断面图，完成“线路横断面识读任务表”。</td></tr>
</table>

【资料】

某铁路横断面图

线路横断面识读任务表

序号	任务要求	回　答
1	横断面里程是多少？	
2	图中都几股轨道，线路中心之间的间距分别为多少？	
3	该路基采用的排水方式是什么？排水设备有哪些，并说出其所在位置。	
4	该段路基是什么形式？	
5	该路基的防护设备有哪些？	

任务介绍	笔记栏
【任务描述】 （1）能正确描述线路横断面图的组成及主要内容。 （2）能正确描述线路横断面图中各参数的意义。 【任务要求】 （1）完成配套资源的学习，并完成学习笔记。 （2）能独立识读横断面图。	

任务配套资源　　笔记栏

【资源1】文本型学习资源

线路横断面测绘是对垂直于线路方向一定范围内的地面线进行测量，并绘制线路的横断面图。在线路整桩和加桩处均要测绘线路的横断面图，用于路基断面设计、土石方数量计算、断面放样、挡土墙设计及路基监测等。

横断面图是反映线路中心线两侧一定范围内地面线的展示，图10-15为某线路路基横断面设计图。线路横断面图横向表示线路两侧的宽度，以m计，竖向表示高程，并标出线路的中心位置，图中所示有4股轨道。

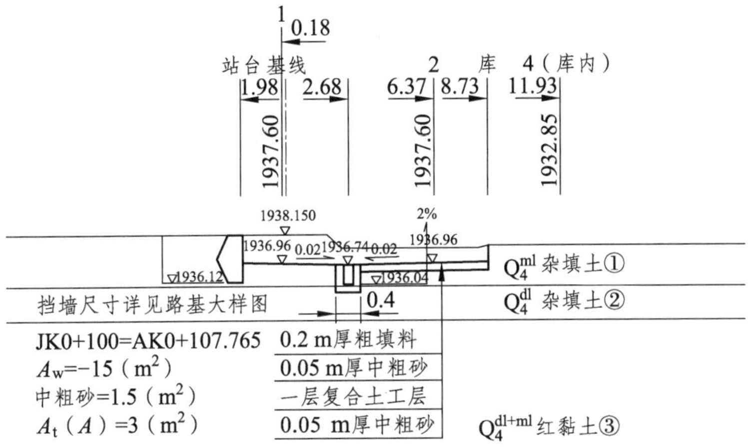

图 10-15　线路横断面示意图

线路横断面的作用，一是用于反映线路整桩或加桩处横向地面起伏情况及原有设施状态，提供线路横断面设计的基础资料，二是反映路基横断面设计的情况，提供路基施工放样及路基土方计算依据。

在确定横断面形式时首先应确定路基宽度，即绘制路基宽度时可略去路拱横坡坡度用两侧路肩边缘的连线代替，其次确定边坡坡度即路堤边坡、路堑边坡、边沟、截水沟、碎落台、护坡道、取土坑、弃土堆等，如采用双幅断面时还应选取中央分隔带宽度。选取好以上尺寸后进行横断面设计，设计时根据填挖高度从中桩竖向量取到一点，从该点分别向两侧量取路基宽度的一半得两侧路基的边缘点，再从边缘点按照边坡坡度绘制坡度线，坡度线与地面线交于一点，以上各点的连线与地面线围成的面即路基横断面。

线路的横断面主要有以下几种形式：路堤、路堑、半填半挖路基，见图10-16所示。

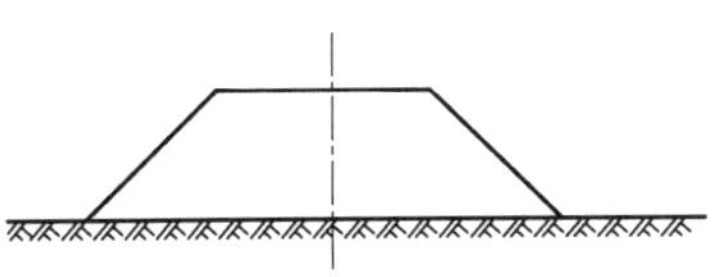

（a）路堤路基

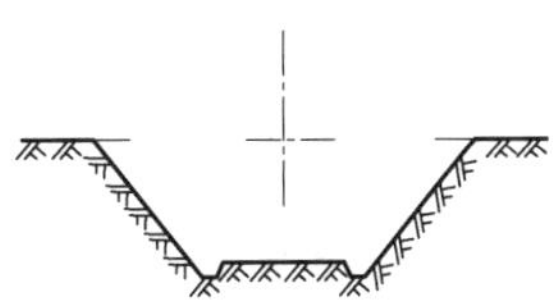

（b）路堑路基

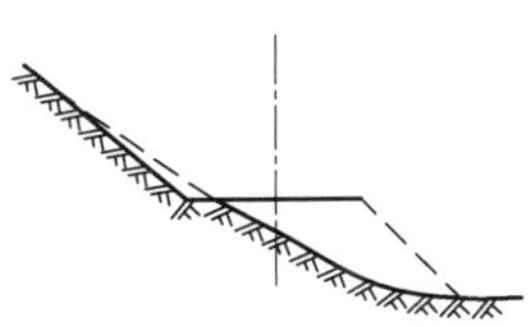

（c）半路堤路堑

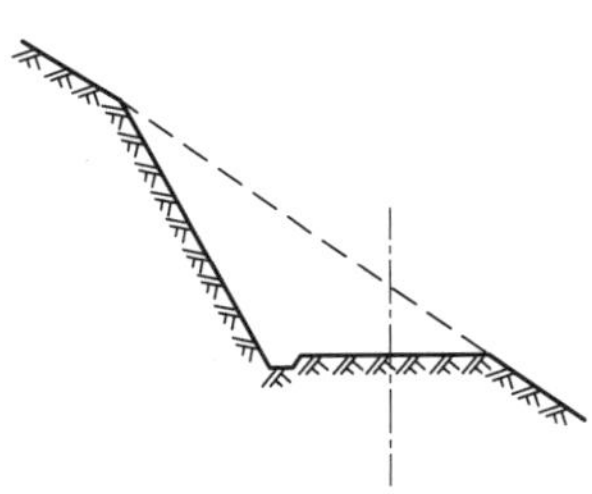

（d）半路堑路基

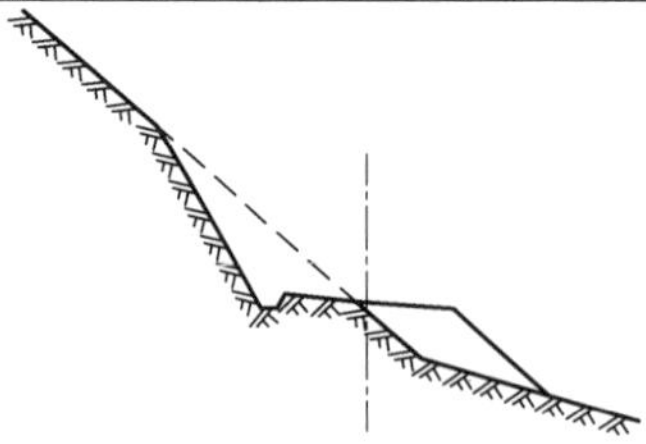

（e）半堤半堑路基

（f）不填不挖路基

图 10-16　线路横断面主要形式示意图

线路的横断面中主要包括了以下的信息：

（1）地面高程。在线路整桩或加桩处横向一定范围内地面高程信息。

（2）横向设计排水坡度。顺坡面的箭头线表示横向坡度情况，箭头线上数字表示坡度值，采用百分数。

（3）工程地质特征。结合地质资料给出横断面处地质资料情况。

（4）线路中心位置。线路中心位置，单线时以线路中心为中心，多线时以 1 道中心为中心。

（5）路基附属设施的位置及断面情况。横断面中要标明路基边坡的坡率，坡顶及坡脚的位置及高程，挡土墙等路基防护及加固设备的位置及断面示意图。

任务规划（教师给出）

笔记栏

1. 执行规划建议

知识点	学习时间	学习方法	资源
线路横断面图的组成及主要内容	45 分钟	自主学习	教室

2. 教师任务安排

任务实施（学生规划）

笔记栏

请同学依据要完成的任务就对应知识点学习的时间分配，学习方法及形式，学习要点及总结要求等方面做出规划。

任务扩展（教师给出）	笔记栏

学习总结

学习活动 2　线路横断面图测绘

<table>
<tr><th colspan="8">学习任务单</th></tr>
<tr><td>任务名称</td><td colspan="7">线路横断面图测绘</td></tr>
<tr><td>任务类型</td><td colspan="3">理论型</td><td colspan="2">能力面向</td><td colspan="2">测绘地理信息数据获取与处理职业技能</td></tr>
<tr><td>完成时限</td><td colspan="3">2 课时</td><td colspan="2">学习方法</td><td colspan="2">自主学习法</td></tr>
<tr><td>实施方式</td><td colspan="3">成果提交+现场实训</td><td colspan="2">考核方式</td><td colspan="2">过程性考核+成果考核</td></tr>
<tr><td>考核点</td><td colspan="7">测量设备的使用；高程测量；横断面图绘制</td></tr>
<tr><th colspan="8">学习人员信息（学生填写）</th></tr>
<tr><td>姓名</td><td></td><td>班级</td><td></td><td>学号</td><td></td><td>电话</td><td></td></tr>
<tr><th colspan="8">任务目标</th></tr>
<tr><td colspan="8">在上一个学习任务“线路纵断面图的测绘”中所规划的长约 1 000 m 的路线上，找出不少于 5 个有代表性的断面（建议：路堤、路堑、半路堤半路堑及地面起伏较为明显断面）进行测量并绘制其横断面图。
请在此处说明以下问题：
1. 为何选择这些断面？

2. 测量这些断面，你将采用什么测量的方法？请写出作业的流程。

3. 请列出完成本次测量任务所要用到的设备清单。

4. 请写出绘制横断面图时，你的绘图步骤及绘图的要素有哪些。</td></tr>
</table>

任务介绍	笔记栏
【任务描述】 （1）能正确操作水准仪，以小组协同方式规定横断面的测量。 （2）能使用 CAD 软件独立完成线路横断面图的绘制。 【任务要求】 （1）自主完成配套资源的学习，并完成学习笔记。 （2）完成现场测量，规范记录，正确计算。 （3）撰写工作日志及工作总结。 （4）绘图时能合理选择比例尺，所绘制的图纸要求符合相关制图规范的要求，规范美观。	

任务配套资源	笔记栏
【资源 1】文本型学习资源	

知识点 1：线路横断面定向及施测点布置

线路横断面测绘时应垂直于线路中线，在曲线地段的横断面，其方向应与曲线上测点的切线相垂直。横断面方向的可以用经纬仪、方向架进行标定。如图 10-17 所示，在直线段标定横断面方向，首先用方向架瞄准线路中线方向 1-1′，2-2′即为横断面方向。

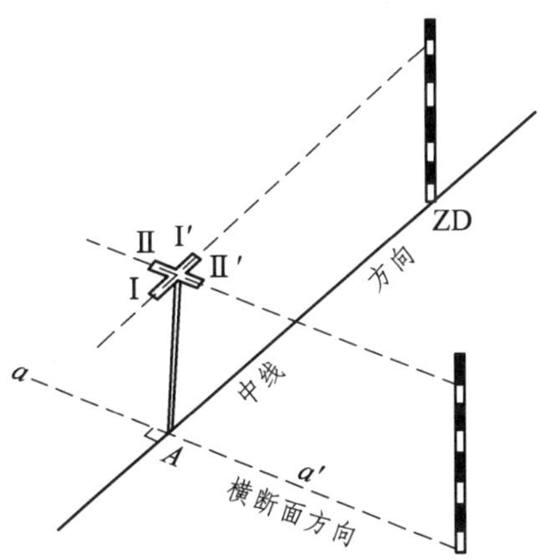

图 10-17　用方向架标定横断面方向示意图

方向标定后，横断面测点的密度、宽度应根据地形、地质情况以及设计需要而定。一般在大中桥桥头、隧道洞口、高路堤、深路堑、地质不良地段及需要进行路基防护地段，均应适当加大横断面施测密度和宽度。

横断面测量的宽度一般在线路两侧各测 20 ~ 50 m，距离测量精确到 0.1 m，高程精确到 0.01 m 即可。

知识点 2：线路横断面测绘的方法

线路横断面测量有全站仪法、水准仪绳尺法、经纬仪绳尺法、经纬仪视距法、GNSS RTK 法等。因横断面测量工作量大，精度要求不高的特点，实际施测时可根据装备情况及地形条件，在保证精度的前提下，合理选择测量方法，这里仅介绍水准仪绳尺法。

当地势平坦、通视良好或横断面精度要求较高时，可以使用水准仪绳尺法测量横断面上各测点的高程。横断面用方向架定向后，用钢尺量取断面上的坡度变化点的距离。变化点的高程测量方法与中桩水准测量相同，若安置适当，置一次镜可观测 1 个或几个横断面，如图 10-18 所示。

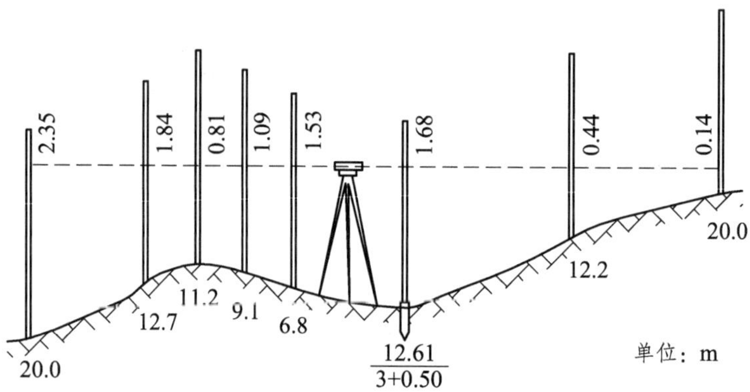

图 10-18　水准仪绳尺法测量横断面示意图

横断面测量记录表见表 10-4 所示。

表 10-4　横断面测量记录表

左侧（前视读数/距离）	后视读数/桩号	右侧（前视读数/距离）
$\frac{2.35}{20.0}$ $\frac{1.84}{12.7}$ $\frac{0.81}{11.2}$ $\frac{1.09}{9.1}$ $\frac{1.53}{6.8}$	$\frac{1.68}{3+050}$	$\frac{0.44}{12.2}$ $\frac{0.24}{20.0}$

知识点 3：线路横断面的绘制

线路横断图通常都在毫米方格纸上进行，从图纸下向上，从左到右依路线前进方向绘出地面线。绘地面线时先定好中桩位置，从中桩位置根据测量资料点出各特征点，再用直线把相邻特征点连接起来。绘图时一般采用 1∶200 的比例，适当地标出地质、地物情况。根据高差和水平距离进行绘制：距离和高差以中桩为“0”点，从中桩向左右两侧各量出特征点的累积距离和相对特征点的高差，可以点出各个特征点的位置；距离和高差以相邻特征点为“0”点，从中桩开始向左右根据距离和高差点出第一个特征变化点，再从第一个特征点根据与第一特征点的距离和高差点出第二个特征点，这样依次点出各个特征点。

任务规划（教师给出）

笔记栏

1. 执行规划建议

知识点	学习时间	学习方法	资源
线路横断面定向及施测点布置	20 分钟	自主学习	教室
线路横断面测绘的方法	20 分钟	自主学习+计算练习	教室
线路横断面的绘制	15 分钟	自主学习+计算练习	教室
线路横断面的测绘（实训）	45 分钟	自主学习+计算练习	教室

2. 教师任务安排

任务实施（学生规划）

笔记栏

请同学依据要完成的任务就对应知识点学习的时间分配，学习方法及形式，学习要点及总结要求等方面做出规划。

任务扩展（教师给出）

笔记栏

学习总结

子项目学习质量监控单（教师填写）

序号	评分项	分值	实施要求	评定标准	得分
1	资源学习情况	15	1.学习痕迹明显，笔记认真仔细。 2.知识点掌握牢固，并能合理、灵活运用	优：课堂问答及练习能独立完成，回答正确，读书笔记细致。 良：课堂问答及练习成果正确，读书笔记记录较好。 中：课堂问答表述不清，练习成果基本正确。 差：完全不正确	
2	任务规划	15	1.规划内容完整。 2.规划内容应具可实施性。 3.规划过程应独立思考，具备一定的独特性	优：规划的内容详尽，具有很强的可实施性。 良：规划的内容详尽，可实施性一般。 中：规划的内容不全面，可实施性一般。 差：无规划，或者其规划的内容不全，无法实施	
3	任务实施	50	1.过程严格按规范要求进行。 2.过程性资料收集齐全。 3.独立完成任务要求的成果，提交及时	优：任务目标完成质量优良，过程规范，无错误。 良：任务目标完成质量良好，过程规范，无明显错误。 中：任务目标完成质量一般，过程相对规范，无明显错误。 差：没有完成任务目标或成果完全错误	
4	任务扩展	10	独立思考，能利用所学知识及相关手段完成所布置的拓展任务	优：独立思考，成果正确。 良：独立思考，成果基本正确。 中：任务完成得一般。 差：没有完成任务目标或成果完全错误	
5	其他	10	1.及时完成相关表格的填写。 2.独立完成总结的撰写，记录要详尽，要能从技能、知识等多方面进行总结	优：独立思考，任务全部完成，总结到位并能及时上交。 良：独立思考，任务基本完成，总结基本到位并能及时上交。 中：任务基本完成，总结基本到位。 差：没有完成任务目标	
6	职业能力评价	优：完全掌握技能及知识要点，操作规范，安全意识及团队意识好，吃苦耐劳，认真仔细。 良：基本掌握技能及知识要点，操作规范，安全意识及团队意识较好，认真仔细。 中：掌握部分技能及知识要点，操作相对规范，具有一定的安全意识。 未达标：没有掌握要求的技能及知识要点，或操作出现严重错误导致人员及设备损坏				
综合得分		学习过程（项 1 ~ 5）评价得分：　　技能水平评价：合格□　不合格□				
教师评语						

10.3 桥梁施工测量

任务　桥梁施工测量

【任务情况】

1. 本学习内容主要完成任务

根据某桥梁的平纵断面设计资料，拟订出该桥梁定位测量的实施方案。

2. 学习目标

知识目标：掌握桥梁施工控制网布设的技术及测量精度要求。

知道桥轴线长度测量的内容、测量方法及精度要求。

知道墩台定位测量的内容、测量方法及精度要求。

知道墩台纵横轴线的测设内容、测量方法及精度要求。

知道桥梁施工放样的主要工作内容。

知道桥梁基础放样、水准测量的方法。

掌握桥梁测量方案的编制内容及方法。

技能目标：能独立完成桥梁施工控制网的布设，并撰写布设方案。

养成依据测量规范选定测量参数的能力。

情感目标：养成认真细致的学习素养、精益求精的职业素养及爱岗敬业的职业操守。

3. 学习时间分配

学习活动序号	学习活动	建议学习时长	备注
学习活动 1	桥梁施工测量	2	

【作业过程及任务点】

学习活动 1　桥梁施工测量

<table>
<tr><th colspan="8">学习任务单</th></tr>
<tr><td colspan="2">任务名称</td><td colspan="6">编制桥梁施工控制网布设方案</td></tr>
<tr><td colspan="2">任务类型</td><td colspan="2"></td><td>能力面向</td><td colspan="3">测绘地理信息数据获取与处理职业技能</td></tr>
<tr><td colspan="2">完成时限</td><td colspan="2">2 课时</td><td>学习方法</td><td colspan="3">自主学习法</td></tr>
<tr><td colspan="2">实施方式</td><td colspan="2">计算</td><td>考核方式</td><td colspan="3">成果考核</td></tr>
<tr><td colspan="2">考核点</td><td colspan="6">测量方案内容完整性　测量方案的科学性和准确性</td></tr>
<tr><th colspan="8">学习人员信息（学生填写）</th></tr>
<tr><td>姓名</td><td></td><td>班级</td><td></td><td>学号</td><td></td><td>电话</td><td></td></tr>
</table>

任务目标

结合下面所给出的桥梁施工案例（图 10-19），拟订出该桥梁定位测量的实施方案，具体内容需要包括以下方面：

1. 编制依据

2. 编制方案的基本原则

3. 测量方案的基本内容

3.1　工程概况

3.2　列出所有的原始数据、设计条件及甲方要求

3.3　建立平面控制网及高程控制网

3.4　建筑物的定位放线：图形、方法

3.5　基础施工测量

3.6　结构施工测量

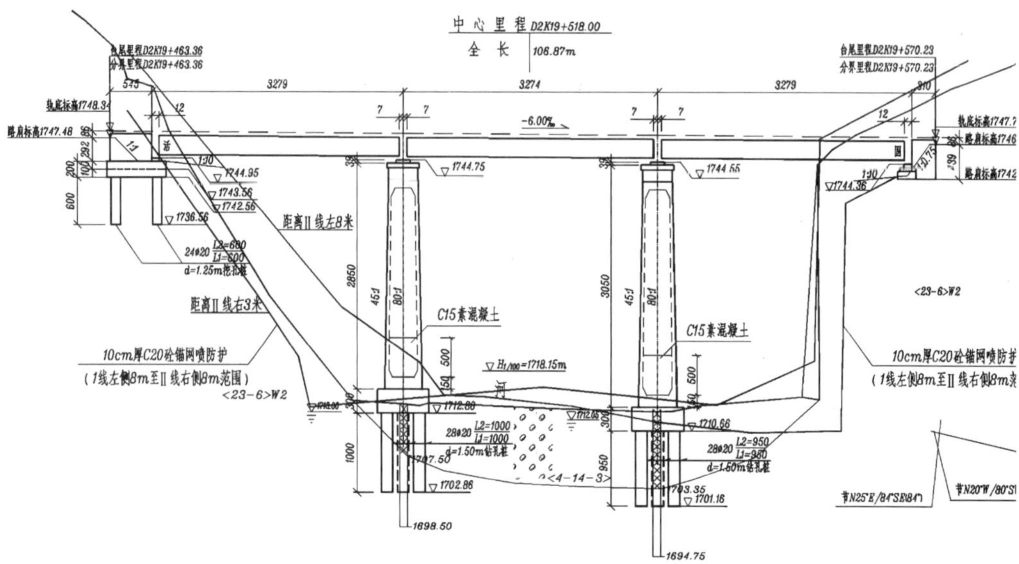

图 10-19　桥梁施工案例图

任务介绍

笔记栏

【任务描述】

（1）利用计算机相关文字处理软件及 CAD 完成测量方案的编制。

（2）文本的格式请指导教师自行制定，以便统一。

（3）能参照相关资料完成测量方案的撰写。

【任务要求】

（1）能正确选定与案例相关的规范及标准。

（2）能结合案例中周边条件及基础资料，选择正确的测量方案。

（3）能利用计算机相关软件按照一定格式完成文本的编写。

（4）能正确利用网络资源运用到自己的方案中，完善方案。

任务配套资源	笔记栏

【资源】文本型学习资源

桥梁施工测量的基本任务是：根据设计文件，按照规定的精度，将图纸上设计的桥梁标定于地面，据此指导施工，确保建成的桥梁在平面位置、高程和外形尺寸等方面均符合设计要求。

桥梁施工测量的工艺流程为：测量桩位交接→桩位复测→桥梁施工控制网布设→桥梁墩、台定位→基础施工放样→墩、台施工放样→上部结构施工测量→竣工测量。

知识点 1：桥梁施工控制网布设

1. 施工控制网技术要求

桥梁施工平面控制网宜布设成自由网，并根据线路测量控制点定位。控制网可以采用卫星定位测量控制网、三角形网或导线网等形式，可以采用一次布网，也可以分级布网，其中三角测量应用较普遍。控制网的布设要求如下：

控制点应选在便于施工控制及永久保存的地方。构成三角网的各点，应便于采用前方交汇法进行墩台放样，同时要求各点间能互相通视。常见的三角网如图 10-20 所示。

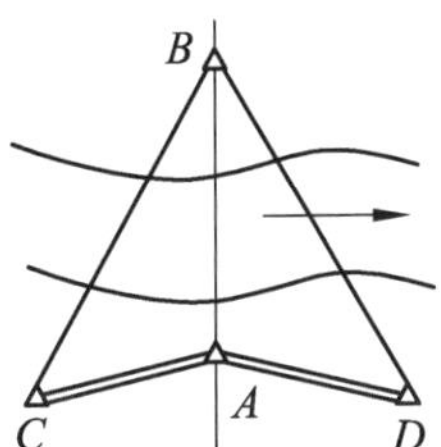

（a）双三角形

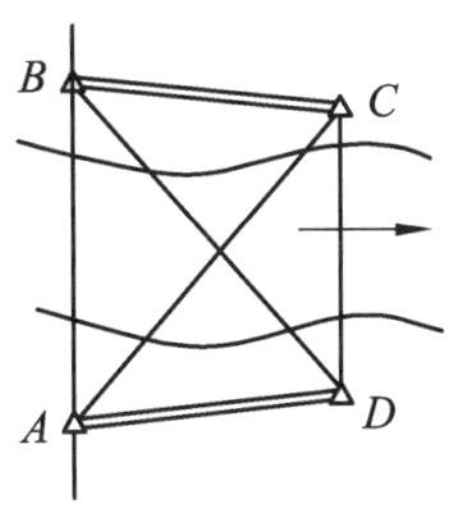

（b）大地四边形

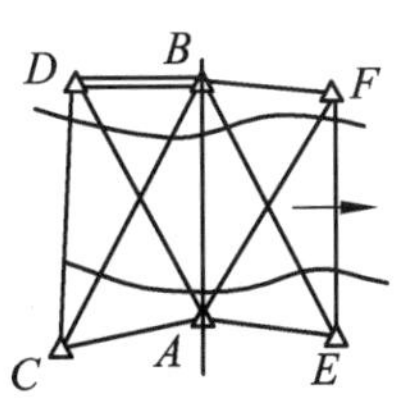

（c）双大地四边形

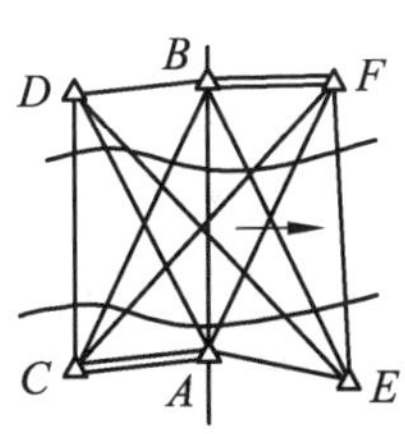

（d）加强型大地四边形

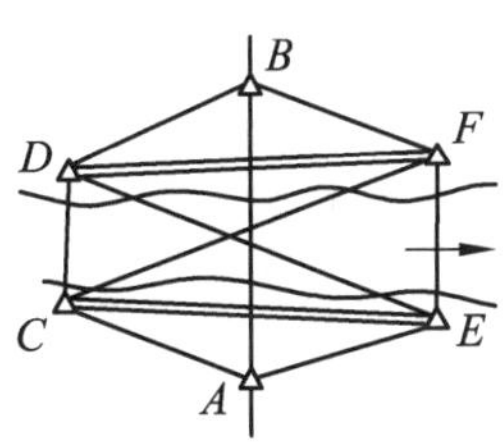

（e）大地四边形加三角形

图 10-20　常见的三角网示意图

控制网的边长宜为主桥轴线长度的 50%～150%。控制网力求简单，三角形内角不宜小于 30°，受地形条件限制时不宜小于 25°。

2. 基线设置要求

基线位置的选择，应当满足相应测量方法对地形因素的要求；一般都应该设置在坚实、地形平坦且便于准确丈量的地方；同时与桥梁轴线接近垂直，为了提高三角网的测量精度，通常设置两条基线，以便具有较多的校核条件；一般是两岸各设置一条基线，若地形不允许时，亦可以在同一河岸设置两条基线。基线的长度一般不小于桥轴线长度的 0.7 倍，困难地段也不小于 0.5 倍，以避免三角网的内角太小。

3. 控制网的精度及测量

1）控制网的精度要求

桥梁施工控制网等级的选择应该根据桥梁的结构和设计要求确定，桥梁首级施工控制网等级的选择，应符合表 10-5 的规定。

表 10-5　桥梁施工控制网等级

桥长 L	跨越的宽度 l	平面控制网的等级	高程控制网的等级
$L>5\,000$	$l>1\,000$	二等或三等	二等
$2\,000<L\leqslant 5\,000$	$500<l\leqslant 1\,000$	三等或四等	三等
$500<L\leqslant 2\,000$	$200<l\leqslant 500$	四等或一级	四等
$L\leqslant 500$	$l\leqslant 200$	一级	四等或五等

注：1. L 为桥的总长（m）。

2. l 为跨越的宽度（m），指桥梁所跨越的江（河、峡谷）的宽度。

选定控制网等级后，其精度可对应满足等级要求。

2）距离测量

距离测量的方法有钢尺量距、红外光电测距仪测距、全站仪测距等。当基线精度要求不超过 1/100 000 时可使用普通钢尺进行丈量；当基线精度超过 1/100 000 时，可使用红外光电测距仪或全站仪测距。

3）角度测量

角度测量的方法比较多，应根据仪器性能和需要的测角精度来具体选择测角方法。

测角方法有：① 单测法：在水平观测时，对每一个角度都要单独进行测量的方法。② 复测法：将某一角度在水平度盘的不同处进行两次以上的观测，取其平均值求得水平角。③ 全测回法：一种消除测量仪器自身结构误差的观测方法，用望远镜正镜和倒镜观测同一目标，求得其正镜和倒镜的平均角度，称为一测回。全测回法可以消除以下误差：视准轴误差、横轴误差、不同心误差、读盘偏心误差和水平度盘的刻划误差。

知识点 2：桥梁墩、台定位测量

1. 桥轴线长度测量

两岸桥头中线上埋设的控制桩称为桥轴线控制桩，它的作用是保证墩台间的相对位置正确，并使之与相邻线路在平面位置上正确衔接。两岸桥轴线控制桩间的水平距离叫作桥轴线长度。

桥梁轴线的位置是在桥位勘测时根据线路的总走向、桥位地形条件、地质条件以及河床情况综合选定的，在施工前必须在现场恢复桥梁轴线的位置，并进行桥梁墩台中心的定位。对于干涸的河流或浅水河流中的中、小桥，一般可采用直接丈量法进行桥轴线长度的标定，同时定出墩台中心位置；对跨越江河的大桥或特大桥，通常利用三角控制网来测算桥梁轴线长度，并利用三角控制网放样桥梁墩台。

1）直接丈量法

当桥位处地势平坦，通视良好时，可采用直接丈量法测量桥梁轴线。直接丈量法是自桥轴线一端向另一端逐跨进行，并与桥梁轴线另一端控制桩闭合的方法。该方法设备简单，精度较可靠，是中小型桥梁常用的测量方法。

丈量时清理中心范围内的场地，便于测量。根据桥轴线控制桩和墩台的里程，计算出其间的距离。在控制桩上设置经纬仪，找准中心方向，用检定过的钢尺沿中线依次量出各段距离，将墩台中心位置用大木桩标定出来，并在木桩顶面钉一个铁钉。用水平仪器测量各桩高程，计算出各桩的高程差，用以计算倾斜改正。

直接丈量精度要求如下：

（1）桥梁中心线位置桩间的距离在 200 m 以内者为 1/5 000。

（2）桥梁中心线位置桩间的距离 200 m 以上至 500 m 以内者为 1/10 000。

（3）桥梁中心线位置桩间的距离在 500 m 以上者为 1/20 000。

2）三角网法

在深水大河上测量桥轴线的长度，三角测量是一种传统的方法，如图 10-21 所示，将桥轴线 AB 作为三角网的一个边长，测量基线长度 AC、AD，利用三角网的原理测量并计算，即可得出桥轴线的长度 AB。

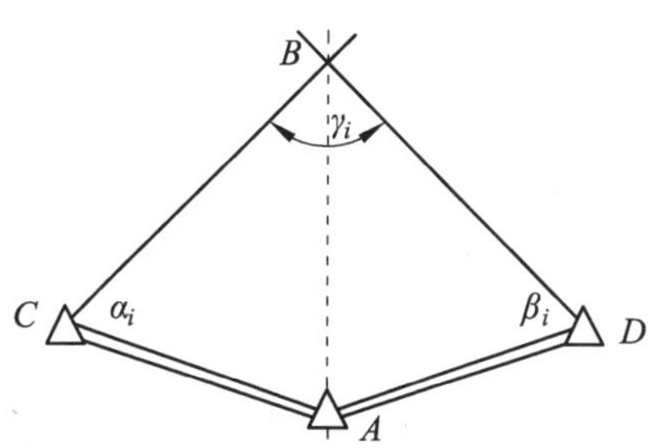

图 10-21　桥梁桥轴线长度三角网法示意图

2. 墩台定位

桥梁墩台定位是指桥梁施工测量工作中准确确定墩台中心位置和纵横轴线。

直线桥梁的墩台定位根据设计资料所提供的控制桩的里程，墩台中心的设计里程，通过计算它们之间的距离即可定出墩台中心的位置。曲线桥，除了控制桩及墩台中心里程外，还需桥梁的偏角、偏距及中心距等参数。

墩台定位的方法，根据河宽、水深及墩台等具体情况确定，如果墩位在干涸或浅水河床上，可用直接定位法；如果墩位处于水深急流部位，则采用前方交会法。

1）直线桥梁墩台定位

直线桥梁，其墩台中心位于桥轴线上，如图 10-22 所示。根据桥轴线上控制桩及各墩台中心的里程，即可求得其间距离。墩位的测设，据实际条件可采用直接丈量法、光电测距法或交会法。

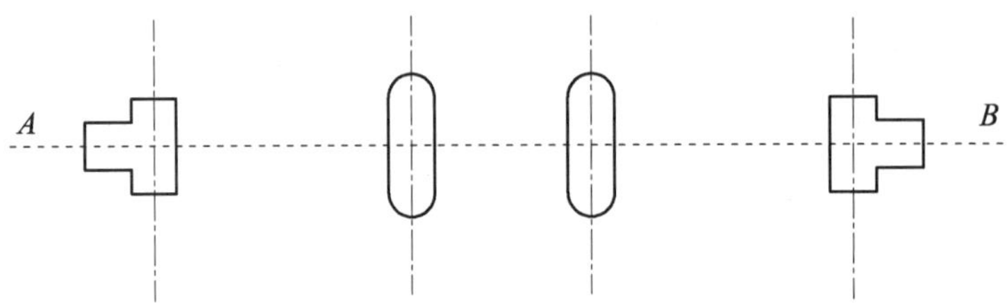

图 10-22　直线桥梁墩台定位示意图

（1）直接量距法（全站仪测距或直接丈量）

当桥墩位于干涸的河道上，且水面较窄，可采用钢尺直接丈量或者采取全站仪测量，丈量方法同测定桥轴线方法。不同的只是此处是测设已知长度，所以应根据地形情况将已知长度（水平长度）化为设置的斜距，同时考虑尺长和温度修正。

（2）前方交会法

如果桥墩处地形复杂或位于深水区，无法直接丈量，也不便于架设反光镜时，可采用前方交会法测设墩位。前方交会法既可用于直线桥的墩台定位测量，也可用于曲线桥的墩台定位测量。如图 10-23 所示。

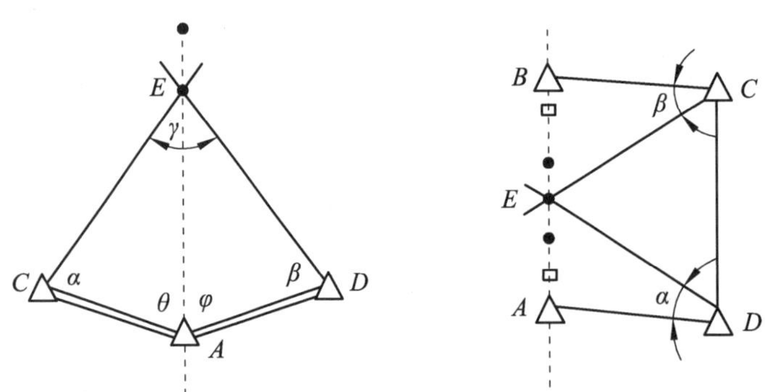

（a）同岸前方交会示意图　　（b）异岸前方交会示意图

图 10-23　前方交会法示意图

用交会法测设墩位，需要在河的两岸布设平面控制网，如导线、三角网、边角网、测边网等。

前方交会法是根据控制点坐标和墩台坐标，反算交会放样元素 α_i、β_i，在相应控制点上安置仪器并后视另一已知控制点，分别测设水平角 α_i、β_i，得到两条视线的交点，从而确定墩台中心的位置。

为了保证测设精度，当置镜点位于桥轴线两侧时，交会角应在 90°到 150°之间；当置镜点位于桥轴线一侧时，交会角应在 60°到 110°之间。在桥梁控制网网形设计和布网时，应充分考虑每个墩台中心交会时交会角的大小，必要时，可根据情况增设插入点或精密导线点作为次级控制点。

如图 10-23（a）所示，设 E 是河中待交会的桥墩，A 与 B 是两岸的控制桩。选两岸布设基线 AC 和 AD，测出二基线的长度，并测出 θ 和 φ 二角之值。然后根据控制桩里程及桥墩里程算出 AE 距离，即可用三角法计算 α、β 角的数值。用 3 台经纬仪分别置于 A、C、D 三点，根据 α、β 角就可交出桥墩 E 的中心位置。当河面较宽时，为了调高精度，宜采用四边形进行两岸交会，如图 10-23（b）所示。

（3）前方交会法与示误三角形

通常将 3 台经纬仪分别安置于 3 个控制点上用 3 条方向线同时交会。理论上 3 条方向线应交于一点，而实际上由于控制点误差和交会测设误差的共同影响，3 条方向线一般不会交于一点，而是形成一个小三角形。该三角形的大小反映交会的精度，故称其为示误三角形，如图 10-24 所示。示误三角形的最大边长或两交会方向与桥中线交点间的长度，在墩台下部（承台、墩身）不应大于 25 mm，在墩台上部（托盘、顶帽、垫石）不应大于 15 mm。若交会的一个方向为桥轴线，则以其他两个方向线的交会点 P_1 投影在桥轴线上的 P 点作为墩台中心。交会方向中不含桥轴线方向时，示误三角形的边长不应大于 30 mm，并以示误三角形的重心作为桥墩台中心。

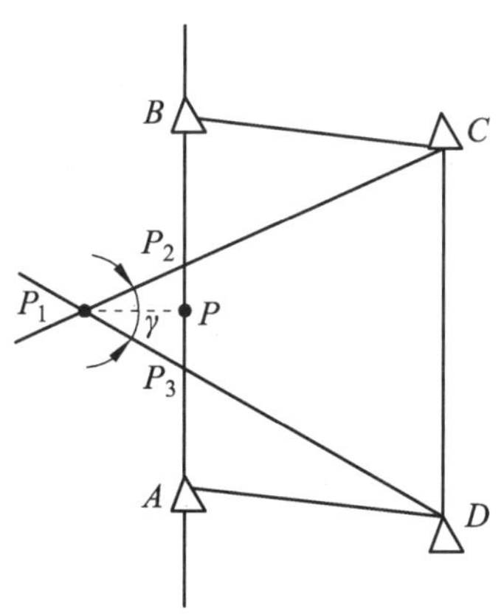

图 10-24 示误三角形示意图

2）曲线桥墩台定位

曲线桥由于梁体一般做成直线形，而铁路线路中线为曲线，于是各孔梁中线的连接线成为折线，以适应梁上曲线线路的需要。如图 10-25 中虚线所示布置，使线路中线与梁的中线在梁端相交，则可看出线路中线总是偏在梁跨中线的外侧。当列车过桥时，外侧那片梁必然受力较大，况且列车运行时要产生离心力，使外侧梁受力加大的现象更加严重。

为了使两片梁受力较为均衡，合理的布置是把梁的中线向曲线外侧适当移动距离。这各孔梁跨中线连接起来的折线基本与线路中线重合，该折线称为桥梁工作线。如图 10-25 所示，桥墩中心一般位于工作线转折角的顶点上。梁缝、梁台缝变成内窄外宽的楔形。

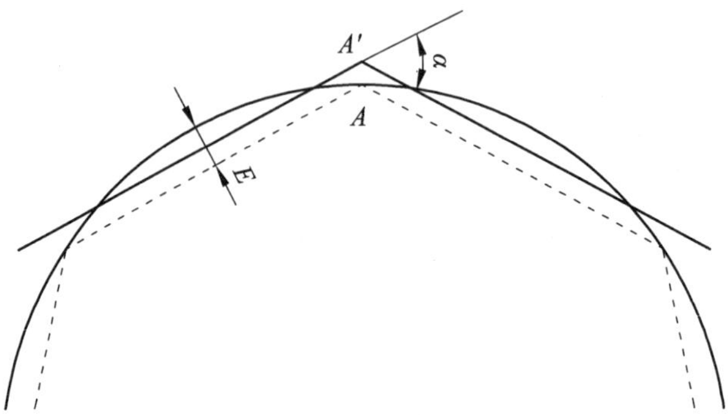

图 10-25　曲线桥中线外移示意图

曲线桥测设墩台中心位置，根据不同条件可采用直接丈量法、前方交会法、极坐标法等。

知识点 3：桥梁施工放样

1. 墩台纵横轴线的测设

墩台中心测设定位以后，需测设墩台的纵横轴线，作为墩台细部放样的依据。

1）直线桥梁

在直线桥上，墩台的轴线与桥轴线重合，且各墩台一致，可利用桥轴线两端控制桩来标志横轴线的方向，如图 10-26 所示。

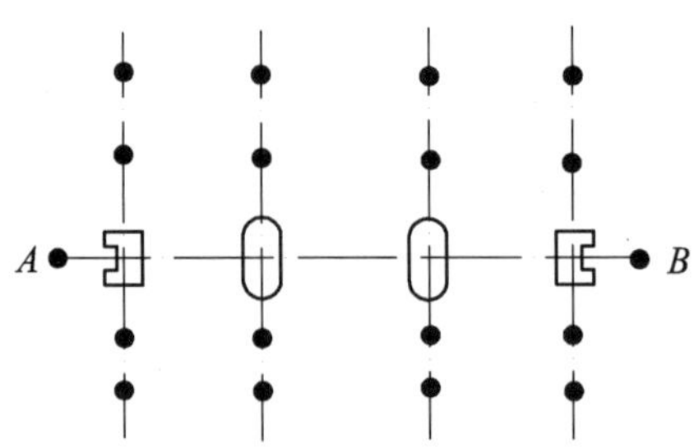

图 10-26　直线桥梁墩台纵轴线测设示意图

在测定墩台纵轴线时，将经纬仪安置在墩台的中心点上，然后盘左、盘右以桥轴线方向作为后视，然后根据桥梁设计角度（正交、斜交）拨角，取其平均位置即作为纵轴线方向。因为施工过程中经常在墩台上恢复纵轴线的位置，应于桥轴线两侧布设固定的护桩，便于后续工程的使用。

2）曲线桥梁

在曲线桥梁上，墩台的纵轴线位于梁的工作线顶点处的角平分线上，而横轴线是与纵轴线垂直，如图 10-27 所示。因此测设时，应将仪器置于墩台中心点上，以相邻墩中心方向为后视，测设（$180°-\alpha$）/2 角即得纵轴线方向；自纵轴方向转 90°角即得横轴线。

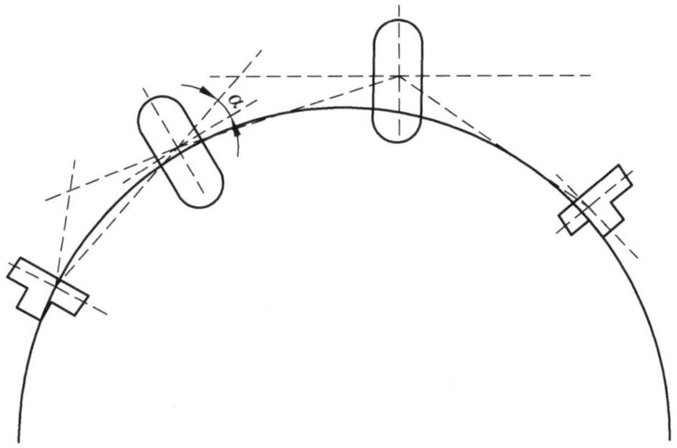

图 10-27　曲线桥梁墩台纵轴线测设示意图

2. 桥梁施工放样的主要工作

（1）确定墩台纵横向轴线的位置。

（2）基坑开挖和墩台扩大基础的放样。

（3）桩基础的桩位放样。

（4）承台及墩身结构尺寸、位置放样。

（5）墩帽及支座垫石结构尺寸、位置放样。

（6）各种桥型的上部结构中心及细部尺寸放样。

（7）桥面系结构的位置、尺寸放样。

（8）各施工阶段的高程放样。

3. 墩台纵横向十字线的测设

旱地直线桥梁的墩台纵横向十字线测设方法：在定出的桥墩台中心位置上设置一个大木桩，在桩顶面钉一颗铁钉代表桥墩台中心位置；然后在铁钉位置上安置经纬仪，以桥轴线为基准，放出与桥轴线重合的墩台纵向直线和与桥台垂直的墩台横向直线，并在开挖线外的纵横向十字线的每端方向上设置两个以上的方向桩，这些方向桩是施工中恢复墩台中心点的依据，必须妥善保存好。

水中桥梁的墩台纵横向十字线测设方法：采用交会法设置，一般可在交会点围堰上设置镜子，根据墩台纵横向十字线的方位与前方线的方位关系控制施工。

墩台纵横十字线确定后，可以根据墩台设计尺寸选择适宜的方法进行放样。

4. 桥梁基础放样

基础放样工作是以实地标定的墩台中心位置为基础来进行的，对于无水地点可以直接将经纬仪架设在墩台中心位置，用木桩准确地固定基础纵横和基础边缘尺寸。对河水不深而采用围堰施工的桥梁，可以待围堰施工完成后，再进行详细放样。如图 10-28 所示，在桩位搭设测量平台进行桩基础放样。

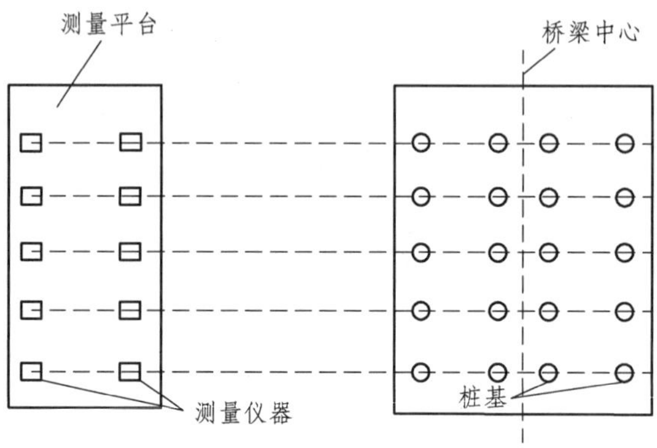

图 10-28　搭设测量平台进行桩基础放样

5. 桥梁施工水准测量

桥涵结构的高程放样，主要采用以下几种方法：几何水准测量法、三角高程测量法、钢尺直接丈量法和悬挂钢尺测量法。

（1）几何水准测量法。首选将高程控制点以内的精度引测到施工区域，建立临时水准点。临时水准点的密度要保证架设一次仪器就可以放样出所需的高程，如图 10-29 所示。

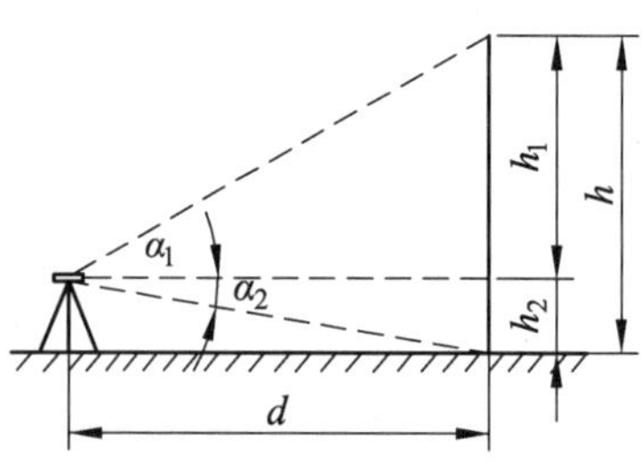

图 10-29　几何水准测量法示意图

（2）三角高程测量法。当高差不是很大时，为了保证精度，可以采用三角高程测量法，如图 10-30 所示。

（3）悬挂钢尺测量法。通常在深基坑的高程放样和高桥墩施工中采用，如图 10-31 所示，图（a）为深基坑高程放样，图（b）为高桥墩放样。

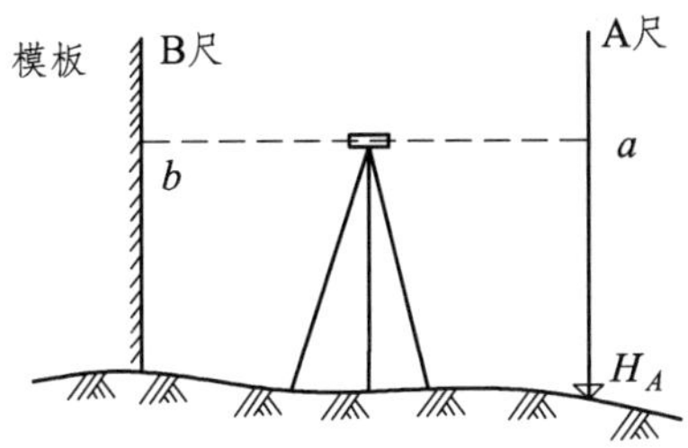

图 10-30　三角高程测量法示意图

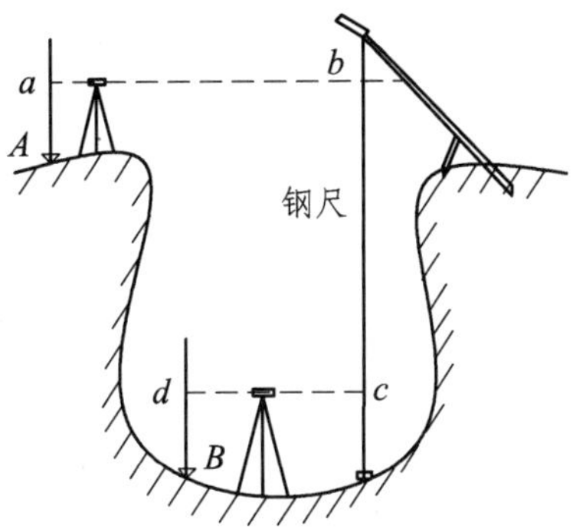

（a）深基坑高程放样示意图

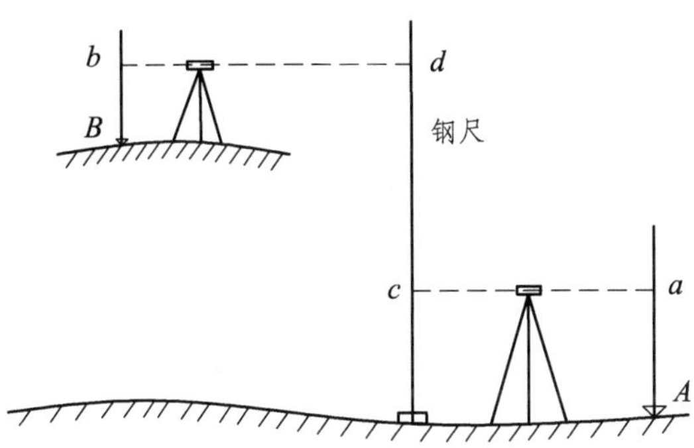

（b）高桥墩放样示意图

图 10-31　悬挂钢尺测量法示意图

任务规划（教师给出）

笔记栏

1. 执行规划建议

知识点	学习时间	学习方法	资源
桥梁施工控制网布设	25 分钟	自主学习	教室、多媒体设备
桥梁墩、台定位测量	35 分钟	自主学习+	教室、多媒体设备
桥梁施工放样	30 分钟	自主学习	教室、多媒体设备

2. 教师任务安排

任务实施（学生规划）	笔记栏
请同学依据要完成的任务就对应知识点学习的时间分配，学习方法及形式，学习要点及总结要求等方面做出规划。	
任务扩展（教师给出）	**笔记栏**
学习总结	

子项目学习质量监控单（教师填写）

序号	评分项	分值	实施要求	评定标准	得分
1	资源学习情况	15	1.学习痕迹明显，笔记认真仔细。 2.知识点掌握牢固，并能合理、灵活运用	优：课堂问答及练习能独立完成，回答正确，读书笔记细致。 良：课堂问答及练习成果正确，读书笔记记录较好。 中：课堂问答表述不清，练习成果基本正确。 差：完全不正确	
2	任务规划	15	1.规划内容完整。 2.规划内容应具可实施性。 3.规划过程应独立思考，具备一定的独特性	优：规划的内容详尽，具有很强的可实施性。 良：规划的内容详尽，可实施性一般。 中：规划的内容不全面，可实施性一般。 差：无规划，或者其规划的内容不全，无法实施	
3	任务实施	50	1.过程严格按规范要求进行。 2.过程性资料收集齐全。 3.独立完成任务要求的成果，提交及时	优：任务目标完成质量优良，过程规范，无错误。 良：任务目标完成质量良好，过程规范，无明显错误。 中：任务目标完成质量一般，过程相对规范，无明显错误。 差：没有完成任务目标或成果完全错误	
4	任务扩展	10	独立思考，能利用所学知识及相关手段完成所布置的拓展任务	优：独立思考，成果正确。 良：独立思考，成果基本正确。 中：任务完成得一般。 差：没有完成任务目标或成果完全错误	
5	其他	10	1.及时完成相关表格的填写。 2.独立完成总结的撰写，记录要详尽，要能从技能、知识等多方面进行总结	优：独立思考，任务全部完成，总结到位并能及时上交。 良：独立思考，任务基本完成，总结基本到位并能及时上交。 中：任务基本完成，总结基本到位。 差：没有完成任务目标	
6	职业能力评价	优：完全掌握技能及知识要点，操作规范，安全意识及团队意识好，吃苦耐劳，认真仔细。 良：基本掌握技能及知识要点，操作规范，安全意识及团队意识较好，认真仔细。 中：掌握部分技能及知识要点，操作相对规范，具有一定的安全意识。 未达标：没有掌握要求的技能及知识要点，或操作出现严重错误导致人员及设备损坏				
综合得分		学习过程（项 1～5）评价得分：		技能水平评价：合格□　不合格□	
教师评语					

10.4　隧道施工测量

任务　隧道施工测量

【任务情况】

1. 本学习内容主要完成任务

拟订出隧道施工测量的实施方案。

2. 学习目标

知识目标：掌握隧道施工测量主要内容。
知道隧道控制测量的相关规定。
知道隧道控制测量的实施方法及要求。
知道隧道联系测量的概念及方法。
知道隧道施工测量的主要内容。
知道隧道贯通测量的概念及要求。

技能目标：能独立完成隧道施工测量方案的撰写。
养成依据测量规范选定测量参数的能力。

情感目标：养成认真细致的学习素养、精益求精的职业素养及爱岗敬业的职业操守。

3. 学习时间分配

学习活动序号	学习活动	建议学习时长	备注
学习活动 1	隧道施工测量	2	

【作业过程及任务点】

学习活动 1　隧道施工测量

<table>
<tr><th colspan="8">学习任务单</th></tr>
<tr><td>任务名称</td><td colspan="7">隧道施工测量</td></tr>
<tr><td>任务类型</td><td colspan="3">项目任务</td><td>能力面向</td><td colspan="3">技术员</td></tr>
<tr><td>完成时限</td><td colspan="3">2 课时</td><td>学习方法</td><td colspan="3">自主学习法</td></tr>
<tr><td>实施方式</td><td colspan="3">计算</td><td>考核方式</td><td colspan="3">成果考核</td></tr>
<tr><td>考核点</td><td colspan="7">测量方案内容完整性　测量方案的科学性和准确性</td></tr>
<tr><th colspan="8">学习人员信息（学生填写）</th></tr>
<tr><td>姓名</td><td></td><td>班级</td><td></td><td>学号</td><td></td><td>电话</td><td></td></tr>
</table>

任务目标

拟订一个隧道施工测量的实施方案，具体内容需要包括以下方面：

1. 编制依据

2. 编制方案的基本原则

3. 测量方案的基本内容

3.1 工程概况

3.2 列出所有的原始数据、设计条件及甲方要求

3.3 建立洞外施工平面控制网及高程控制网

3.4 隧道联系测量的内容及实施

3.5 隧道施工测量

3.6 隧道贯通测量

任务介绍

笔记栏

【任务描述】

（1）利用计算机相关文字处理软件及 CAD 完成测量方案的编制。

（2）文本的格式请指导教师自行制定，以便统一。

（3）能参照相关资料完成测量方案的撰写。

【任务要求】

（1）能正确选定与案例相关的规范及标准。

（2）能结合案例中周边条件及基础资料，选择正确的测量方案。

（3）能利用计算机相关软件按照一定格式完成文本的编写。

（4）能正确利用网络资源运用到自己的方案中，完善方案。

任务配套资源

笔记栏

【资源】文本型学习资源

隧道施工测量是为铁路、公路、矿山以及地下工程建设中隧道工程建设服务的测量工作。主要内容包括：隧道控制测量；地面到地下联系测量；隧道施工测量和隧道贯通时的测量工作。

知识点 1：隧道工程控制测量

隧道工程控制测量是保证隧道按照规定精度正确贯通，并使地下各建筑物按照设计位置定位的工程措施。隧道工程施工前，应根据隧道设计图、隧道长度、线路形状和对贯通误差的要求，进行隧道控制网的设计。隧道控制网分洞外和洞内两部分。

1. 洞外控制测量

洞外控制测量的目的是在开挖洞口建立一精密的控制网，以便据此精确确定各开挖洞口的掘进方向和开挖高程，保证准确贯通。洞外控制测量主要

包括平面控制测量和高程控制测量两部分。

1）隧道洞外平面控制测量的相关规定

隧道施工平面控制网坐标系宜采用隧道内线路的平均高程为基准面，以隧道长直线或曲线隧道切线为坐标轴的施工独立坐标系，坐标轴的选取应便于施工使用。高程系统应与线路高程系统相同。

洞外控制网宜布设成自由网，并根据线路测量的控制点进行定位和定向，在每个洞口应测设不少于 3 个平面控制点（包括洞口投点及其相联系的三角点或导线点）和 2 个高程控制点，隧道洞外控制测量应在隧道开挖前完成。

洞外平面控制测量的等级应根据隧道的长度按表 10.6 选取。

表 10.6 隧道洞外平面控制测量等级

洞外平面控制网类型	洞外平面控制网等级	测角中误差 /（″）	隧道长度 L/km
GNSS 网	二等	—	$L>5$
	三等	—	$L\leqslant 5$
三角形网	二等	1.0	$L>5$
	三等	1.8	$2<L\leqslant 5$
	四等	2.5	$0.5<L\leqslant 2$
	一级	—	$L\leqslant 0.5$
导线网	三等	1.8	$2<L\leqslant 5$
	四等	2.5	$0.5<L\leqslant 2$
	一级	—	$L\leqslant 0.5$

2）洞外控制测量的方法

地面平面控制测量一般采用卫星定位测量、中线法、导线法、三角锁等方法，由于 GNSS 定位系统的广泛应用，已经用于隧道施工的洞外控制网。现就 GNSS 测量展开描述。

隧道 GNSS 控制网的布网设计，应满足以下要求：

（1）控制网由隧道各开挖口的控制点的点群组成，每个开挖口至少应布设 4 个控制点；整个控制网应由 1 个或若干个独立观测环组成，每个独立观测环的边数最多不超过 12 个，应尽可能减少。

（2）网的边长最长不宜超过 20 km，最短不宜短于 300 m。

（3）每个控制点应有 3 个或 3 个以上的边与其连接，极个别的点才允许由 2 个边连接。

（4）GNSS 定位点之间一般不需要通视，但布设洞口控制点时，考虑用常规测量方法检测、加密或恢复的需要时，应当通视。

（5）点位空中视野开阔，保证至少能接收到 4 颗卫星信号。

（6）测站附近不应有对电磁波有强烈吸收和反射影响的金属和其他物体。

3）洞外高程控制测量

洞外高程控制测量的任务是按照设计精度施测两相向开挖洞口附近水准点之间的高差，以便将整个隧道的统一高程系统引入洞内，保证按照规定精度在高程方面正确贯通，并使隧道工程在高程方面按照要求精度正确修建。

隧道洞外高程宜采用水准测量方法。隧道两端洞口水准点，相关东口水准点（含竖井和平洞口）和必要的洞外水准点，应组成闭合或往返水准路线。每个洞口应埋设不少于 2 个水准点，两个水准点之间的高差，以安置一次水准仪即可测出为宜。洞外、洞内高程控制测量的等级应分别依洞外水准路线长度和隧道长度，按表 10.7 选取。

表 10.7　隧道洞外、洞内高程控制测量的等级

高程控制网类型	等级	每千米高差全中误差/mm	洞外水准路线长度或两开挖洞口间长度 S/km
水准网	二等	2	$S>16$
	三等	6	$6<S\leqslant 16$
	四等	10	$S\leqslant 6$

2. 洞内控制测量

洞内控制测量的目的是，在隧道施工中控制开挖掘进方向上的误差积累，最终保证准确贯通。洞内控制测量包括洞内平面控制测量和洞内高程控制测量。

1）洞内平面控制测量

隧道洞内平面控制测量应结合洞内的施工特点进行，由于隧道内场地狭小，施工干扰较大，平面控制采用中线测量或导线测量两种方式。

（1）中线测量

中线测量是以洞口投点为依据，向洞内直接测设隧道中线点，并不断延伸作为洞内平面控制。一般以定测精度测设出待定中线点，其距离和角度等放样数据由理论坐标值进行反算，这种方法一般适用于小于 500 m 的曲线隧道或者是小于 1 000 m 的直线隧道。若将上述测设的中线点，辅助以高精度的测角、量距，可以计算出新点实际的精确点位，和理论坐标相比较，根据其误差，再将新点移到正确的中线位置上，这种方法可适用于较长的隧道。

（2）导线测量

导线测量是指隧道内平面控制采用布设精密导线进行。导线控制的方法较中线测量灵活，点位易于选择，测量工作也较为简单，而且具有多种检算方式。当组成导线闭合环时，角度经过平差，还可以提高点位的横向精度。导线测量适用于长隧道。

洞内导线一般采用单导线、导线环、主副导线环等集中形式。

2）洞内高程测量

洞内高程测量宜采用水准测量方法。洞内水准测量应往返进行，且每隔 200 ~ 500 m 应设立 1 个水准点。

知识点 2：地面到地下联系测量

隧道施工中，为了保证地下各个方向的开挖面能准确贯通，必须将洞外控制网种的点位坐标、方位和高程传递到洞内，使洞外、洞内形成统一的坐标系统，从而确定线路中线，这项工作称为隧道联系测量。联系测量按照进洞测量方式不同分为联系导线测量和竖井联系测量。

（1）联系导线测量

在隧道进出洞口、斜井、横洞等位置布设导线，把洞外导线的方向和坐标传递给洞内导线，构成一个洞内、外统一的控制系统，这种导线称之为联系导线。联系导线适用于由进出洞口、斜井、横洞等形式进洞测量。

（2）竖井联系测量

竖井联系测量适用于通过竖井形式进洞测量，可以采用联系三角形定向，光学垂准法投点、陀螺经纬仪定向的方法来传递坐标和方位角。

知识点 3：隧道施工测量

1. 洞门的施工测量

进洞数据通过坐标反算得到后，应在洞口投点安置全站仪，测设出进洞方向，并将此掘进方向标定在地面上，并设置洞口投点护桩。然后在洞口的山坡面上标出中垂线位置，按照设计坡度指导劈坡工作。劈坡完成后，在洞帘上测设出隧道断面轮廓线，就可以进行洞门的开挖施工了。

2. 洞内中线测量

隧道衬砌两个边墙间的中心各点连线即为隧道中心轴线，其在直线部分与线路中心重合，在曲线部分由于隧道内外侧加宽值不同，故不重合。为方便施工，在开挖面上应标示线路中线位置和隧道中线位置。

隧道洞内掘进施工是以线路中线为依据来进行的。施工中线分为永久中线和临时中线。永久中线应根据洞内导线测设，较短隧道可以采用中线法测设，在直线隧道内应用正倒镜分中法延伸中线，在曲线隧道内一般采用偏角法，也可以采用其他曲线测设的方法延伸中线。

3. 腰线的测设

在隧道施工中，为了方便控制洞底的高程，以及进行断面放样，通常在隧道侧面岩壁上沿中线前进方向每隔一定距离（5 ~ 10 m）标出比洞底设计地坪高出 1 m 的超平线，称为腰线。洞内测设腰线的临时水准点应设在不受施工干扰，点位稳定的边墙处，每次引测时都要和相邻点检核，确保无误。

4. 掘进方向指示

应用激光定向经纬仪或激光指向仪来指示掘进方向。激光指向仪可以被安置在隧道顶部或侧壁的锚杆支架上，以不影响施工和运输为宜。

5. 开挖断面的放样

开挖断面的放样是在中垂线和腰线基础上进行的，包括两侧边墙、拱顶、底板（仰拱）三部分。常采用断面支距法测设断面轮廓。

6. 结构物的施工放样

在结构物施工放样前，应对洞内的中线点和高程点进行加密。中线点加密的间距依据施工需要确定，一般为 5 ~ 10 m 一点。

知识点 4：隧道贯通测量

隧道贯通是指隧道相向（同向）掘进，在贯通面掘通的工作，为此而进行的测量工作称为贯通测量。贯通测量不可避免地会产生三个方向的贯通误差，即在水平面内，垂直于中线方向，产生横向贯通误差，高程方向产生竖向贯通误差，沿中线方向产生纵向贯通误差。三种贯通误差中，纵向贯通误差对贯通质量无多大影响，横向贯通误差和竖向贯通误差严重影响贯通质量。

为确保贯通质量，事前要进行贯通误差的预计。另外，在进行贯通测量的全过程中，采取可靠的检核措施，所有测量工作，应独立进行两次，较差符合要求，取其平均值作为最后成果。

任务规划（教师给出）

笔记栏

1. 执行规划建议

知识点	学习时间	学习方法	资源
隧道工程控制测量	20 分钟	自主学习	教室、多媒体设备
地面到地下联系测量	25 分钟	自主学习	教室、多媒体设备
隧道施工测量	30 分钟	自主学习	教室、多媒体设备
隧道贯通测量	15 分钟	自主学习	教室、多媒体设备

2. 教师任务安排

任务实施（学生规划）

笔记栏

请同学依据要完成的任务就对应知识点学习的时间分配，学习方法及形式，学习要点及总结要求等方面做出规划。

任务扩展（教师给出）	笔记栏

学习总结

子项目学习质量监控单（教师填写）

序号	评分项	分值	实施要求	评定标准	得分
1	资源学习情况	15	1.学习痕迹明显，笔记认真仔细。 2.知识点掌握牢固，并能合理、灵活运用	优：课堂问答及练习能独立完成，回答正确，读书笔记细致。 良：课堂问答及练习成果正确，读书笔记记录较好。 中：课堂问答表述不清，练习成果基本正确。 差：完全不正确	
2	任务规划	15	1.规划内容完整。 2.规划内容应具可实施性。 3.规划过程应独立思考，具备一定的独特性	优：规划的内容详尽，具有很强的可实施性。 良：规划的内容详尽，可实施性一般。 中：规划的内容不全面，可实施性一般。 差：无规划，或者其规划的内容不全，无法实施	
3	任务实施	50	1.过程严格按规范要求进行。 2.过程性资料收集齐全。 3.独立完成任务要求的成果，提交及时	优：任务目标完成质量优良，过程规范，无错误。 良：任务目标完成质量良好，过程规范，无明显错误。 中：任务目标完成质量一般，过程相对规范，无明显错误。 差：没有完成任务目标或成果完全错误	
4	任务扩展	10	独立思考，能利用所学知识及相关手段完成所布置的拓展任务	优：独立思考，成果正确。 良：独立思考，成果基本正确。 中：任务完成得一般。 差：没有完成任务目标或成果完全错误	
5	其他	10	1.及时完成相关表格的填写。 2.独立完成总结的撰写，记录要详尽，要能从技能、知识等多方面进行总结	优：独立思考，任务全部完成，总结到位并能及时上交。 良：独立思考，任务基本完成，总结基本到位并能及时上交。 中：任务基本完成，总结基本到位。 差：没有完成任务目标	
6	职业能力评价	优：完全掌握技能及知识要点，操作规范，安全意识及团队意识好，吃苦耐劳，认真仔细。 良：基本掌握技能及知识要点，操作规范，安全意识及团队意识较好，认真仔细。 中：掌握部分技能及知识要点，操作相对规范，具有一定的安全意识。 未达标：没有掌握要求的技能及知识要点，或操作出现严重错误导致人员及设备损坏				
综合得分		学习过程（项 1～5）评价得分： 技能水平评价：合格□ 不合格□				
教师评语					

项目 11

水利工程测量

本项目共分两个部分，一为大坝施工测量，二为渠道测量。

大坝施工测量有 5 个任务，主要介绍了土坝的控制测量，土坝清基开挖与坝体填筑的施工测量，混凝土坝的施工控制测量，混凝土坝清基开挖线的放样，最后介绍了混凝土重力坝坝体的立模放样。本部分的重点是：土坝坝轴线的确定及坝身控制线的放样，土坝坡脚线的放样和边坡放样，混凝土坝的施工控制测量，混凝土坝清基开挖的放样和混凝土重力坝坝体的立模放样。本项目的难点是：混凝土重力坝坝体的立模放样。

渠道测量工有 6 个任务，主要介绍渠道选线测量，中线测量，纵、横断面测量及纵横断面的绘制，土方量计算及渠道施工放样。本部分的重点是：里程桩的测设，纵、横断面测量及纵、横断面图的绘制，土方量的计算，渠道边坡放样。难点是：纵、横断面的测量，纵、横断面图的绘制，土方量的计算。

11.1 大坝施工测量

水利工程一般由若干水工建筑物组成。这些建筑物的综合体，称为水利枢纽。图 11-1 为一水利枢纽示意图。水工建筑物包括大坝、水闸、水电站厂房、船闸、泄水建筑物，以及导流隧洞和引水隧洞等，它们的施工放样程序与其他测量工作一样，也是按照“从整体到局部，先轴线后细部”的原则进行的。

图 11-1 水利枢纽示意图

建筑物的细部施工放样，包括测设各种建筑物的立模线、填筑轮廓点，对已架立的模板、预制件或埋件进行体形和位置的检查。立模线和填筑轮廓点可直接由施工控制点测设，也可由测设的建筑物纵横轴线放样。放样点密度根据建筑物的轮廓线的形状和建筑材料而不同。

建筑物的细部放样方法，根据具体情况选用不同方法，全站仪极坐标法是常用方法。水工建筑物立模线、填筑轮廓点的点位中误差及其分配方式，参见表 11-1 中的规定。

表 11-1　主要水工建筑物立模、填筑轮廓点点位中误差及其分配

建筑物类别	建筑材料	建筑物名称	点位中误差/mm		平面位置中误差分配/mm	
			平面	高程	测站点（轴线点）	放样
I	混凝土	闸、坝、厂房等主要水工建筑物	±20	±20	±17	±11
II		各种导墙及井洞衬砌	±25	±20	±23	±11
III	土石料	副坝、护坦、护坡等其他水工建筑物	±30	±30	±25	±17
IV		碾压式坝、堤上下游边线、心墙等	±40	±30	±30	±25
V		各种坝、堤内设施定位，填料分界线等	±50	±30	±30	±40

以混凝土为建筑材料的水工建筑物，是分段分块浇筑或用预制构件拼装的，为了保证建筑物的整体精度，除点位中误差应当符合规定外，在《水利水电工程施工测量规范》（SL52—1993）中，对竖向偏差也有明确规定，如表 11-2 所示，H 为水工建筑物的总高度。

表 11-2　竖向测量偏差限值

工程项目	相邻两层对接中心线相对偏差/mm	相对基础中心线的偏差/mm	累计偏差/mm
厂房、开关站等各种构架、立柱	±3	$\pm H/2\ 000$	±20
闸墩、船闸、厂房等的侧墙	±5	$\pm H/1\ 100$	±30
拌和楼、筛分楼、堆料高排架等	±5	$\pm H/1\ 100$	±35

水工建筑物除土建部分的放样工作外，还有金属结构与机电设备安装测量。它们包括闸门安装、钢管安装、拦污栅安装、水轮发电机组安装和起重机设备的轨道安装测量等。

拦河大坝是重要的水工建筑物，按坝型分为土坝、堆石坝、重力坝及拱坝等。修建大坝需按施工顺序进行下列测量工作：布设平面和高程基本控制网，控制整个工程的施工放样；确定坝轴线和布设控制坝体细部放样的定线控制网；清基开挖线的放样；坝体细部放样等。对于不同筑坝材料及不同坝型，施工放样的精度要求有所不同，内容也有些差异，但施工放样的基本方法大同小异。本项目分别介绍土坝、混凝土重力坝及拱坝施工放样的主要内容及其基本方法。

任务 1　土坝的控制测量

【任务情况】

1. 本学习内容主要完成任务

土坝是一种较为普遍的坝型。根据土料在坝体的分布及其结构的不同，其类型又有多

种。图 11-2 是一种黏土心墙土坝的示意图。土坝的控制测量是根据基本网确定坝轴线，然后以坝轴线为依据布设坝身控制网以控制坝体细部的放样。

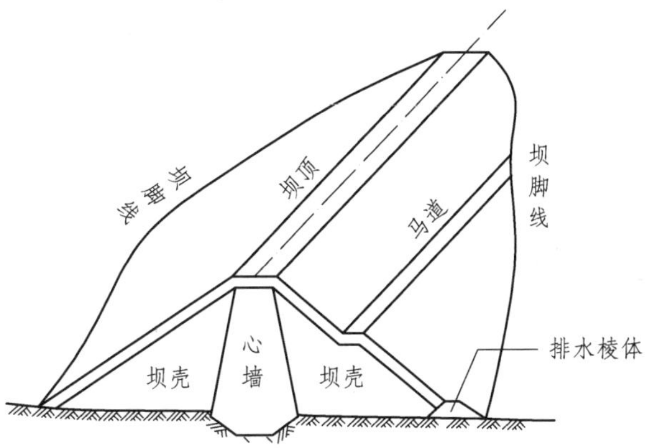

图 11-2　土坝结构示意图

2. 学习目标

知识目标：掌握土坝坝轴线的确定方法。

掌握坝身控制线的测设方法。

掌握高程控制网的建立方法。

技能目标：结合学习资料总结土坝施工现场控制测量的施测流程。

情感目标：增长学生对测量科学的见识，激发学习兴趣。

3. 学习时间分配

学习活动序号	学习活动	建议学习时长	备注
学习活动 1	土坝的控制测量	1	

【作业过程及任务点】

学习活动 1　土坝的控制测量

<table>
<tr><th colspan="8">学习任务单</th></tr>
<tr><td colspan="2">任务名称</td><td colspan="6">土坝的控制测量</td></tr>
<tr><td colspan="2">任务类型</td><td colspan="2">理论型</td><td>能力面向</td><td colspan="3">测绘地理信息数据获取与处理</td></tr>
<tr><td colspan="2">完成时限</td><td colspan="2">1 课时</td><td>学习方法</td><td colspan="3">自主学习法</td></tr>
<tr><td colspan="2">实施方式</td><td colspan="2">理论讲授</td><td>考核方式</td><td colspan="3">过程性考核+结果考核</td></tr>
<tr><td colspan="2">考核点</td><td colspan="6">土坝轴线的确定方法　平行于坝轴线的控制线的测设　垂直于坝轴线的控制线的测设　高程控制网的建立</td></tr>
<tr><th colspan="8">学习人员信息（学生填写）</th></tr>
<tr><td>姓名</td><td></td><td>班级</td><td></td><td>学号</td><td></td><td>电话</td><td></td></tr>
</table>

任务目标	
请学生依据所学控制测量的基本知识，自己模拟一个大坝建设项目，思考如何进行土坝控制点的建立，做出简易的实施方案。方案主要内容包括：建设项目概述、既有资料情况、主要技术依据、坐标系统和高程系统。	

任务介绍	笔记栏
【任务描述】 （1）在熟悉土坝基本结构的基础上模拟一个建设项目。 （2）针对模拟的项目，拟订项目中坝身控制线方案，其中高程控制网的建立采用三、四等水准。 （3）编写测量方案。 【任务要求】 （1）完成配套资源的学习，并完成学习笔记。 （2）能够将已学知识点熟练地应用到土坝的控制测量中，编制的实施流程具备可实施性。 （3）测量方案的编制可以借鉴网络、书籍、教材等资料，但要有针对性。 （4）测量方案成果提交要求：采用 word 文档提交。	

任务配套资源	笔记栏
【资源 1】文本型+数字化学习资源 对于中小土坝的坝轴线，一般是由工程设计人员和勘测人员组成选线小组，深入现场进行实地踏勘，根据当地的地形、地质和建筑材料等条件，经过方案比较，直接在现场选定。 对于大型土坝以及与混凝土坝衔接的土质副坝，一般经过现场踏勘、图上规划等多次调查研究和方案比较，确定建坝位置，并在坝址地形图上结合枢纽的整体布置，将坝轴线标于地形图上，如图 11-3 中的 M_1、M_2，然后根据预先建立的施工控制网，用角度交会法将 M_1、M_2 测设到地面上。放样时，先根据控制点 A、B、C 的坐标和坝轴线两端点 M_1、M_2 的设计坐标算出交会角 β_1、β_2、β_3 和 γ_1、γ_2、γ_3，然后安置经纬仪于 A、B、C 点，测设交会角，用 3 个方向进行交会，在实地定出 M_1、M_2。坝轴线的两端点在现场标定后，应用永久性标志标明。为了防止施工时端点被破坏，应将坝轴线的端点延长到两面山坡上，如图 11-3 中的 M'_1、M'_2。 知识点 1：坝身控制线的测设 坝身控制线一般要布设与坝轴线平行和垂直的一些控制线。这项工作需在清理基础前进行（如修建围堰，在合龙后将水排尽才能进行）。	

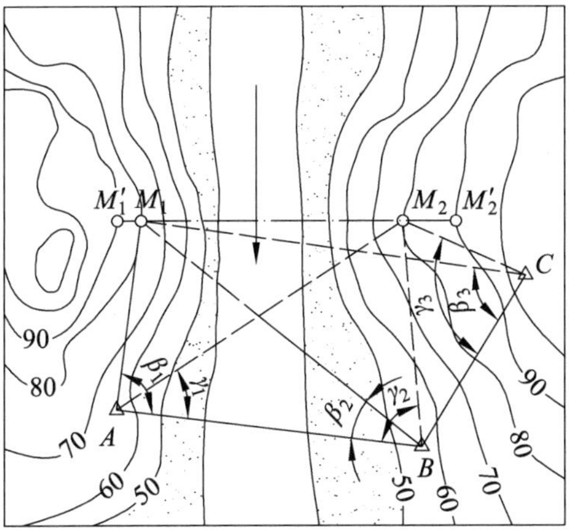

图 11-3　坝轴线测设示意图

1. 平行于坝轴线的控制线的测设

平行于坝轴线的控制线可布设在坝顶上下游线、上下游坡面变化处、下游马道中线，也可按一定间隔布设（如 10 m、20 m、30 m 等），以便控制坝体的填筑和进行收方。

测设平行于坝轴线的控制线时，分别在坝轴线的端点 M_1 和 M_2 安置经纬仪，用测设 90°的方法各作一条垂直于坝轴线的横向基准线，然后沿此基准线量取各平行控制线距坝轴线的距离，得各平行线的位置，用方向桩在实地标定，如图 11-4 所示。

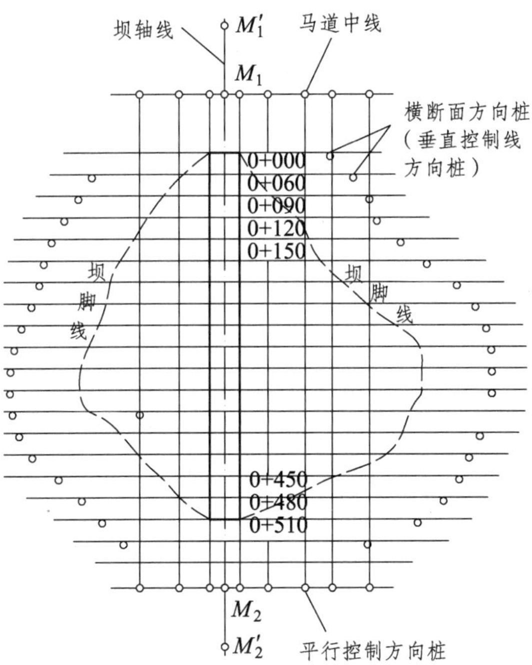

图 11-4　土坝坝身控制线示意图

2. 垂直于坝轴线的控制线的测设

垂直于坝轴线的控制线，一般按 50 m、30 m 或 20 m 的间距以里程来测设，其步骤如下：

（1）沿坝轴线测设里程桩。

由坝轴线的一端，如图 11-4 中的 M_1，在轴线上定出坝顶与地面的交点，作为零号桩，其桩号为 0+000。方法是：在 M_1 安置经纬仪，瞄准另一端点 M_2，得坝轴线方向，用高程放样的方法，根据附近水准点（高程为已知）上水准尺的后视读数及坝顶高程，求得水准尺上的前视读数 b 时，立尺点即为零号桩（0+000 里程桩）。

然后由零号桩起，由经纬仪定线，沿坝轴线方向按选定的间距（图 11-4 中为 30 m）丈量距离，顺序钉下 0+030，060，090，……里程桩，直至另一端坝顶与地面的交点为止。

（2）测设垂直于坝轴线的控制线。

将经纬仪安置在里程桩上，瞄准 M_1 或 M_2，转 90°即定出垂直于坝轴线的一系列平行线，并在上下游施工范围以外将方向桩标定在实地上，作为测量横断面和放样的依据，这些桩亦称横断面方向桩（图 11-4）。

知识点 2：高程控制网的建立

用于土坝施工放样的高程控制，可由若干永久性水准点组成基本网和临时作业水准点两级布设。

基本网布设在施工范围以外，并应与国家水准点连测，组成闭合或附合水准路线（如图 11-5 所示），用三等或四等水准测量的方法施测。临时水准点直接用于坝体的高程放样，布置在施工范围以内不同高度的地方，并尽可能做到安置一、二次仪器就能放样高程。临时水准点应根据施工进程及时设置，附合到永久水准点上。一般按四等或五等水准测量的方法施测，并要根据永久水准点定期进行检测。

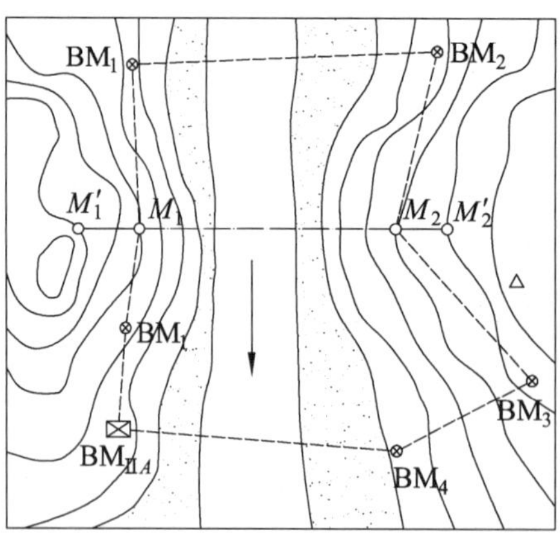

图 11-5　土坝高程基本控制网

【视频】
土坝的基本结构

【微课】
土坝的控制测量方法

【微课】
土坝的施工方法

任务规划（教师给出）

笔记栏

1. 执行规划建议

知识点	建议学习时间	学习方法	资源要求	效果
坝轴线的确定	5 分钟	自主学习	教室+多媒体设备	
坝身控制线的测设				
平行于坝轴线的控制线的测设	10 分钟	自主学习	教室+多媒体设备	
垂直于坝轴线的控制线的测设	10 分钟	自主学习	教室+多媒体设备	
高程控制网的建立	5 分钟	自主学习	教室+多媒体设备	

2. 教师任务安排

任务实施（学生规划）

笔记栏

请同学依据要完成的任务就对应知识点学习的时间分配，学习方法及形式，学习要点及总结要求等方面做出规划。

<table>
<tr><td>任务扩展（教师给出）</td><td>笔记栏</td></tr>
<tr><td></td><td></td></tr>
<tr><td colspan="2">学习总结</td></tr>
<tr><td colspan="2"></td></tr>
</table>

任务 2　土坝清基开挖与坝体填筑的施工测量

【任务情况】

1. 本学习内容主要完成任务

为使坝体与岩基很好结合，坝体填筑前，必须对基础进行清理。为此，应放出清基开挖线，即坝体与原地面的交线。

2. 学习目标

知识目标：理解清基开挖线放样的意义。
掌握坡脚线放样的具体方法。
掌握坝体填筑的方法、边坡放样的流程。
熟悉坡面修正的计算公式。

技能目标：能结合清基放样熟练掌握图解放样的方法。
能正确描述土坝清基开挖与坝体填筑的施工测量的流程。

情感目标：通过完成实际测量任务，培养团结协作的精神，养成吃苦耐劳的优良品质，逐渐形成爱岗敬业、精益求精的工作态度。

3. 学习时间分配

学习活动序号	学习活动	建议学习时长	备注
学习活动 1	土坝清基开挖与坝体填筑的施工测量	1	

【作业过程及任务点】

学习活动 1　土坝清基开挖与坝体填筑的施工测量

学习任务单			
任务名称	土坝清基开挖与坝体填筑的施工测量		
任务类型	理论性+实践性	能力面向	测绘地理信息数据获取与处理职业技能
完成时限	1 课时	学习方法	演示法、自主学习法
实施方式	讲授法、演示法	考核方式	问答
考核点	清基　图解法　坝轴线　坝脚线　横断面　坝顶高程　坝轴距　边坡		

学习人员信息（学生填写）							
姓名		班级		学号		电话	

任务目标
要求学生自行选定土坝形式，模拟土坝的相关参数，并针对该形式土坝模型，计算清基开挖线尺寸，合理选定横断面法和平行线法，拟定土坝清基开挖与坝体填筑的施工测量的流程。

任务介绍	笔记栏
【任务描述】 （1）在熟悉土坝基本结构的基础上模拟一个土坝，并自行确定相关参数。 （2）针对模拟的项目，计算清基开挖线尺寸。 （3）在充分理解横断面法和平行线法的情况下，结合合理选择模拟的项目坡脚放样的方法。 （4）拟订土坝清基开挖与坝体填筑的施工测量的流程。 【任务要求】 （1）完成配套资源的学习，并完成学习笔记。 （2）拟订土坝清基开挖与坝体填筑的施工测量的流程时，可以借鉴网络、书籍、教材等资料，但要有针对性。 （3）所拟订的方案成果提交要求：采用 word 文档提交。	

任务配套资源	笔记栏

【资源 1】文本型+数字化学习资源

知识点 1：清基开挖线的放样

清基丌挖线的放样精度要求不高，可用图解法求得放样数据在现场放样。为此，先沿坝轴线测量纵断面，即测定轴线上各里程桩的高程，绘出纵断面图，求出各里程桩的中心填土高度，再在每一里程桩进行横断面测量，绘出横断面图，最后根据里程桩的高程、中心填土高度与坝面坡度，在横断面图上套绘大坝的设计断面（图 11-6）。从该图中可以看出 R_1、R_2 为坝壳上下游清基开挖点，n_1、n_2 为心墙上下游清基开挖点，它们与坝轴线的距离分别为 d_1、d_2、d_3、d_4，可从图上量得，用这些数据即可在实地放样。但清基有一定深度，开挖时要有一定边坡，故 d_1 和 d_2 应根据深度适当加宽进行放样，用石灰连接各断面的清基开挖点，即为大坝的清基开挖线。

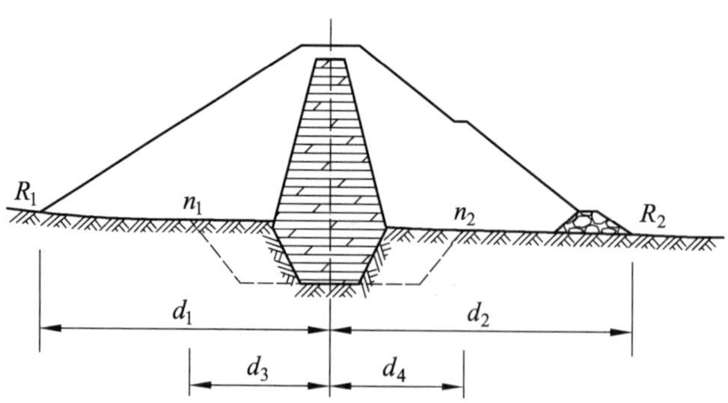

图 11-6　土坝清基放样数据

知识点 2：坡脚线的放样

清基以后应放出坡脚线，以便填筑坝体。坝底与清基后地面的交线即为坡脚线，下面介绍两种放样方法。

1. 横断面法

仍用图解法获得放样数据。首先恢复轴线上的所有里程桩，然后进行纵横断面测量，绘出清基后的横断面图，套绘土坝设计断面，获得类似图 11-6 的坝体与清基后地面的交点 R_1 及 R_2（上下游坡脚点），d_1 及 d_2 即分别为该断面上、下游坡脚点的放样数据，在实地将这些点标定出来，分别连接上下游坡脚点即得上下游坡脚线。

2. 平行线法

这种方法以不同高程坝坡面与地面的交点获得坡脚线。在地形图的应用中，介绍的在地形图上确定土坝的坡脚线，是用已知高程的坝坡面（为一条平行于坝轴线的直线），求得它与坝轴线间的距离，获得坡脚点，平行法测设坡脚线的原理与此相同。不同的是由距离（平行控制线与坝轴线的间距为已知）求高程（坝坡面的高程），而后在平行控制方向上用高程放样的方法，定出坡脚点。如图 11-7 所示，AA'为坝身平行控制线，距坝顶边线 25 m，若坝顶高程为 80 m，边坡为 1∶2.5，则 AA'控制线与坝坡面相交的高程为 $80-25\times 1/25=70$（m）。放样时在 A 点安置经纬仪，瞄准 A'定出控制线方向，用水准仪在经纬仪视线内探测高程为 70 m 的地面点，就是所求的坡脚点。连接各坡脚点即得坡脚线。

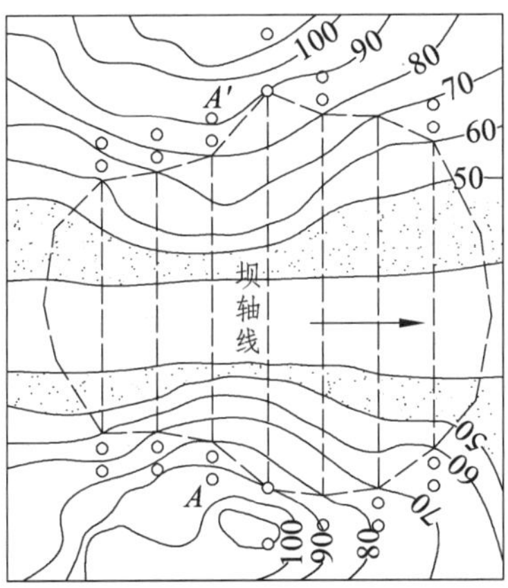

图 11-7　坡脚线的放样——平行线法

知识点 3：边坡放样

坝体坡脚放出后，就可填土筑坝，为了标明上料填土的界线，每当坝体升高 1 m 左右，就要用桩（称为上料桩）将边坡的位置标定出来。标定上料桩的工作称为边坡放样。

放样前先要确定上料桩至坝轴线的水平距离（坝轴线）。由于坝面有一定坡度，随着坝体的升高，坝轴距将逐渐减小，故预先要根据坝体的设计数据算出坡面上不同高程的坝轴距，为了使经过压实和修理后的坝坡面恰好是设计的坡面，一般应加宽 1～2 m 填筑。上料桩就应标定在加宽的边坡线上（图 11-8 中的虚线处）。因此，各上料桩的坝轴距比按设计所算数值要大 1～2 m，并将其编成放样数据表，供放样时使用。

放样时，一般在填土处以外预先埋设轴距杆，如图 11-8 所示。轴距杆坝轴线的距离主要考虑便于量距、放样，如图中为 55 m。为了放出上料桩，则先用水准仪测出坡面边沿处的高程，根据此高程从放样数据中查得坝轴距，设为 53.5 m，此时，从坝轴杆向坝轴线方向量取 55.0−53.5=1.5（m），即为上料桩的位置。当坝体逐渐升高，轴距杆的位置不便应用时，可将其向里移动，以方便放样。

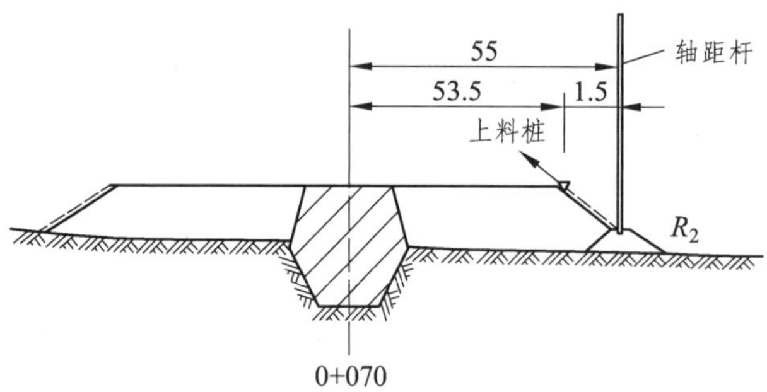

图 11-8　土坝边坡放样示意图（单位：m）

知识点 4：坡面修整

大坝填筑至一定高度且坡面压实后，还要进行坡面的修整，使其符合设计要求。此时可用水准仪或经纬仪按测设坡度线的方法求得修坡量（削坡或填度）。如将经纬仪安置在坡顶（若设站点的实测高程与设计高程相等），依据坝坡比（如 1∶2.5）算出的边坡角 α（即 21°48'）向下倾斜得到平行于设计边线的视线，然后沿斜坡竖立标尺，读取中丝读数 s，用仪器高 i 减 s 即得修坡量（图 11-9）。若设站点的实测高程 $H_{测}$与设计高程 $H_{设}$不等，则按下式计算修坡量Δh，即：

$$\Delta h=(i-s)+(H_{测}-H_{设}) \tag{11.1}$$

为便于对坡面进行修整，一般沿斜坡观测 3～4 个点，求出修坡量，以此作为修坡的依据。

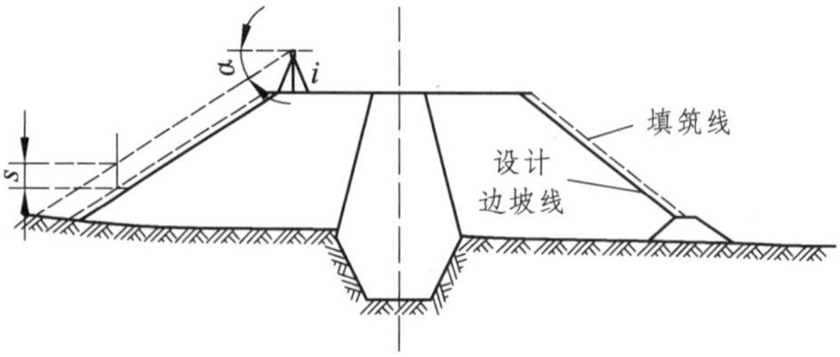

图 11-9　坡面修整放样

【动画演示】
坡脚线的放样

【动画演示】
边坡放样

任务规划（教师给出）

笔记栏

1. 执行规划建议

知识点	学习时间	学习方法	资源
坝基开挖线的放样	10 分钟	自主学习+计算练习	教室+多媒体设备
坡脚线的放样			
1.横断面法	10 分钟	自主学习+计算练习	教室+多媒体设备
2.平行线法	10 分钟	自主学习+计算练习	教室+多媒体设备
坡面修整	10 分钟	自主练习+计算练习	教室+多媒体设备

2. 教师任务安排

任务实施（学生规划）

笔记栏

任务扩展（教师给出）	笔记栏

学习总结

子项目学习质量监控单（教师填写）

序号	评分项	分值	实施要求	评定标准	得分
1	资源学习情况	15	1.学习痕迹明显，笔记认真仔细。 2.知识点掌握牢固，并能合理、灵活运用	优：课堂问答及练习能独立完成，回答正确，读书笔记细致。 良：课堂问答及练习成果正确，读书笔记记录较好。 中：课堂问答表述不清，练习成果基本正确。 差：完全不正确	
2	任务规划	15	1.规划内容完整。 2.规划内容应具可实施性。 3.规划过程应独立思考，具备一定的独特性	优：规划的内容详尽，具有很强的可实施性。 良：规划的内容详尽，可实施性一般。 中：规划的内容不全面，可实施性一般。 差：无规划，或者其规划的内容不全，无法实施	
3	任务实施	50	1.过程严格按规范要求进行。 2.过程性资料收集齐全。 3.独立完成任务要求的成果，提交及时	优：任务目标完成质量优良，过程规范，无错误。 良：任务目标完成质量良好，过程规范，无明显错误。 中：任务目标完成质量一般，过程相对规范，无明显错误。 差：没有完成任务目标或成果完全错误	
4	任务扩展	10	独立思考，能利用所学知识及相关手段完成所布置的拓展任务	优：独立思考，成果正确。 良：独立思考，成果基本正确。 中：任务完成得一般。 差：没有完成任务目标或成果完全错误	
5	其他	10	1.及时完成相关表格的填写。 2.独立完成总结的撰写，记录要详尽，要能从技能、知识等多方面进行总结	优：独立思考，任务全部完成，总结到位并能及时上交。 良：独立思考，任务基本完成，总结基本到位并能及时上交。 中：任务基本完成，总结基本到位。 差：没有完成任务目标	
6	职业能力评价	优：完全掌握技能及知识要点，操作规范，安全意识及团队意识好，吃苦耐劳，认真仔细。 良：基本掌握技能及知识要点，操作规范，安全意识及团队意识较好，认真仔细。 中：掌握部分技能及知识要点，操作相对规范，具有一定的安全意识。 未达标：没有掌握要求的技能及知识要点，或操作出现严重错误导致人员及设备损坏			
综合得分		学习过程（项1～5）评价得分： 技能水平评价：合格□ 不合格□			
教师评语					

11.2　混凝土坝施工测量

【任务情况】

1. 本学习内容主要完成任务

结合混凝土坝的构成，完成模拟混凝土坝施工测量方案的编制。主要内容包括施工控制网的布设方案的编制。具体内容需要包括以下方面：

（1）编制依据。

（2）编制方案的基本原则。

（3）测量方案的基本内容。

① 工程概况。

② 混凝土坝控制网设计方案（结合案例完成）。

③ 混凝土坝分段。

④ 混凝土坝基础开挖线测量。

⑤ 混凝土坝立模线测量。

2. 学习目标

知识目标：掌握混凝土坝的施工控制网的建立方法。
掌握混凝土坝清基开挖线的放样流程。
掌握混凝土重力坝坝体的立模放样流程。

技能目标：在了解混凝土坝的施工流程及各阶段的重点测设要求的基础上，能有针对性地设计测量方案，并编制简单的测量方案。

情感目标：通过完成任务，培养创新精神，养成吃苦耐劳的优良品质，逐渐形成精益求精的工作态度。

3. 学习时间分配

学习活动序号	学习活动	建议学习时长（课时）	备注
学习活动 1	混凝土坝的施工控制测量	0.5	
学习活动 2	混凝土坝施工放样	1.5	

【作业过程及任务点】

学习活动 1　混凝土坝的施工控制测量

学习任务单			
任务名称：	混凝土坝的施工控制测量		
任务类型	理论性	能力面向	
完成时限	0.5 课时	学习方法	演示法、自主学习法

<table>
<tr><td>实施方式</td><td colspan="3">讲授法、演示法</td><td>考核方式</td><td colspan="3">理论</td></tr>
<tr><td>考核点</td><td colspan="7">坝体控制网的内容；平面控制网的形式</td></tr>
<tr><td colspan="8">学习人员信息（学生填写）</td></tr>
<tr><td>姓名</td><td></td><td>班级</td><td></td><td>学号</td><td></td><td>电话</td><td></td></tr>
<tr><td colspan="8">任务目标</td></tr>
<tr><td colspan="8">要求学生自行选定混凝土坝形式，模拟混凝土坝的相关参数，并针对该形式混凝土坝模型，确定混凝土坝控制网布设方案。</td></tr>
<tr><td colspan="6">任务介绍</td><td colspan="2">笔记栏</td></tr>
<tr><td colspan="6">【任务描述】
（1）在熟悉混凝土坝基本结构的基础上模拟一个混凝土坝，并自行确定相关参数。
（2）针对模拟的混凝土坝模型，确定施工平面控制网、坝体控制网的布设。
【任务要求】
（1）完成配套资源的学习，并完成学习笔记。
（2）混凝土坝模型的确定可以借鉴网络等资源，但需对案例进行简化修改。
（3）拟订混凝土坝控制网的布设，可以借鉴网络、书籍、教材等资料，但要有针对性。
（4）所拟订的方案成果提交要求：采用 word 文档提交。</td><td colspan="2"></td></tr>
<tr><td colspan="6">任务配套资源</td><td colspan="2">笔记栏</td></tr>
<tr><td colspan="6">【资源 1】文本型+数字化学习资源
知识点 1：混凝土坝概述
混凝土坝由坝体、闸墩、闸门、廊道、电站厂房和船闸等多种构筑物组成。因此混凝土坝施工较复杂，要求也较高。不论是施工程序，还是施工方法，混凝土坝都与土坝有所不同。
知识点 2：混凝土坝控制测量
混凝土坝结构和建筑材料相对土坝来说较为复杂，其放样精度比土坝要求高。施工平面控制网一般按两级布设，不多于三级，精度要求最末一级控制网的点位中误差不超过±10 mm。
1. 基本平面控制网
基本网作为首级平面控制，一般布设成三角网，并应尽可能将坝轴线的两端点纳入网中作为网的一条边（图 11-10）。根据建筑物重要性的不同要求，一般按三等以上三角测量的要求施测，大型混凝土坝的基本网兼作变形观测监测网，要求更高，需按一等、二等三角测量要求施测。为了减少安置仪器的对中误差，三角点一般建造混凝土观测墩，并在墩顶埋设强制对中设备，以便安置仪器和觇标（图 11-11）。</td><td colspan="2"></td></tr>
</table>

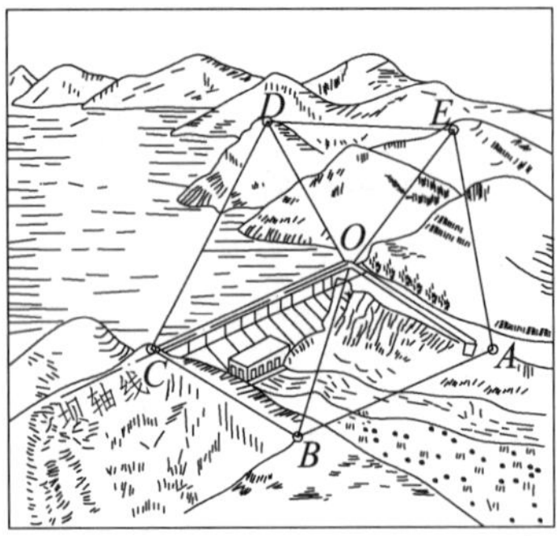

图 11-10　混凝土坝施工平面布置图

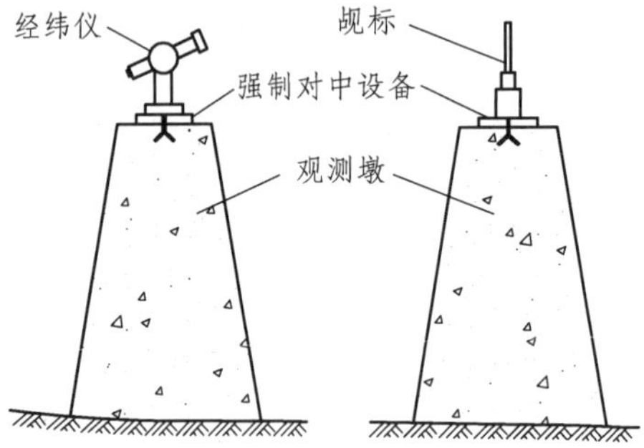

图 11-11　观测墩

混凝土坝采取分层施工，每一层中还分跨分仓（或分段分块）进行浇筑。坝体细部常用方向线交会法和前方交会法放样，为此，坝体放样的控制网——定线网，有矩形网和三角网两种，前者以坝轴线为基准，按施工分段分块尺寸建立三角网作为定线网。

1）矩形网

图 11-12（a）为直线型混凝土重力坝分层分块示意图，图 11-12（b）为以坝轴线 *AB* 为基准布设的矩形网，它是由若干平行和垂直于坝轴线的控制线所组成，格网尺寸按施工分段分块的大小而定。

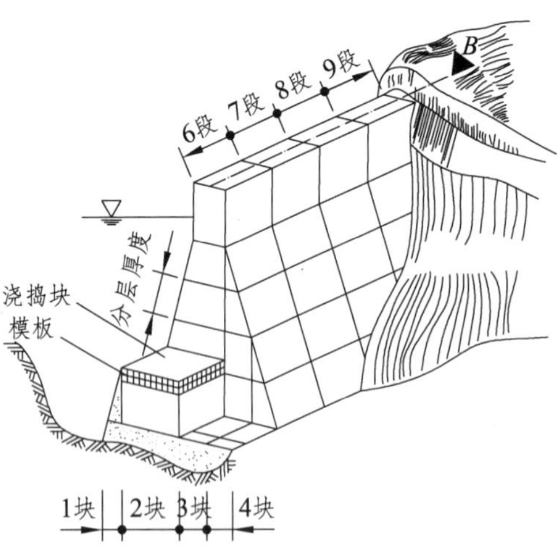

（a）

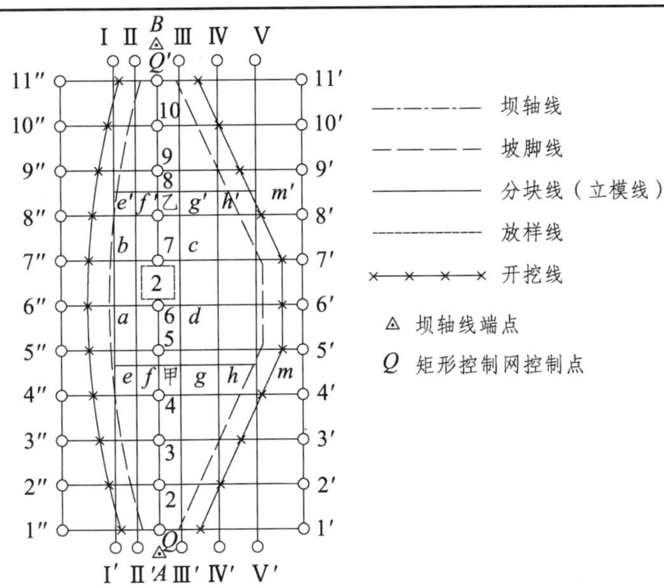

（b）

图 11-12　混凝土重力坝的坝体控制

测设时，将经纬仪安置在 A 点，照准 B 点，在坝轴线上选甲、乙两点，通过这两点测设与坝轴线相垂直的方向线，由甲、乙两点开始，分别沿垂直方向按各块的宽度钉出 e、f 和 g、h、m 以及 e'、f'和 g'、h'、m'等点。最后将 ee'、ff'、gg'、hh'及 mm'等连线延伸到开挖区外，在两侧山坡上设置Ⅰ，Ⅱ，…，Ⅴ和Ⅰ′，Ⅱ′，…，Ⅴ′等放样控制点。

然后在坝轴线方向上，按坝顶的高程，找出坝顶与地面相交的两点 Q 与 Q'（方法可参见土坝控制测量中坝身控制线的测设），再沿坝轴线按分块的长度钉出坝基点 2，3，…，10，通过这些点各测设与坝轴线相垂直的方向线，并将方向线延长到上、下游围堰上或山坡上，设置 1′，2′…，11′和 1″，2″，…，11″等放样控制点。

在测设矩形网的过程中，测设直角时须用盘左盘右取平均值，丈量距离应细心校核，以免发生差错。

2）三角网

图 11-13 为由基本网的一边 AB（拱坝轴经两端点）加密建立的定线网 $ADCBFEA$，各控制点的坐标（测量坐标）可测算求得。但坝体细部尺寸是以施工坐标 XOY 为依据的，因此应根据设计图纸求算得施工坐标系原点 O 的测量坐标和 Ox 的坐标方位角，按坐标换算公式：

$$X_p=X_O+x_p\cos\phi-y_p\sin\alpha$$

$$Y_p=Y_O+x_p\sin\phi+y_p\cos\alpha$$

$$x_p=(X_p-X_O)\cos\alpha+(Y_p-Y_{O'})\sin\alpha$$

$$y_p=-(X_p-X_O)\sin\alpha+(Y_P-Y_{O'})\cos\alpha$$

换算为便于放样的统一坐标系统。

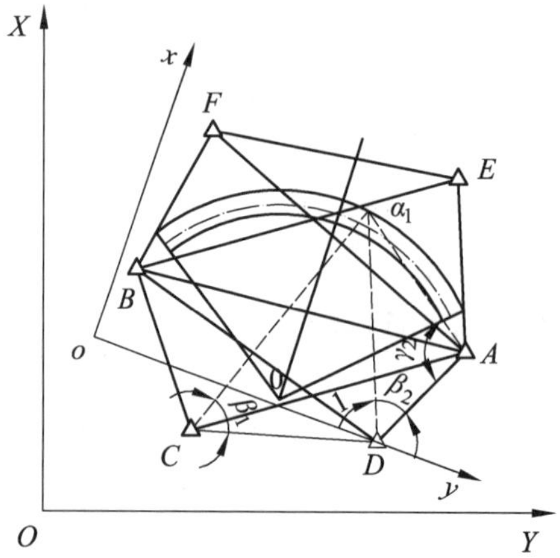

图 11-13　定线三角网示意图

2. 高程控制

混凝土坝高程控制分两级布设，基本网是整个水利枢纽的高程控制。视工程的不同要求按二等或三等水准测量施测，并考虑以后可用作监测垂直位移的高程控制。作业水准点或施工水准点，随施工进程布设，尽可能布设成闭合或附合水准路线。作业水准点多布设在施工区内，应经常由基本水准点检测其高程，如有变化应及时改正。

【微课】

混凝土坝的施工控制测量

任务规划（教师给出）

笔记栏

1. 执行规划建议

知识点	学习时间	学习方法	资源
基本平面控制网	5 分钟	自主学习	教室+多媒体设备
坝体控制网	15 分钟	自主学习	教室+多媒体设备
高程控制	5 分钟	自主学习	教室+多媒体设备

2. 教师任务安排

任务实施（学生规划）	笔记栏
任务扩展（教师给出）	笔记栏

学习总结

学习活动 2　混凝土坝施工放样

<table>
<tr><th colspan="8">学习任务单</th></tr>
<tr><td colspan="2">任务名称:</td><td colspan="6">混凝土坝施工放样</td></tr>
<tr><td colspan="2">任务类型</td><td colspan="2">理论性</td><td colspan="2">能力面向</td><td colspan="2"></td></tr>
<tr><td colspan="2">完成时限</td><td colspan="2">1.5 课时</td><td colspan="2">学习方法</td><td colspan="2">自主学习法</td></tr>
<tr><td colspan="2">实施方式</td><td colspan="2">讲授法</td><td colspan="2">考核方式</td><td colspan="2">理论</td></tr>
<tr><td colspan="2">考核点</td><td colspan="6"></td></tr>
<tr><th colspan="8">学习人员信息（学生填写）</th></tr>
<tr><td>姓名</td><td></td><td>班级</td><td></td><td>学号</td><td></td><td>电话</td><td></td></tr>
<tr><th colspan="8">任务目标</th></tr>
<tr><td colspan="8">结合上一个学习活动中的学生自行选定的混凝土坝，在本页中拟订混凝土坝清基开挖线放样及立模放样的实施步骤及注意事项。</td></tr>
</table>

任务介绍	笔记栏
【任务描述】 针对模拟的混凝土坝模型结合上一次学习任务中建立的控制网，拟定模拟项目混凝土坝清基开挖线放样的实施步骤及要求。 【任务要求】 （1）完成配套资源的学习，并完成学习笔记。 （2）本次任务内容的拟定要结合上一次学习任务完成。 （3）拟定的实施步骤要求顺序正确，要求合理。 （4）与上次学习活动的成果汇总后，最终形成本学习项目的总成果，最终以 word 文档提交。	

任务配套资源	笔记栏
【资源 1】文本型学习资源 知识点 1：混凝土坝清基开挖线的放样 清基开挖线是确定对大坝基础进行清除基岩表层松散物的范围，它的位置根据坝两侧坡脚线、开挖深度和坡度决定。标定开挖线一般采用图解法。 和土坝一样先沿坝轴线进行纵横断面测量绘出纵横断面图，由各横断面图上定坡脚点，获得坡脚线及开挖线如图 11-12（b）所示。 实地放样时，可用与土坝开挖线放样相同的方法，在各横断面上由坝轴线向两侧量距得开挖点。如果开挖点较多，可以用大平板仪测放也较为方便。方法是按一定比例尺将各断面的开挖点绘于图纸上，同时将平板仪的设站点	

及定向点位置也绘于图上，如图 11-14 所示。

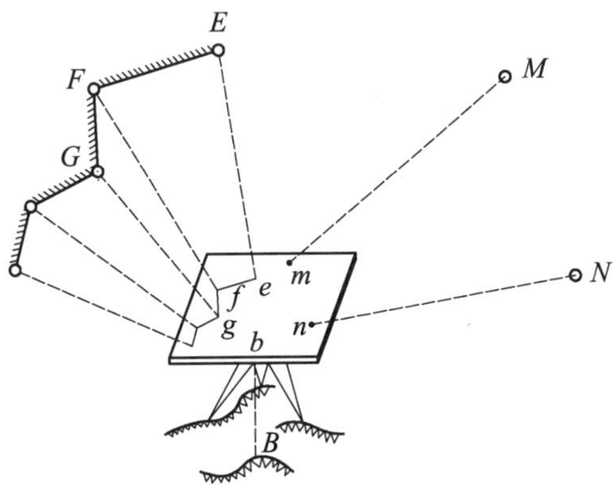

图 11-14　大平板仪测放开挖示意图

实地放样时，将大平板仪安置在 B 点，以图上 BN 定向，用 BM 校核图板方向，用照准仪直尺边贴靠 BE，根据图上量得的 BE 距离，由 B 点沿视线方向量取，即得开挖点 E，用同法定出 F，G，…，挖点。

在清基开挖过程中，还应控制开挖深度，在每次爆破后及时在基坑内选择较低的岩面测定高程（精确到厘米即可），并用红漆标明，以便施工人员和地质人员掌握开挖情况。

知识点 2：坡脚线的放样

基础清理完毕，可以开始坝体的立模浇筑，立模前首先找出上、下游坝坡面与岩基的接触点，即分跨线上下游坡脚点。放样的方法很多，在此主要介绍逐步趋近法。

如图 11-15 所示，欲放样上游坡脚点 a，可先从设计图上查得坡顶 B 的高程 H_B，坡顶距坝轴线的距离为 D，设计的上游坡度为 1∶m。为了在基础面上标出 a 点，可先估计基础面的高程为 $H_{a'}$，则坡脚点距坝轴线的距离可按式（11.2）计算：

$$S_1=D+(H_B-H_{a'})m \tag{11.2}$$

求得距离 S_1 后，可由坝轴线沿该断面量一段距离 S_1 得 a_1 点，用水准仪实测 a_1 点的高程 H_{a1}，若 H_{a1} 与原估计的 $H_{a'}$ 相等，则 a_1 点即为坡脚点 a。否则应根据实测的 a_1 点的高程，再求距离得：

$$S_1=D+(H_B-H_{a1})m$$

再从坝轴线起沿该断面量出 S_2 得 a_2 点，并实测 a_2 点的高程，按上述方法继续进行，逐次接近，直至由量得的坡脚点到坝轴线间的距离，与计算所得距离之差在 1 cm 以内时为止（一般作 3 次趋近即可达到精度要求）。同法可放出其他坡脚点，连接上游（或下游）各相邻坡脚点，即得上游（或下游）坡面的坡脚线，据此即可按 1∶m 的坡度竖立坡面模板。

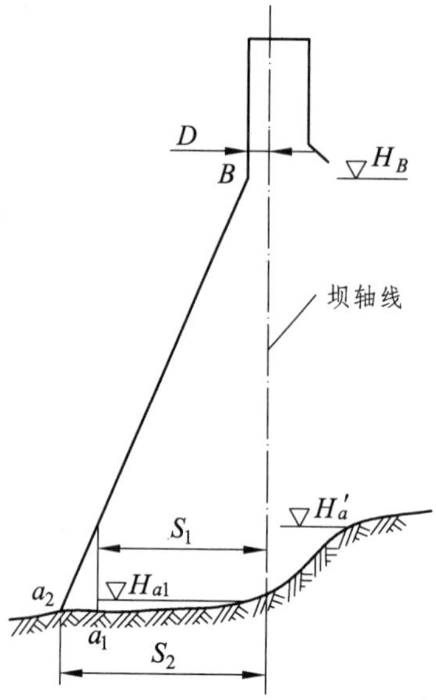

图 11-15　坝坡脚放样示意图

知识点 3：直线型重力坝的立模放样

在坝体分块立模时，应将分块线投影到基础上或已浇好的坝块面上，模板架立在分块线上，因此分块线也叫立模线，但立模后立模线被覆盖，还要在立模线内侧弹出平行线，称为放样线[图 11-12（b）中虚线所示]，用来立模放样和检查校正模板位置。放样线与立模线之间的距离一般为 0.2 ~ 0.5 m。

1. 方向线交会法

如图 11-12（b）所示的混凝土重力坝，已按分块要求布设了矩形坝体控制网，可用方向线交会法，先测设立模线。如要测设分块 2 的顶点 *b* 的位置，可在 7′安置经纬仪，瞄准 7″点，同时在Ⅱ点安置经纬仪，瞄准Ⅱ′点，两架经纬仪视线的交点即为 *b* 的位置。在相应的控制点上，用同样的方法可交会出这分块的其他 3 个顶点的位置，得出分块 2 的立模线。利用分块的边长及对角线校核标定的点位，无误后在立模线内侧标定放样线的 4 个角顶，如图 11-12 中分块 *abcd* 内的虚线。

2. 前方交会（角度交会）法

如图 11-16 所示，由 *A*、*B*、*C* 三控制点用前方交会法先测设某坝块的 4 个角点 *d*、*e*、*f*、*g*，它们的坐标在设计图纸上查得，从而与三控制点的坐标可计算放样数据——交会角。如欲测设 *g* 点，可算出 β_1、β_2、β_3，便可在实地定出 *g* 点的位置。依次放出 *d*、*e*、*f* 各角点，也应用分块边长和对角线校核点位，无误后在立模线内侧标定放样的 4 个角点。

方向线交会法简易方便，放样速度也较快，但往往受到地形限制，或因坝体浇筑逐步升高，挡住方向线的视线不便放样，因此实际工作中可根据条件把方向交会法和角度交会法结合使用。

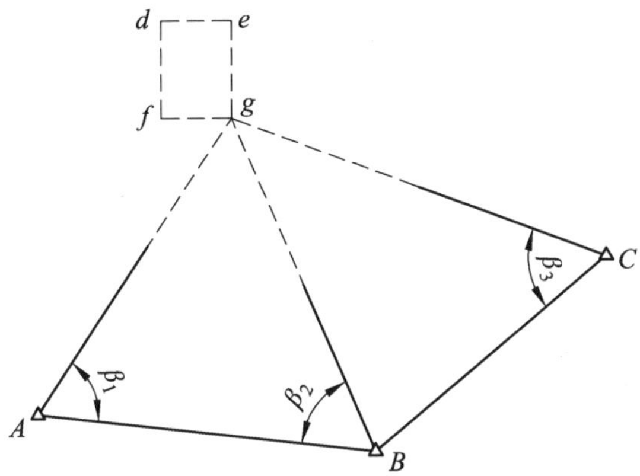

图 11-16　前方交会法立模放样

3. 拱坝的立模放样

拱坝坝体的立模放样，一般多采用前方交会法。图 11-17 为某水利枢纽工程的拦河大坝，系一拱坝，坝迎水面的半径为 243 m，以 115°夹角组成一圆弧，弧长为 487.732 m，分为 27 跨，按弧长编成桩号，从 0+13.268 ~ 5+01.000（加号前为百米）。施工坐标系 XOY，以圆心 O 与 12、13 分跨线（桩号 2+40.000）为 X 轴，为避免坝体细部点的坐标出现负值，令圆心 O 的坐标为（500.00，500.00）。

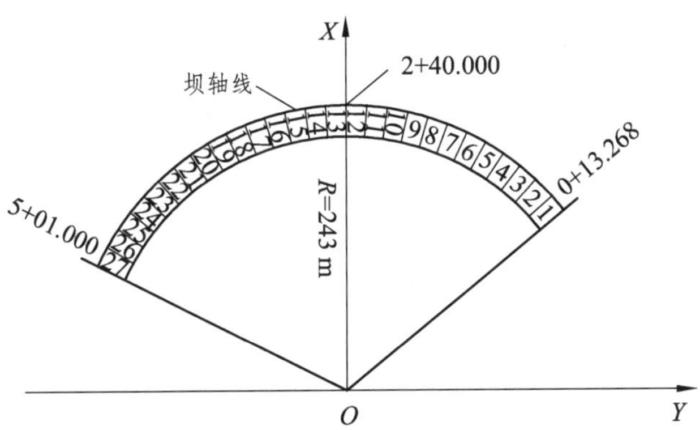

图 11-17　拱坝分跨示意图

现以第 11 跨的立模放样为例介绍放样数据的计算，图 11-18 是第 11、12 垮坝体分跨分块图，图中尺寸从设计图上获得，一跨分 3 块浇筑，中间第 2 块在浇筑 1、3 块后浇筑，因此只要放出 1、3 块的放样线（图中虚线所示 $a_1a_2b_2c_2d_2d_1c_1b_1$ 及 $a_3a_4b_4c_4d_4d_3c_3b_3$）。放样数据计算时，应先算出各放样点的施工坐标，而后计算交会所需的放样数据。

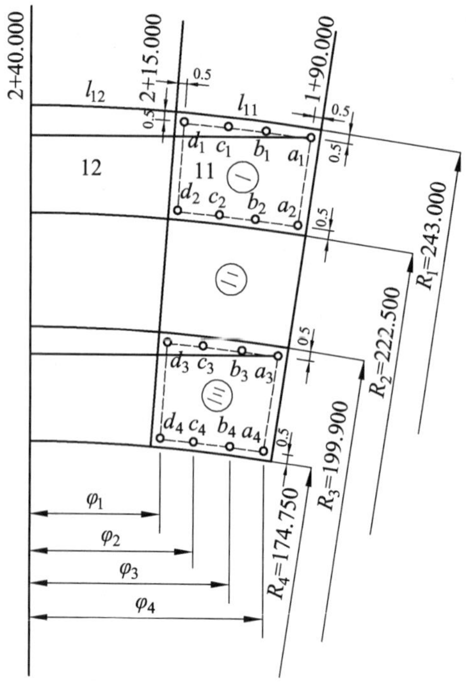

图 11-18　拱坝立模放样坐标计算

（1）放样点施工坐标计算。

由图 11-18 可知，放样点的坐标可按下列各式求得：

$$\begin{cases} x_{ai} = x_0 + [R_i + (\mp 0.5)]\cos\varphi_a \\ y_{ai} = y_0 + [R_i + (\mp 0.5)]\sin\varphi_a \end{cases} \quad (i=1,2,3,4) \tag{11.3}$$

$$\begin{cases} x_{bi} = x_0 + [R_i + (\mp 0.5)]\cos\varphi_b \\ y_{bi} = y_0 + [R_i + (\mp 0.5)]\sin\varphi_b \end{cases} \tag{11.4}$$

$$\begin{cases} x_{ci} = x_0 + [R_i + (\mp 0.5)]\cos\varphi_c \\ y_{ci} = y_0 + [R_i + (\mp 0.5)]\sin\varphi_c \end{cases} \tag{11.5}$$

$$\begin{cases} x_{di} = x_0 + [R_i + (\mp 0.5)]\cos\varphi_d \\ y_{di} = y_0 + [R_i + (\mp 0.5)]\sin\varphi_d \end{cases} \tag{11.6}$$

式中 0.5 m 为放样线与圆弧立模线的间距，i=1、3 取“-”，i=2、4 取“+”。

$$\varphi_a = (l_{12} + l_{11} - 0.5)\cdot\frac{1}{R_1}\cdot\frac{180°}{\pi}$$

$$\varphi_b = \left[l_{12} + l_{11} - 0.5 - \frac{1}{3}(l_{11} - 1)\right]\cdot\frac{1}{R_1}\cdot\frac{180°}{\pi}$$

$$\varphi_c = \left[l_{12} + l_{11} - 0.5 - \frac{2}{3}(l_{11} - 1)\right]\cdot\frac{1}{R_1}\cdot\frac{180°}{\pi}$$

$$\varphi_d = \left[l_{12} + l_{11} - 0.5 - \frac{3}{3}(l_{11} - 1)\right]\cdot\frac{1}{R_1}\cdot\frac{180°}{\pi}$$

3 块放样点的坐标见表 11-3。

由于 a_i、d_i 位于径向放样线上，只有 a_1 与 d_1 至径向立模线的距离为 0.5 m，其余各点（a_2、a_3、a_4 及 d_2、d_3、d_4）到径向块线的距离，可由 $\frac{0.5}{R_1}\times R_i$ 求得，分别为 0.458 m、0.411 m 及 0.360 m。

表 11-3　放样点的坐标

放样点	a_3	b_3	c_3	d_3	a_4	b_4	c_4	d_4	
x	695.277	696.499	697.508	698.303	671.626	672.700	673.587	674.286	φ_a=11°40′17″
y	540.338	533.889	527.402	520.886	535.453	529.784	524.084	518.375	φ_b=9°47′07″ φ_c=7°53′56″ φ_d=6°00′45″

（2）交会放样点的数据计算。

图 11-18 中，a_i、b_i、c_i、d_i 等放样点是用角度交会法测设到实地的。例如，图 11-19 中放样点 a_4，是由标 2、标 3、标 4 三个控制点，用 β_1、β_2、β_3 三交会角交会而得，标 1 也是控制点，它们的坐标是已知的，如果是测量坐标，应化算为施工坐标，便于计算放样数据。在这里控制点标 1 作为定向点，即仪器安置在标 2、标 3、标 4，以瞄准 1 为测交会角的起始方向。交会角 β_1、β_2、β_3 根据放样点计算的坐标与控制点的坐标用反算求得，如图 11-19 中，标 2、标 3、标 4 的坐标与标 1 的坐标计算定向方位角 α_{21}、α_{31}、α_{41}，与放样点 a_4 的坐标计算放样角 α_{2a4}、α_{3a4}、α_{4a4}，相应方位角相减，得 β_1、β_2、β_3 的角值。有时可不必算出交会角，利用算得的方位角直接交会。例如一台经纬仪安置在标 2，瞄准定向点标 1，使度盘读数为 α_{21}，而后转动度盘使读数为 α_{2a4}，此时视线所指为标 2-a_4 方向，同样两台经纬仪分别安置在标 3 及标 4，得标 3-a_4 及标 4-a_4 两条视线，这三条视线相交，用角度交会法定出放样点 a_4。

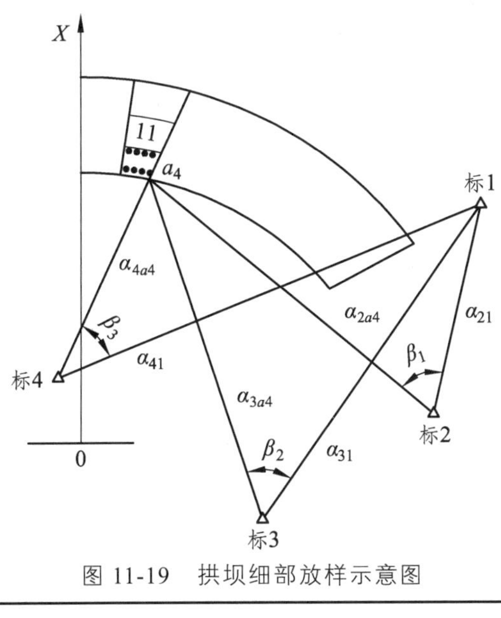

图 11-19　拱坝细部放样示意图

放样点测设完毕，应丈量放样点间的距离，是否与计算距离相等，以资校核。

（3）混凝土浇筑高度的放样模板立好后，还要在模板上标出浇筑高度。其步骤一般是，在立模前先由最近的作业水准点（或邻近已浇好坝上所设的临时水准点）在仓内测设两个水准点，待模板立好后由临时水准点按设计高度在模板上标出若干点，并以规定的符号标明，以控制浇筑高度。

任务规划（教师给出）	笔记栏

1. 执行规划建议

知识点	学习时间	学习方法	资源
清基开挖线的放样	20 分钟	自主学习	教室+多媒体设备
坡脚线的放样	5 分钟	自主学习	教室+多媒体设备
直线型重力坝的立模放样	25 分钟	自主学习	教室+多媒体设备
拱坝的立模放样	10 分钟	自主学习	教室+多媒体设备

2. 教师任务安排

任务实施（学生规划）	笔记栏

任务扩展（教师给出）	笔记栏

学习总结

子项目学习质量监控单（教师填写）

序号	评分项	分值	实施要求	评定标准	得分
1	资源学习情况	15	1.学习痕迹明显，笔记认真仔细。 2.知识点掌握牢固，并能合理、灵活运用	优：课堂问答及练习能独立完成，回答正确，读书笔记细致。 良：课堂问答及练习成果正确，读书笔记记录较好。 中：课堂问答表述不清，练习成果基本正确。 差：完全不正确	
2	任务规划	15	1.规划内容完整。 2.规划内容应具可实施性。 3.规划过程应独立思考，具备一定的独特性	优：规划的内容详尽，具有很强的可实施性。 良：规划的内容详尽，可实施性一般。 中：规划的内容不全面，可实施性一般。 差：无规划，或者其规划的内容不全，无法实施	
3	任务实施	50	1.过程严格按规范要求进行。 2.过程性资料收集齐全。 3.独立完成任务要求的成果，提交及时	优：任务目标完成质量优良，过程规范，无错误。 良：任务目标完成质量良好，过程规范，无明显错误。 中：任务目标完成质量一般，过程相对规范，无明显错误。 差：没有完成任务目标或成果完全错误	
4	任务扩展	10	独立思考，能利用所学知识及相关手段完成所布置的拓展任务	优：独立思考，成果正确。 良：独立思考，成果基本正确。 中：任务完成得一般。 差：没有完成任务目标或成果完全错误	
5	其他	10	1.及时完成相关表格的填写。 2.独立完成总结的撰写，记录要详尽，要能从技能、知识等多方面进行总结	优：独立思考，任务全部完成，总结到位并能及时上交。 良：独立思考，任务基本完成，总结基本到位并能及时上交。 中：任务基本完成，总结基本到位。 差：没有完成任务目标	
6	职业能力评价	优：完全掌握技能及知识要点，操作规范，安全意识及团队意识好，吃苦耐劳，认真仔细。 良：基本掌握技能及知识要点，操作规范，安全意识及团队意识较好，认真仔细。 中：掌握部分技能及知识要点，操作相对规范，具有一定的安全意识。 未达标：没有掌握要求的技能及知识要点，或操作出现严重错误导致人员及设备损坏			
综合得分		学习过程（项 1 ~ 5）评价得分： 技能水平评价：合格□ 不合格□			
教师评语					

11.3 渠道测量

任务 渠道选线及中线测量

【任务情况】

1. 本学习内容主要完成任务

渠道测量的内容一般包括：踏勘选线、中线测量。本部分介绍渠道选线测量和中线测量、纵横断面测量、土方计算和断面的放样等的内容，在项目 10，参照路基纵、横断面施工测量的相同内容进行学习。

2. 学习目标

知识目标：掌握渠道选线测量的流程。

掌握中线测量的流程及方法。

技能目标：掌握渠道外业选线的方法。

情感目标：通过完成实际测量任务，培养团结协作的精神，养成吃苦耐劳的优良品质，逐渐形成爱岗敬业、精益求精的工作态度。

3. 学习时间分配

学习活动序号	学习活动	建议学习时长	备注
学习活动 1	渠道选线及中线测量	2	

【作业过程及任务点】

学习活动 1 渠道选线及中线测量

<table>
<tr><th colspan="8">学习任务单</th></tr>
<tr><td colspan="2">任务名称：</td><td colspan="6">渠道选线及中线测量</td></tr>
<tr><td colspan="2">任务类型</td><td colspan="2">演示性</td><td colspan="2">能力面向</td><td colspan="2"></td></tr>
<tr><td colspan="2">完成时限</td><td colspan="2">2 课时</td><td colspan="2">学习方法</td><td colspan="2">演示法、自主学习法</td></tr>
<tr><td colspan="2">实施方式</td><td colspan="2">演示、计算、实操</td><td colspan="2">考核方式</td><td colspan="2">教师问答、学生演示</td></tr>
<tr><td colspan="2">考核点</td><td colspan="6">纸上选线的方法及步骤；中线测量点位的布设要求；穿线交点法测设交点的流程；偏角的测设方法</td></tr>
<tr><th colspan="8">学习人员信息（学生填写）</th></tr>
<tr><td>姓名</td><td></td><td>班级</td><td></td><td>学号</td><td></td><td>电话</td><td></td></tr>
<tr><th colspan="8">任务目标</th></tr>
<tr><td colspan="8">要求学生自行选定比例尺为 1∶10 000，宽度 100～200 m 的带状地形图，在室内进行图上选线，利用 CAD 绘出渠道测量路线平面图，在图上绘出渠道走向、主要桩点、主要数据等。</td></tr>
</table>

任务介绍	笔记栏
【任务描述】 结合带状地形图，完成图上选线，通过完成此任务，让学生理解渠道中线测量参数的拟定，并掌握相应的测量方法。 【任务要求】 （1）完成配套资源的学习，并完成学习笔记。 （2）能将相关知识应用到实地踏勘中。 （3）加深对里程桩作用的理解，能够熟练运用测设方法并将之运用于类似工程，如河道等。	
任务配套资源	**笔记栏**
【资源 1】文本型学习资源 知识点 1：渠道选线测量 渠道选线时尽可能确定一条既经济又合理的渠道中线，一般应考虑有尽可能多的土地能实现自流灌、排，而开挖和填筑的土石方量要少，尽量少占耕地，要避免修建过多的渠系和过水建筑物，沿线应有较好的地质条件。 1. 踏勘选线 具体选线时，除考虑选线要求外，应依渠道大小的不同按一定的方法步骤进行。对于灌区面积大、渠线较长的渠道一般应经过实地查勘、室内选线、外业选线等步骤；对于灌区面积较小、渠线不长的渠道，可以根据资料，在实地查勘选线。 1）实地查勘 查勘前最好先在地形图（比例尺一般为 1∶1 万～1∶10 万）上初选几条比较渠线，然后依次对所经地带进行实地查勘，了解和搜集有关资料（如土壤、地质、水文、施工条件等），并对渠线某些控制性的点（如渠首、沿线沟谷、跨河点等）进行简单测量，了解其相对位置和高程，以便分析比较，选取渠线。 2）室内选线 在室内进行图上选线，选定渠道中心线的平面位置，并在图上标出渠道转折点到附近明显地物点的距离和方向。如果该地区没有适用的地形图，应根据查勘时确定的渠道线，测绘沿线宽度 100～200 m 的带状地形图，其比例尺一般为 1∶5 000 或 1∶1 万。 在山区、丘陵区选线时，为了确保渠道的稳定，应力求挖方。因此，环山渠道应先在图上根据等高线和渠道纵坡初选渠线，并结合选线的其他要求对此线路作必要修改，定出图上的渠线位置。	

3）外业选线

外业选线是将室内选线的结果在实地标定出来，主要是把渠道的起点、转折点和终点标定出来，一般用大木桩或水泥桩来标定，并绘制该桩的点之记，以便以后寻找。外业选线还要根据现场的实际情况，对图上所定渠线作进一步研究和补充修改，使之完善。实地选线时，一般应借助仪器选定各转折点的位置。对于平原地区的渠线应尽可能选成直线，如遇转弯时，则在转折处打下木桩。在丘陵山区选线时，为了较快地进行选线，可用经纬仪按视距法测出有关渠段或转折点间的距离和高差。由于视距法的精度不高，对于较长的渠线，为避免高程误差累积过大，最好每隔 2 ~ 3 km 与已知水准点校核一次。如果选线精度要求高，则用水准仪测定有关点的高程，探测渠线位置。

2. 水准点的布设与施测

在渠道选线的同时，为了满足渠线的纵横断面测量的需要，应沿渠线附近每隔 1 ~ 3 km 在施工范围以外布设一些水准点，并组成附合或闭合水准路线。当路线不长（15 km 以内）时，也可组成往返观测的支水准路线。水准点点位既要便于日后用来测定渠道高程，又要能够长期保存。水准点的高程一般用四等水准测量的方法施测，大型渠道有的采用三等水准测量。

知识点 2：中线测量

1. 里程桩的测设

为了便于计算线路的长度和测绘纵横断面图，需要沿路线方向在地面上设置里程桩。从起点开始，沿路线方向按规定每隔某一整数，如 100 m、50 m 或 20 m 钉一木桩，此为整桩；在相邻整桩之间如遇重要地物（如铁路、公路）和计划修建工程建筑物（如涵洞、跌水等）以及地面坡度变化较大的地方，都要增设加桩；整桩和加桩统称里程桩。为了便于计算，线路里程桩均按桩的里程进行编号，并用红油漆写在木桩侧面，面向起点打入土中。如整桩号为 1+100，即此桩距渠道起点 1 km 又 100 m（“+”号前的数为千米数，“+”号后的数为米数）。如图 11-20 中的 1+185、1+223 及 1+266 为路线跨过小沟边及沟底的加桩。

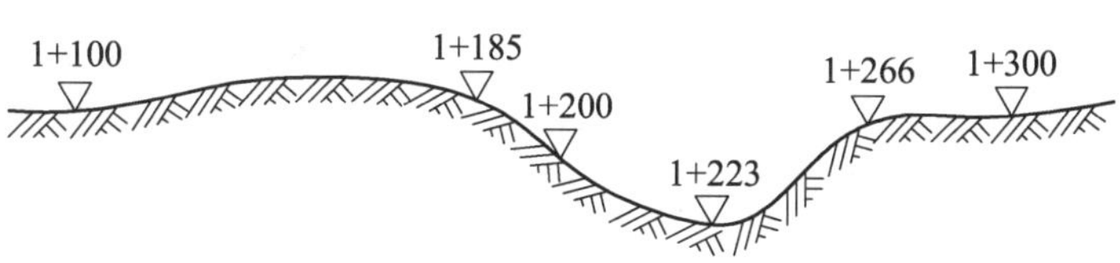

图 11-20　路线跨沟时的中心桩设置图

为了避免测设里程桩错误，量距一般用皮尺丈量两次，精度为 1/1 000。当精度要求不高时，可用皮尺或测绳丈量一次，再在观渠道测量测偏角时用视距法进行检核。

2. 交点的测设

交点（包括起点和终点）是详细测设中线的控制点。一般先在初测的带状地形图上进行纸上定线，然后实地标定交点位置。交点测设的方法很多，工作中应根据实际情况选择适当的测设方法。

1）根据地物或导线点测设交点

该方法就是利用图上就近的导线点或地物点，得到交点的测设数据，然后在实地把交点测设到地面上。具体做法如下：

如图 11-21 所示，已在地形图上选定交点 JD_6 的位置，在图上量出 JD_6 到房角和电杆的距离，在现场用距离交会法测设出交点 JD_6。

如图 11-22 所示，根据导线点 6、7 和交点 JD_{12} 的坐标，计算出 6、7 边和 6、JD_{12} 的方位角 α_{67}、$\alpha_{6\,JD_{12}}$，以及 6 点到 JD_{12} 点之间的距离 S，然后计算 $\beta=\alpha_{6\,JD_{12}}-\alpha_{67}$，在实地根据 β 和 S，用极坐标法测设 JD_{12}。

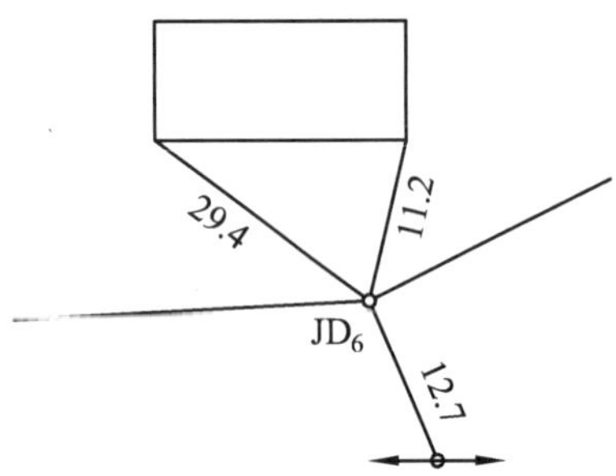

图 11-21　距离交会法测设点位（单位：m）

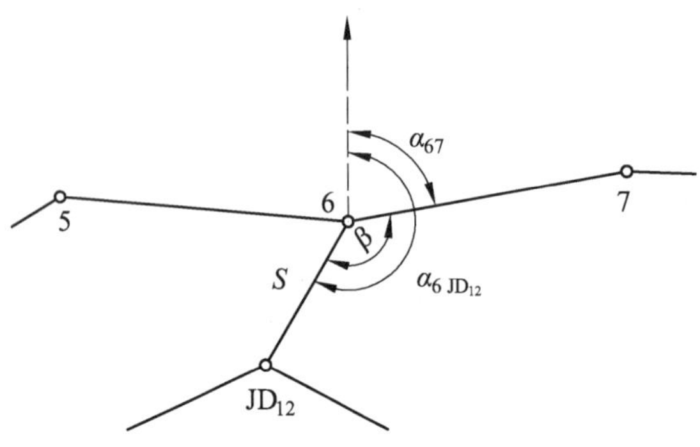

图 11-22　极坐标法测设点位

2）穿线交点法测设交点

穿线交点法是利用图上就近的导线点或地物点，把中线的直线段独立地测设到地面上，然后将相邻直线延长相交，定出地面交点桩的位置。其程序包括放点、穿线、交点。

（1）放　点

放点常用的方法有极坐标法和支距法。如图 11-23 所示，P_1，P_2，P_3，P_4 为纸上定线的某直线段欲放的临时点，在图上以附近的导线点 4、5 为依据，用量角器和比例尺分别量出 β_1、l_1、β_2、l_2 等放样数据。实地放点时，可用经纬仪和皮尺分别在 4、5 点按极坐标法定出各临时点的相应位置。

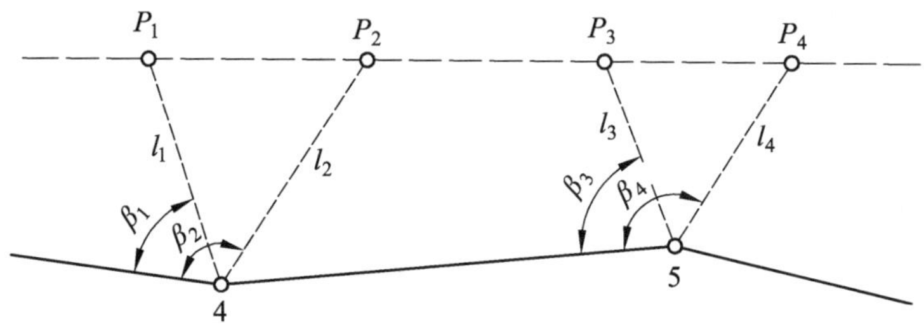

图 11-23　极坐标法放点

图 11-24 为按支距法放出的各临时点 P_1，P_2，P_3，P_4。在带状地形图上，从导线点 14，15，16，17，…出发作导线边的垂线，它们与设计中线交于 P_1，P_2，P_3，P_4…在现场以相应导线点为垂足，用方向架定垂线方向，用皮尺量距。如果距离较长，宜用经纬仪设置直角。

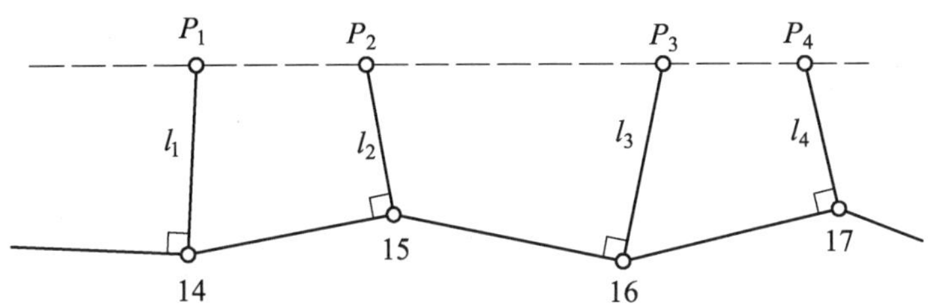

图 11-24　支距法放点

（2）穿　线

放出的临时各点在理论上应在一条直线上，但由于图解数据和测设工作均存在误差，放样到实地后不会正好在一条直线上，如图 11-25 所示。这时可根据现场实际情况，采用目估法穿线或经纬仪穿线，在实地定出一条尽可能多地穿过或靠近临时点的直线，即中线 AB。最后在经纬仪的帮助下，在 A、B 方向线上设置一系列标桩，把中线在实地表示出来。

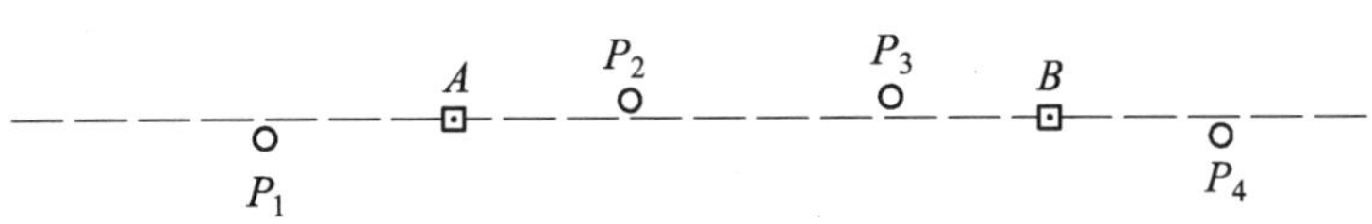

图 11-25　穿　线

（3）定出交点

定出相邻两中线段的交点，并测量路线的偏角。如图 11-26 所示，将经纬仪置于 B 点瞄 A 点，倒镜，在视线方向上接近交点 JD 的概略位置前后打下两个骑马桩 a、b，并钉以小钉，挂上细线。仪器搬至 C 点，同法定出 c、d 点，挂上细线，两细线的相交处打下木桩，并钉以小钉，得到 JD 点。得交点后，测量偏角 α。

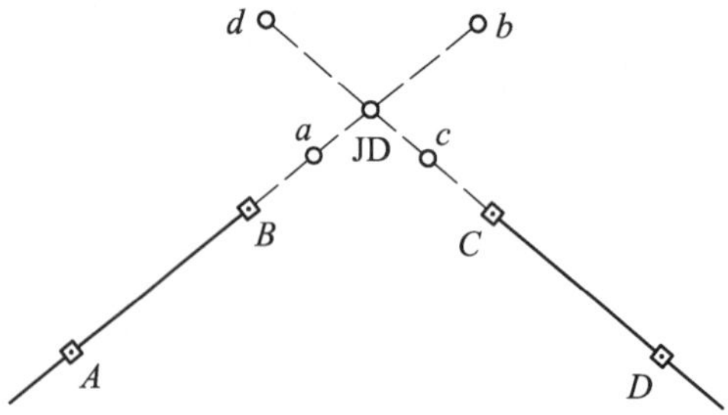

图 11-26　定出交点

3）偏角的测定

前一直线的延长线与改变方向后的直线间的夹角，称为偏角 α。在延长线左的为左偏角，在右的为右偏角，因此测出的偏角应注明左或右。根据规范要求，当 $\alpha<6°$，不测设曲线；$\alpha=6°\sim12°$或 $\alpha>12°$、曲线长度 $L<100$ m 时，只测设曲线的 3 个主点桩；在 $\alpha>12°$同时曲线长度 $L>100$ m 时，需要测设曲线细部。

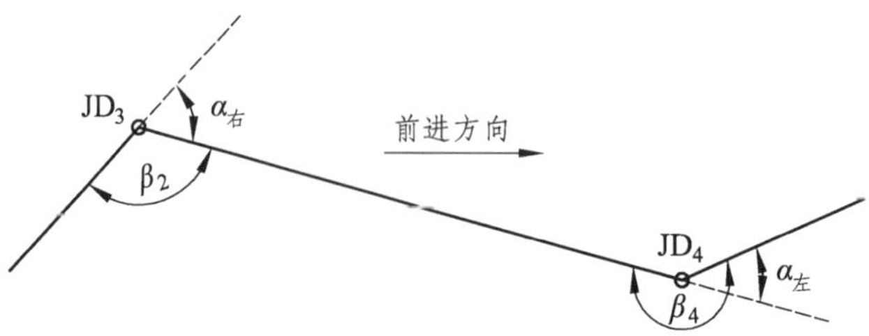

图 11-27　偏角的测定

如图 11-27 所示，通常测定线路前进方向的右角 β，用 J_6 经纬仪按测回法观测一个测回，再根据所测的 β 角，计算出偏角。左、右偏角的计算如下：

$$\begin{cases}\alpha_{右}=180°-\beta_2\\ \alpha_{左}=\beta_4-180°\end{cases} \tag{11.7}$$

4）山区的中线测量

在山区进行环山渠道的中线测量时，为了使渠道以挖方为主，将山坡外侧渠堤顶的一部分设计在地面以下，如图 11-28 所示，此时一般要用水准仪探测中心桩的位置。首先根据渠首引水口高程，渠底比降、里程和渠深（渠道设计水深加超高）计算堤顶高程，而后用水准测量的方法探测该高程的地面点。例如渠首引水口的渠底高程为 74.81 m，渠底比降为 1/2 000，渠深为 2.5 m，则 0+500 的堤顶高程为 74.81−500×1/2 000+2.5=77.06（m）。如图 11-29 所示，由 BM_1（高程为 76.605 m）探测里程为 0+500 的地面点 P_1 时，测得后视读数为 1.482 m，则 P_1 点上立尺的读数应为 76.605+1.482−77.06=1.027（m），如实测读数为 1.785 m，说明 P_1 点位置偏低，应向高处（山坡里侧）移至读数恰为 1.027 m 时，即得堤顶位置。根据实地地形情况，向里移一段距离（小于等于渠堤到中心线的距离），钉下 0+500 里程桩。按此法继续沿山坡施测延伸渠线。

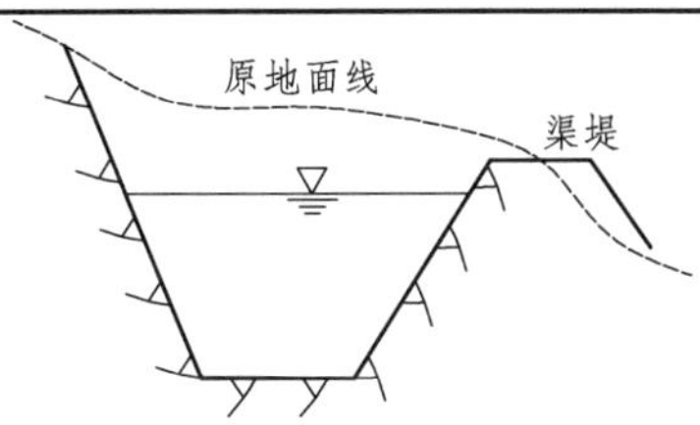

图 11-28　环山渠道断面图

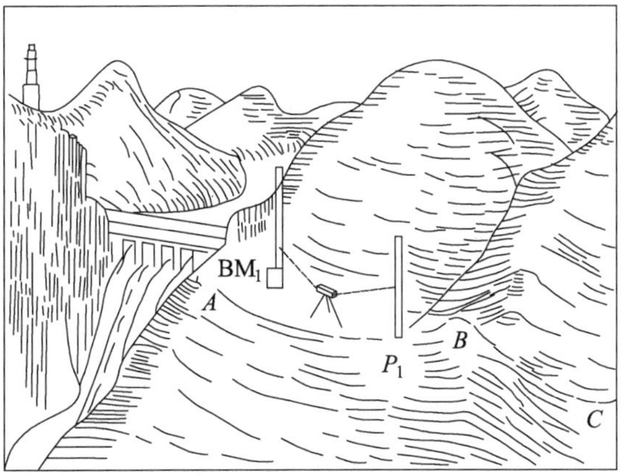

图 11-29　环山渠道中心桩探测示意图

中线测量完成后，一般应绘出渠道测量路线平面图，在图上绘出渠道走向、主要桩点、主要数据等。如图 11-30 所示，图中直线表示渠道中心线，直线上的黑点表示里程桩和加桩的位置，IP_1（桩号为 0+380.9）为转折点，在该点处偏角 $I_{右}$=23°20′，即渠道中线在该点改变方向右转 23°20′。但在绘图时改变后的渠线仍按直线方向绘出，仅在转折点用箭头表示渠道的转折方向，并注明偏角值。

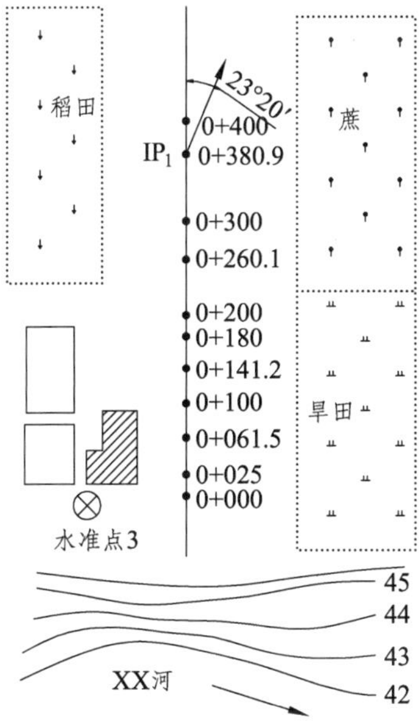

图 11-30　渠道路线平面图

渠道两侧的地形图则根据目测勾绘。头表示渠道的转折方向，并注明偏角值。渠道两侧的地形图则根据目测勾绘。

任务规划（教师给出）

笔记栏

1. 执行规划建议

知识点	学习时间	学习方法	资源
踏勘选点	15 分钟	自主学习+计算练习	教室、多媒体设备
水准点的布设与施测	5 分钟	自主学习+计算练习	教室、多媒体设备
里程桩测设	5 分钟	自主学习+计算练习	教室、多媒体设备
交点测设	30 分钟	自主学习+计算练习	教室、多媒体设备
偏角测定	15 分钟	自主练习+计算练习	教室、多媒体设备
山区的中线测量	10 分钟	自主练习+计算练习	教室、多媒体设备

2. 教师任务安排

任务实施（学生规划）

笔记栏

任务扩展（教师给出）	笔记栏
通过渠道选线及中线测量的学习，将知识点引申到其他带状工程测量中，加强类似工程经验测设经验。	

学习总结

子项目学习质量监控单（教师填写）

序号	评分项	分值	实施要求	评定标准	得分
1	资源学习情况	15	1.学习痕迹明显，笔记认真仔细。 2.知识点掌握牢固，并能合理、灵活运用	优：课堂问答及练习能独立完成，回答正确，读书笔记细致。 良：课堂问答及练习成果正确，读书笔记记录较好。 中：课堂问答表述不清，练习成果基本正确。 差：完全不正确	
2	任务规划	15	1.规划内容完整。 2.规划内容应具可实施性。 3.规划过程应独立思考，具备一定的独特性	优：规划的内容详尽，具有很强的可实施性。 良：规划的内容详尽，可实施性一般。 中：规划的内容不全面，可实施性一般。 差：无规划，或者其规划的内容不全，无法实施	
3	任务实施	50	1.过程严格按规范要求进行。 2.过程性资料收集齐全。 3.独立完成任务要求的成果，提交及时	优：任务目标完成质量优良，过程规范，无错误。 良：任务目标完成质量良好，过程规范，无明显错误。 中：任务目标完成质量一般，过程相对规范，无明显错误。 差：没有完成任务目标或成果完全错误	
4	任务扩展	10	独立思考，能利用所学知识及相关手段完成所布置的拓展任务	优：独立思考，成果正确。 良：独立思考，成果基本正确。 中：任务完成得一般。 差：没有完成任务目标或成果完全错误	
5	其他	10	1.及时完成相关表格的填写。 2.独立完成总结的撰写，记录要详尽，要能从技能、知识等多方面进行总结	优：独立思考，任务全部完成，总结到位并能及时上交。 良：独立思考，任务基本完成，总结基本到位并能及时上交。 中：任务基本完成，总结基本到位。 差：没有完成任务目标	
6	职业能力评价	优：完全掌握技能及知识要点，操作规范，安全意识及团队意识好，吃苦耐劳，认真仔细。 良：基本掌握技能及知识要点，操作规范，安全意识及团队意识较好，认真仔细。 中：掌握部分技能及知识要点，操作相对规范，具有一定的安全意识。 未达标：没有掌握要求的技能及知识要点，或操作出现严重错误导致人员及设备损坏			
综合得分		学习过程（项 1～5）评价得分：　　技能水平评价：合格□　不合格□			
教师评语					

项目 12

建筑物变形观测

随着社会主义建设的蓬勃发展，各种大型建筑物，如水坝、高层建筑、大型桥梁、隧道及各种大型设备的出现，因变形而造成损失的也越来越多。这种变形总是由量变到质变而造成的。固而及时地对建筑物进行变形观测，随时监视变形的发展变化，在未造成损失以前，及时采取补救措施，这就是变形观测的主要目的。它的另一个目的是检验设计的合理性，为提高设计质量提供科学的依据。

建筑物产生变形的原因很多，如地质条件、地震、荷载及外力作用的变化等是其主要原因。在建筑物的设计及施工中，都应全面地考虑这些因素。如果设计不合理，材料选择不当，施工方法不当或施工质量低劣，就会使变形超出允许值而造成损失。

建筑物随时间的推移发生沉降、位移、挠曲、倾斜及裂缝等现象，称为变形。

为保证建筑物在施工、使用和运行中的安全，以及为建筑物的设计、施工管理及科学研究提供可靠的资料，在建筑施工和运行期间，需要对建筑物的稳定进行观测，这种观测统称为建筑物的变形观测。

受客观因素影响，如土壤性质、地下水位、大气温度、地质条件等，建筑物随时间发生的垂直沉降、水平位移、挠曲、倾斜、裂缝等统称变形。为保证建设过程中及使用过程中的安全，对建筑物及周边环境的稳定性进行观测。

本项目主要包括：

（1）建筑物沉降观测。

（2）建筑物倾斜观测。

（3）建筑物位移观测。

（4）建筑物裂缝观测。

任务　建筑物变形观测

【任务情况】

1. 本学习内容主要完成任务

掌握建筑物变形的内容。

掌握建筑物沉降观测的方法和要求。

2. 学习目标

知识目标：分析建筑物变形产生的原因。

掌握建筑物沉降观测的方法和要求。

技能目标：能独立完成一建筑物的沉降观测外业实施及成果整理。

情感目标：严谨工作态度，养成认真细致的职业素养、精益求精的专业品质及爱岗敬业的职业操守。

3. 学习时间分配

学习活动序号	学习活动	建议学习时长	备注
学习活动 1	建筑物沉降观测	2	实操

【作业过程及任务点】

学习活动 1　建筑物沉降观测

<table>
<tr><th colspan="8">学习任务单</th></tr>
<tr><td>任务名称</td><td colspan="7">建筑物沉降观测</td></tr>
<tr><td>任务类型</td><td colspan="3">实操</td><td colspan="2">能力面向</td><td colspan="2">现场管理人员</td></tr>
<tr><td>完成时限</td><td colspan="3">2 课时</td><td colspan="2">学习方法</td><td colspan="2">实际操作、自主学习法</td></tr>
<tr><td>实施方式</td><td colspan="3">理论讲授、现场实操</td><td colspan="2">考核方式</td><td colspan="2">实操</td></tr>
<tr><td>考核点</td><td colspan="7"></td></tr>
<tr><th colspan="8">学习人员信息（学生填写）</th></tr>
<tr><td>姓名</td><td></td><td>班级</td><td></td><td>学号</td><td></td><td>电话</td><td></td></tr>
<tr><th colspan="8">任务目标</th></tr>
<tr><td colspan="8">完成民用建筑物的沉降观测外业实施和数据处理与成果整理。
工程案例：
某市地铁五号线塘朗车辆段综合楼工程 BT 项目 5318 标段，拟建场地位于南山区塘朗镇，北靠留仙大道，南临南平快速干道，东南侧为塘朗车辆段停车列检库施工工地，西南侧为塘朗车辆段检修库施工工地。工程总建筑面积 14 475.14 m，按照施工图纸本工程为深圳地铁 5 号线塘朗车辆段综合楼主楼，工程地下共 2 层，地上为 27 层，建筑总高 90.5 m。该工程基础为桩基基础，部分框支剪力墙结构，抗震设防烈度 7 度，结构设计使用年限 50 年。
场地位于台地丘陵地貌，地下水补给来源主要为大气降水，排泄途径主要是蒸发和以径流方式流入场地下游。场地地下水位埋深 2.00～10.10 m，水位高程 35.16～39.85 m，地下水量较少，主要赋存在第四系砂砾卵石层、黏性土及残积层中。其中：淤泥、粉质黏土具弱透水性，属相对隔水层；素填土、砾质黏性土具弱透水性；杂填土、砾砂层具强透水性；全风化花岗岩具中等透水性。</td></tr>
</table>

预测次数	观测日期（年、月、日）	各观测点沉降情况						工程施工进展情况	荷载情况/（kN/m²）
		CJ_1			CJ_2				
		高程/m	本次下沉/m	累计下沉/m	高程/m	本次下沉/m	累计下沉/m		
1	2017-3-5							安装底层楼板	5.6
2	2017-4-5							安装二层楼板	9.0
3	2017-5-5							安装三层楼板	13.5
4	2017-6-4							安装四层楼板	16.5
5	2017-7-5							竣工	20.3
6	2017-10-5							使用	20.8
7	2018-1-5								
8	2018-7-5								
9	2019-1-5								
10	2020-1-5								

任务介绍

笔记栏

【任务描述】

（1）根据设计平面施工沉降观测点布置图，在一层施工平面埋设观测点。

（2）根据现场实际情况，在建筑物四周 15 m 以外稳定地方埋设水准点。

（3）根据沉降观测“五定”原则进行观测，并整理分析观测数据。

【任务要求】

（1）完成配套资源的学习，并完成学习笔记、通关任务点。

（2）能独立完成民用建筑物的沉降观测外业观测及成果整理。

（3）能分析处理建筑物变形的原因，及时解决变形带来的安全隐患。

任务配套资源

笔记栏

【资源 1】文本型学习资源

建筑物沉降产生的原因主要有两个方面：一是自然条件及其变化；二是与建筑物本身相联系的因素，即建筑物本身的荷重、建筑物的结构动荷载（风、雨雪、震动等）。

知识点 1：沉降观测的主要内容——水准基点的布设

无论是水平位移的观测还是垂直位移的观测，都要以稳固的点作为基准点，以求得变形点相对于基准点的位置变化。对于用作水平位移观测的基准点，要构成三角网、导线网或方向线等平面控制网；对于用作垂直位移观测的基准点，则需构成水准网。由于对基准点的要求主要是稳固，所以都要选在变形区域以外，且地质条件稳定，附近没有震动源的地方。对于一些特大工程，如大型水坝等，基准点距变形点较远，无法根据这些点直接对变形点进行观测，所以还要在变形点附近相对稳定的地方，设立一些可以利用来直接对变形点进行观测的点作为过渡点，这些点称为水准基点。工作基点由于离变形体较近，可能也有变形，因而也要周期性地进行观测。

水准基点是沉降观测的基准，因此水准基点的布设应满足以下要求：

（1）要有足够的稳定性。水准基点必须设置在沉降影响范围以外，冰冻地区水准基点应埋设在冰冻线以下 0.5 m。

（2）要具备检核条件。为了保证水准基点高程的正确性，水准基点最少应布设 3 个，以便相互检核。

（3）要满足一定的观测精度。水准基点和观测点之间的距离应适中，相距太远会影响观测精度，一般应在 100 m 范围内。

知识点 2：沉降观测点的布设

在变形观测时，不可能对建筑物的每一点都进行观测，而是只观测一些有代表性的点，这些点称为变形点或观测点。变形点要与建筑物固连在一起，以保证它与建筑物一起变化。为使点位明显、肯定，以保证每次所观测的点位相同，也要设置观测标志。变形点的数量和位置，要能够全面反映建筑物变形的情况，并要顾及观测的方便。例如对工业与民用建筑进行垂直位移观测时，其位置宜布设在建筑物的四角及荷载变化、楼层数变化以及地质条件变化处。对于大的建筑物，要求沿周边每隔 10 ~ 20 m 处布设一点，如图 12-1 所示。如果垂直位移是用水准测量的方法观测，在施工时，就在墙体底部离地面 0.8 m 左右处，按上述要求埋设凸出墙面的金属观测标志，以便于观测，如图 12-2 所示。这些标志要与墙体内的钢筋焊在一起，以保证它们的整体性。对于桥墩的垂直位移观测，则变形点宜布设在墩顶的四角，或垂直平分线的两端，以便于根据不均匀的垂直位移，推求桥墩的倾斜程度。

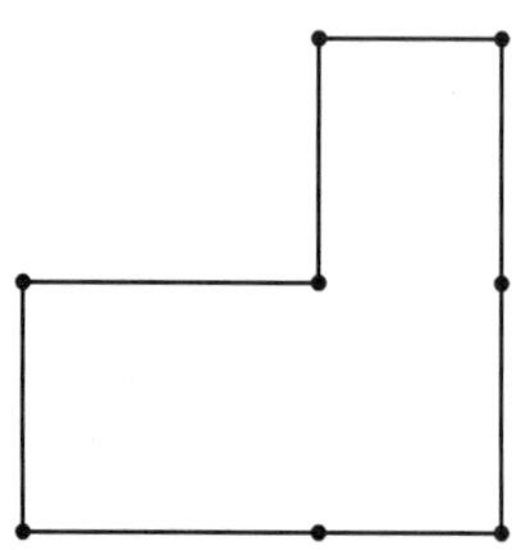

图 12-1 沉降观测点的布设

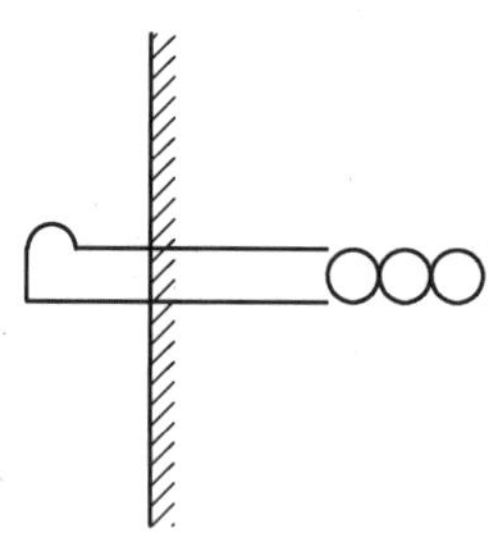

图 12-2 金属观测标志示意

知识点 3：沉降观测

1. 观测周期

当埋设的沉降观测点稳固后，在建筑物主体开工前，进行第一次观测；在建（构）筑物主体施工过程中，一般每盖 1 ~ 2 层观测一次。如中途停工时间较长，应在停工时和复工时进行观测；当发生大量沉降或严重裂缝时，应立即或几天一次连续观测；建筑物封顶或竣工后，一般每月观测一次，如果沉降速度减缓，可改为 2 ~ 3 个月观测一次，直至沉降稳定为止。

深基坑开挖时	1 ~ 2 天	出现暴雨，管涌应加密
浇筑地下室底板后	3 ~ 4 天	
建筑物主体施工	1 ~ 2 层	
结构封顶后	3 个月	
竣工投入使用	3 个月	直至稳定

2. 观测方法

观测时先后视水准基点，接着依次前视各沉降观测点，最后再次后视该水准基点，两次后视读数之差不应超过±1 mm；沉降观测的水准路线（从一个水准基点到另一个水准基点）应为闭合水准路线。观测过程中遵循“五定”原则：沉降观测依据的基准点、工作基点和被观测物上的沉降观测点，点位要稳定；所用仪器、设备要稳定；观测人员要稳定；观测时的环境条件基本一致；观测路线、镜位、程序和方法要固定。

3. 精度要求

沉降观测的精度应根据建筑物的性质而定。

多层建筑物的沉降观测，可采用 DS_3 水准仪，用普通水准测量的方法进行，其水准路线的闭合差不应超过（n 测站数）$\pm2.0\sqrt{n}$ mm。

高层建筑物的沉降观测，则应采用 DS_1 精密水准仪，用二等水准测量的方法进行，其水准路线的闭合差不应超过 $\pm1.0\sqrt{n}$ mm。

一般建筑物能反映	2 mm
重要建筑物能反映	1 mm
精密工程	0.2 mm

4. 工作要求

沉降观测是一项长期、连续的工作，为了保证观测成果的正确性应尽可能做到四定：

（1）固定观测人员。

（2）使用固定的水准仪和水准尺。

（3）使用固定的水准基。

（4）按固定的实测路线和测站进行。

知识点 4：整理原始记录

每次观测结束后，应检查记录的数据和计算是否正确，精度是否合格，然后，调整高差闭合差，推算出各沉降观测点的高程，并填入“沉降观测表”中。

知识点 5：计算沉降量

（1）计算各沉降观测点的本次沉降量：

本次沉降量=本次观测所得的高程－上次观测所得的高程

（2）计算累积沉降量：

累积沉降量=本次沉降量+上次累积沉降量

将计算出的沉降观测点本次沉降量、累积沉降量和观测日期、荷载情况等记入“沉降观测表”中。

知识点 6：沉降观测的成果整理

（1）整理原始记录。

（2）计算沉降量。

（3）绘制沉降曲线。

知识点 7：绘制时间与沉降量关系曲线

首先，以沉降量 s 为纵轴，以时间 t 为横轴，组成直角坐标系。

然后，以每次累积沉降量为纵坐标，以每次观测日期为横坐标，标出沉降观测点的位置。

最后，用曲线将标出的各点连接起来，并在曲线的一端注明沉降观测点号码，这样就绘制出了时间与沉降量关系曲线，如图 12-3 所示。

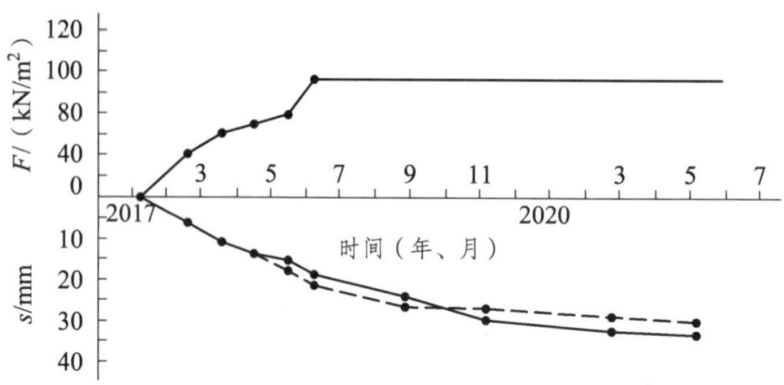

图 12-3　时间与沉降量关系曲线示意

任务规划（教师给出）

笔记栏

1. 执行规划建议

任务点	建议用时	学习方法	实施步骤	场地	设备
建筑物沉降观测	90分钟	小组学习，建议4人1组	1.现场踏勘（10 分钟）。 2.根据现场条件选择水准基点（10 分钟）。 3.建筑物上布设沉降观测点（10 分钟）。 4.熟悉仪器操作（5 分钟）。 5.沉降观测。 6.成果整理（15 分钟）	1.实训场地大小如篮球场。 2.地面平整便于操作。 3.视线开阔以便管理	1.DS_3 水准仪每组 1 台。 2.水准尺每组两把

2. 教师任务安排	
任务实施（学生规划）	**笔记栏**
请同学依据要完成的任务就数据准备、人员分工（若为小组训练）、设备清单、实施步骤及要点、安全及总结要求等方面做出规划。	
任务扩展（教师给出）	**笔记栏**
查资料自主学习并完成建筑物倾斜观测。	
学习总结	

子项目学习质量监控单（教师填写）

序号	评分项	分值	实施要求	评定标准	得分
1	资源学习情况	15	1.学习痕迹明显，笔记认真仔细。 2.知识点掌握牢固，并能合理、灵活运用	优：课堂问答及练习能独立完成，回答正确，读书笔记细致。 良：课堂问答及练习成果正确，读书笔记记录较好。 中：课堂问答表述不清，练习成果基本正确。 差：完全不正确	
2	任务规划	15	1.规划内容完整。 2.规划内容应具可实施性。 3.规划过程应独立思考，具备一定的独特性	优：规划的内容详尽，具有很强的可实施性。 良：规划的内容详尽，可实施性一般。 中：规划的内容不全面，可实施性一般。 差：无规划，或者其规划的内容不全，无法实施	
3	任务实施	50	1.过程严格按规范要求进行。 2.过程性资料收集齐全。 3.独立完成任务要求的成果，提交及时	优：任务目标完成质量优良，过程规范，无错误。 良：任务目标完成质量良好，过程规范，无明显错误。 中：任务目标完成质量一般，过程相对规范，无明显错误。 差：没有完成任务目标或成果完全错误	
4	任务扩展	10	独立思考，能利用所学知识及相关手段完成所布置的拓展任务	优：独立思考，成果正确。 良：独立思考，成果基本正确。 中：任务完成得一般。 差：没有完成任务目标或成果完全错误	
5	其他	10	1.及时完成相关表格的填写。 2.独立完成总结的撰写，记录要详尽，要能从技能、知识等多方面进行总结	优：独立思考，任务全部完成，总结到位并能及时上交。 良：独立思考，任务基本完成，总结基本到位并能及时上交。 中：任务基本完成，总结基本到位。 差：没有完成任务目标	
6	职业能力评价	优：完全掌握技能及知识要点，操作规范，安全意识及团队意识好，吃苦耐劳，认真仔细。 良：基本掌握技能及知识要点，操作规范，安全意识及团队意识较好，认真仔细。 中：掌握部分技能及知识要点，操作相对规范，具有一定的安全意识。 未达标：没有掌握要求的技能及知识要点，或操作出现严重错误导致人员及设备损坏			
综合得分		学习过程（项1～5）评价得分： 技能水平评价：合格□ 不合格□			
教师评语					

参考文献

[1] 中华人民共和国国家质量监督检验检疫总局，中国国家标准化管理委员会．国家三、四等水准测量规范：GB/T 12898—2009．北京：中国标准出版社，2009．

[2] 殷耀国，郭宝宇，王晓明．土木工程测量．3版．武汉：武汉大学出版社，2021．

[3] 岳建平，邓念武．水利工程测量．北京：水利水电出版社，2008．

[4] 李少元，梁建昌．工程测量．北京：机械工业出版社，2021．

[5] 程效军，鲍峰，顾孝烈．测量学．5版．上海：同济大学出版社，2016．

[6] 赵红．水利工程测量．2版．北京：中国水利水电出版社，2016．

[7] 牛志宏．水利工程施工测量．武汉：华中科技大学出版社，2013．

[8] 胡勇．建筑工程测量．哈尔滨：哈尔滨工业大学出版社，2017．

[9] 张慕良，叶泽荣．水利工程测量．3版．北京：中国水利水电出版社，1994．

[10] 陈传胜，吴立军，李和忠．工程测量．北京：地质出版社，2007．

[11] 何习平．测量技术基础．3版．重庆：重庆大学出版社，2003．

[12] 潘正风，杨正尧，程效军，等．数字测图原理与方法．武汉：武汉大学出版社，2004．

[13] 王雁荣．建筑工程测量．北京：中国建筑工业出版社，2014．

[14] 聂让，付涛．公路施工测量手册．2版．北京：人民交通出版社，2008．

[15] 赵国忱．工程测量实训指导．北京：测绘出版社，2011．

[16] 李章树，刘蒙蒙，张齐坤．工程测量学．2版．成都：西南交通大学出版社，2015．

[17] 顾孝烈，鲍峰，程效军．测量学．4版．上海：同济大学出版社，2011．

[18] 宁津生，陈俊勇，李德仁，等．测绘学概论．2版．武汉：武汉大学出版社，2010．

[19] 李玉宝．测量学．3版．成都：西南交通大学出版社，2012．

[20] 赵建三，贺跃光．测量学．北京：中国电力出版社，2013．

[21] 鲁纯，马驰．测量学基础．北京：北京邮电大学出版社，2015．

[22] 潘松庆，魏福生，杜向峰．测量技术基础实训．郑州：黄河水利出版社，2012．

[23] 尹辉增．工程测量．3版．北京：中国铁道出版社，2022．

[24] 罗志清．测量学．3版．昆明：云南大学出版社，2015．

[25] 李天和，张少铖，冯涛，等．工程测量．武汉：武汉大学出版社，2022．